Wissenschaft & Technik

FRAGEN & ANTWORTEN

Wissenschaft & Technik

**PHYSIK • CHEMIE • BIOLOGIE
MEDIZINTECHNIK • GEOWISSENSCHAFTEN
VERKEHR UND RAUMFAHRT • INFORMATIONSTECHNIK**

Dr. Alexander Grimm • Dr. Christoph Hahn • Ulrich Hellenbrand
Dr. Ute Künkele • Horst W. Laumanns • Ralf Leinburger

Bath New York Singapore Hong Kong Cologne Delhi Melbourne

Inhalt

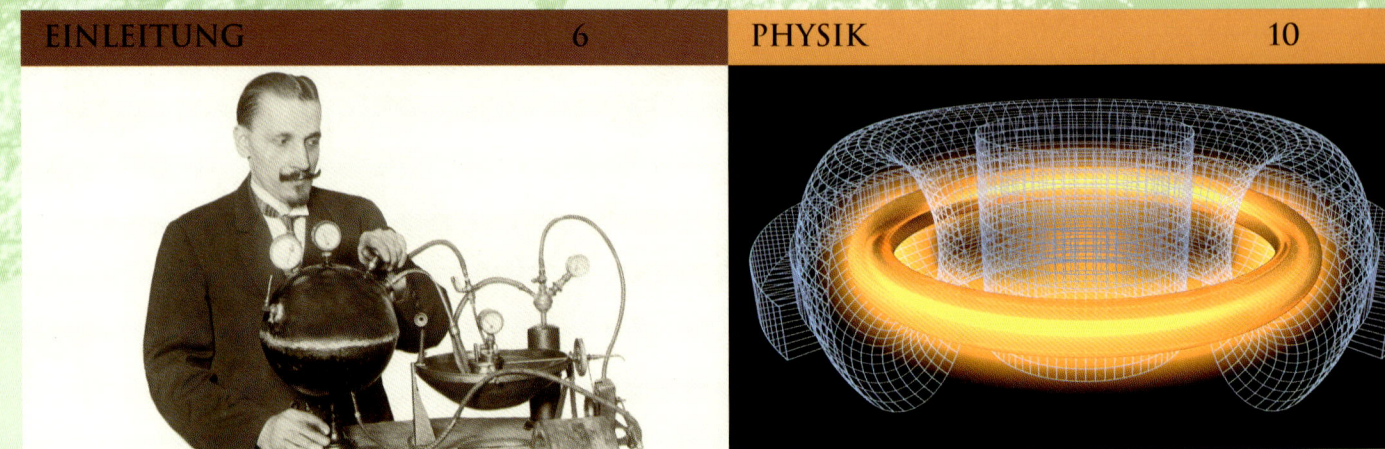

| EINLEITUNG | 6 | PHYSIK | 10 |

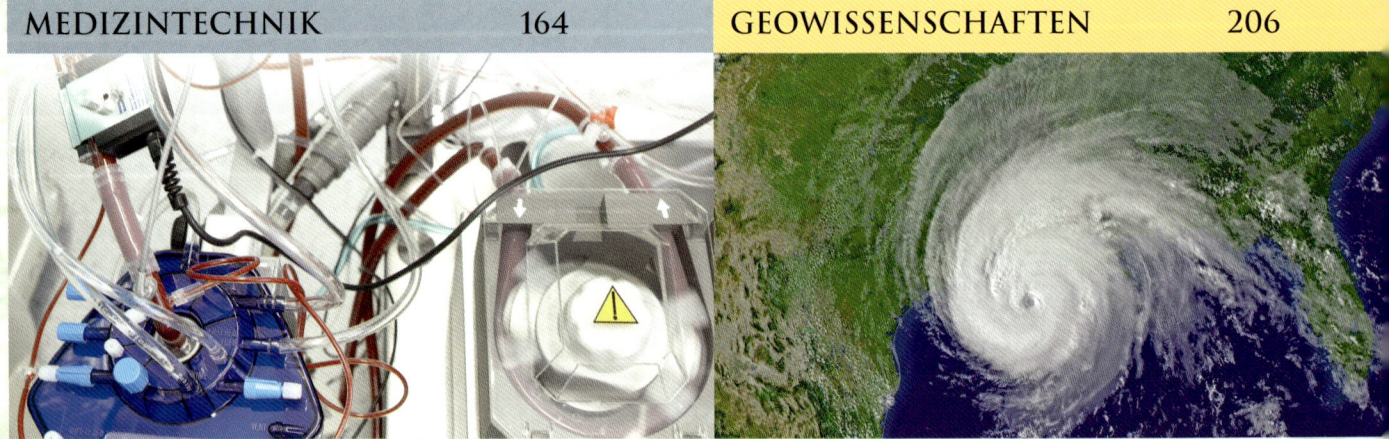

| MEDIZINTECHNIK | 164 | GEOWISSENSCHAFTEN | 206 |

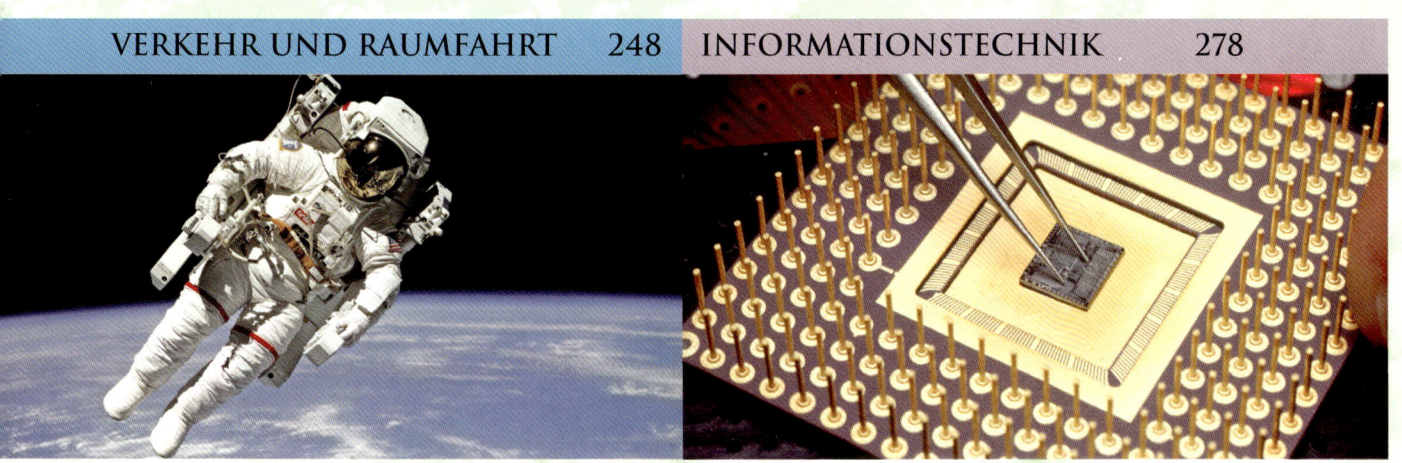

CHEMIE	62
BIOLOGIE	114
VERKEHR UND RAUMFAHRT	248
INFORMATIONSTECHNIK	278

| REGISTER | 300 |
| BILDNACHWEIS | 304 |

EINLEITUNG

Rasante Entwicklungen in den Naturwissenschaften führen immer schneller zu weiteren Erkenntnissen über die Lebensgrundlagen des Menschen; ihnen folgen technische Errungenschaften, deren Ergebnisse durch neue Verfahren und Instrumente auch unseren Alltag von Grund auf verändern – und über die deshalb jeder Bescheid wissen sollte, der die Welt verstehen will und mitreden möchte.

Aufgebaut nach dem Frage-Antwort-Prinzip, soll der vorliegende reich bebilderte Band helfen, Wissenslücken zu schließen, Kenntnisse aufzufrischen, vorhandenes Wissen zu ergänzen, Neues zu entdecken und die Struktur der täglich komplizierter werdenden Welt zu erschließen. Wissenschafts- und Fachautoren beantworten über 700 Fragen zu naturwissenschaftlichen und technischen Phänomenen, die unseren Alltag bestimmen und nachhaltig beeinflussen. Gleichzeitig vermitteln sie grundlegende Kenntnisse über die belebte und unbelebte Natur, über Stoffe und kleinste Bestandteile unseres Planeten sowie zum aktuellen Stand der Forschung und der Entwicklung zukunftsrelevanter Technologien, die aus unserem Leben nicht mehr wegzudenken sind.

Die Fragenkataloge der einzelnen Kapitel wurden so aufgebaut, dass sich mit ihrer Hilfe das vorhandene Wissen gleichsam überprüfen lässt und zugleich vielfältige Gelegenheit bietet, die eigenen Kenntnisse in diesem Gebiet ebenso spielerisch wie kompetent zu vertiefen. Da die einzelnen Fragen und Antworten in sich abgeschlossen das jeweilige Thema verständlich darstellen und nicht aufeinander aufbauen, ist auch eine selektive Nutzung des Bandes als Nachschlagewerk möglich. Ein detaillier-

Die Biologie ist die Wissenschaft der belebten Natur und beschäftigt sich demzufolge mit allen Aspekten des Lebens und der Interaktion der Lebewesen untereinander.

Strom ist nur eines der zahlreichen elementaren Themen aus dem Bereich der Physik, die die unbelebte Natur erforscht.

tes Register am Ende des Buches erlaubt es zudem, sich ausgewählte Informationen zu einem bestimmten Bereich herauszusuchen.

Die Reihenfolge der insgesamt sieben Kapitel spiegelt die Verschränkung von Wissenschaftserkenntnissen mit der Entwicklung neuer technischer Produkte wieder. Zunächst werden die drei klassischen Naturwissenschaften Physik, Chemie und Biologie vorgestellt, die ihrerseits eng miteinander verbunden sind: Die Physik beschäftigt sich mit der unbelebten Natur, ihren Eigenschaften, ihrer Struktur und ihren Veränderungen sowie den Kräften, die diese Veränderungen bewirken, die Chemie erforscht die chemischen Elemente, die Stoffe und Verbindungen, und die Biologie die belebte Natur, also alle Belange des Lebens. Daran schließt sich zunächst das Kapitel über die Medizintechnik an, die auf den Erkenntnissen der zuvor genannten drei Wissenschaften basiert und entwickelt wurde. Das folgende Kapitel Geowissenschaften beschäftigt sich mit dem Funktionssystem Erde und vermittelt u. a. Kenntnisse aus den Teilbereichen Geologie und Geografie, Bodenkunde und Mineralogie sowie Meteorologie und Geoökologie. Ihm folgen abschließend zwei weitere technische Kapitel zu Themen, die unseren Alltag heute nachhaltig beeinflussen: Verkehr und Raumfahrt – mit Fragen und Antworten zu den Errungenschaften hinsichtlich der Fortbewegungsmittel und -möglichkeiten – und Informationstechnik mit all den Aspekten der modernen Kommunikation, z. B. Handys, PCs

Quecksilber ist nur eines von vielen Elementen, mit denen sich die Chemie – die Lehre von Aufbau, Verhalten und Umwandlung von Stoffen – und auseinandersetzt.

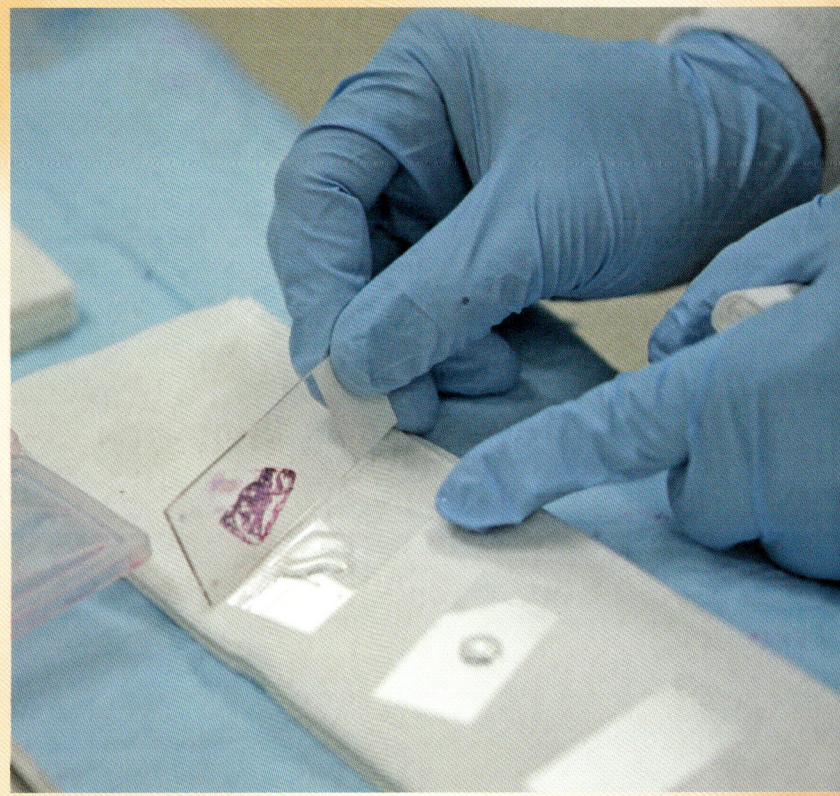

Die Fortschritte, die in jüngerer Zeit in der Medizintechnik gemacht wurden und werden, sind bahnbrechend – sowohl im diagnostischen wie auch im therapeutischen Bereich.

EINLEITUNG

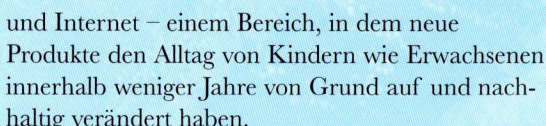

und Internet – einem Bereich, in dem neue Produkte den Alltag von Kindern wie Erwachsenen innerhalb weniger Jahre von Grund auf und nachhaltig verändert haben.

Manche der aufgeworfenen Fragen werden den einen oder anderen Leser an die eigene Schulzeit erinnern – etwa an den Physikunterricht: Wie war das mit dem Verhältnis von Kraft und Energie? Was ist Reibung? Gibt es kleinere Teilchen als Atome? Wie wird Strom erzeugt? Was ist Licht? Daneben werden aber auch spannende Phänomene oder physikalische Gedankengebäude erklärt, die über das „Schulwissen" hinausgehen, beispielsweise die Quantenphysik oder die Urknalltheorie.

Das Chemie-Kapitel widmet sich den Atomen und ihren chemischen Reaktionen, erklärt das Periodensystem, die Wirkungsweise des Feuers, die Beschaffenheit von Wasser sowie die Bedeutung der Ozonschicht. Aber auch Fragen über chemische Produkte im Alltag werden hier beantwortet: über Seife und Waschmittel, Farben, Batterien und Akkus, über Glühbirnen und Neonröhren, Dünger und Sprengstoff, über Kunststoffe, Silikon, Keramik, Zucker, Erdöl, Benzin und vieles mehr.

Das Biologie-Kapitel beschäftigt sich mit der Artenvielfalt der Mikroorganismen, mit Pflanzen, Tieren und Menschen, ihrer Interaktion untereinander sowie mit den Folgen von Umwelt- und Klimaveränderungen. In den Antworten dieses Kapitels findet der Leser Informationen über die Grundlagen und die Entstehung des Lebens auf der Erde sowie zu jüngsten Entwicklungen der Forschung: über Zellen als Bestandteile aller Lebewesen und die Chancen und Risiken der Genetik und Gentechnik; zu Prozessen der Evolution (Mutation, Vererbung, Lernen) und den Errungenschaften der Bionik (in der sich der Mensch die Natur zum Vorbild für seine Erzeugnisse, z. B. beim Flugzeugbau, macht), aber auch über Ökologie und Biotope oder die schädlichen und die nützlichen Eigenschaften von Bakterien und Pilzen.

Die Fragen zum aktuellen Stand der Medizintechnik betreffen die Bereiche Pharmazie – die Herstellung von Medikamenten –, Diagnostik – z. B. Röntgenstrahlen und ihre vielseitigen Einsatzmöglichkeiten, die Elektroenzephalografie (EEG) und Elektrokardiografie (EKG), Ultraschall, Laser und Endoskopie – sowie Therapie, z. B. Kommunikationshilfen im Alltag (wie Hörgeräte, Blindentische und Sprachcomputer). Hier erhält der interessierte Leser außerdem Aufschluss über Zahntechnik und Zahnersatz, Transplantate und Implantate, über Plastische

Wetterphänomene wie Tornados sind nur ein kleiner Aspekt der Geowissenschaften, zu denen auch die Fachgebiete Geologie, Geografie, Bodenschätzen, Agrartechnik und Geoökologie zählen.

Chirurgie und über Hilfsmittel zur Unterstützung innerer Organe wie Dialysegeräte und Herzschrittmacher. Darüber hinaus wird Lehrreiches zur technischen Ausstattung und den Sicherungssystemen von Krankenhäusern sowie zu den Aufgabengebieten der Pathologie vermittelt.

Wissenswertes zur Enstehung der Erde, zu den Naturgewalten und Eiszeiten, zur Lebensgrundlage Wasser, zur Atmosphäre sowie zu Klima und Wetter erfährt man im Kapitel Geowissenschaften. Auch zu Bodenschätzen, den Funktionsweisen der verschiedenen Kraftwerke und zu alternativen Energiequellen findet man Informationen; darüber hinaus werden außerdem Aspekte der Agrartechnik sowie Instrumente und Anwendungsgebiete der Fernerkundung (ob mit Satellit oder GPS – Geopositionssystemen) allgemeinverständlich erläutert.

Das Kapitel Verkehr und Raumfahrt widmet sich jeglicher Form der Fortbewegung des Menschen – zu Lande, zu Wasser und in der Luft. Es werden aber nicht nur klassische Fortbewegungsmittel wie Zweiräder und Automobile, Eisenbahnen, Schiffe und Flugzeuge erklärt, sondern darüber hinaus Kenntnisse über die technischen Errungenschaften der letzten Jahrzehnte, die mit ihnen in unmittelbarem Zusammenhang stehen, vermittelt. Themen wie Verkehrswege (Straßen, Brücken und Tunnel) sowie Flughäfen und Flugsicherung fehlen natürlich ebenso wenig wie Aspekte der Raumfahrt oder die Grenzen des Tiefseetauchens.

Die Welt von Funk, Fernsehen, Computer und Internet wird schließlich im Kapitel Informationstechnik vorgestellt. Hier wird das Wichtigste über Transistoren, Handys, Mikrochips, über DVD, USB,

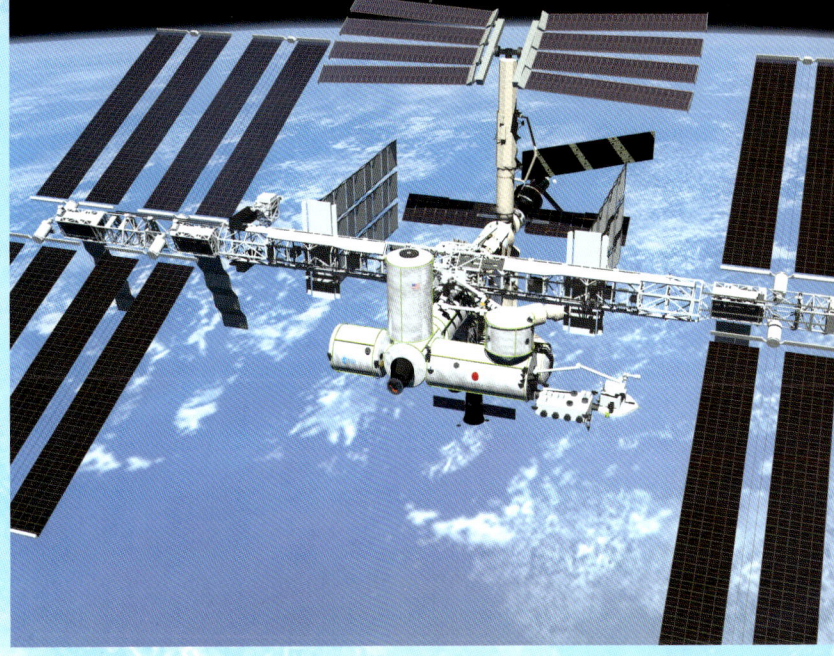

Fragen rund um die Fortbewegung des Menschen zu Wasser, zu Lande und in der Luft beantwortet das Kapitel Verkehr und Raumfahrt.

WWW, DSL und mp3, sowie über Halbleiter, Betriebssysteme, Elektrosmog, über Sicherheit beim Surfen und die digitale Ära der Musik erläutert.

Diese Fülle von spannenden Themen wird nicht nur spielerisch in Fragen und Antworten dargeboten, sondern darüber hinaus an Hand von Fotografien, Grafiken und Illustrationen plausibel und anschaulich gemacht. Zahlreiche Informationskästen zu weiterführenden Aspekten eines Themas ergänzen die Ausführungen. So wird Allgemeinwissen, aber auch weiterführendes Wissen auf eine Weise vermittelt bzw. vertieft, die allen Interessierten Spaß macht!

Modernste Fernsehtechnik ist nur ein Aspekt der Informationstechnik, die alles umfasst, was unsere moderne Gesellschaft ausmacht, u. a. die Themen Handys, Computer und Internet.

Universum

Perpetuum Mobile

Gewitter

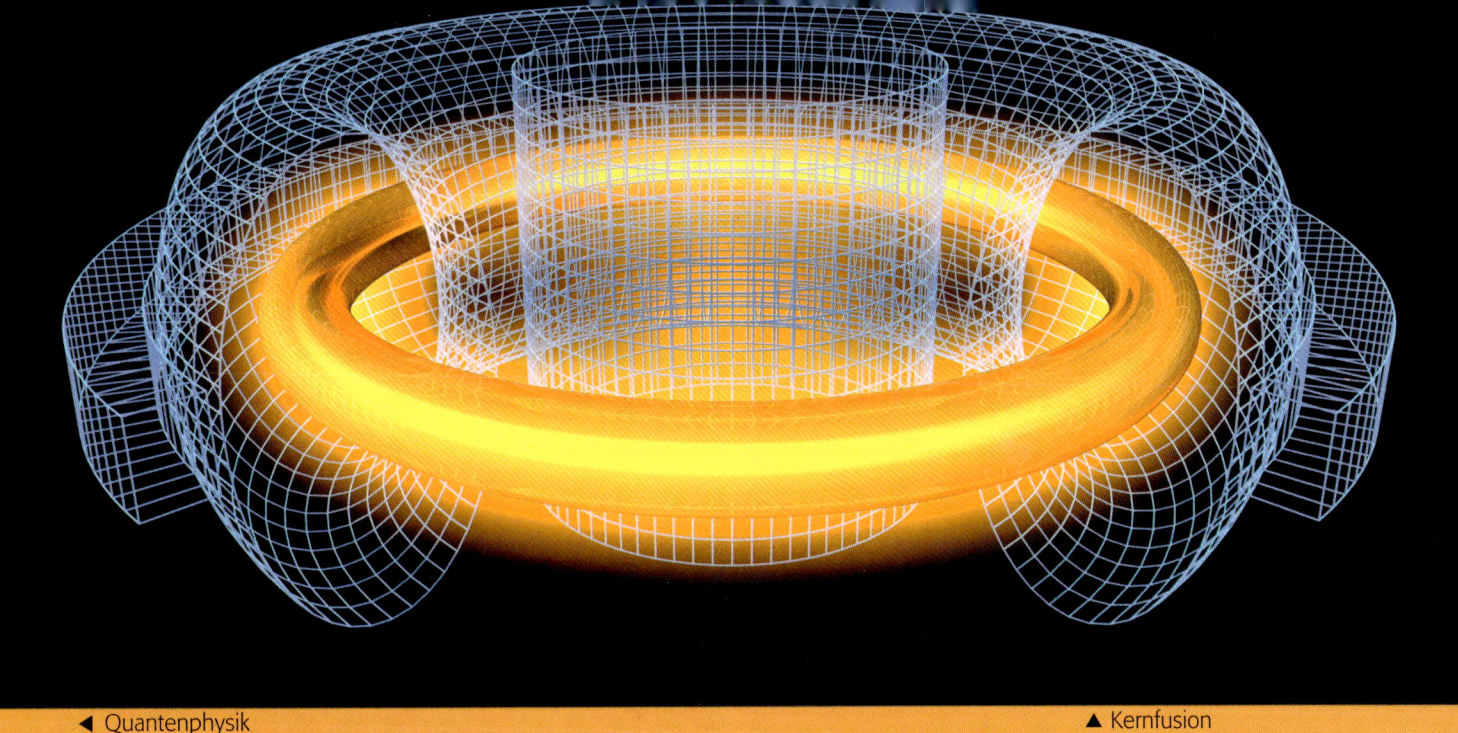

◀ Quantenphysik   ▲ Kernfusion

PHYSIK

Die Naturwissenschaft Physik versucht zu erklären, wie „Dinge grundlegend funktionieren". Physiker beschreiben Erscheinungen und Abläufe in der Natur, und leiten daraus allgemeingültige Gesetze, Theorien und Modelle ab. Im Vergleich zur Chemie, die sich damit befasst, wie chemische Reaktionen die Eigenschaften von Stoffen verändern, umfassen physikalische Vorgänge vor allem Veränderungen von Materie und Energie in Raum und Zeit. Dies gilt für alle Größenbereiche: vom subatomaren Elementarteilchen über einen Ball, der sich im Schwerefeld der Erde bewegt, bis hin zu unserem gesamten Kosmos.

Kraft und Energie   Strom

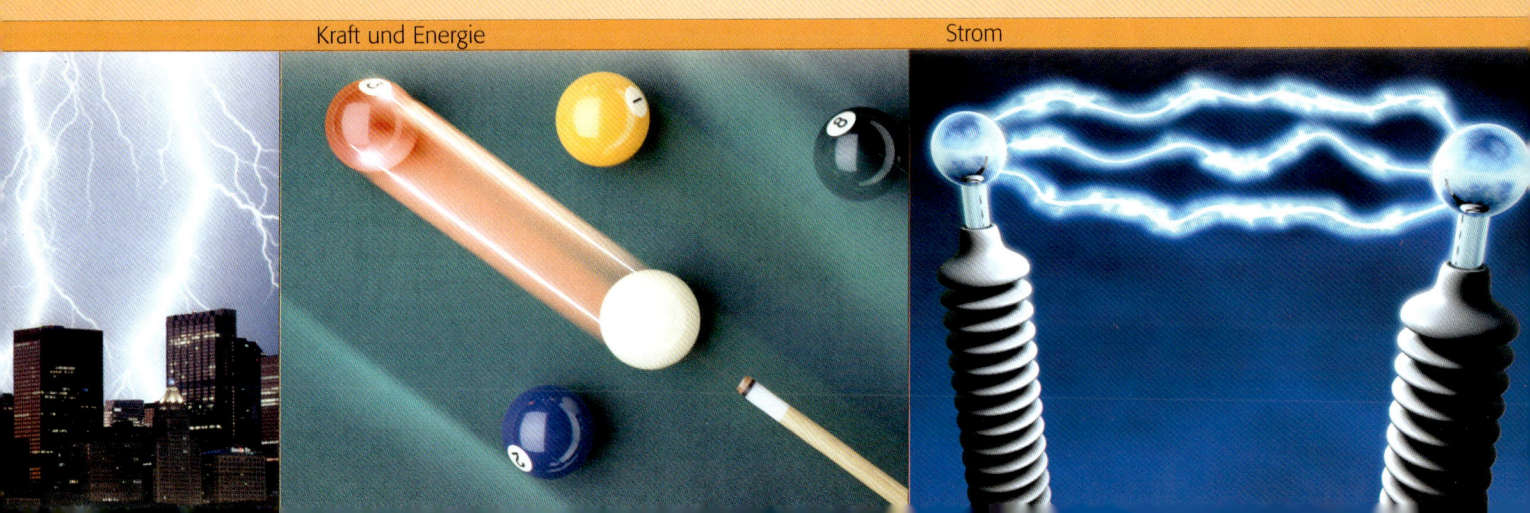

PHYSIK – DIE WISSENSCHAFT DER UNBELEBTEN NATUR

Stilisiertes Modell eines Lithiumatoms. Drei Elektronen kreisen um den Atomkern (nicht maßstabsgetreu).

Was ist Physik?

Physik ist die Wissenschaft von der unbelebten Natur; sie steht der Biologie gegenüber, die sich mit dem Leben beschäftigt. Die Physik versucht, die Naturerscheinungen und -vorgänge zu erklären – z. B. den Blitzschlag (Elektrizität). Fragen nach dem Ursprung der Welt, nach der Entstehung des Kosmos sowie nach der Eigenschaft von Zeit und Raum sind ebenso Kernthemen der Physik wie der Aufbau der Materie, die in der Welt wirkenden Kräfte und Energien oder auch Fragen wie: „Was ist Wärme?" „Warum fliegt ein Flugzeug?" „Wie wirft man einen Ball am weitesten?" Prinzipiell gehören auch Teilgebiete der Chemie (Wissenschaft von den Stoffen), Geologie (Wissenschaft von der Erdkruste) oder Meteorologie (Wissenschaft vom Wettergeschehen) zur Physik, werden aber aus Gründen der Praktikabilität und Historie als eigene Fachgebiete abgetrennt.

Solarzellen wandeln Licht in elektrische Energie um. Der dabei erzeugte Strom kann vom Menschen genutzt werden.

Wer war der erste Physiker?

Der griechische Mathematiker und Mechaniker Archimedes (um 285–212 v. Chr.) gilt allgemein als erster Physiker. Er war seiner Zeit weit voraus und erkannte die Grundgesetze der Statik, formulierte das Hebelgesetz, entdeckte den Auftrieb in Flüssigkeiten sowie das Prinzip kommunizierender Gefäße. Als einer der Ersten beschrieb er das Verhältnis von Masse zu Volumen: die Dichte.

Welcher berühmte Physiker der Gegenwart ist der Nachfolger Isaac Newtons?

Stephen Hawking (* 1942) hat den bereits im Jahre 1663 gestifteten Lucasischen Lehrstuhl für Mathematik der Universität Oxford inne. Seine berühmtesten Vorgänger waren (neben vielen anderen bekannten Physikern und Mathematikern) Sir Isaac Newton (1643–1727), Sir George Stokes (1819–1903) und Paul Dirac (1902–1984). Hawking – der fast vollständig gelähmt und an einen speziellen Rollstuhl gefesselt ist – wurde u. a. aufgrund seiner Studien über Schwarze Löcher berühmt.

Wie beeinflusst die Physik unser Leben?

Abgesehen von den Naturgesetzen, denen wir unterworfen sind, beeinflusst die Wissenschaft der Physik unser tägliches Leben, indem sie unsere technologischen Hilfsmittel und, nicht zuletzt, auch unser Weltbild formt: Heutzutage weiß jedes Kind, dass die Erde eine Kugel ist und dass sie die Sonne umkreist; dass die Sonne wiederum ein Teil der Milchstraße ist, die wir nachts als unscharfes Band am Himmel sehen können. Die Physik formt das Weltbild des modernen Menschen, das einstmals vor allem durch Religion neu geprägt war. Die Physik formuliert dabei nicht nur die Erkenntnisse; sie hinterfragt diese stets auch: Warum ist die Erde eine Kugel? Warum kreist sie um die Sonne? Warum ist die Sonne so hell und heiß? So wirft jede Antwort neue Fragen auf – und die Neugierde und der Drang, immer mehr und immer Genaueres über die Welt zu erfahren, die Vorgänge in ihr zu verstehen und zu erklären, wird die Physiker und andere Naturwissenschaftler auch in Zukunft vorantreiben.

Technologie dank der Physik

Die Physik hat neben ihrer theoretischen auch eine ganz praktische Seite – denn die erkannten Gesetze kommen dem Menschen in Form von Technologie zugute: Schon ein einfacher Hebel zum Stemmen von Lasten etwa nutzt die Erkenntnisse eines physikalischen Gesetzes (Hebelgesetz); der Flaschenzug stellt eine Verfeinerung desselben Prinzips dar und hat der Menschheit große Entlastung beim Heben schwerster Gegenstände gebracht. Im Prinzip beruht alles, was der Mensch heute als Technik nutzt, auf Erkenntnissen der Physik. Ob die Axt im Wald, der satte Sound der Stereoanlage, ob Fernseher und DVD-Spieler, Kernkraftwerk oder Solarzelle, Auto oder Rakete: Alle Techniken verdanken wir der Physik.

Sir Isaac Newton (1643–1727) verfasste das Gesetz zur Anziehungskraft zwischen Massen. Kräfte werden ihm zu Ehren in der Einheit Newton (N) gemessen.

KRAFT UND ENERGIE – UNSICHTBAR, ABER WIRKUNGSVOLL

Was ist Kraft?
Wirkt eine Kraft auf ein bewegliches Objekt, so wird es beschleunigt. Eine Geschwindigkeitsänderung ist daher immer die Folge einer Krafteinwirkung. Auf ruhende Objekte wirkt keine einzelne Kraft, sondern mehrere Kräfte, die sich gegenseitig aufheben: Hält man einen Gegenstand – z. B. ein Buch, das man liest – regungslos in der Luft, so wirkt in diesem Moment die menschliche Muskelkraft der Anziehungskraft der Erde exakt entgegen.

Was ist Energie?
Energie kann als gespeicherte Kraft angesehen werden. Spannt man z. B. einen Bogen, so wird dafür Kraft benötigt. Diese Kraft wird als Energie im Bogen gespeichert, da dieser elastisch ist und beim Loslassen in die alte Form zurückschnellt. Diese Energie wird auf einen Pfeil, den man in den Bogen spannt, übertragen. Sobald man die Sehne loslässt, wird der Pfeil beschleunigt und nimmt kinetische Energie (Bewegungsenergie) auf.

Schießt man diesen Pfeil senkrecht in die Luft, so nimmt seine kinetische Energie aufgrund der Erdanziehungskraft mit zunehmender Höhe ab. In einem Augenblick bleibt er kurz stehen: das scheinbare Ende der kinetischen Energie. Doch sie ist nicht verschwunden, sondern bleibt sozusagen im Pfeil „versteckt". Diese verborgene Energie wird potentielle Energie genannt, die sich im Folgenden wieder als kinetische Energie auswirkt – denn je höher der Pfeil zunächst in die Luft schoss, umso schneller wird er sein, wenn er nun wieder auf den Boden trifft.

Energien lassen sich also ineinander umwandeln: Potentielle Energie nach dem Biegen des Bogens (Bogenspannung) wandelt sich in kinetische Energie (Flug), die sich (mit Erreichen der höchsten Höhe) wiederum in potentielle Energie wandelt, um sich anschließend, beim Herabfallen, erneut in kinetische Energie zu wandeln.

Beim Billard wird durch den Stoß des Queues Kraft auf die Spielkugel übertragen. Es wird deutlich, dass Kraft neben der Stärke auch eine Richtung beinhaltet.

Beim Bogenschießen wird zunächst Energie durch Verformen des Bogens und Spannung der Sehne gespeichert. Diese wird beim Loslassen auf den Pfeil übertragen.

Welche Kräfte kommen in der Natur vor?

Streng genommen gibt es in der Natur nur vier Grundkräfte: die Gravitation (Anziehungskraft), die elektromagnetische Kraft (Ladungen, Magnete), die starke und die schwache Kernkraft (Kräfte auf subatomarer Ebene). Unseren Alltag bestimmen vor allem die Anziehungskraft sowie die elektromagnetische Kraft.

Welche Kräfte wirken, wenn ein Mensch einen Gegenstand hochhebt?

Einerseits natürlich die Anziehungskraft der Erde auf den Gegenstand; dem entgegen wirkt die Kraft, die der Mensch mit seinen Händen beim Heben auf den Gegenstand überträgt. Die Hände bestehen aus Atomen (vgl. S. 18 f), ebenso wie der Gegenstand. Berühren sich Hand und Gegenstand, so stoßen sich ihre Elektronenhüllen aufgrund ihrer elektrischen Ladung gegenseitig ab. In den Muskeln wird wiederum geschickt die Abstoßung der Elektronenhüllen ausgenutzt, um die feinsten Muskelfasern zu verkürzen oder zu verlängern. Es wirken also zwei Kräfte auf den Gegenstand: die Erdanziehung und die Muskelkraft, die – genau betrachtet – durch elektromagnetische Kräfte zwischen den Atomhüllen ausgelöst wird.

Kann Energie verschwinden?

Nein, die Energie ist insgesamt immer konstant und kann sich nur in andere Energieformen umwandeln. Bewegungsenergie wird oft scheinbar „geschluckt", wenn ein Objekt – z. B. durch Reibung – in seiner Bewegung abgebremst wird. Hierbei entsteht jedoch Wärme; sie stellt ebenfalls eine Energieform dar, die allerdings für die Bewegung nicht verfügbar, wenngleich immer noch vorhanden ist.

Benzin enthält chemisch gespeicherte Energie. Im Motor wird diese durch das Verbrennen des Treibstoffs freigesetzt und erzeugt die zum Fahren nötige Energie.

> **Was ist der Unterschied zwischen Kernkraft und Kernenergie?**
>
> Die Kernkraft (sog. Starke Wechselwirkung) hält u. a. die Atomkerne – wie eine Art Kitt – zusammen. Unter Kernenergie versteht man einerseits die Energie, die aufgrund der Kernkraft im Atomkern gespeichert ist, andererseits aber auch die Energie, die in Kernkraftwerken durch Kernspaltung gewonnen wird – also das Endprodukt in Form von Wärme oder elektrischem Strom.

PHYSIK

MATERIE – DER STOFF, AUS DEM DIE WELT BESTEHT

Besitzt Materie Kraft?
Ja – alle Materie zieht sich grundsätzlich gegenseitig an. Die hierbei wirkende Kraft heißt Gravitation, Schwerkraft oder Anziehungskraft. Je größer die Masse, desto größer ist auch die Anziehungskraft, die von ihr auf andere Materie ausgeht. Die Masse der Erde ist so groß, dass sie alle Objekte fest auf ihre Oberfläche presst, andererseits aber so gering, dass der Mensch bequem einen Stein aufheben kann. Wirft man den Stein allerdings in die Höhe, so wird er schnell von der Schwerkraft gebremst und fällt zurück auf den Boden. Die Erde wird übrigens auch vom Stein angezogen; da die Masse eines Steins – verglichen mit der des Planeten Erde – jedoch verschwindend gering ist, ist seine Anziehungskraft nicht spürbar, mit feinen Messgeräten aber nachweisbar.

Der Mensch spürt die schnellen Richtungs- und Geschwindigkeitsänderungen einer Achterbahn nur aufgrund der Massenträgheit deutlich.

Eine Waage misst die Kraft, mit der Materie von der Erde angezogen wird. Es wird also nicht die Masse, sondern deren Gewicht gemessen.

Trifft ein Stein weniger hart im All als auf der Erde?

Ruht eine große Masse, so braucht es viel Kraft und Mühe, sie zu bewegen. Umgekehrt fällt es schwer, eine bewegte Masse zu stoppen. Diese Trägheit ist eine fundamentale Eigenschaft der Materie – je größer die Masse, desto träger ist sie. Da die Trägheit und nicht das Gewicht gestoppt werden muss, ist es gleich, ob uns ein Stein im schwerelosen All oder auf der Erde trifft. Beides täte gleich weh.

Wissenswertes
Bereits im Jahre 1638 beobachtete und beschrieb Galileo Galilei (1564–1642) die Trägheit der Masse. Fast ein halbes Jahrhundert zuvor (1590) hatte er die Schwerkraft als Eigenschaft der Masse entdeckt. Früheste schriftliche Aufzeichnungen zu den Eigenschaften von Materie sind aber bereits aus der Zeit um das 4. Jh. v. Chr. bekannt.

Ist die Gravitation die stärkste Kraft?

Nein, jedenfalls nicht auf kurze Distanzen. Unser gesamter Planet Erde wiegt ungefähr 6 x 1024 Kilogramm – ausgeschrieben sind dies 6 000 000 000 000 000 000 000 000 kg! Dennoch bewirkt schon ein kleiner Magnet eine größere Anziehungskraft auf ein Stück Eisen als diese unvorstellbar große Masse der Erde. Aber schon bei einem Abstand von nur wenigen Zentimetern vom Magneten fällt das Eisenstück zu Boden. Auf größere Distanz ist daher die eigentlich schwache Gravitation unschlagbar. Die Erde ist 149 Mio. km von der Sonne entfernt, wird aber von ihr so stark angezogen, dass sie auf einer Ellipse um sie kreist. Kein Magnet würde auf diese Entfernung noch wirken.

Die Zentrifugalkraft, mehr Schein als Sein?
Die Zentrifugalkraft ist am Werk, wenn wir z. B. bei sportlicher Fahrweise in engen Kurven im Auto zur Seite gedrückt werden. Dennoch existiert diese Kraft nicht wirklich – denn sie ist nur ein Ausdruck der Massenträgheit. Der Motor des Autos treibt die Räder an. Muss man z. B. um eine Linkskurve fahren, so werden die Vorderräder so ausgerichtet, dass das Auto seine Fahrtrichtung nach links ändert (Rollrichtung der Reifen, hohe Reibung quer zur Rollrichtung). Das Auto wird also umgelenkt, beschleunigt. Die Insassen sind aber träge – ihre Masse möchte sich weiterhin auf einer Geraden bewegen. Und tatsächlich: Wäre man nicht angeschnallt, so würde man seine eigene Richtung so lange beibehalten, bis man im Auto scheinbar an die rechte Seitenwand gedrückt wird. Aber nicht wir bewegen uns durch eine scheinbare Kraft nach rechts, sondern das Auto bewegt sich nach links, bis dessen Tür mit uns zusammenstößt und diese auch uns um die Kurve drückt Es gibt also keine Kraft, die in einer Linkskurve nach rechts drückt. Die Zentrifugalkraft ist daher eine sog. Scheinkraft. Es gibt nur eine Kraft, die das Auto nach links ablenkt.

Um ein Space Shuttle entgegen der Erdanziehung in einen Orbit um unseren Planeten zu befördern, werden immense Energiemengen benötigt.

EIN BLICK IN DEN MIKROKOSMOS: WORAUS BESTEHT MATERIE?

Seit wann weiß man, woraus Materie besteht?
Einst dachte man, die Welt bestünde aus den vier Grundelementen Feuer, Wasser, Luft und Erde – da Materie brennen kann (Feuer), aus vielen Dingen Flüssigkeiten ausgepresst werden können (Wasser), beim Erhitzen oftmals Dampf entsteht (Luft) und Materie vielfach hart wie Stein sein kann (Erde). Der griechische Naturphilosoph Demokrit (460– 371 v. Chr.) war einer der ersten, die sich die Materie völlig anders vorstellten – nämlich bestehend aus kleinsten, unteilbaren und bewegten Teilchen, den Atomen. Diese, so Demokrit, verhaken und mischen sich und bilden unendlich verschiedene Konstellationen und Formen; und so erklärte sich für ihn die endlose Vielfalt der Materie. Erst sehr viel später – im Jahr 1906 – wurde die Existenz von Atomen durch den britischen Physiker Ernest Rutherford experimentell bewiesen – und damit Demokrits Annahme im Prinzip bewiesen.

Sind Atome die kleinsten Bausteine der Materie?
Nein, das sind die sog. Quarks und Elektronen. Atome können, wie wir heute wissen, sogar gespalten werden. Jeweils drei Quarks bilden (in jeweils unterschiedlicher Anordnung) Protonen und Neutronen, aus denen sich die Atomkerne zusammensetzen. Die Elektronen wiederum bilden eine elektrisch geladene Hülle um die Kerne. Stellt man sich ein Atom um den Faktor 100 000 000 000 vergrößert vor, so hat der Atomkern einen Durchmesser von 1 mm und die Elektronenhülle entsprechend ca. 100 m Abstand vom Kern. Die Elektronen erscheinen selbst bei der angenommenen Vergrößerung als winzige, fürs bloße Auge kaum sichtbare Staubkörnchen. Ein Atom ist also ein Hauch von Nichts – ein winziger Kern in der Mitte einer ihn weiträumig umfassenden Elektronenhülle.

Elementarteilchen werden durch das Erzeugen von Spuren in einer sog. Blasenkammer nachgewiesen. Die Bahnen geladener Teilchen sind wegen eines angelegten Magnetfels gekrümmt.

Rätselhafte Neutrinos

Neutrinos kann man nicht sehen, sie reagieren nicht auf elektromagnetische Felder, sie durchdringen mühelos die gesamte Erde, ohne auch nur an einem einzigen Teilchen anzustoßen – doch diese nahezu masselosen Elementarteilchen ohne elektrische Ladung existieren. Erst 1956, nach dem Tod des „Vaters der Neutrinos", Enrico Fermi (1901–1954) gelang Frederick Reines (1918–1998) und Clyde L. Cowan (1919–1974) ihr experimenteller Nachweis. Nur bei einem direkten Stoß auf ein Quark – z. B. in einem Proton – wird anhand der darauffolgenden Reaktion ein Neutrino nachweisbar. Damit ein solcher Stoß beobachtet werden kann, müssen Milliarden und Abermilliarden dieser kleinsten Teilchen einen entsprechenden Detektor passieren. Ein solcher Detektor steht in Kanada in 2000 m Tiefe unter der Erde. Nur tief im Erdinnern sind diese Detektoren wirksam vor störender Strahlung abgeschirmt. Für Neutrinos hingegen stellen kilometerdicke Gesteinsschichten keinerlei Hindernisse dar.

Was wiegt ein Atom?

Das leichteste Atom ist das Wasserstoffatom, es wiegt $1{,}66 \times 10^{-27}$ kg. (ausgeschrieben: 0,000 000 000 000 000 000 000 000 001 66 kg!) Eisen ist um den Faktor 55,8 und Uran immerhin um den Faktor 238 schwerer als Wasserstoff. Aber auch diese Atome sind nach unserem Alltagsmaßstab unvorstellbar leicht.

Welche Aufgabe haben Neutronen?

Die Protonen im Atomkern stoßen sich aufgrund ihrer Ladung gegenseitig ab. Sie könnten sich daher nicht auf engem Raum konzentrieren, wenn zwischen ihnen nicht eine zweite, anziehende Kraft wirken würde, die Kernkraft oder sog. Starke Wechselwirkung. Neutronen haben nur diese anziehende Wirkung, da ihnen die abstoßende Ladung fehlt. Sie verstärken daher den Verbund im Atomkern und dienen als eine Art Kittsubstanz.

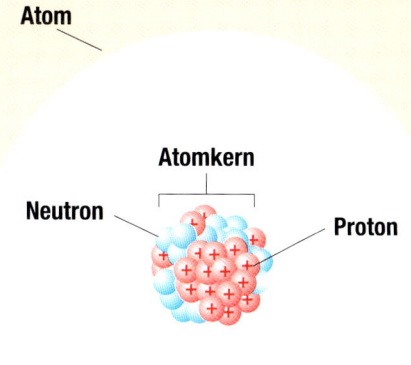

Stilisiertes Atom: Atomkern mit positiv geladenen Protonen (rot) und neutralen Neutronen (blau), umgeben von der Atomhülle.

Der Naturphilosoph Demokrit (460–371 v. Chr.) sagte als erster Mensch Atome als Grundelemente der Materie vorher.

PHYSIK

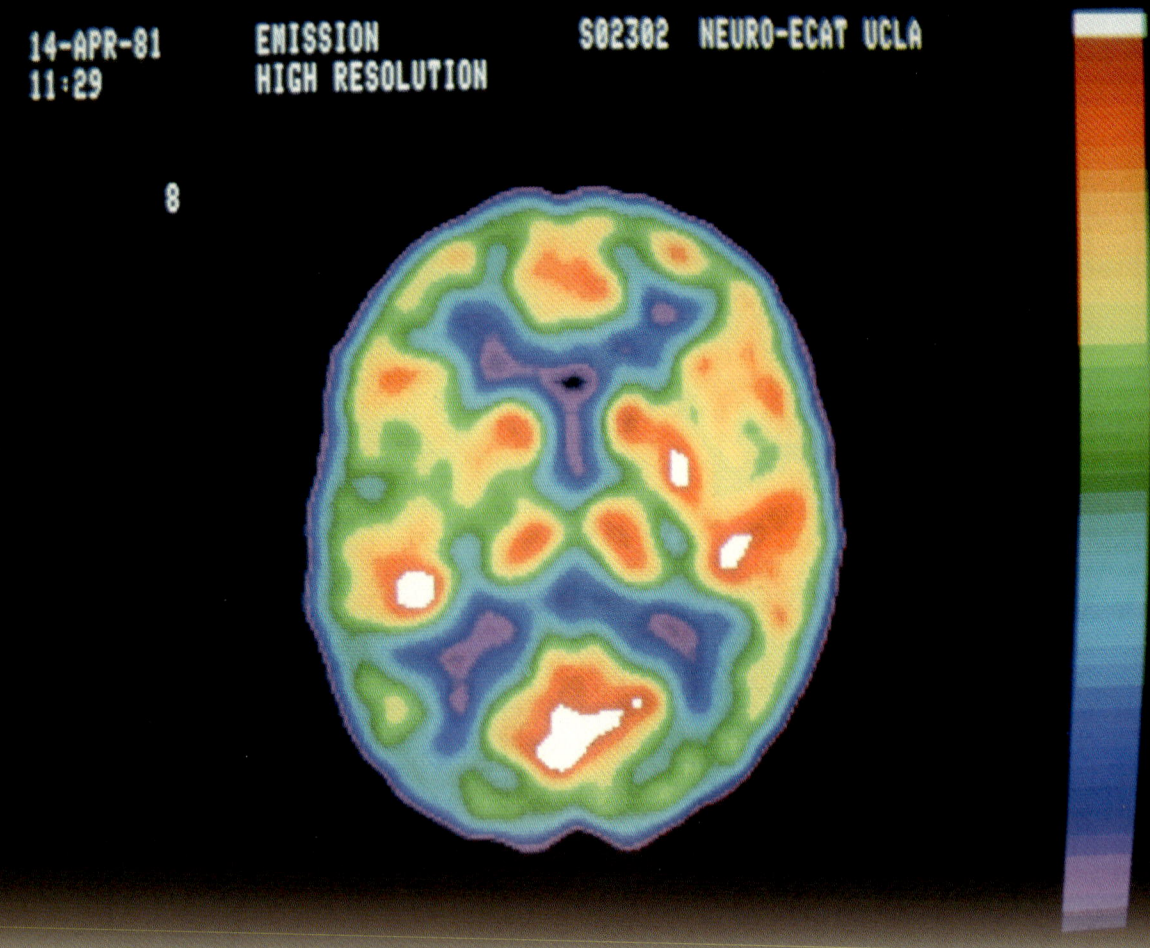

ENERGIE UND MATERIE – ZWEI GESICHTER DERSELBEN SACHE

Die Positronen-emissions-tomografie nutzt Antimaterie, um unterschiedlich stark durchblutete Regionen des Gehirns farblich darzustellen.

Lässt sich Materie in Energie umwandeln?
Ja, das ist möglich; bei der Kernspaltung, wie sie in Kernkraftwerken herbeigeführt wird, sind die Kernbruchstücke etwas leichter als der Ausgangskern. Der winzige Masseunterschied wird in Energie verwandelt und reicht aus, um Strom zu produzieren oder – im negativen Fall – als Atombombe zerstörerisch zu wirken.

Was ist Antimaterie?
Antimaterie ist eine Form der Materie, deren atomare Bausteine, sog. Antiatome, ausschließlich aus Antiteilchen – Positronen, Antiprotonen und Antineutronen – bestehen. Sie ist also exakt wie Materie aufgebaut, nur haben die einzelnen Teilchen eine entgegengesetzte Ladung.

Wieviel Energie steckt in der Masse?
Die Formel hierfür ist weltberühmt: $E = mc^2$. Sie besagt: Die Energie ist die Masse mal das Quadrat der Lichtgeschwindigkeit (ca. 300 000 km pro Sekunde). Wandelt man also 1 kg Materie in Energie um, so werden ca. $9 \cdot 10^{16}$ Joule freigesetzt. Das entspräche der Energie von 1500 Hiroshima-Atombomben!

Was passiert, wenn Materie auf Antimaterie stößt?
Die Reaktion ist um ein Vielfaches stärker als bei der Kernspaltung, denn Materie und Antimaterie löschen sich gegenseitig völlig aus. Die gesamte Masse wird dabei in Energie verwandelt! Die Explosion, die ein Zusammentreffen großer Mengen von Materie und Antimaterie auslösen würde, wäre unvorstellbar.

Kann auch aus Energie Materie entstehen?
Ja. Energie kann sich spontan in Materie umwandeln – wobei sie zu gleichen Teilen als Materie und Antimaterie entsteht. Stoßen die erzeugten Antimaterieteilchen mit ihren Pendants aus Materie zusammen – z. B. ein Positron auf ein Elektron –, werden diese wieder in reine Energie in Form von Strahlung umgewandelt.

Wie entstand die Materie?

Die Materie entstand aus der Energie des Urknalls. Theoretisch müsste dabei in gleichem Umfang Materie und Antimaterie entstanden sein. Dies war jedoch (zum Glück) nicht der Fall – denn sonst hätte sich die gesamte Materie wieder in Energie zurückgewandelt. Es muss daher im Urknall mehr Materie als Antimaterie entstanden sein; aus diesem (winzigen!) Überschuss an Materie entstanden sämtliche Planeten, Sterne und Galaxien.

Antimaterie – auch von praktischem Nutzen!

Es klingt abenteuerlich, aber Antiteilchen werden in der Medizin im Rahmen der Positronen-Emissions-Tomografie (PET) für den Nachweis von Tumoren verwendet. Dem Patienten wird dabei eine Lösung des radioaktiven Isotops ^{18}Fluor gespritzt, das sich vor allem in Tumorgewebe ablagert. Dort zerfällt es rasch (s. S. 27, Betazerfall) und strahlt ein Positron (Anti-Elektron) aus, das zusammen mit einem Elektron wieder zu Energie zerstrahlt. Dabei werden zwei Photonen (Gammastrahlung) in entgegengesetzte Richtung emittiert. Unser Körper ist für Gammastrahlung nahezu durchsichtig. Mit Hilfe eines Detektors kann nun für jedes Photonenpaar die Richtung angegeben werden, mit der sie den Körper durchdringen, und somit auf die Lage des Tumors im Körper geschlossen werden. Das Verfahren ist für den Patienten sehr verträglich, da nur äußerst geringe Mengen an radioaktivem Material benötigt werden. Einziger Nachteil: Das Verfahren ist sehr teuer, da die benötigten Isotope aufgrund ihrer kurzen Halbwertszeit in einem nahe gelegenen Teilchenbeschleuniger erzeugt werden müssen. Die PET wurde bereits Mitte der 1970er Jahre entwickelt und angewendet. Der größte Vorteil gegenüber älteren Techniken ist die äußerst geringe Strahlenbelastung, der die Patienten hierbei ausgesetzt sind.

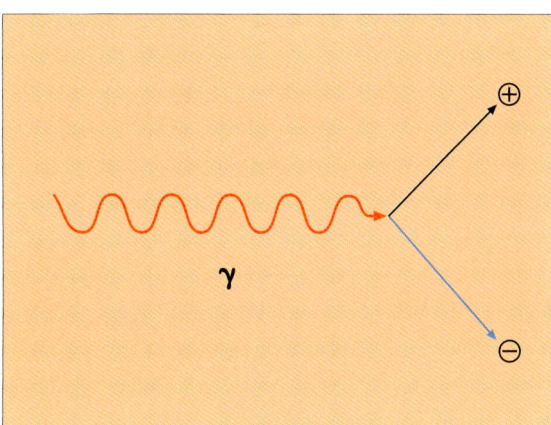

Ein Gammaquant (Photon, wellige Linie) wandelt sich in ein Elektron (blauer Pfeil) und ein Positron (schwarzer Pfeil, Anti-Elektron) um. Energie kondensiert zu Materie.

Atombombentest in Nevada, USA. Die zerstörerische Energiemenge wird durch Kernspaltung freigesetzt.

STRÖMUNGEN – VOM FLIESSENDEN BACH BIS ZUM FLUGZEUG IN DER LUFT

Was hat ein Bach mit feinem Sand gemeinsam?
Beide können fließen. Gibt man den feinen Sand in eine abschüssige Rinne, so rollen alle Körnchen herab. Hierbei stoßen sie aneinander und beeinflussen ihre einzelnen Bahnen, aber insgesamt fließt der Sand bergab. Wasser besteht aus viel kleineren Einzelteilchen, den Wassermolekülen, die zudem eine geringere Reibung aufeinander ausüben. Wasser fließt daher schneller und bereits bei geringerer Hangneigung. Aufgrund der Reibung mit dem Untergrund fließt ein Bach am Ufer oder Grund am langsamsten. Durch die – wenngleich geringere – Reibung untereinander bremsen aber die langsamen Moleküle des Ufers die etwas mehr in der Mitte gelegenen weniger ab. Der Bach fließt daher in der Mitte am schnellsten, bzw. das Wasser fließt im Bach mit unterschiedlicher Geschwindigkeit (je näher zum Ufer, desto langsamer). Physiker nennen diese innere Reibung auch Viskosität (Zähigkeit).

> **Daniel Bernoulli (1700–1782) und sein Effekt**
> Der schweizerische Physiker, Mathematiker und Mediziner Daniel Bernoulli begründete 1738 die Hydro- und Aerodynamik und schuf damit die Grundlage für zahlreiche technische Anwendungen. Der sog. Bernoulli-Effekt – bei dem schnell fließende Flüssigkeiten oder Gase einen geringeren Druck quer zur Strömungsrichtung aufbauen als langsam fließende – ermöglicht u. a., dass Flugzeuge fliegen können (s. S. 268f).

Warum ist der Straßenverkehr viskos?
Der Mensch vermeidet Berührungen unter den Autos ganz selbstverständlich und bremst, bevor es zu einem Unfall kommt. Man bremst nicht nur, wenn ein langsameres Auto die Spur wechselt, um nicht aufzufahren, sondern aus Vorsicht auch auf der Schnellfahrtspur daneben; denn die nahen Fahrer befürchten, dass ein anderes Auto auswei-

Mit 12 km Länge und 420 m mächtigem Eis ist der Gletscher „Mer de Glace" (Mont Blanc, Frankreich) der viertgrößte Eisstrom der Alpen.

Stau auf einer Autobahn. Auch nach dem Beseitigen des Stauauslösers (z. B. ein Unfall) hält sich ein Verkehrsstau wegen der Rückstaueffekte oft hartnäckig.

> **Wissenswertes**
> Auch festes Eis kann fließen! Eis ist zwar ein Feststoff, aber unter großem Druck verhält es sich wie eine zähe Flüssigkeit. Aus diesem Grund fließt ein Gletscher tatsächlich bergab ins Tal. Die Fließgeschwindigkeit der Gletscher in den Alpen beträgt allerdings nur bis zu 150 m pro Jahr.

chen und ebenfalls die Spur wechseln könnte. Diese Wechselwirkung unter den Autos entspricht der Reibung, wie sie unter Molekülen auftritt. Und in der Tat folgen die Berechnungen und Vorhersagen hinsichtlich des Verkehrs und eines möglichen Staus den Gesetzen der Strömungsmechanik der Physik. Straßenverkehr ist also zähflüssig – und zwar im physikalischen Sinn des Wortes.

Warum bilden sich Staus, wenn zu viele Autos auf der Straße sind?

Die Ursache liegt in der Reaktionszeit der Verkehrsteilnehmer: Würden alle Autos auch bei geringem Abstand gleich schnell fahren und beim Bremsen alle anderen Teilnehmer sofort reagieren bzw. anschließend wieder gleichzeitig Gas geben, so würde der Verkehr auch bei einer großen Anzahl von Autos fließen. Durch die Verzögerung unserer Reaktionszeit jedoch funktioniert das nicht – und es kommt zu Rückstaueffekten, die bis zum totalen Verkehrskollaps führen können. Um dem entgegenzusteuern, versuchen moderne Verkehrsleitsysteme durch Frühwarnanzeigen, Rückstaus von vornherein zu minimieren.

> **Wie kann ein Segelschiff gegen den Wind kreuzen?**
> Ein Segelschiff kann nur bis zu einem gewissen Winkel gegen den Wind ankreuzen, da der Wind das Boot ansonsten einfach gegen die Fahrtrichtung wegdrückt. Moderne Rennboote schaffen es, bis zu 35° gegen den Wind anzukreuzen. Der Wind wird durch das Segel umgelenkt, was den Vortrieb des Schiffes bewirkt. Beim Umlenken des Windes wird aber Kraft auf das Boot übertragen, die es tendenziell seitlich abdrückt. Aus diesem Grund sind Segelschiffe mit einem Schwert bzw. einem ausgeprägten Kiel ausgestattet, die dem Seitwärtstrieb den notwendigen Reibungswiderstand entgegensetzen.

Segelschiffe nutzen die von den Segeln umgelenkten Luftströmungen für ihre Fortbewegung.

PHYSIK

TEILCHENZOO UND QUARKS – GANZ SCHÖN BUNT

Martin L. Perl (*1927) erläutert in seinem Labor in Stanford, USA, wie man freie Quarks theoretisch nachweisen könnte.

Gibt es kleinere Teilchen als Atome?

Ja, denn Atome bestehen aus dem Atomkern und einer Hülle aus Elektronen. Der Atomkern wird von Protonen und Neutronen gebildet. Diese bestehen wiederum jeweils aus drei sog. Quarks. Quarks und Elektronen sind Elementarteilchen, d. h. sie lassen sich nicht in weitere, noch kleinere Teilchen zerlegen. Neben den Quarks und Elektronen gibt es nur wenige weitere Elementarteilchen (s. Kasten) – vor allem Neutrinos, Myonen und Bosonen. Bosonen sind für die Übertragung von Kräften zuständig: als Photon für die elektromagnetische Wechselwirkung, als Gluon für die Starke Wechselwirkung, als W^+-, W^- bzw. Z^0-Boson für die Schwache Wechselwirkung und als Graviton für die Gravitation. Alle übrigen Teilchen sind aus Quarks aufgebaut und somit keine Elementarteilchen im engen Sinne. Neutrinos und Myonen übertragen keine Kräfte, sondern existieren als freie Teilchen.

Woher haben Quarks ihren Namen?

Der Begriff stammt aus dem Englischen: Der Physiker und Nobelpreisträger (1969) Murray Gell-Mann, der Entdecker und Namensgeber der Quarks, ließ sich dabei von James Joyces Roman „Finegans Wake" inspirieren. Darin wird ein Gedicht über König Mark zitiert, in dem es heißt: „Three quarks for Muster Mark! / Sure he hasn't got much of a bark / And sure any he has it's all beside the mark". James Joyce war für seine Wortneuschöpfungen und das kunstvolle Verdrehen der Sprache berühmt. Auch den Quarks liegt eine solche Joycesche Wortschöpfung zugrunde – denn das Substantiv „quark" existierte im Englischen bis dahin nicht; es ist vermutlich eine Substantivierung des veralteten „to quark" (dt. wie eine Krähe krächzen).

Zusammenstellung der Elementarteilchen (Überblick)

TEILCHEN		RUHEMASSE IN KG	LEBENSDAUER	ELEKTRISCHE LADUNG	SPIN***
Elektron	e	$9{,}198 \cdot 10^{-31}$	stabil	-1	$0{,}5$
Elektron-Neutrino	ν_e	$< 5{,}4 \cdot 10^{-36}$	quasi stabil*	0	$0{,}5$
Myon	μ	$1{,}908 + 10^{-28}$	$2{,}2 \cdot 10^{-6}$ s	-1	$0{,}5$
Myon-Neutrino	ν_μ	$< 5{,}4 \cdot 10^{-31}$	quasi stabil*	0	$0{,}5$
Tauon	τ	$3{,}1986 \cdot 10^{-27}$	$3 \cdot 10^{-13}$ s	-1	$0{,}5$
Tauon-Neutrino	ν_τ	$< 5{,}4 \cdot 10^{-29}$	quasi stabil*	0	$0{,}5$
Up-Quark	u	$2{,}7 - 8{,}1 \cdot 10^{-30}$	frei nicht existent	$2/3$	$0{,}5$
Down-Quark	d	$9 - 15{,}3 \cdot 10^{-30}$	frei nicht existent	$-1/3$	$0{,}5$
Charm-Quark	c	$1{,}8 - 2{,}52 \cdot 10^{-27}$	frei nicht existent	$2/3$	$0{,}5$
Strange-Quark	s	$1{,}44 - 2{,}79 \cdot 10^{-28}$	frei nicht existent	$-1/3$	$0{,}5$
Top-Quark	t	$3{,}042 - 3{,}222 + 10^{-25}$	frei nicht existent	$2/3$	$0{,}5$
Bottom-Quark	b	$7{,}2 - 8{,}1 \cdot 10^{-27}$	frei nicht existent	$-1/3$	$0{,}5$
Photon	γ	0	Austauschteilchen**	0	1
Z0-Boson		0	Austauschteilchen**	0	1
W+-Boson		ca. $1{,}6 \cdot 10^{-25}$	Austauschteilchen**	1	1
W−-Boson		ca. $1{,}44 \cdot 10^{-25}$	Austauschteilchen**	-1	1
Gluon		0	Austauschteilchen**	0	1
Graviton		0	Austauschteilchen**	0	2

* Neutrinos können aufgrund eines Quanteneffekts (Neutrino-Oszillation) ineinander übergehen bzw. ihre Eigenschaften ändern.
** Austauschteilchen übertragen Kräfte und sind solange stabil, bis sie von dem wechselwirkenden Teilchen absorbiert werden.
*** Der Spin entspricht der Rotation eines Teilchens um die eigene Achse. Am schnellsten rotieren Gravitonen.

Murray Gell-Mann (*1929), der Vater der Quarks. Seine Forschungen über Elemtarteilchen und ihre Interaktionen wurden mit dem Nobelpreis für Physik belohnt.

Warum gibt es keine einzelnen Quarks?

Quarks halten sich gegenseitig stark fest; beim Versuch sie auseinanderzuziehen müsste so viel Energie aufgewendet werden, dass diese ausreicht, zwei neue Quarks, ein Quark und ein Antiquark, zu bilden. Und genau das passiert bei dem Trennungsversuch. Versucht man, ein Quark – beispielsweise durch einen Stoß mit einem anderen Teilchen, aus einem Proton (aus drei Quarks bestehend) herauszuschleudern, wird die Energie in weitere Quarks umgewandelt. Das Proton bleibt erhalten, und es entsteht zum Beispiel ein Meson (Teilchen aus je einem Quark und Antiquark). Mesonen sind hochgradig instabil und wandeln sich spätestens nach ca. 10^{-8} Sek. in Energie zurück. Der Versuch, ein Quark zu isolieren, ist also vergeblich.

Gibt es masselose Teilchen?

Ja, z. B. das Photon, aus dem das Licht besteht und das die elektromagnetische Wechselwirkung überträgt. Da Photonen jedoch Energie beinhalten und Energie einer Masse entspricht, spricht man (genau genommen) davon, dass sie keine Ruhemasse besitzen. Weitere masselose Teilchen sind das Gluon und das Graviton.

Inspektion eines Pionen-Detektors des Teilchenbeschleunigers Fermilab, einem der größten seiner Art.

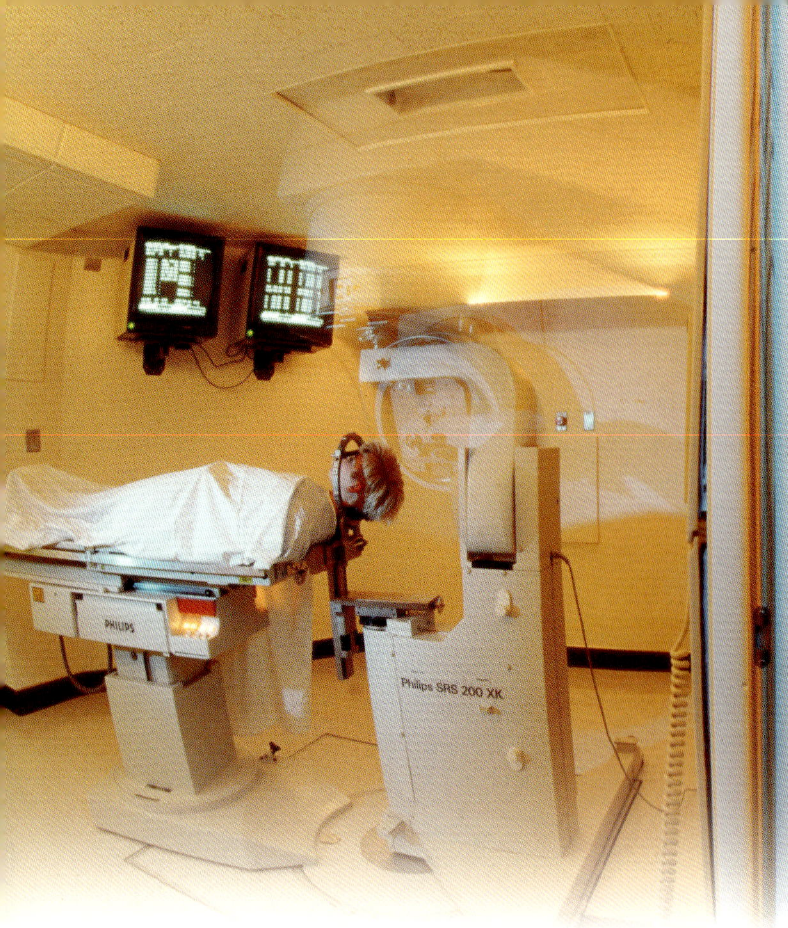

RADIOAKTIVITÄT – BERÜHMT-BERÜCHTIGT

Bestrahlung eines Gehirntumors mit Gamma-Strahlen, die mit Hilfe eines kleinen Teilchenbeschleunigers erzeugt werden (Linearbeschleuniger).

Was ist Radioaktivität?

Ist eine Substanz radioaktiv, so besteht sie aus instabilen Atomkernen, die sich unter Abgabe von Energie solange umwandeln, bis sie stabil sind. Hierbei kann die abgegebene Energie direkt als kurzwellige Lichtstrahlung oder als Teilchen – in Form kinetischer Energie – abgegeben werden. Werden Teilchen abgegeben, so ändert sich die Zusammensetzung des Atomkerns und somit verwandelt sich auch die radioaktive Substanz.

Welche Formen von Radioaktivität gibt es?

Es gibt drei Haupttypen der Radioaktivität:
– Alphazerfall: Dabei können schwere, instabile Atomkerne spontan einen kleinen Heliumkern (zwei Protonen und zwei Neutronen) abgeben. Die einzelnen Teilchen des großen Kerns sind locker gebunden, da die zusammenhaltende Kernkraft nur über kurze Reichweiten (geringer als der Kerndurchmesser) wirksam ist. Kommen sich zufällig zwei Protonen und Neutronen innerhalb des Kerns

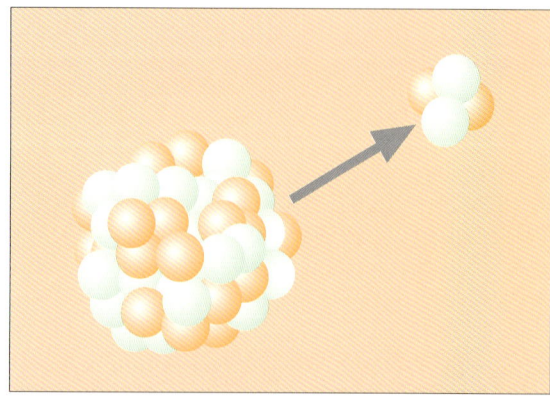

Alphazerfall: Ein Heliumkern, bestehend aus je zwei Protonen und Neutronen, wird aus einem großen Atomkern geschleudert.

Was bedeutet Halbwertszeit?

^{137}Caesium ist ein Betastrahler mit 30 Jahren Halbwertszeit; das bedeutet: Die Hälfte des Caesiums wandelt sich im Laufe von 30 Jahren um in ^{137}Barium. Weitere 30 Jahre später ist wiederum die Hälfte davon zerfallen. Von 1 kg Caesium sind also nach 60 Jahren noch 250 Gramm übrig, nach 120 Jahren noch 62,5 Gramm und nach 250 Jahren noch knapp vier Gramm. Das bei dem Reaktorunglück in Tschernobyl freigesetzte Caesium ist daher trotz der (relativ kurzen) Halbwertszeit von 30 Jahren noch über viele Jahrzehnte in der Umwelt vorhanden und wirksam.

näher, so binden sie sich fester aneinander. Die Energiedifferenz wird in Form kinetischer Energie (s. S. 14 f) abgegeben, d. h. das α-Teilchen wird aus dem Kern geschleudert.

– Betazerfall: Bei großem Neutronenüberschuss im Kern kann sich ein Neutron (unter Abgabe eines Elektrons) spontan in ein Proton umwandeln. Das Elektron wird aus dem Kern geschleudert. Analog

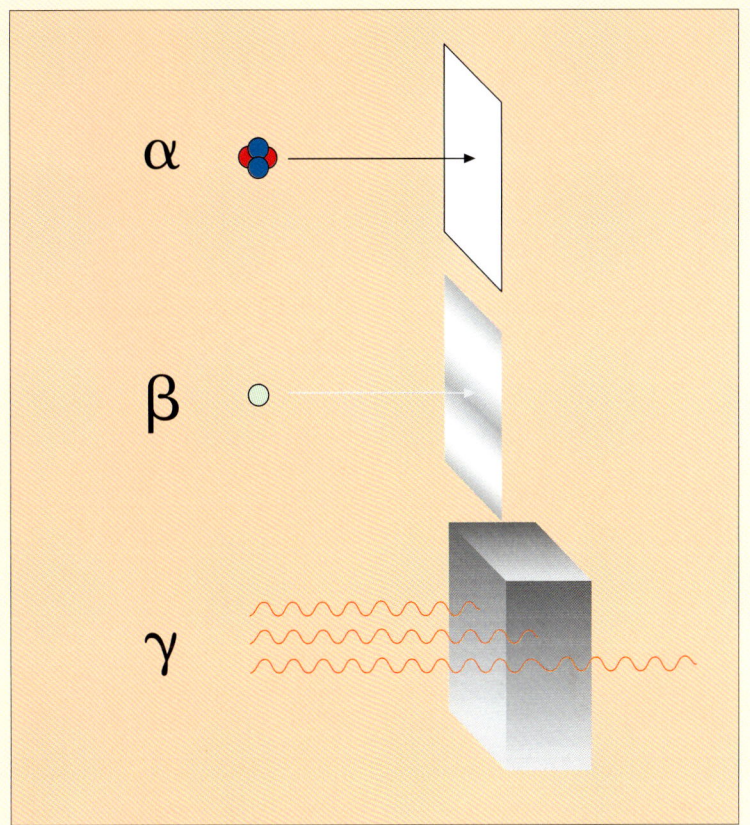

> **Altersbestimmung mit der C14-Methode**
>
> Lebendes Gewebe enthält sehr viel Kohlenstoff (^{12}C). In der Natur kommt in geringem Maße auch ein Kohlenstoffisotop mit zwei zusätzlichen Neutronen (^{14}C) vor. Es wird in der Atmosphäre gebildet, von Pflanzen und Tieren eingeatmet und in die Zellen eingebaut. Nach dem Absterben – z. B. eines Baumes, dessen Holz genutzt wurde – wird kein weiteres ^{14}C aufgenommen, da ja der gesamte Stoffwechsel eingestellt ist. Das vorhandene ^{14}C ist radioaktiv und zerfällt zu Stickstoff. Da dieser nicht mehr durch neues, eingeatmetes ^{14}C ersetzt wird, kann man anhand des Verhältnisses von gewöhnlichem ^{12}C zu ^{14}C das Alter des Holzes bestimmen: Je älter es ist, desto weniger ^{14}C kommt noch im Holz vor. Da die Halbwertszeit 5730 Jahre beträgt, erlaubt diese Methode Rückschlüsse auf das genaue Alter geschichtlicher Zeugnisse wie z. B. hölzerner Artefakte.

kann bei Überschuss aus einem Proton ein Neutron werden; hierbei wird aber ein Positron (Antielektron) mit positiver Ladung abgegeben.

– Gammazerfall: Hierbei wird nur überschüssige Energie in Form von kurzwelliger, energiereicher Strahlung abgegeben.

Wie gefährlich ist radioaktive Strahlung für den Menschen?
Die Gefährlichkeit hängt von der Art der Strahlung ab. α-Teilchen etwa fliegen in der Luft nur wenige Zentimeter weit, und selbst ein Blatt Papier wird davon nicht durchdrungen. Die oberste (tote) Hautschicht des Menschen hält diese Strahlung ab. Verschluckt man aber z. B. einen Alphastrahler – etwa über kontaminierte Nahrung –, so treffen die energiereichen Teilchen direkt auf lebende Zellen und können Schaden in Form von Zellveränderungen (Krebs) anrichten. Betastrahlung reicht in der Luft mehrere Meter weit, durchschlägt jedoch die obersten Hautschichten und dringt so in den Körper ein – allerdings mit nur geringer Wirkung. Gammastrahlung dagegen ist sehr gefährlich: Sie ist energiereich und durchdringt den Körper vollständig. Vor allem im Flugzeug ist der Mensch kosmischer Gammastrahlung ausgesetzt, die dank der Atmosphäre den Erdboden aber nicht erreicht.

Alphastrahlung wird bereits von einem Blatt Papier aufgehalten, Betastrahlung hingegen von dünnem Metallblech, während Gammastrahlung nur durch massives Blei absorbiert wird.

Marie Curie (1867–1934), die Entdeckerin der Radioaktivität, in ihrem Labor.

PHYSIK

KERNKRAFTWERKE – GENUTZTE KERNSPALTUNG

Atommüll-Zwischenlager in La Hague, Frankreich. Das radioaktive Material wird in strahlungssicheren und sehr stabilen Gefäßen aufbewahrt.

Warum liefert Kernspaltung Energie?
Große Atomkerne sind in sich lockerer aufgebaut als kleinere Kerne, da die sie zusammenhaltende Kernkraft nur über sehr geringe Distanzen wirksam ist. Die Abstoßung der Protonenladungen hingegen wirkt sich auch auf größere Distanzen aus. Spaltet man einen großen, schweren Atomkern in zwei kleinere, so rücken die einzelnen Teilchen enger zusammen, da sie sich alle gegenseitig mittels der Kernkraft stabilisieren. Hierbei wird potentielle Energie freigesetzt.

Was ist der Brennstoff eines Kernkraftwerks?
Der bekannteste ist Uran, das in der Natur in drei Formen vorkommt, die sich hinsichtlich der Neutronenanzahl unterscheiden. Mit knapp über 99% ist ^{238}U am häufigsten; es lässt sich jedoch nicht spalten. Das seltenere, spaltbare ^{235}U kommt nur zu 0,7% in der Natur vor. ^{234}U ist zu selten (0,0055%) und spielt daher für die Verwendung in Kernkraftwerken keine Rolle.

Warum ist die Kernspaltung so gefährlich?
Bei der Spaltung von ^{235}U entstehen zwei kleinere, neue Atomkerne sowie drei abgegebene Neutronen. Trifft ein Neutron auf einen ^{235}U-Atomkern, so wird dieser davon wiederum gespalten und emittiert drei neue Neutronen. Wenn alle Neutronen wieder jeweils auf einen Kern treffen, so ergibt sich eine Art Lawine, eine explosionsartige Kettenreaktion (Funktionsweise einer Atombombe). Im Kernkraftwerk darf im Durchschnitt nur jedes dritte Neutron einen ^{235}U-Kern treffen, damit die Reaktion konstant abläuft. Deshalb ist in den Uranbrennstäben gewöhnlich nur maximal 7% ^{235}U enthalten (der Rest besteht aus dem ungefährlichen, gleichwohl radioaktiven ^{238}U). Die Reaktionskette kann – und muss – zudem gesteuert werden. Durch Kühlen und Abfangen von Elektronen (durch Wasser) lässt sich

Häufige Reaktortypen:
– Leichtwasserreaktor: Hier werden die Brennstäbe mit gewöhnlichem Wasser gekühlt. Wasser fängt verhältnismäßig viele Neutronen ab, weshalb die Brennstäbe genügend ^{235}U enthalten müssen (bis 7%).
– Schwerwasserreaktor: Schweres Wasser besteht aus Sauerstoff und zwei Deuteriumkernen (statt Wasserstoffkernen). Schweres Wasser fängt Neutronen schlechter ab als normales Wasser. Daher können nur Brennstäbe mit geringerem ^{235}U-Anteil (ab 0,7%) zur Energiegewinnung verwendet werden. Allerdings ist die Erzeugung von schwerem Wasser aufwendig.
– Schneller Brüter: Hier wird während der Kernspaltung parallel aus dem nicht verwendbaren ^{238}U spaltbares Plutonium erzeugt. Schnelle Brüter gewinnen so mindestens ein Drittel mehr Energie aus den Brennstäben. Plutonium ist jedoch sehr gefährlich und kann für die Herstellung von Kernwaffen verwendet werden. Hier besteht zusätzlich die Gefahr eines Missbrauchs.

die Zahl der Spaltungen reduzieren. Werden die Brennstäbe zu kühl, lässt man den Neutronen wieder freien Lauf.

Wie erzeugt ein Kernkraftwerk Strom?
Mit der freigesetzten Energie wird Wasser erhitzt, das eine Turbine antreibt und dort Strom erzeugt. Durch die Verwendung von Wasser erzeugen Kernkraftwerke nur reinen Wasserdampf als Ausstoß ihrer Kühltürme und sind – zumindest in dieser Hinsicht – nicht umweltschädigend.

Warum ist Atommüll gefährlich?
Uran ist radioaktiv und aufgrund extrem langer Halbwertszeiten ein Jahrhunderte währendes Problem. Auch die Spaltprodukte sind radioaktiv und langlebig. Ausgediente Brennstäbe stellen somit ein großes Gefahrenpotential dar: Bis heute gibt es keine vollkommen sicheren Endlagerstätten, weshalb die Nutzung von Kernenergie sehr umstritten ist. Das Risiko eines Reaktors – der eine gebremste Kettenreaktion nutzt, die ungebremst zur Explosion führen würde – wird von Vielen (besonders nach Reaktorunfällen) als unkalkulierbar betrachtet.

Eine Uranmine in Saskatchewan, Kanada. Das Uran wird aus dem abgetragenen Gestein isoliert.

Kühltürme eines Kernkraftwerks in Middletown, Pennsylvania, USA. In der Nacht zum 28. März 1979 kam es zu einem schweren Störfall; die Kosten für die Beseitigung der Schäden betrugen fast 1 Mrd. Dollar.

PHYSIK

KERNFUSION – ENERGIELIEFERANT DER ZUKUNFT?

Der Kern eines Fusionsreaktors. Das heiße Plasma wird von starken Magneten in einem Ring gefangen und so stark komprimiert, dass die Fusion einsetzen kann.

Was ist Kernfusion?
Kernfusion bedeutet die Vereinigung zweier Atomkerne zu einem neuen, größeren Kern. Um dies zu ermöglichen, muss zunächst die Abstoßung der Protonen der beiden Kerne überwunden werden, bevor die Kernkräfte den neuen Kern stabilisieren. Hierfür benötigt man großen Druck und hohe Temperaturen.

Warum liefert eine Kernfusion Energie?
Zwei einzelne, kleine Atomkerne sind etwas schwerer als ihre Summe nach der Verschmelzung. Die Differenz wird als Energie abgegeben. Die Kernfusion ist also der gegenläufige Prozess zur Kernspaltung schwerer Kerne. Bei leichten Kernen lässt sich durch Fusion Energie gewinnen, während bei Kernen, die schwerer als Eisen sind, Energie durch Spaltung erzeugt wird.

> **Indirekte Nutzung der Kernfusion**
> Solarzellen fangen das in der Sonne gebildete Licht ein und wandeln dessen Energie in Strom um. Die Solarzellentechnik ist allerdings nicht ganz unumstritten, da bei der Herstellung von Dünnschichtsolarzellen gesundheits- und umweltschädigendes Arsen und Cadmiumtellurid (an Stelle von Silizium) verwendet werden.

Leben wir bereits von der Kernfusion?
Ja – auch wenn dies im ersten Moment verwundern mag. Wir ernähren uns sogar von ihr, da das von der Sonne abgestrahlte Licht und somit auch ihre Wärme durch die Kernfusion in ihrem Innern erzeugt wird. Im Sonneninnern ist es bei extremem Druck heiß genug, um über mehrere Stufen aus Wasserstoff Helium entstehen zu lassen. Die Pflanzen nehmen die Sonnenenergie mit Hilfe des Chlorophylls ihrer Blätter auf und verwandeln die

Energie des aufgenommenen Lichts in chemische Energie – in Form von Zucker. Von diesem Zucker ernähren sich alle Tiere – entweder direkt als Pflanzenfresser, oder indirekt, wenn sie das Fleisch von Pflanzenfressern fressen.

Ist Kernfusion auch technisch nutzbar?
Ja, allerdings wird ihre technische Nutzung seit der erstmaliger Anwendung beim Bau der Wasserstoffbombe (erste große Explosion 1952) sehr skeptisch beurteilt. Die friedliche Nutzung (s. Kasten „Ausblick in die Zukunft") ist ungleich schwieriger, da der nötige hohe Druck und die Temperatur dauerhaft erzeugt werden müssen. Theoretisch ist das zwar bereits machbar, erweist sich aber in der Praxis als noch zu energieaufwendig.

Gibt es bereits Fusionsreaktoren?
Nein, noch ist es technisch nicht gelungen, mehr Energie zu gewinnen, als man für die Erzeugung der Fusion zuvor aufwenden muss. Ein erster Versuchsreaktor ist bereits in Planung und soll im Jahr 2016 in Südfrankreich in Betrieb gehen. Es handelt sich um ein Gemeinschaftsprojekt der EU, der USA sowie Chinas, Indiens, Japans, Koreas und Russlands.

> **Ausblick in die Zukunft**
> Gelingt es, die Kernfusion technisch nutzbar zu machen, so wäre das Problem der Energieerzeugung für die Menschheit möglicherweise gelöst. Die Erzeugung von Elektrizität wäre umweltfreundlich machbar, was auch Möglichkeiten eröffnen würde, Verbrennungsmotoren durch stromgetriebene Antriebssysteme zu ersetzen. Der Ausstoß von Treibhausgasen ließe sich global spürbar reduzieren. Noch sind jedoch die technischen Probleme nicht gelöst – und auch der Kostenfaktor wird vermutlich noch lange enorme Schwierigkeiten bereiten.

Ist Kernfusion gefährlich?
Prinzipiell nein, da die Fusionsreaktion bei einem Reaktorschaden zum Stillstand käme. In einem Kern(-spaltungs-)kraftwerk muss die Reaktion ständig in Zaum gehalten werden, während sie bei der Fusion künstlich am Laufen gehalten werden muss. Zudem entsteht im Vergleich zu Kernkraftwerken nur verhältnismäßig wenig Radioaktivität.

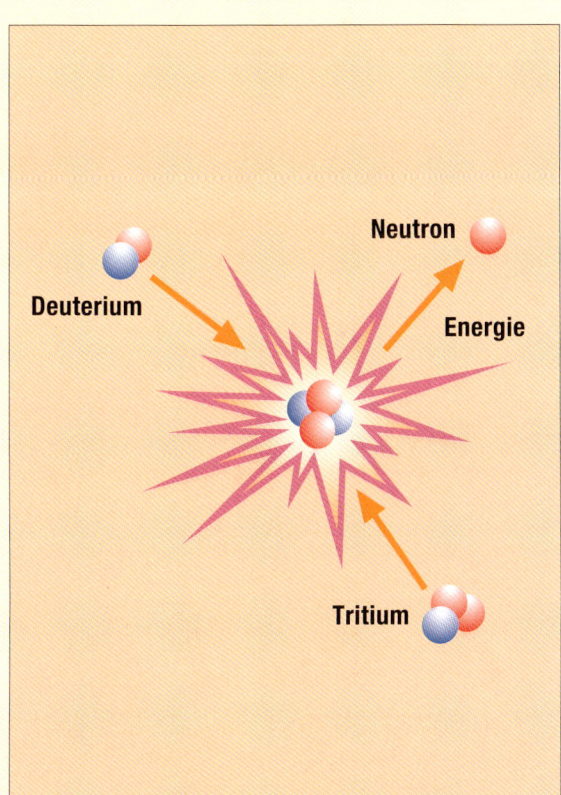

Bei der Fusion von Deuterium und Tritium zu einem Heliumkern wird ein Neutron (rot) sowie Energie freigesetzt.

Die Sonne ist ein riesiger, natürlicher Fusionsreaktor und Energie pur: In einer gewaltigen Explosion (oben im Bild) wird Gas von der Feuerkugel geschleudert („Protuberanz").

PHYSIK

LADUNG, FELDER, SPANNUNG, STROM – EINFACH ELEKTRISIEREND!

Was ist elektrischer Strom?
Elektrischer Strom besteht aus fließenden Ladungen (meist) beweglicher Elektronen. Die positiv geladenen Protonen hingegen bleiben im Atomkern fest gebunden. In einem Plasma sind allerdings auch die positiven Ladungen beweglich und können dann – z. B. bei einem Blitzschlag – ihren Beitrag zum elektrischen Strom leisten.

Warum wird ein Draht heiß, wenn Strom fließt?
Im Leiter werden die fließenden Elektronen immer wieder gebremst, wenn sie von Atom zu Atom springen. Ihre kinetische Energie wird in Wärme umgewandelt, die den Draht erhitzen (und z. B. den einer Glühbirne zum Leuchten bringt). Das Abbremsen der Elektronen wird elektrischer Widerstand genannt. Ein Objekt mit sehr großem Widerstand wirkt als Isolator.

Wie erzeugt man Strom?
Lässt man eine Drahtspule sich in einem Magnetfeld um die eigene Achse drehen oder bewegt man einen Magneten um eine Spule, so wird Strom induziert. So funktioniert ein Fahrraddynamo oder (Wechselstrom-)Generator. Der Magnet wird durch ein kleines Rad gedreht (das selbst durch die Reifenumdrehungen in Bewegung versetzt wird). Auch in Kraftwerken wird nach diesem Grundprinzip Strom erzeugt.

> **Was bedeuten Volt und Ampère?**
> Ampère (A) bezeichnet das Maß der Stromstärke, also die Anzahl der Elektronen, die im Leiter fließen. Mit Volt (V) wird hingegen das Maß für die treibende Kraft benannt, die den Strom zum Fließen bringt. Man bezeichnet sie als Spannung. Die Haut des Menschen hat einen hohen Widerstand, weshalb bei geringer Spannung praktisch kein Strom hindurchfließen kann. Ist die Spannung jedoch groß genug, den Strom durch die Haut zu bringen, so kann dies bei erhöhten Stromstärken lebensgefährlich werden, da unser gesamtes Nervensystem über elektrische Impulse funktioniert. Die Folge wäre ein Stromschlag. Ein Stromschlag beeinflusst wiederum den Herzschlag und kann zu Herzkammerflimmern führen.

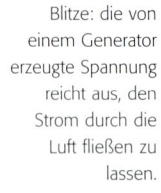

Kleine, künstliche Blitze: die von einem Generator erzeugte Spannung reicht aus, den Strom durch die Luft fließen zu lassen.

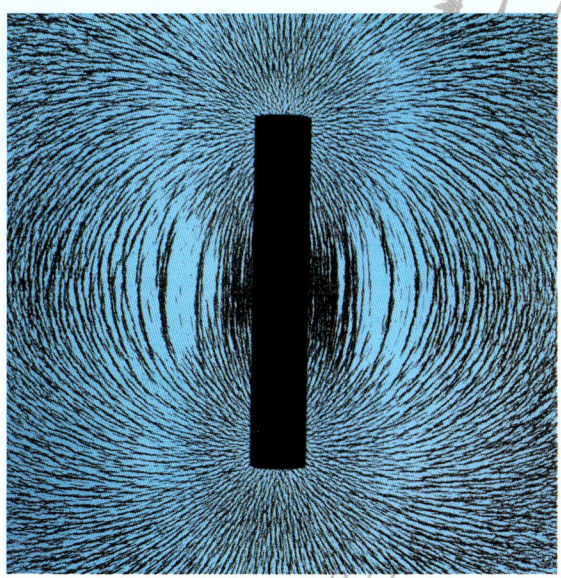

In einem Magnetfeld ordnen sich kleine Metallspäne in Richtung der wirkenden Kraft an. Die entstehenden Linien zeigen zu den Polen des Magneten.

Was ist Wechselstrom?

Wechselstrom ist ein elektrischer Strom, der seine Fließrichtung periodisch und in ständiger Wiederholung ändert. Die Anzahl der Richtungsänderungen pro Sekunde wird in Hertz (Hz) angegeben und gemessen. Bei der Stromerzeugung mit Generatoren entsteht durch das Drehen der Spule Wechselstrom. Drehung bedeutet eine ständige, zyklische Richtungsänderung, die sich in der Flussrichtung des erzeugten Stroms widerspiegelt – er pendelt hin und her. Gleichstrom fließt nur in eine Richtung und wird u. a. mit Batterien erzeugt. Hier wird Strom chemisch gespeichert und bei Anschluss an einen Stromkreis kontinuierlich abgegeben, bis die Batterie entladen ist.

Was ist ein Magnet?

Ein Magnet erzeugt ein magnetisches Feld, das immer zwei Pole (einen sog. Nord- und einen Südpol) besitzt. Ein Magnet zieht Eisen bzw. andere magnetische Materialen an. Beim Zusammentreffen zweier gleicher Magnetpole stoßen diese sich gegenseitig ab, während entgegengesetzte Pole einander anziehen. Da auch die Erde ein Magnetfeld besitzt, richtet sich eine Kompassnadel stets so aus, dass ihr magnetischer Nordpol sich auf den magnetischen Südpol der Erde ausrichtet und umgekehrt ihr Südpol sich auf den Nordpol. Stromdurchflossene Spulen mit einem Metallkern (Elektromagneten) erzeugen ebenfalls starke Magnetfelder; diese lassen sich an- und ausschalten (durch Unterbrechung des Stromflusses), was bei Permanentmagneten nicht möglich ist.

Wie funktioniert ein Faradayscher Käfig?

Elektrizität kann praktisch nicht in das Innere eines geschlossenen Raums eindringen, wenn die Hülle Strom leiten kann. Dieser fließt dann nur an der Außenseite der Hülle entlang. Man ist daher bei Gewitter in einem Auto sicher – trotz der Fenster, da auch Unterbrechungen in der Hülle kein Eindringen von Blitzen ins Innere des Autos zulassen. Man darf die Hand nur nicht zum Fenster hinausstrecken oder gar auf die Außenseite der Karosserie fassen, wenn ein Blitz ins Auto einschlägt! Der Oberflächenstrom würde den Arm oder die Hand erwischen und einen Stromschlag auslösen.

Hochspannungsleitung: Die angelegte Spannung liegt zwischen 110 000 und 380 000 Volt.

GEWITTER – EIN PHYSIKALISCHES GROSSEREIGNIS

Gewitter über Chicago, USA. Damit die Hochhäuser keinen Schaden nehmen, leiten Blitzableiter den Strom sicher vom Dach in den Boden ab.

Wie entsteht ein Gewitter?

In einer Gewitterwolke herrschen starke Aufwinde, die feuchte Luft schnell in große Höhen tragen. Hierbei bilden sich zahllose kleine Wassertröpfchen aus, die in größerer Höhe zu Hagelkörnern gefrieren. Die Aufwinde verhindern lange Zeit das Herabfallen der Tropfen bzw. Körner, sodass ständig Tröpfchen zusammentreffen, größer werden und dabei aneinander stoßen und reiben. Durch das Reiben wird Ladung induziert. Die Tropfen und Körner sind meist negativ geladen und führen später beim Herabfallen diese negativen Ladungen – die Elektronen – mit. In tieferen Luftschichten verdunsten sie wieder bzw. die Hagelkörner tauen auf. Hierdurch wird ständig Ladung aus dem oberen Wolkenbereich in den unteren transportiert, wo sich zunehmend Spannung aufbaut.

Kugelblitze im Labor – genauer gesagt, kugelblitz-ähnliche Plasmawolken – haben Wissenschaftler der Arbeitsgruppe Plasmaphysik des Garchinger Max-Planck-Instituts für Plasmaphysik (IPP) und des Instituts für Physik der Humboldt-Universität Berlin erzeugt.

PHYSIK

Gibt es Kugelblitze?

Bis heute ist nicht restlos erklärbar, was viele Augenzeugenberichte als Kugelblitze beschreiben: leuchtende Kugeln in Tennis- bzw. Fußballgröße, die über dem Boden schweben. Im Labor lässt sich durchaus ein kugelförmiges, heißes Plasma mit Hilfe einer Blitzentladung zu erzeugen. Allerdings sind diese künstlichen Kugelblitze nur für einen Bruchteil einer Sekunde stabil. Das Phänomen bleibt daher weiterhin ungeklärt, erscheint aber prinzipiell nicht unmöglich.

Wann fängt es an zu blitzen?

Wenn die aufgebaute Spannung groß genug ist, den Luftwiderstand zu durchbrechen, fließt Strom in Form eines Blitzes. Theoretisch werden hierfür Feldstärken von 3 Mio. V/m Abstand als Spannung benötigt. In der Praxis ergibt sich aber „nur" eine Feldstärke von ca. 200 000 V/m, was eine Spannung von insgesamt bis zu 100 Mio. V bedeutet. Die Differenz lässt sich nur erklären, wenn statt gewöhnlicher Luft auch frei bewegliche, geladene Moleküle (Ionen) vorliegen, die ein Durchschlagen des Stroms begünstigen. Die genauen Umstände sind noch nicht geklärt, aber als möglicher Auslöser wird die kosmische Höhenstrahlung diskutiert.

Schlagen alle Blitze ein?

Nein; die meisten Blitze (ca. 90%) zucken von Wolke zu Wolke bzw. von Wolkenschicht zu Wolkenschicht und erreichen nicht die Erde. Bei starkem Regen allerdings werden die negativen Ladungen auch bis zum Boden transportiert, und der Blitz kann dann entsprechend im Boden einschlagen.

Wie heiß ist ein Blitz?

Die Energie eines Stromstoßes ist so groß, dass die Luft im Blitzkanal bis auf ca. 30 000 °C erhitzt wird. Die sich erhitzende Luft dehnt sich schnell aus und erzeugt so einen lauten Knall, der als Donner zu hören ist.

Warum hört man den Donner später, als man den Blitz sieht?

Das Licht des Blitzes breitet sich mit Lichtgeschwindigkeit (also 299 792 458 m/s!) aus, während die Schallgeschwindigkeit nur ca. 343 m/s beträgt. Der Blitz selbst ist ca. 30 000 bis 100 000 km/s schnell! Das lange „Grollen" des Donners liegt an dem langen Weg des Blitzes von den Wolken bis zum Boden; auch wird der Donner durch Echoeffekte zeitlich ausgedehnt. – Zählt man die Anzahl der Sekunden zwischen Blitz und Donner und teilt sie durch die Zahl 3, so erhält man annähernd die Entfernung des Gewitters in km.

Wie viel Strom fließt bei einem Blitz?

In einem Blitz fließt durchschnittlich Strom von 20 000 Ampère – auch wenn der Blitz nur Sekundenbruchteile dauert. Bereits 50 Milliampère können jedoch für einen Menschen tödlich sein.

Die Buche suche, der Eiche weiche, die Weide meide, doch die Linde finde!

Diese alten Bauernregeln machen durchaus Sinn; Buchen und Weiden haben eine glatte Borke, an der bei Regen Wasser als einheitliche Schicht herabrinnt. Schlägt der Blitz in diesen Baum ein, wird der Strom oft über das Wasser direkt in den Boden geführt. Bei Eichen und Weiden ist der Wasserfilm meist unterbrochen, da ihre Borke sehr grob ist. Der Blitz springt daher eher vom Baum weg in den Boden. Auch kann die Eiche beim Blitzeinschlag zersplittern. Die Wucht ist so groß, dass auch fliegende Holzstücke gefährlich sind. Natürlich sollte man bei Gewitter generell nicht unter Bäumen – insbesondere einzeln stehenden – Schutz suchen, da die Wahrscheinlichkeit eines Einschlags in den Baum höher ist als einer in die flache Umgebung. Am sichersten ist man bei Gewitter allerdings in geschlossenen Räumen mit Blitzableiter.

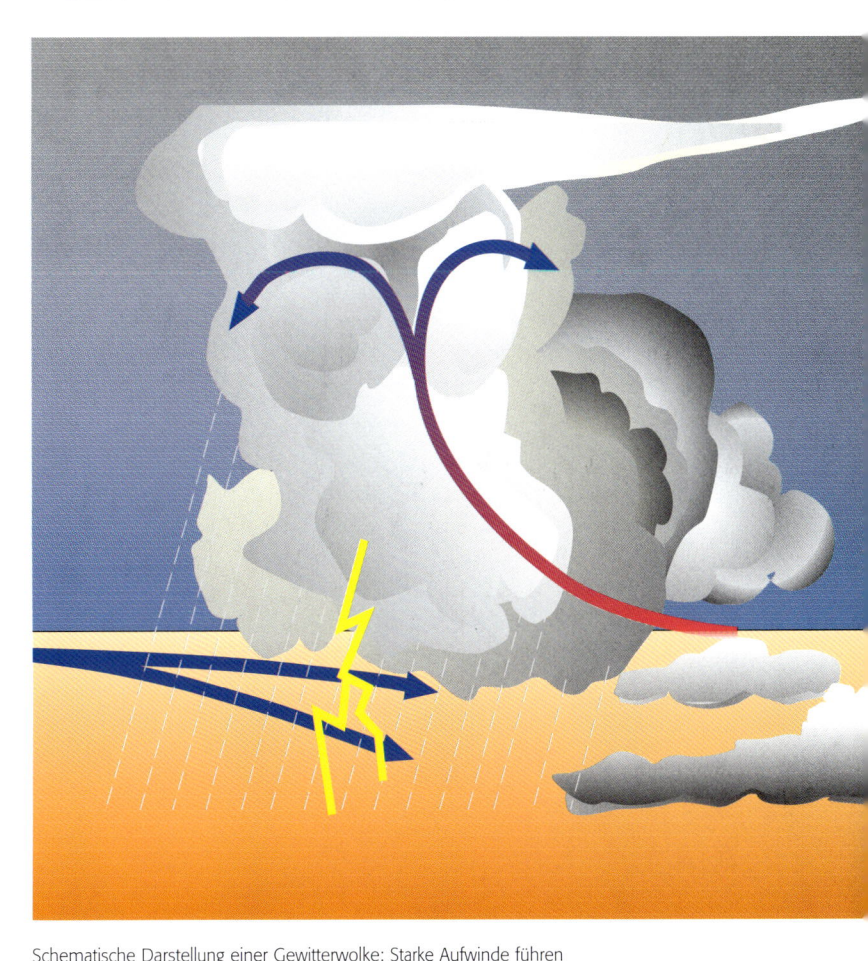

Schematische Darstellung einer Gewitterwolke: Starke Aufwinde führen zur Ambossform der mehrere Kilometer hohen Gewitterfront und zu einem Ansaugeffekt der Luft (blaue Pfeile) an der Vorderseite.

LICHT – DAS ELEKTROMAGNETISCHE SPEKTRUM

Kleine Wassertröpfchen in der Luft erzeugen einen Regenbogen. Das gelb-weiße Sonnenlicht wird durch Brechung in die Spektralfarben zerlegt.

Was ist Licht?
Licht ist ein Teil der von der Sonne ausgesandten, sog. elektromagnetischen Strahlung, und zwar in einem Frequenzbereich, den das menschliche Auge wahrnehmen kann. Zugleich besteht Licht aber auch aus Teilchen, den Photonen (daher der Begriff Lichtstrahl). Trifft z. B. ein Photon auf ein Elektron, so kann dieses durch den Aufprall des Lichts aus einem Atom geschossen werden oder Moleküle durch den Aufprall gespalten werden. Auf diese Weise wird auch ein Film in einer Kamera belichtet: Silberbromid wird durch Licht in Silber und Brom gespalten. Das Silber färbt den Film dunkel: Es entsteht ein Negativ.

Kann man mit Licht im Weltall segeln?
So verrückt das klingen mag: theoretisch ja! Die Photonen, also die Lichtteilchen, bewirken beim Auftreffen auf eine Oberfläche einen kleinen Stoß. Die übertragene Kraft pro Stoß ist winzig klein, wirkt sich aber im Weltall wegen der nahezu fehlenden Reibung im Vakuum aus. Würde man vor ein kleines Objekt ein leichtes, aber riesiges Segel spannen, so würde dies vom Sonnenlicht kontinuierlich beschleunigt werden. Die Masse muss jedoch klein gehalten werden, da das Objekt sonst zu träge würde, um zeitnah auf die Beschleunigung zu reagieren. Allerdings kann man vom Licht nur geschoben werden. Ein Kreuzen wie bei „irdischen" Segelbooten (s. S. 23) funktioniert wegen der mangelnden Reibung im Weltall nicht.

Was sind Farben?
Das menschliche Auge kann Wellenlängen des Lichtes zwischen etwa 380 und 780 nm erkennen. Kurzwelliges Licht erscheint für uns blau, langwelliges rot. Allerdings kann es nur einen geringen Teil des gesamten Spektrums des Lichts erfassen – zu dem auch Infrarotstrahlung, Mikrowellen und Radiowellen gehören. Sie sind jedoch zu langwellig, als dass wir sie sehen könnten. Auf der anderen Seite des Spektrums finden sich die – für das menschliche Auge ebenfalls nicht sichtbaren, weil zu kurzwelligen – Röntgenstrahlen und Gammastrahlen sowie die UV-Strahlung.

Warum durchleuchtet Röntgenstrahlung den Körper?
Ähnlich wie Glas für sichtbares Licht durchsichtig ist, ist unser Körper für Röntgenstrahlen mehr oder weniger transparent. Dichte Strukturen wie Knochen absorbieren einen Teil der Röntgenstrahlen, weshalb diese auf dem Röntgenbild erscheinen. Um ein differenziertes Röntgenbild von Teilen des Körperinnern zu erhalten, werden bisweilen spezielle Kontrastmittel eingesetzt, die ihrerseits Röntgenstrahlen absorbieren, um bestimmte

Gewebestrukturen für das Röntgenlicht einzufärben und entsprechend darzustellen. Die Energie, welche die kurzwellige Röntgenstrahlung transportiert, kann aber auch Schäden im Körper bewirken und Zellveränderungen herbeiführen (Krebs); deshalb ist es ratsam, auf unnötige Aufnahmen zu verzichten.

Wie funktioniert ein Mikrowellenherd?
Mikrowellen werden von Wasser absorbiert und erhitzen dieses, indem sie die Moleküle zur Schwingung anregen. So wird eine starke Reibungshitze erzeugt, die die Lebensmittel von innen herauserwärmt. Das Mikrowellengerät selbst und auch das spezielle Geschirr werden von den Mikrowellen nicht angeregt – und bleiben kalt.

Was bedeutet UKW?
UKW ist die Abkürzung für „Ultrakurzwelle" und bezeichnet Licht mit Wellenlängen zwischen einem und zehn Metern. UKW-Radiosendungen werden also mit – im Vergleich zu sichtbarem Licht langwelliger – elektromagnetischer Strahlung übertragen. Neben Radioprogrammen wurde früher auch das Fernsehprogramm für die Hausantenne in diesem Wellenlängenbereich des Lichts übertragen.

Das Röntgenbild einer Hand. Röntgenstrahlen helfen in der Medizin, das Innere des Körpers sichtbar zu machen.

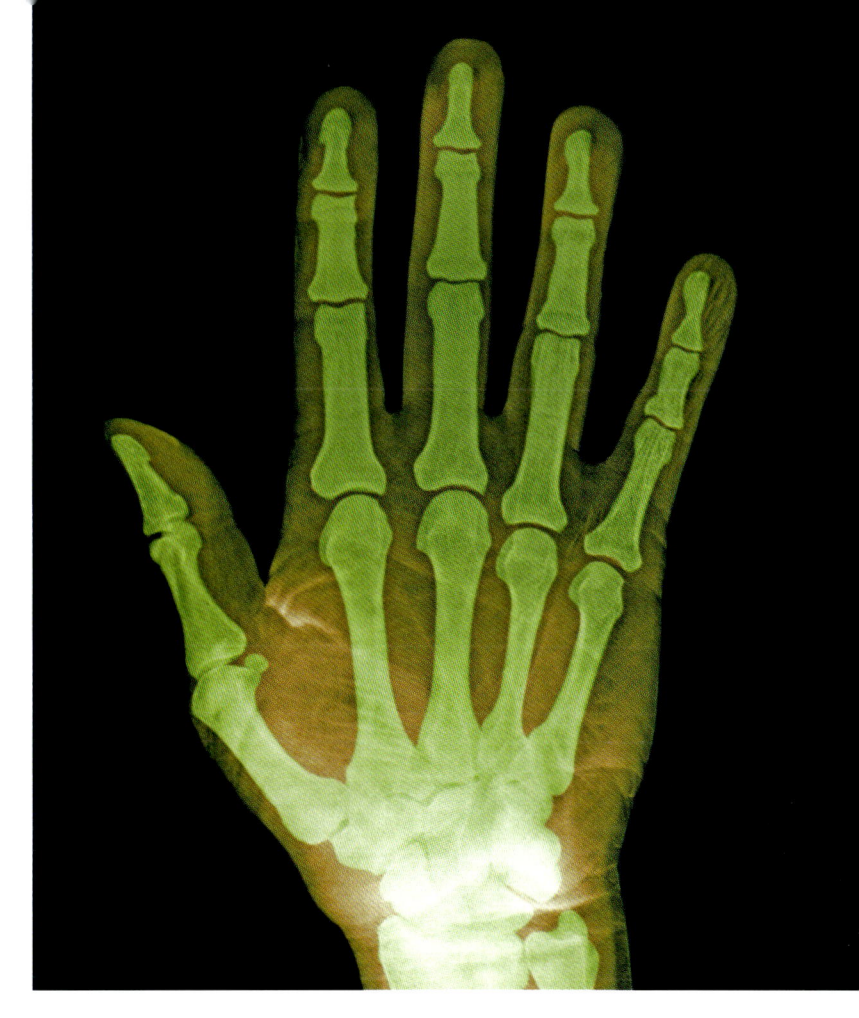

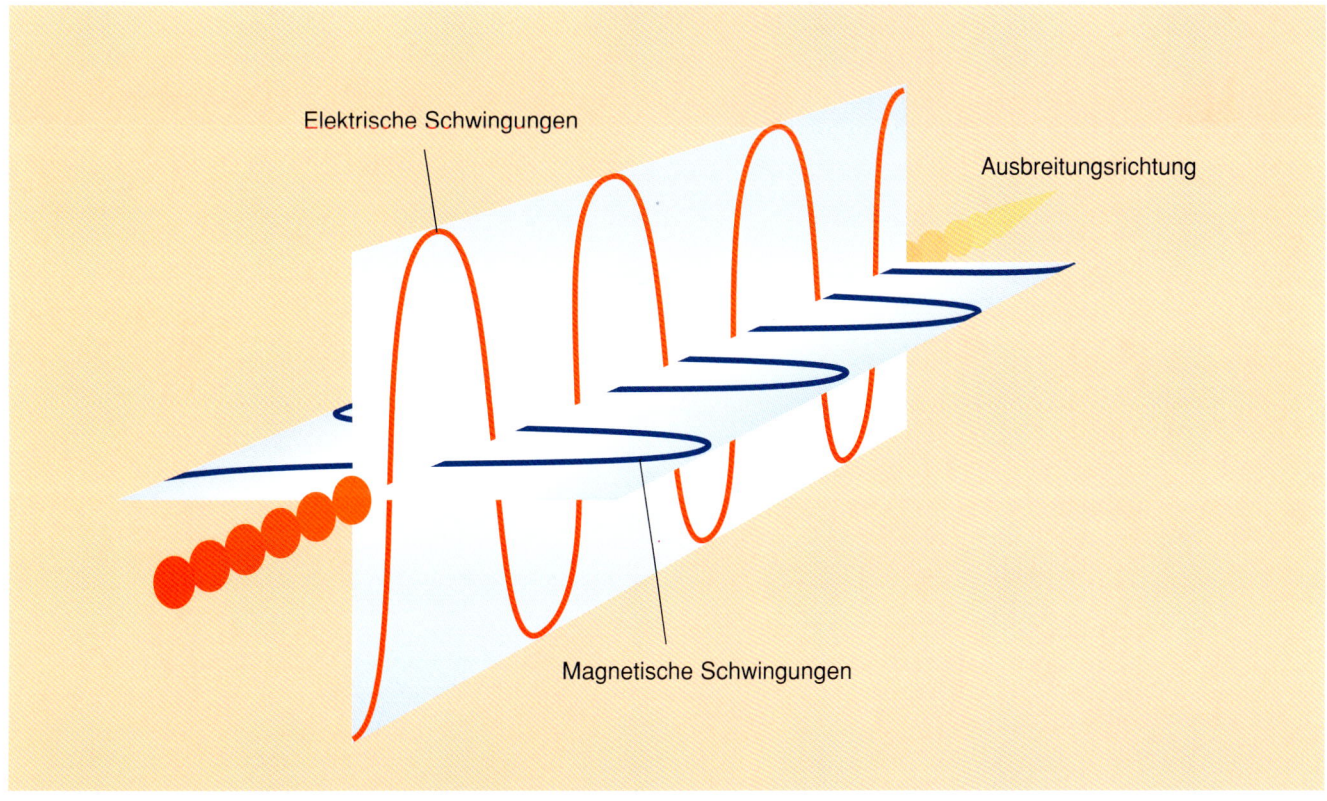

Licht – eine doppelte Welle: eine elektrische und eine magnetische. Deshalb wird Licht auch elektromagnetische Strahlung genannt.

PHYSIK

OPTIK – VON LUPEN UND LASERN

Ein Laserstahl wird in einem Physiklabor mit Hilfe von Spiegeln abgelenkt.

Wann gab es die ersten Linsen?
Schon im 3. Jh. beobachtete Archimedes, dass durchsichtige Kristalle Lichtstrahlen brechen können. Lichtbrechung bedeutet, dass der Lichtstrahl beim Wechsel von Luft in ein anderes Medium seine Richtung ändert. Die Stärke der Brechung hängt vom Winkel, in dem der Strahl auftrifft, sowie vom Material selbst ab. Bei entsprechendem Schliff entsteht eine Linse, die Licht in einen Punkt bündelt. Früher fertigte man diese aufwendig aus Kristallen an, heutige dienen Glas oder Kunststoff demselben Zweck. Archimedes soll bereits einen Kristall als Sehhilfe verwendet haben und hat somit die Linse erfunden. Doch erst im 11. Jh. entwickelte der arabische Gelehrte Abu Ali al-Hasan Ibn al-Haitham die Gesetze der Lichtbrechung. Seine Veröffentlichungen führten z. B. zur Erfindung der Brille.

Wie funktioniert ein Fernrohr?
Ein Fernrohr besteht aus mindestens zwei Linsen. Die erste, besonders große Linse – das Objektiv – sammelt das Licht und bildet durch die Bündelung ein Zwischenbild. Diese Linse ist so geschliffen, dass weit entfernte Objekte scharf abgebildet werden (dies entspricht einer großen Brennweite). Nahe befindliche Objekte erscheinen unscharf. Das Zwischenbild wird von einer zweiten, kleineren Linse, dem Okular, vergrößert. Große Teleskope verwenden statt eines Objektivs einen riesigen Parabolspiegel, um das Licht durch Reflexion zu bündeln und so das Zwischenbild zu erzeugen.

Wie funktioniert ein Mikroskop?
Das Grundprinzip entspricht dem des Fernrohrs. Allerdings ist das Objektiv im Vergleich zu einem Fernrohr so gefertigt, dass es Objekte im extremen Nahbereich abbildet. Hierfür werden spezielle Objektive mit extrem geringer Brennweite verwendet. Die Linse ist hierfür sehr klein und stark gewölbt, um die nötige Vergrößerung zu erzeugen. Die maximal sinnvolle liegt bei etwa 1200fach. Lichtwellen lösen nur Strukturen auf, die größer als 0,3 μm sind. Bei 1000-facher Vergrößerung entspricht dies 0,3 mm auf dem erzeugten Bild. Alle kleineren Strukturen sind unscharf. Vergrößert man das vom Objektiv erzeugte Bild durch stärkere Okulare künstlich

Gravitationslinsen

Licht wird auch von der Schwerkraft beeinflusst. Große Massen vermögen Lichtstrahlen abzulenken und durch ihr Gravitationsfeld zu fokussieren. So können massereiche Galaxien als Linse wirken und z. B. das Licht von uns aus gesehen weiter entfernter Objekte bündeln. Meist wirken solche Gravitationslinsen verzerrt oder das Objekt wird doppelt oder vierfach dargestellt – man kann ja nicht, wie bei einem Fernglas, die Linse einstellen, um ein gutes Bild zu erzeugen. Gravitationslinsen mit verzerrten, wie auch doppelten und vierfachen Abbildungen von Quasaren sind inzwischen mehrfach gefunden worden.

noch weiter, so erhält man keine neue Information. Es entspricht einem unscharfen Foto, das man mit einer Lupe weiter vergrößert: Das Bild verschwimmt nur stärker.

Was ist ein Laser?

Ein Laser produziert einen gebündelten Lichtstrahl einer einzigen Farbe, d. h. Licht derselben bzw. nahezu derselben Wellenlänge. Laserstrahlen werden über eine Trägersubstanz – z. B. ein Kristall oder Gas – erzeugt. Hierbei wird ein Effekt der Quantenphysik genutzt: Ein einzelner Lichtstrahl bzw. das dem entsprechende Photon löst wie in einer Kettenreaktion eine ganze Ladung weiterer Photonen aus. Die Lichtwellen des Laserstrahls schwingen alle in Phase und lassen sich auf diese Weise extrem bündeln. In der Medizin werden Laser vor allem als feinste Schneideinstrumente eingesetzt. Die Hitze, die dabei entsteht, schließt zudem durch Verschmelzung die feinen Blutgefäße, was ein Nachbluten der Schnittwunde verhindert. Aber auch in zahlreichen anderen Lebensbereichen sind Laser heutzutage nicht mehr wegzudenken: CD- und DVD-Player, Laserdrucker und -kopierer, Strichcode-Lesegeräte an der Supermarktkasse sowie der Einsatz von Lasergeräten in der Entfernungsmessung, Datenübertragung in Glasfaserkabeln oder in Lichtshows (z. B. bei Popkonzerten) sind nur einige Beispiele.

Das derzeit größte Teleskop der Welt im Keck-Observatorium auf Hawaii. Der Spiegel misst 10 m im Durchmesser und kann verformt werden, um Luftunruhen auszugleichen.

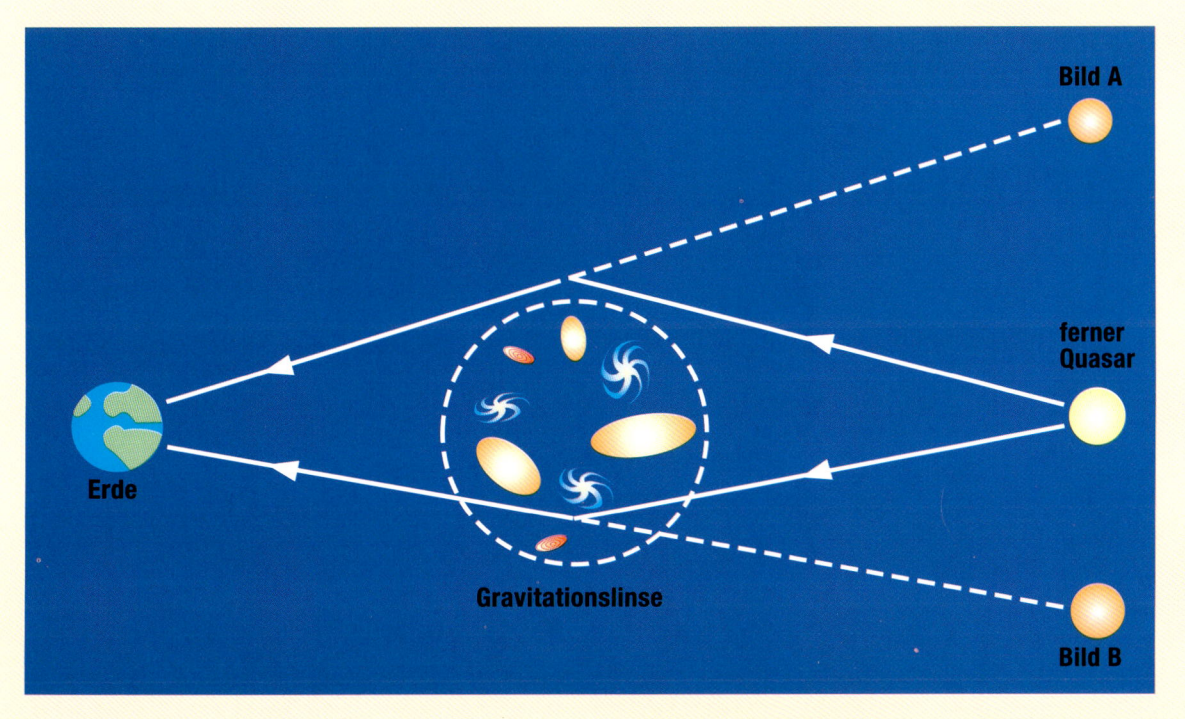

Schematische Darstellung einer Gravitationslinse: Zwischen einem fernen Quasar (heller, weit entfernter Galaxienkern) und der Erde befindet sich hier ein Galaxienhaufen (Mitte), der das Licht des Quasars ablenkt. Auf diese Weise entstehen zwei oder mehr Abbilder des Quasars (Bild A und B).

PHYSIK

DAS WESEN DER WÄRME UND DER UNORDNUNG

Was ist Wärme?
Wärme ist ein Maß für die Bewegung der Einzelteilchen, aus denen Materie aufgebaut ist. Die Atome und Moleküle eines kühleren Gegenstandes sind demzufolge langsamer als die eines heißen Gegenstands. Bringt man beide in direkten Kontakt, so stoßen die schnellen Teilchen des heißen Objekts auf die langsameren des kalten Objekts. Durch diese Stöße der Teilchen aufeinander wird die Bewegungsenergie gestreut – d. h. die langsamen werden schneller und die schnellen langsamer, bis alle Teilchen eine annähernd gleiche Geschwindigkeit aufweisen. Will man Wärme im Detail untersuchen, so muss dabei das Verhalten aller Einzelmoleküle in die Berechnungen mit eingehen. Dies kann nur über statistische Betrachtungen erfolgen, was Wärmeberechnungen daher manchmal recht umständlich gestaltet.

Die Moleküle einer heißen Flüssigkeit bewegen sich so schnell, dass die energiereichsten – also wärmsten – den Verband der Flüssigkeit verlassen können. Es bildet sich Dampf über einer Tasse heißen Tees oder Wassers.

Warum schmilzt Eis beim Erwärmen, während Eier hart werden?
In Festkörpern – wie Eis – sind die Moleküle miteinander verbunden. Führt man den Einzelteilchen vermehrt Energie zu, dann bewegen sie sich immer schneller. Die Folge: Der Festkörper wird flüssig. Ein rohes Ei hingegen wird beim Kochen hart, da durch das Erhitzen die riesigen Eiweißmoleküle stellenweise zerbrechen oder durch die thermische Energie zusammenstoßen und sich zu größeren Molekülen verbinden. Sie verändern sich chemisch. Die auf diese Weise neu gebildeten Moleküle binden sich leichter; die Folge: Das Eiweiß und Eigelb härten aus.

Wie funktioniert ein Kühlschrank?
Ein Kühlschrank entnimmt einem Innenraum Wärmeenergie und führt diese in Form warmer Abluft dem Außenraum zu. Die Abkühlung geschieht über ein Kühlaggregat, das auch die Innentemperatur regelt.

Wird die Welt immer unordentlicher?
Im Prinzip: ja! Um geordnete Strukturen aufzubauen, wird mehr Energie benötigt als beim Zerstören derselben. Die Moleküle eines Kristalls – z. B. von Zucker – bilden eine Gitterstruktur; sie weisen einen hohen Ordnungsgrad auf. Gibt man ein Stück (oder auch einen Löffel) Zucker in eine heiße Tasse Kaffee, so löst sich der Zucker rasch auf – und die Struktur weicht einer chaotischen Verteilung der Moleküle im Kaffee. Den Zuckerwürfel (bzw. die Zuckerkristalle) aus dem Kaffee wieder zusammen-

> **Warum kühlt Pusten heiße Speisen?**
> Hitze bedeutet, dass sich die Moleküle schnell bewegen. Manche sind jedoch langsamer, andere dafür schneller als der Durchschnitt. Nur die allerschnellsten Teilchen besitzen genug Energie, um die Speise in die Luft darüber zu verlassen. Pustet man, entfernt man nur die Teilchen, die sich in dem Moment in der Luft befinden – d. h. die Teilchen mit der höchsten thermischen Energie. In der Speise – z. B. einer Suppe – bleiben nur die langsameren Teilchen übrig, und folglich sinkt die Durchschnittsgeschwindigkeit aller Teilchen: Die Suppe kühlt ab.
> Dasselbe Prinzip lässt uns frieren, wenn wir durchnässt im Wind stehen. Das Wasser auf der Haut verdunstet, und dabei gehen die schnellsten Teilchen als Erste in die Gasphase über. Der Wind trägt diese davon, und das verbleibende Wasser auf der Haut ist kälter als vorher.

Das Kühlaggregat eines Kühlschranks. Als Kühlgas wurde früher Freon, ein ozonschädigendes Gas verwendet; moderne Kühlschränke verwenden Butan oder Tetrafluorethan.

Temperaturen in unserem Universum – von heiß bis kalt	
	Temperatur (°C)
Urknall	10^{32} °C
Sonneninneres	12,8 Mio. °C
Erdkern	6700 °C
Sonnenoberfläche	5504 °C
Venusoberfläche	464 °C
Siedepunkt des Wassers bei normalem Luftdruck	100 °C
Gefrierpunkt des Wassers bei normalem Luftdruck	0 °C
tiefste Temperatur der Erde (Wostok, Antarktis)	−89,2 °C
Plutooberfläche	−229 °C
Kosmische Hintergrundstrahlung (Weltall)	−270,425 °C
tiefste erzeugte Temperatur in einem Physiklabor	−273,1500001 °C

zusetzen ist nahezu unmöglich und wäre nur unter sehr großem Energieaufwand möglich. Diese Energie müsste irgendwo erzeugt werden – was insgesamt jedoch durch das Verbauchen von Energie mehr Unordnung schaffen würde (z. B. beim Verbrennen von Holz, Kohle oder Erdöl), als man an Ordnung im Zuckerwürfel erzeugen könnte. Deshalb nimmt insgesamt die Unordnung – von Physikern Entropie genannt – im Universum langsam aber stetig zu.

Dampflokomotiven verwandeln die Wärme eines Gases (im Dampfkessel) in mechanische Energie.

Schematische Darstellung einer heißen Flüssigkeit in einem Topf. Je heißer die Flüssigkeit, desto schneller bewegen sich die Einzelteilchen. Die schnellsten Teilchen können den Verband verlassen und gehen als Dampf in die Gasphase über.

PHYSIK

DER TRAUM VOM PERPETUUM MOBILE

Immer wieder wurde versucht, ein Perpetuum mobile zu patentieren. Aber auch komplizierteste Maschinen setzen sich nicht über Naturgesetze hinweg.

Was ist ein Perpetuum mobile?
Ein Perpetuum mobile (lat. „unentwegt beweglich") ist eine Maschine, die – einmal in Gang gesetzt – ewig und ohne Zufuhr von Energie laufen würde. Der Wunschtraum zahlloser Erfinder und Bastler könnte – z. B. als energieliefernder Motor – alle Energieprobleme der Welt lösen. Man unterscheidet drei Arten des Perpetuum mobile (PM):

PM-I.: Die Energie, welche die Maschine liefern soll, wird mechanisch gewonnen.

PM-II.: Die Energie wird aus der Temperatur der Umgebung gewonnen

PM-III.: Diese Art des PM bewegt sich nur unentwegt, liefert jedoch keine Energie.

Wer hatte als erster die Idee eines PM?
Die ältesten überlieferten Aufzeichnungen zur Konstruktion eines Perpetuum mobiles stammen aus dem 8. Jh.: Der indische Astronom Lalla hatte die Idee eines Rades, welches durch flüssiges Quecksilber seinen Schwerpunkt verlagern kann und sich dadurch selber anschiebt. Auch Leonardo da Vinci (1452–1519) beschäftigte sich mit der Idee des PM, kam aber bald zu dem Schluss, dass es schon theoretisch unmöglich ist, ein solches zu konstruieren.

Energiegewinnung aus dem Nichts – Traum oder Möglichkeit?
Selbst das Vakuum besitzt eine Grundenergie, weshalb sich spontan winzige Felder bzw. Teilchen-Antiteilchen-Paare bilden können, die sich jedoch äußerst rasch wieder auflösen (Energie-Zeit-Unschärfe). Dieses sog. Flackern des Vakuums anzuzapfen, um daraus Energie zu gewinnen, ist Gegenstand mancher Science-Fiction-Romane; sie entwerfen ein fiktives Zukunftszenarium, in dem ein riesiges Potential nutzbarer Energie zur Verfügung steht. Da es aber in Wirklichkeit nur winzige Fluktuationen sind, die einzelne Elementarteilchen erzeugen, ist ein technischer Nutzen praktisch leider nicht vorstellbar.

Villard de Honnecourt skizzierte um 1230 dieses Perpetuum mobile – es funktionierte jedoch nicht.

> **Was ist Reibung?**
> Reibt man sich die Hände, so werden diese warm. Durch die mechanische Bewegung der Hände werden die feinen Partikel unserer Haut angestoßen und beschleunigt. Dadurch entsteht die Wärme. Selbst Luft bildet einen Reibungswiderstand. Bei einer schnellen Handbewegung kann man diese spüren. Schnelle Fahrzeuge müssen ebenso gegen die Luftreibung ankämpfen und – je schneller sie sind, um so mehr – viel Energie aufwenden, um ihre Geschwindigkeit konstant zu halten.

reibungsfreie Zustände bekannt. Hierzu gehören die sog. Supraleitung (reibungsfrei fließender Strom) oder die Suprafluidität (sog. Quantenflüssigkeiten) nahe dem absoluten Nullpunkt (−273,15 °C). Um jedoch die tiefen Temperaturen, bei denen diese Effekte auftreten, zu erzielen – und diese vor allem vor der Erwärmung von außen zu schützen –, muss wiederum Energie aufgewendet werden. Daher ist auch diese Form des Perpetuum mobile nicht praktikabel.

Sind PMs zumindest theoretisch denkbar?

Nein, jedenfalls nicht die PMs der ersten und zweiten Art. Ein PM-I. verstößt gegen einen Eckpfeiler der Physik, den Satz von der Energieerhaltung, der besagt: Die Gesamtenergie eines abgeschlossenen Systems ist konstant. Energie lässt sich in verschiedene Formen umwandeln – z. B. Bewegungsenergie in Wärme –, aber nicht aus dem Nichts erzeugen. Ein PM-II. widerspräche dem zwar nicht – denn es würde seine Energie aus der Umgebungswärme abziehen. Wärme kann sich jedoch nicht aus eigenem Antrieb von einem kühleren auf ein wärmeres Objekt übertragen. Dafür wird Energie benötigt – und davon mehr als man am Ende gewinnt. Auch würde das PM-II. stehen bleiben, sobald die Umgebung zu weit abgekühlt ist.

Wie stehen die Chancen für ein PM-III.?

Ein solches Perpetuum mobile ist – zumindest theoretisch – denkbar. Allerdings macht hier die bremsende Reibung, die Bewegungsenergie in Wärme umwandelt, einen Strich durch die Rechnung. Selbst die Erde auf ihrer Bahn um die Sonne stellt kein solches PM dar, denn sie wird durch die Kollision mit winzigsten Partikeln im Weltall ständig abgebremst. Der Effekt ist zwar minimal, aber nicht gleich Null. Nur im mikroskopischen Bereich sind

Auch Kugelpendel bewegen sich nicht endlos. Die Energieübertragung von Kugel zu Kugel verläuft nämlich nicht ohne Reibungsverluste und Wärmeerzeugung.

PHYSIK

ES WIRD KALT: EXOTISCHE PHYSIK AM ABSOLUTEN NULLPUNKT

Kann es beliebig kalt werden?
Nein, denn Wärme ist nichts anderes als die Bewegungsenergie der Teilchen, aus denen die Materie besteht. Bremst man die Teilchen immer weiter ab – kühlt also ein Objekt –, so würden irgendwann alle Teilchen erstarren. Kälter als dieser Zustand ginge es nicht. In der Realität können Teilchen nicht völlig abgebremst werden, da dies z. B. der Heisenbergschen Unschärferelation widersprechen würde und die Elektronen nicht mehr ihren Abstand zum Atomkern halten könnten. Es gibt aber eine minimale Energie, die sie besitzen können, die sog. Nullpunktsenergie. Dieser Zustand ist bei −273,15 °C erreicht und markiert daher den absoluten Nullpunkt, der mit der thermodynamischen Einheit 0 Kelvin ausgedrückt wird; umgekehrt entsprechen 273,15 K genau 0 °C.

Was sind Supraleiter?
Supraleiter sind Leiter, in denen elektrischer Strom reibungsfrei fließen kann. Gewöhnlich stoßen die Elektronen einerseits an den Atomen des Leiters als auch untereinander an. Kühlt man einen Leiter sehr stark ab, so „zittern" seine Atome weniger, wodurch jeweils zwei Elektronen in eine Art gekoppelten Paarzustand übergehen, der eine Kollision miteinander und mit den Atomen verhindert. Für die meisten Metalle wird dieser Zustand erst nahe des absoluten Nullpunkts erreicht. Es gibt aber auch sog. Hochtemperatursupraleiter, die bereits bei „wärmeren" Temperaturen supraleitend sind und für die eine Kühlung mit flüssigem Stickstoff (Siedepunkt bei −195,8 °C) ausreicht. Diese werden für die Erzeugung sehr starker und stabiler Magnetfelder technisch genutzt, so z. B. in der Medizin oder als magnetische Linsen in Teilchenbeschleunigern wie dem DESY (Deutsches Elektronen-Synchrotron, einer Forschungsstelle für Elementarteilchen) in Hamburg sowie in potentiellen Kernfusionsreaktoren.

Können Magneten fliegen?
Ein Magnetfeld induziert in einer supraleitenden Spule fließenden Strom. In der Spule, die im einfach-

Ein Magnet schwebt über einem Supraleiter. Die nötige Energie, den Stromfluss im Supraleiter starten, steckt im Magnetfeld des Magneten.

PHYSIK

Sir William Thompson, Baron Kelvin of Largs (1824 – 1907), auch kurz Lord Kelvin genannt, begründete die moderne Wärmelehre.

sten Fall ein geschlossener Ring ist, erzeugt der Strom ein eigenes Magnetfeld, das dem einwirkenden Magnetfeld entgegengesetzt wirkt. Ein Magnet oberhalb eines supraleitenden Ringes wird so in einem Schwebezustand gehalten, da das von ihm über den Stromfluss im Supraleiter erzeugte Magnetfeld ihn abstößt.

Bose-Einstein-Kondensate: gleichgeschaltete Atome

Einatomige Gase können bei ausreichendem Druck und extrem tiefen Temperaturen einen bizarren Zustand bilden – das sog. Bose-Einstein-Kondensat: Alle Atome sind dann in demselben Quantenzustand und reagieren wie ein einziges Teilchen. Bose und Einstein haben dies bereits in den 1920er Jahren vorhergesagt und formuliert; erst 1995 jedoch wurde dieser Materiezustand experimentell erreicht. Dazu wurden die Atome per Laser vorgekühlt und dann in einer magneto-optischen Falle gefangen.

Flüssiger als flüssig: Was ist Suprafluidität?

Kühlt man Helium bis nahe an den absoluten Nullpunkt, so wird es zunächst bei –268,9 °C flüssig. Kühlt man es noch weiter herab, so verändert sich die Flüssigkeit und verliert ihre Viskosität – d. h. sie fließt plötzlich ohne innere Reibung. Diese Supraflüssigkeit zeigt Effekte, die kaum vorstellbar sind: Sie benetzt einen Behälter vollständig und würde auch durch ein Loch im Deckel des Behälters entweichen – was bedeutet, dass sie aufwärts fließen kann! In dieser Supraflüssigkeit können fremde Moleküle reibungsfrei schwimmen und rotieren, sich also wie in einem Vakuum verhalten. Dieser Effekt wird in der modernen Physik für die Spektroskopie (Analyse von Materie durch die Reaktion auf Licht, z. B. Absorption bestimmter Wellenlängen) genutzt. Neben Helium kann einzig das Lithiumisotop ^{6}Li den Zustand der Suprafluidität annehmen.

Ein Tank mit gekühltem Helium. Flüssiges Helium kann den Zustand der Suprafluidität – einer reibungsfreien Flüssigkeit – erreichen.

PHYSIK

EINSTEINS RELATIVITÄTSTHEORIE – EINE KLEINE REVOLUTION!

Ist alles relativ?
Nein, und das mag überraschend klingen. Viele Größen verhalten sich relativ zueinander – z. B. Geschwindigkeit und Ort; es gibt jedoch eine absolute Größe: die Lichtgeschwindigkeit im Vakuum.

Was bedeutet relativ?
Sehe ich ein Objekt auf mich zukommen, so gibt es drei grundsätzliche Möglichkeiten: 1.) Ich stehe, und das Objekt bewegt sich auf mich zu. 2.) Das Objekt steht, und ich bewege mich auf es zu. 3.) Wir bewegen uns beide aufeinander zu. Wer steht und wer sich bewegt, kann nur in Bezug auf einen festen Bezugspunkt, z. B. einem Baum am Straßenrand, entschieden werden. Bewegt sich der Baum für mich nicht, so stehe ich, und das Objekt kommt auf mich zu. Man könnte aber auch argumentieren, dass sich der Baum mit der Erddrehung bewegt und deshalb kein geeigneter Bezugspunkt ist, da ich mich dann auch mit der Erde zusammen bewege. In letzter Konsequenz bedeutet das, dass man gar nicht entscheiden kann, wer oder was sich bewegt, sondern diese Aussage nur in Bezug auf beliebig definierbare Bezugspunkte – also relativ zu diesen – treffen kann.

Was hat Zeit mit Geschwindigkeit zu tun?
Die Zeit eines Objekts läuft umso langsamer, je schneller es ist; und auch seine Masse nimmt mit der Geschwindigkeit zu. Beide Effekte treten nur bei sehr hohen Geschwindigkeiten – jenseits unserer Erfahrungsebene – auf, sind aber mit genauen Atomuhren im Fall von Raketen bereits messbar. Nahe der Lichtgeschwindigkeit würde die Zeit sehr langsam laufen – und bei exaktem Erreichen der Lichtgeschwindigkeit sogar stehen bleiben. Fliegt ein Astronaut mit nahezu Lichtgeschwindigkeit von der

Eine der ersten Atomuhren aus dem Jahr 1955: Der Nobelpreisträger Charles H. Townes (*1915) erläutert den Unterschied zu einer gewöhnlichen elektrischen Uhr.

PHYSIK

Der junge Albert Einstein zur Zeit seiner Publikationen zur Relativitätstheorie um 1905.

Albert Einstein (1879-1955) – schon zu Lebzeiten ein Mythos

Es hält sich hartnäckig das Gerücht, Einstein sei ein schlechter Schüler gewesen. Das Gegenteil ist wahr, vor allem bezüglich der Naturwissenschaften. Seine Ablehnung des steifen deutschen Schulsystems führte aber dazu, dass der gebürtige Ulmer ohne Abschluss die Schule in München verließ. Das Abitur beendete er an einer liberalen Schweizer Schule in Aarau. Es folgte ein Lehramtsstudium in Mathematik und Physik in Zürich. Zunächst als Privatlehrer tätig, fand er eine Anstellung im Patentamt zu Bern. Nebenbei publizierte er die „Spezielle Relativitätstheorie", was u.a. zur Professur in Zürich führte. Sein weiterer Weg führte über Berlin in die USA nach Princeton. Den Kontakt zu Deutschland brach er 1933 ab und betrat seine Heimat nie wieder. Zuerst warb er für die Entwicklung von Kernwaffen in den USA, um den Nationalsozialisten zuvorzukommen, distanzierte sich später aber von der Kerntechnik. Auch war er nicht aktiv an der Entwicklung der Atombombe beteiligt. Einstein war und blieb ein bekennender Pazifist und Querdenker, bis er 1955 verstarb.

Erde weg und kehrt – nach für ihn kurzer Zeit – zurück, so könnte es sein, dass auf der Erde bereits Hunderte von Jahren vergangen sind.

Wie hoch ist die größtmögliche Geschwindigkeit?

Die Lichtgeschwindigkeit – sie beträgt im Vakuum unglaubliche 299 792,458 km/s! Nichts kann sich schneller fortbewegen; Materie kann sie nur annähernd erreichen.

Warum läuft Zeit nicht rückwärts?

Zeit läuft bei Geschwindigkeiten unter der des Lichts vorwärts, bei Lichtgeschwindigkeit bleibt sie immerhin stehen. Rückwärts liefe sie aber nur bei Überlichtgeschwindigkeit. Da aber Materie immer nur langsamer als Licht sein kann, läuft für sie die Zeit auch nur in eine Richtung: vorwärts. Auch die Logik verbietet Zeitreisen in die Vergangenheit. Sonst könnte man die Abfolge von Ereignissen rückwirkend ändern – etwa: Man verhindert in der Vergangenheit, dass sich die eigenen Eltern kennenlernen, indem man mit dem Vater zum Kegeln geht. Dann wäre man aber nie geboren worden; doch wie kann man dann mit dem Vater kegeln? Würde man rückwirkend aufhören zu existieren, dann wäre man nicht Kegeln gegangen und die Eltern hätten sich doch kennengelernt. Man wäre doch geboren worden und würde dann wieder verhindern, dass man gezeugt wird. Eine ewige Schleife des Hin und Her. Ein unlösbares Paradox, das die Welt aus den Angeln heben würde! Auch deshalb läuft Zeit nur in eine Richtung.

Was ist das Raum-Zeit-Kontinuum?

Die drei Dimensionen Höhe, Breite und Tiefe sind mit der vierten Dimension – der Zeit – zu einem Kontinuum verbunden, kurz Raum-Zeit genannt. Da sich selbst Physiker diese vierte Dimensionen nicht konkret vorstellen können, denkt man sich die Raumzeit wie eine dünne Gummihaut. Die Raum-Zeit wird durch Materie direkt beeinflusst: Große Masse dellt sie gewissermaßen ein. Sterne wirken darin wie kleine Steinchen: Sie bilden in dieser Gummihaut eine jeweilige Vertiefung und dehnen sie ein wenig.

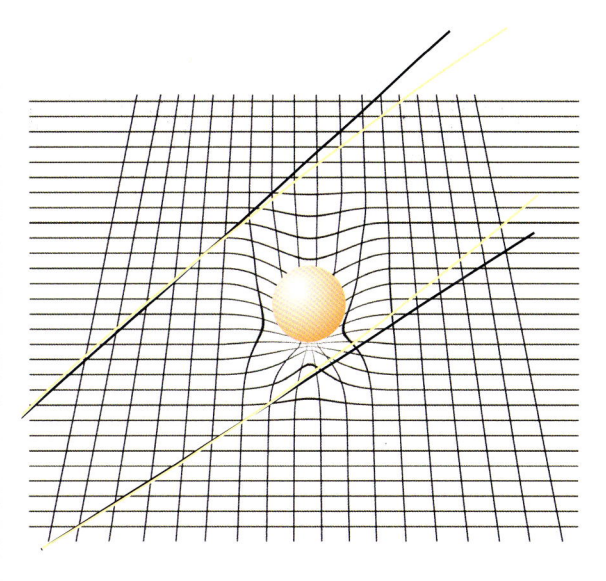

Lichtstrahlen werden von Gravitationsfeldern, hier von einer Sonne, gekrümmt. Die schwarze Linie zeigt den geraden Lichtstrahl, die gelbe Linie den tatsächlichen Lichtweg.

PHYSIK

UNSER SONNENSYSTEM

Der Komet Hale-Bopp, einer der hellsten Kometen des 20. Jahrhunderts. Der Schweif besteht sowohl aus Gas (blau) als auch aus feinem Staub (türkis).

Wie viele Planeten umkreisen die Sonne?
Nach der neuen Definition von 2006 gehören acht Planeten zu unserem Sonnensystem: Merkur, Venus, Erde, Mars, Jupiter, Saturn, Uranus und Neptun.

Wie alt ist die Erde?
Vor ungefähr 4,6 Milliarden Jahren entstand unser Sonnensystem – und somit auch die Erde – aus einer großen Gas- und Staubwolke. Im Vergleich zum Universum, das bereits 13,7 Milliarden Jahre alt ist, ist sie also verhältnismäßig jung.

Was ist ein Planet?
Ein nicht selbst leuchtender Himmelskörper, der um die Sonne kreist; er muss über genügend Masse verfügen, um durch seine eigene Anziehungskraft annähernd kugelförmig zu sein, und er muss seine elliptische Umlaufbahn von anderen, ähnlichen Objekten bereinigt haben, indem er kleinere Objekte durch seine Anziehungskraft an sich bindet (Monde) oder absorbiert (Einschläge). Diese Definition wurde am 24. August 2006 von der Internationalen Astronomischen Vereinigung verabschiedet; dadurch hat Pluto seinen ehemaligen Status als Planet verloren (denn er hat seine Umlaufbahn nicht von anderen Objekten bereinigen können).

Warum hat ein Komet einen Schweif?
Kometen sind kleine Himmelskörper, die der Sonne so nah kommen, dass sie teilweise verdampfen und neben Gas auch kleine Staubkörner verlieren. Der Druck des Sonnenlichts drückt diese feine Wolke aus Gas und Staub von der Sonne weg. Für einen Beobachter entsteht dadurch der Eindruck eines Kometenkerns (das Objekt selber) mit einem ausge-

48 PHYSIK

Die Planeten unseres Sonnensystems

Planet	Durchmesser	Masse	Dichte	Abstand * zur Sonne	Umlaufzeit (T: Tage; J: Jahre)	Rotation (Tageslänge)
Merkur	4.878 km	$3{,}302 \cdot 10^{23}$ kg	5,427 g/cm³	0,3871 AE	87,97 T	58 T 15 Std. 36 Min.
Venus	12.103,6 km	$4{,}869 \cdot 10^{24}$ kg	5,243 g/cm³	0,723 A	224,7 T	243 T 0 Std. 27 Min.
Erde	12.735 km	$5{,}974 \cdot 10^{24}$ kg	5,515 g/cm³	1 AE	365,26 T	23 Std. 56 Min.
Mars	6.794 km	$6{,}419 \cdot 10^{23}$ kg	3,933 g/cm³	1,524 AE	686,98 T	24 Std. 37 Min.
Jupiter	138.342 km	$1{,}899 \cdot 10^{27}$ kg	1,326 g/cm³	5,204 AE	11,86 J	9 Std. 55 Min.
Saturn	114.174 km	$5{,}685 \cdot 10^{26}$ kg	0,687 g/cm³	9,582 AE	29,457 J	10 Std. 47 Min.
Uranus	50.533 km	$8{,}683 \cdot 10^{25}$ kg	1,27 g/cm³	19,201 AE	84 J	17 Std. 14 Min.
Neptun	48.865 km	$1{,}024 \cdot 10^{26}$ kg	1,638 g/cm³	30,047 AE	164,8 J	16 Std. 6 Min.

* 1 AE ist der Abstand Erde – Sonne (149 Mio. km).

Der Planet Saturn und seine berühmten Ringe. Die Atmosphäre wurde nachträglich eingefärbt, um feine Strukturen konstrastreich darzustellen.

prägten Schweif. Kometen umkreisen die Sonne auf stark exzentrischen Bahnen oder sind Irrgäste im Sonnensystem, welche die Sonne nah passieren. In Kometenkernen (sog. Schneebällen) wurden organische Moleküle entdeckt. Kometeneinschläge werden daher auch als Mitinitiatoren für Leben auf der Erde diskutiert.

Gibt es andere Sonnensysteme?
Ja. Es gibt allein in unserer Milchstraße ca. 100 Mio. Sterne und darüber hinaus Hunderte von Milliarden anderer Galaxien mit wiederum vielen Millionen Sternen. Im Umkreis von rund 300 Lichtjahren wurden bei immerhin 7% der untersuchten Sterne Planeten gefunden. Bisher lassen sich aber nur verhältnismäßig große und massereiche Planeten ausmachen.

Das Zentrum der Milchstraße, unserer Galaxie, im Sternbild Schütze. Dunkle Staubwolken verdecken die Sicht auf den heißen Kern.

Die Oortsche Wolke – Verantwortlich für Aussterbewellen auf der Erde?

Im Randbereich unseres Sonnensystems befinden sich Überreste der ehemaligen Staubscheibe, aus der die Planeten entstanden sind. Unzählige Objekte – von Staubkorngröße bis hin zu großen Eis- und Gesteinsbrocken – umkreisen in weiter Ferne die Sonne. Die Objekte der sog. Oortschen Wolke sind wie auf einer Kugelschale rund um unser Sonnensystem verteilt. Sie gilt als Reservoir für Kometen und Meteoroide (Gesteinsbrocken). Etwa alle 30 Mio. Jahre kommt es auf der Erde zu einer Welle des Artensterbens. Möglicherweise zieht ein Objekt mit entsprechend langer Umlaufzeit, z. B. ein noch unentdeckter Planet oder ein sehr lichtschwacher sternartiger Begleiter der Sonne (Brauner Zwerg) zahllose Gesteinsbrocken aus dieser Wolke in das Innere des Sonnensystems. Dies erhöht die Wahrscheinlichkeit des Einschlags größerer Meteoriten auf der Erde. Dies wird z. B. – zusammen mit dem darauf erfolgten Klimawechsel – für die Zeit vor rund 65 Mio. Jahren angenommen und somit u. a. für das Aussterben der Dinosaurier verantwortlich gemacht. Es gibt aber bisher keinen Beleg hierfür.

PHYSIK

DAS UNIVERSUM – AM ANFANG WAR EIN KNALL

Wann entstand das Universum?
Vor 13,7 Milliarden Jahren ereignete sich der Urknall. Eine unvorstellbare Energiemenge wurde freigesetzt. Da im Urknall auch die Zeit entstand, macht die Frage, wie die Welt vor dem Urknall aussah, keinen Sinn: Es gibt kein Vorher. Man darf sich den Urknall jedoch nicht als eine einfache Explosion vorstellen, die in einem Raum stattfand, da ja in dem Moment auch der Raum erst entstand. Eine Theorie besagt, der Raum habe sich zu Beginn sogar mit Überlichtgeschwindigkeit ausgedehnt. Weder Masse noch Energie können sich im Raum schneller als das Licht fortbewegen, aber es widerspricht nicht der Relativitätstheorie, dass sich das Raum-Zeit-Kontinuum selber mit Überlichtgeschwindigkeit ausdehne, da es weder aus Masse noch aus Energie besteht.

Gibt es ein Echo des Urknalls?
Ja, zumindest als Licht – da sich im Weltraum Schall nicht ausbreiten kann (Schall braucht einen Träger wie z. B. Luft, die im Weltraum fehlt). Die Reste der Strahlung, die im Urknall entstand, sind mittlerweile auf 2,725 K – also auf knapp −270°C – abgekühlt. Es ist somit nur noch ein kaltes Nachglimmen. Diese Hintergrundstrahlung wurde in den 1940er Jahren theoretisch vorhergesagt, aber erst 1964 rein zufällig von Arno Penzias und Robert Woodrow Wilson entdeckt. Dafür erhielten sie 1978 den Nobelpreis für Physik.

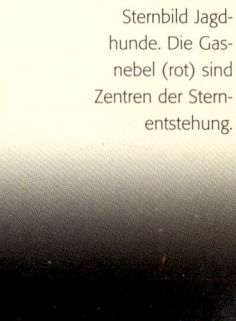

> **Einige Rekorde:**
> Die Anfangstemperatur des Alls lag bei ca. 10^{32} °C bei einer Dichte von 10^{94} g/cm³. Ausgeschrieben wäre das eine 1 mit 32 bzw. 94 Nullen! Im Vergleich dazu sind Dichte und Temperatur im Sonneninnern verschwindend gering: 15 Mio. °C und 150 g/cm³. Bei der Expansion kühlte das Universum sehr schnell ab: Im Alter von 10^{-33} Sek. war es „nur noch" 10^{25} °C heiß, also um den Faktor 10 Mio. kühler. Nach einer Sekunde betrug die Temperatur des Universums nur noch 10 Milliarden °C.

M 51, die berühmte Whirlpool-Galaxie im Sternbild Jagdhunde. Die Gasnebel (rot) sind Zentren der Sternentstehung.

Wie entwickelte sich die Welt nach dem Urknall?

Nach sehr exotischen Zuständen entstanden nach 10^{-33} Sek. die ersten Quarks und Elektronen. Je drei Quarks bildeten später Protonen und letzten Endes die ersten einfachen Atome aus je einem Proton und einem Elektron. Das frühe Universum bestand daher größtenteils aus Wasserstoffgas. Aufgrund der eigenen Anziehungskraft zogen sich sehr große Gaswolken immer dichter zusammen und und kollabierten zu den ersten Sternen. Die Wolken waren so groß, dass daraus Milliarden und Abermilliarden von Galaxien – mit ihrerseits Milliarden von Sternen – entstanden. Im Innern der Sterne fanden sich die Kernfusionen statt, und die ersten leichten Elemente (z. B. Helium) wurden gebildet. Die Kernfusion im Innern der Sterne kann nur leichte Elemente erschaffen. Alles, was schwerer als Eisen ist, muss durch den großen Innendruck explodierender Sternen entstanden sein. Unsere Erde besteht daher aus recyceltem Sternenstaub.

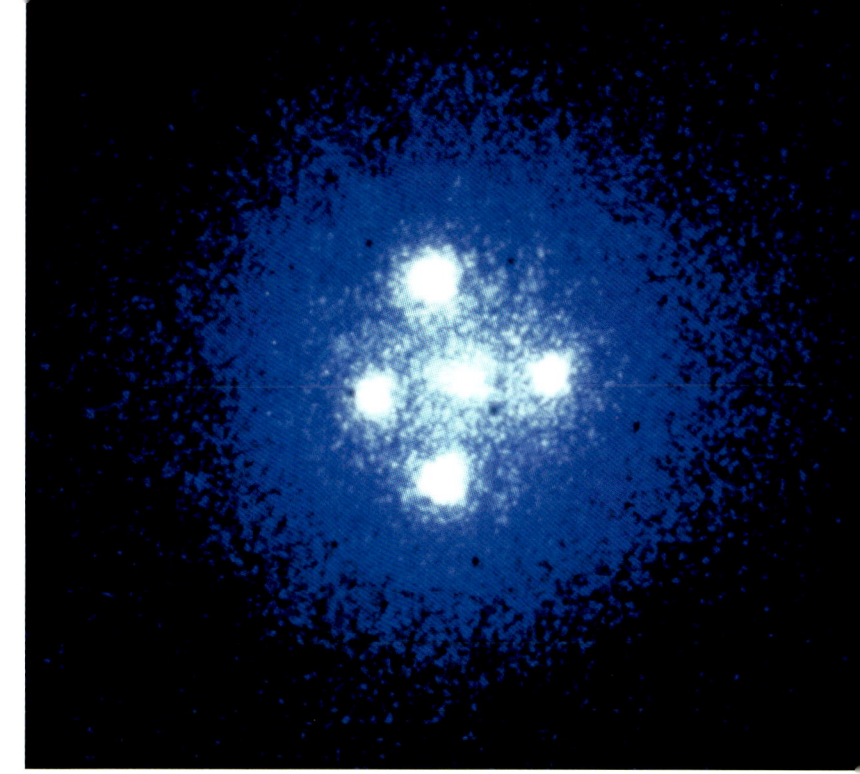

Durch eine Gravitationslinse wird ein Quasar in vier Einzelbilder verzerrt. Der Punkt in der Mitte ist das Objekt (Galaxie), deren Masse das Licht krümmt.

Quasare – mittlerweile ausgestorben

Die allerersten Galaxien leuchteten sehr viel heller als ihre heutigen Verwandten. Da sie im Teleskop „quasi" wie ein Stern aussehen, nennt man sie Quasare. Man sieht sie nur in großer Entfernung (einige Milliarden Lichtjahre), da sie heute nicht mehr existieren. Sie haben sich in gewöhnliche Galaxien verwandelt. Ihr Licht ist aber noch immer auf dem Weg zu uns. Mit Blick auf sie können wir daher weit in die Vergangenheit sehen!

Ausschnitt des Omeganebels. Die Gaswolke besteht zum Großteil aus Wasserstoff, dem Grundstoff unseres Universums.

Chronologie des Weltalls

Zeit	Temperatur	Ereignis
0 s	10^{32} K	Urknall
10^{-36} s	10^{27} K	Abspaltung der Starken Wechselwirkung
10^{-33} s	10^{25} K	Entstehung der Quarks
10^{-12} s	10^{16} K	alle vier Grundkräfte sind abgekoppelt
10^{-6} s	10^{13} K	Quarks binden sich, Protonen und Neutronen entstehen
10^{-4} s	10^{12} K	Neutrinos entkoppeln sich; Antiprotonen und Antineutronen werden ausgelöscht
1 s	10^{10} K	Positronen (Anti-Elektronen) werden ausgelöscht
10 s	$< 10^9$ K	Bildung der Atomkerne
400 000 Jahre	ca. 3000 K	Bildung stabiler Atome mit Elektronenhülle; Entkopplung der Hintergrundstrahlung
1 Milliarde Jahre	ca. 2500 K	erste Galaxien (Quasare) bilden sich
9,2 Milliarden Jahre	ca. 30 K	Entstehung der Erde
13,7 Milliarden Jahre	2,7 K	Entstehung des Menschen

PHYSIK

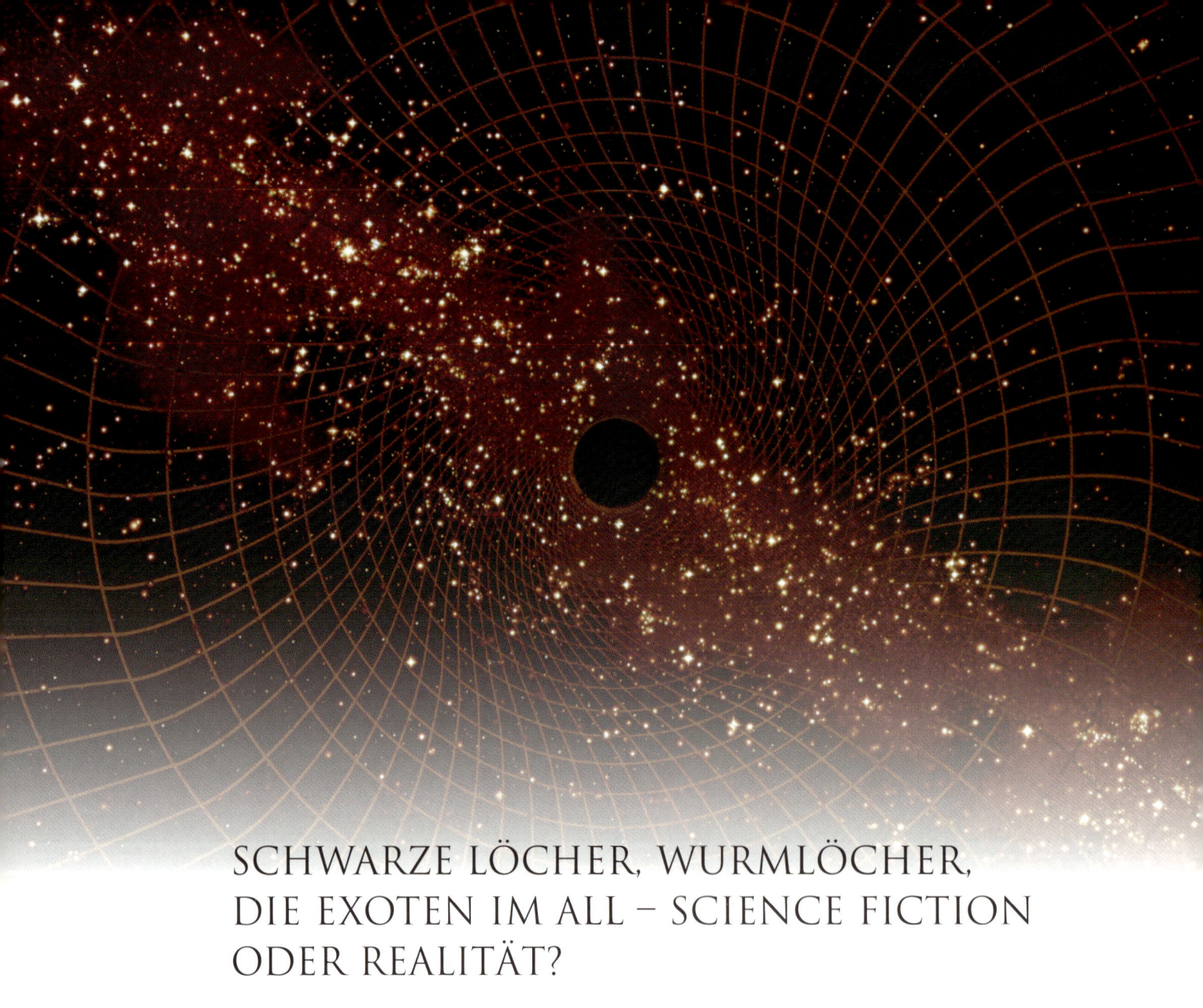

SCHWARZE LÖCHER, WURMLÖCHER, DIE EXOTEN IM ALL – SCIENCE FICTION ODER REALITÄT?

Ein großes Schwarzes Loch im Zentrum einer Galaxie. Die gewaltige Masse des Schwarzen Lochs krümmt die Raumzeit.

Was ist ein Schwarzes Loch?
Ein sog. Schwarzes Loch ist ein Himmelskörper mit extrem hoher Dichte. Seine Gravitation ist in der Nähe der Oberfläche so groß, dass dort alles – selbst Licht – angezogen wird und es nicht mehr verlassen kann. Um die Erde in ein Schwarzes Loch zu verwandeln, müsste man sie zu einer Kugel von neun Millimeter Durchmesser zusammenquetschen.

Gibt es Schwarze Löcher in der Natur?
Ja, viele sogar. Die bekanntesten sind Cygnus X-1 im Sternbild Schwan und Sgr A im Sternbild Schütze. Sgr A ist ein riesiges Schwarzes Loch im Zentrum der Milchstraße – mit mehr als drei Millionen Sonnenmassen. Da Schwarze Löcher buchstäblich schwarz sind, kann man sie nicht direkt beobachten. Ihr Gravitationsfeld beschleunigt aber geladene Materie auch in etwas größerer Entfernung so stark, dass diese hochenergetische Röntgenstrahlung aussenden, die man beobachten kann. Rund um Schwarze Löcher erscheint also eine Art Aura aus Röntgenstrahlung.

Wie entsteht ein Schwarzes Loch?
Die Kernfusion im Innern eines Sterns erzeugt einen großen Druck durch die freigesetzte Energie. Dieser Druck wirkt der eigenen Schwerkraft des Sterns entgegen. Versiegt die Kernfusion – wenn der Brennstoff des Sterns aufgebraucht ist –, dann fällt dieser Druck weg, und der Stern implodiert. Ist der Stern schwer genug, so reicht der Schwung der Implosion, damit im Innern des Sterns die Elektronen in die Atomkerne gedrückt werden und zunächst Neutronen entstehen. Stoppt der Gegendruck der Neutronen untereinander das Kollabieren, so entsteht ein Neutronenstern. Reicht der Gegendruck nicht aus, zerbrechen auch die Neutronen, und der Stern kollabiert zu einem Schwarzen

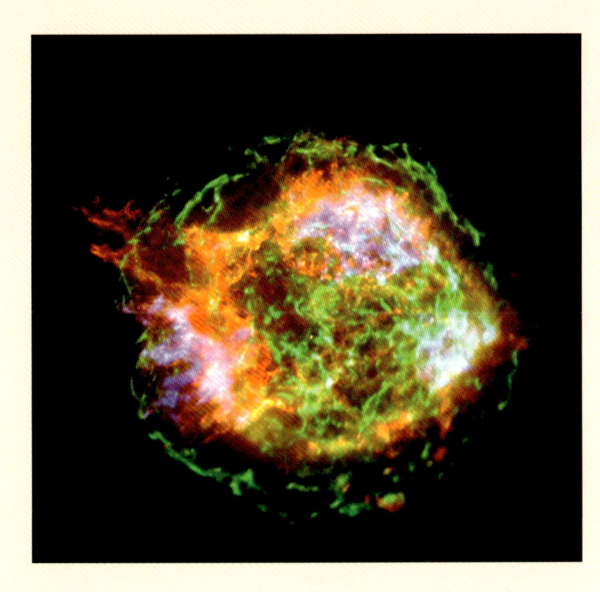

Cassiopeia A, ein Supernovaüberrest im Sternbild Cassiopeia, der energiereiche Röntgenstrahlung emittiert. Ein Schwarzes Loch könnte die Ursache sein.

Wurmlöcher

Das Raum-Zeit-Kontinuum kann man sich wie ein gekrümmtes Blatt Papier vorstellen. Zwei Punkte, die auf dem Papier weit entfernt sind, können sich so räumlich nahe kommen. Es fehlt nur ein direkter Verbindungsweg. Schwarze Löcher bilden eine sehr tiefe Senke in der Raum-Zeit. Gäbe es auf der anderen Seite ein Objekt mit Antigravitation, würde sich ihm die Raum-Zeit entgegendehnen, bis sich beide Seiten berühren: ein sog. Wurmloch entstünde. Wurmlöcher sind theoretisch möglich, da die Relativitätstheorie exotische Materie mit Antigravitation nicht ausschließt. Ob sie aber real existieren, ist sehr fraglich, da bisher keine Antigravitation beobachtet werden konnte. Auch ist – im Gegensatz zu gängigen Science-Fiction-Szenarien – keineswegs klar, wie stabil diese Abkürzungen wären.

Loch. Während der Implosion zündet im Randbereich des Sterns die Kernfusion erneut, da dort noch Wasserstoff als Brennstoff vorhanden ist. Dieser Energieschub lässt die äußeren Bereiche des Sterns explodieren, während der Kern weiter zusammenstürzt. Man nennt diese Sternenexplosion eine Supernova.

Können Schwarze Löcher explodieren?

Ja, zumindest vermutet dies der berühmte Physiker Stephen Hawking (*1942). Grund dafür ist das spontane Entstehen von Materie-Antimaterie-Teilchenpaaren im Gravitationsfeld des Schwarzen Lochs. Entstehen diese genau an der Grenze, ab der nichts mehr dem Schwarzen Loch entweichen kann, ist es möglich, dass ein Teilchen in das Schwarze Loch stürzt, das andere dafür von diesem fortgeschleudert wird. Für einen externen Beobachter strahlt ein Schwarzes Loch also theoretisch hin und wieder einzelne Teilchen ab, die die sog. Hawking-Strahlung bilden. Da Materie nicht aus dem Nichts gebildet werden kann, muss die Masse des Schwarzen Lochs um die Masse dieser abgestrahlten Teilchen abnehmen. Wenn von außen nichts mehr in das Schwarze Loch fällt, muss es folglich im Laufe der Zeit masseärmer werden – bis bei Unterschreiten einer kritischen Dichte das Schwarze Loch explodiert.

Wurmlöcher können sich bilden, wenn das Raum-Zeit-Kontinuum durch eine Masse so weit gedehnt wird, dass es mit anderen Bereichen des Kontinuums verschmilzt. Hierfür muss sich das Kontinuum der anderen Seite entgegendehnen (Antigravitation).

PHYSIK

UNHEIMLICH: DIE DUNKLE MATERIE

Gibt es eine Welt jenseits der Welt?
„Es gibt viel mehr Dinge zwischen Himmel und Erde, als sich unsere Weisheit träumen lässt." William Shakespeares Satz wird gern als Bestätigung einer unsichtbaren Welt jenseits unserer Vorstellungskraft zitiert. Esoteriker halten bisher unbekannte Kräfte für existent – unsichtbare Energien oder Felder. Wie sieht es demgegenüber in der modernen Physik aus? Auch dort wird schließlich über für uns unsichtbare Welten spekuliert – etwa über Paralleluniversen (wie sie auch in der Science-Fiction-Literatur gern beschrieben werden), fremde Dimensionen oder die sog. Dunkle Materie. Physiker haben es im Vergleich zur Esoterik allerdings um ein Vielfaches schwerer: Sie müssen für ihre Theorien Beweise suchen bzw. durch sie bekannte Naturphänomene plausibel erklären. Der Beweis fremder Raumdimensionen steht zwar noch aus, wird aber – wenn die Stringtheorie zutrifft – mit Hilfe von Teilchenbeschleunigern in den kommenden Jahrzehnten möglich sein.

Fehlt im Universum Materie?
Allem Anschein nach ja, und nicht zu knapp! Wenn man fremde Galaxien mit Teleskopen beobachtet, kann man dank des sog. Doppler-Effekts (s. Kasten) auf die Geschwindigkeiten der Einzelsterne schließen. Dabei ergibt sich jedoch ein Problem: Offensichtlich reicht die sichtbare Materie der Galaxien nicht aus, um die Sterne zusammenzuhalten; sie sind zu schnell! Nun kann natürlich Materie in dunklen Gaswolken, Gesteinsbrocken, Planeten oder in nur schwach leuchtenden Zwergsternen (sog. Braune Zwerge) versteckt sein. Aber selbst bei großzügigstem Hochrechnen kann dies die hohen Geschwindigkeiten der Sterne nicht erklären. Im sog. Coma-Haufen im Sternbild Haar der Berenike müsste die Masse der Galaxien 400-mal so groß sein wie beobachtet, damit sowohl die Galaxien selber als auch der Galaxienhaufen stabil wäre!

> **Doppler-Eeffekt**
>
> Ein Phänomen, das jeder kennt: Nähert sich ein Polizeiwagen mit Sirene, so klingt diese deutlich höher als später, wenn der Wagen sich wieder entfernt. Die Geschwindigkeit ändert die Wellenlänge des Schalls: Beim Näherkommen wird der Schall kurzwelliger, beim Entfernen langwelliger (in Bezug auf das Ohr des Hörers). Dieser Effekt tritt analog bei abgestrahltem Licht auf, wird aber erst bei sehr hohen Geschwindigkeiten wahrnehmbar. Je schneller sich daher ein Objekt von uns weg bewegt, desto röter (langwelliger) wird das Licht, welches von ihm abgestrahlt oder reflektiert wird. Umgekehrt verschiebt sich beim Herannahen das Licht nach blau (kurzwelliger).

Dunkle Materie – die Lösung des Problems?
Einen anderen Erklärungsversuch für die im Universum scheinbar fehlende Materie liefert die Theorie von der sog. Dunklen Materie. Sie steht (der Theorie zufolge) nur mittels Gravitation mit

Bernard Sadoulet und sein WIMP-Detektor in Berkley, USA. WIMPS sind massearme Teilchen wie Neutrinos, die einen Beitrag zur „fehlenden Masse" des Universums leisten.

54 PHYSIK

dem Rest des Universums in Kontakt und kann daher kein Licht abstrahlen. Das Pendant zur Dunklen Materie ist die sog. Dunkle Energie; sie soll u. a. für die Expansion des Weltalls verantwortlich sein. Möglicherweise besteht die Welt sogar zum größten Teil aus Dunkler Materie und Dunkler Energie: 73% Dunkle Energie, 23% Dunkle Materie, 3,7% normale Materie und Energie und 0,3% sog. Neutrinos. Bei dieser Verteilung wären die bekannten Naturgesetze in ihrer bisher angenommenen Form zwar weiterhin gültig; allerdings lebten wir danach in einer Welt, die zum größten Teil für uns völlig unsichtbar bliebe. Man hofft, in den nächsten Jahren mit neuen Teilchenbeschleunigern Effekte der Dunklen Materie nachweisen zu können, da es bis heute keinen Beweis für ihre Existenz gibt.

NGC 1409 (rechts) und 1410 (links), zwei nahe gelegene Galaxien, die durch ihre Gravitation in enger Beziehung zueinander stehen: vor ca. 100 Millionen Jahren kollidierten sie. Seit damals saugt die größere Galaxie Materie aus der kleineren an – der Materiefluss ist als diagonal laufende, dunkle Linie (kaltes Gas) deutlich erkennbar. Der beide Galaxien verbindende Dunstschleier besteht aus vielen Sternsystemen.

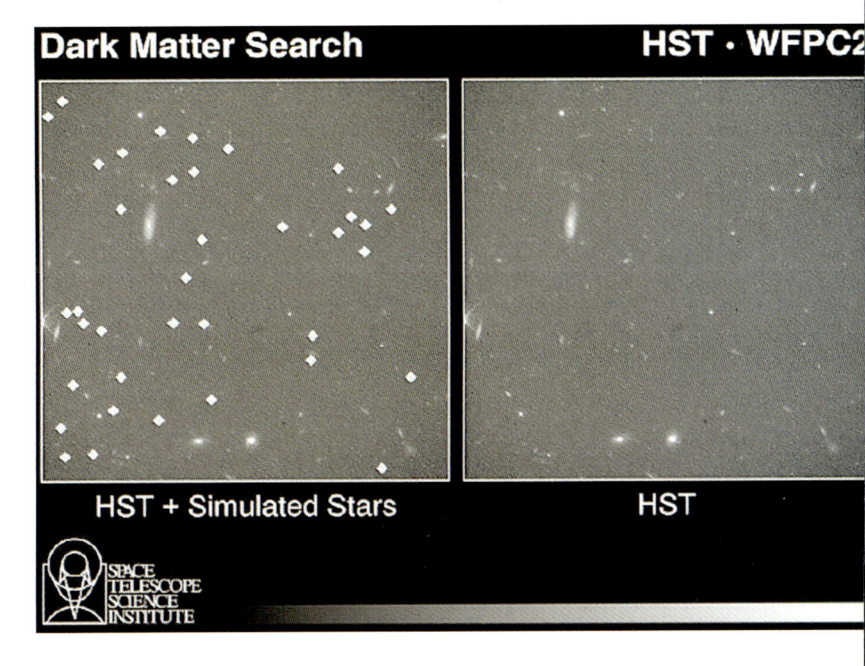

Himmelsausschnitt, aufgenommen mit dem Hubble-Weltraumteleskop. Rechts: tatsächliches Bild; links: es wurden mit Hilfe eines Computers 37 Sterne künstlich in den selben Ausschnitt eingetragen. Wäre Dunkle Materie in Form von lichtschwachen Zwergsternen (Rote Zwerge, Braune Zwerge) existent, so müssten so viele zusätzliche Objekte rechts im Bild erkennbar sein. Dunkle Materie muss also in anderer Form vorhanden sein.

PHYSIK

QUANTENPHYSIK – WENN DIE NATUR SPRÜNGE MACHT

Worin besteht der berühmte Quantensprung?
Der häufig gehörte Ausdruck „Quantensprung" bezeichnet im Alltag einen besonders großen Entwicklungssprung bzw. einen Durchbruch. Doch was ist das eigentlich, ein Quantensprung? In unserem Alltag sind alle Größen fließend. Wir messen die Zeit zwar in Einheiten – z.B. in Sekunden; aber die Zeit selber scheint nicht zu springen, sondern fließt kontinuierlich. Auch alle anderen Größen – wie Länge, Kraft oder Energie – erscheinen uns kontinuierlich. In der Natur gibt es aber bezüglich aller Größen immer nur Vielfache einer winzigen Grundeinheit. Weil die Grundeinheiten extrem klein sind, ist in unserer Alltagswelt davon nichts zu spüren. Die Welt entspricht im Detail also einem Schachbrett, auf dem die Figuren nur von Feld zu Feld springen können und nicht zwischen zwei Feldern postiert werden dürfen. Der Sprung von einem Feld zum nächsten – also ein Quantensprung – ist extrem kurz, bezüglich der Längenmessung nur 10^{-35} m. Die Werbeindustrie täte besser daran, beim Anpreisen von Produktverbesserungen den Begriff „Quantensprung" zu überdenken, da der Qualitätssprung in diesem Sinne nur minimal, ja sogar unmerklich ist.

Besteht die Welt aus Teilchen oder Wellen?
Aus beidem, würde man wohl spontan antworten wollen: Materie aus Teilchen, Licht aus Wellen. Licht kann aber auch einen direkten punktuellen Stoß bewirken, als bestünde es aus Teilchen. Diese Elementarteilchen – die sich mit Lichtgeschwindigkeit bewegen – nennt man Photonen. Und wie steht es mit der Materie? Man denke sich eine kleine Wand mit zwei winzigen Spalten, durch die ein Elektron passt. Schießt man mit Elektronen auf diese Wand, sollten sie entweder reflektiert werden oder durch den einen oder den anderen Spalt fliegen. Tatsächlich fliegen sie durch beide Spalten gleichzeitig – so, wie eine Welle auf einer Wasseroberfläche gleichzeitig durch zwei Spalten einer kleinen Mauer treten kann. Die Welle ist ja schließlich kein sich bewegender Punkt, sondern eine breite

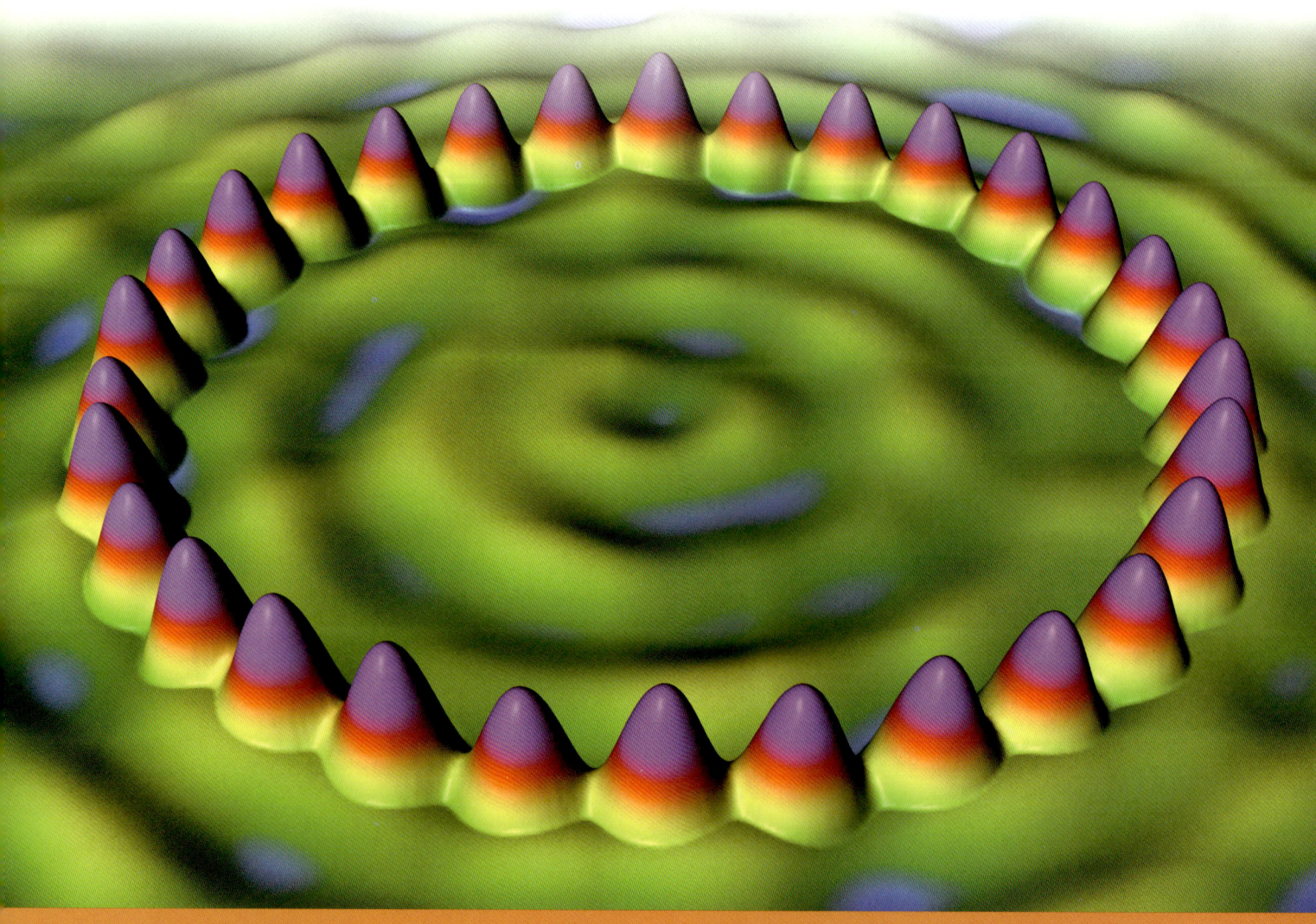

Eine Mauer aus 30 zu einem Ring angeordneten Cobalt-Atomen, aufgenommen mit einem Kraftmikroskop. Jedes Einzelatom wurde genau positioniert, um diesen Ring aufzubauen. Mit dieser Technik hofft man, bald extrem kleine Schaltkreise für sogenannte Quantencomputer zu entwickeln.

Richard Feynman (1918–1988), einer der führenden Quantenphysiker des 20. Jahrhunderts.

Der Traum vom „Beamen"
Beamen – das bedeutet, ein Objekt zu scannen und die Position und den Impuls aller subatomaren Einzelteilchen auszumessen, um dieses Objekt an einem anderem Ort wieder exakt zu rekonstruieren. Anstelle des Objekts würde nur die Information übermittelt werden. Aufgrund der Heisenbergschen Unschärferelation ist dies aber unmöglich. Dem österreichischen Quantenphysiker Anton Zeilinger (* 1945) gelang es allerdings, einzelne Photonen zu beamen.

Front. Diese Elektronenwellen sind real – sie werden z. B. in der Elektronenmikroskopie eingesetzt. Prüft man aber mit einem Messgerät den genauen Weg jedes Elektrons, so kollabiert diese Welle, und man sieht tatsächlich nur Teilchen. Dieses Verhalten sprengt die bildliche Vorstellungskraft des Menschen. Nicht umsonst sagte der berühmte Physiker und Nobelpreisträger Richard Feynman (1918–1988), der sich intensiv mit der Quantenmechanik beschäftigte: „Ich denke, man kann mit Sicherheit sagen, dass niemand Quantenmechanik versteht."

Sind alle Messungen ungenau?
Ja, und das ist sogar ein Naturgesetz – zumindest auf Quantenebene: Die Heisenbergsche Unschärferelation, die besagt, dass man von einem Teilchen nicht gleichzeitig den Ort und den Impuls bzw. die Geschwindigkeit exakt erfassen kann. Versucht man, ein kleines Teilchen – z. B. ein Elektron – mit Hilfe von Kraftfeldern in einem sehr kleinen Raum einzusperren, wäre dieser definiert. Die Geschwindigkeit des Teilchens wäre dann aber umso unbestimmter. Die Folge wäre, dass das Elektron so schnell werden kann, dass es aus dem Gefängnis ausbrechen könnte, oder aber extrem starke Felder es halten müssten. Hat man es erfolgreich eingesperrt, so kann es trotzdem plötzlich auf der anderen Seite des Gefängnisses auftauchen, obwohl es da eigentlich nicht sein dürfte. Dieses Verhalten des Elektrons nennt man auch den Tunneleffekt.

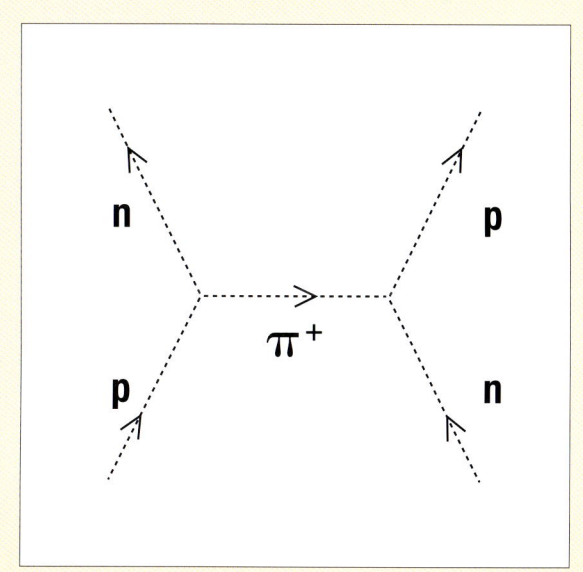

Feynmandiagramm eines Pionenaustauschs (π^+) zwischen einem Proton (P) und Neutron (N), die sich ineinander umwandeln.

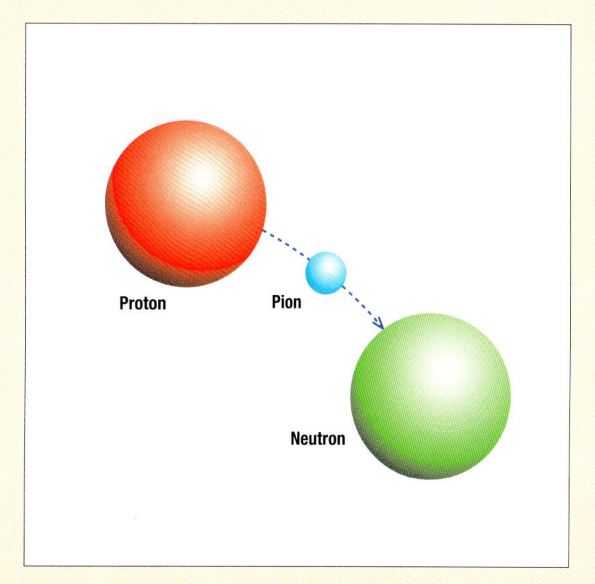

Grafische Darstellung des Feynmandiagramms. Das Proton schickt ein Pion zum Neutron und gibt so seine Ladung ab. Es wird zum Neutron und das Neutron zum Proton.

PHYSIK

DIE SUCHE NACH DER WELTFORMEL

Die Erde und ihr Mond, der hier eine Sonnenfinsternis erzeugt, sind nur winzige Bausteine eines komplexen Universums.

Gibt es eine Weltformel?
Vielleicht, jedenfalls sucht die Wissenschaft nach ihr. Ist die Natur aber nicht viel zu komplex und strukturenreich, um sich in eine einzige Formel pressen zu lassen? Zum Beispiel Materie: Sie besteht aus verschiedensten Molekülen und Atomen, Stoffen und Verbindungen – im Endeffekt aber doch nur aus Quarks und Elektronen. Materie kann zudem in Energie verwandelt werden. Also sind Photonen (als Träger des Lichts) und Quarks bzw. Elektronen ineinander überführbar; man kann sie daher in einer einheitlichen Theorie zusammenfassen. Von den vier bekannten Grundkräften der Natur lassen sich mittlerweile drei zusammenfassen: die elektromagnetische Kraft, die starke und die schwache Kernkraft. Einzig die Gravitation konnte bisher nicht mit eingeschlossen werden. Würde dies gelingen, so hätte man eine Formel für alle Kräfte der Natur und könnte sie durch diese eine Weltformel ausdrücken. Die Natur ließe sich dennoch nicht „ausrechnen", da aufgrund der Heisenbergschen Unschärferelation der exakte Ausgangspunkt für zukünftige Berechnungen nicht beliebig messbar ist.

Was ist das Prinzip der kleinsten Wirkung?
Das Prinzip der kleinsten Wirkung ist ein Grundprinzip der Mechanik. In der Schule lernt man, dass die Flugkurve eines Balls eine Parabel ist, die sich aus dem Gesetz der Anziehungskraft berechnen lässt. Es geht aber auch so: Die gewählte Bahn eines Objektes ist diejenige, für die die Summe der kinetischen und der potentiellen Energie eines jeden Punktes der Bahn ein Minimum ergibt. Kurz: Es wird der Weg des geringsten Aufwands gewählt. Die potentielle Energie hängt in jedem Punkt der Flugbahn von dem Schwerefeld ab, in dem sich das bewegte Objekt befindet. Das ist das Problem an dieser Art Formeln. Sie lassen sich einfach ausdrücken, um aber konkret mit ihnen zu rechnen, müssen sog. Randbedingungen (z. B. die Art des Schwerefeldes) bekannt sein. Die dafür nötige Mathematik ist z. T. so kompliziert, dass in den Schulen doch lieber gleich die Parabel als Flugbahn gelehrt wird.

Wie viele Dimensionen gibt es?
Die Relativitätstheorie beschreibt vier Dimensionen (Länge, Breite, Tiefe und Zeit). Neue Theorien gehen aber von 10 oder 11 Dimensionen aus. Das

ist die Folge einer einfach klingenden Idee: Es wäre recht praktisch, wenn die gesamte Materie bzw. alle Teilchen nur aus einem einzigen Grundelement aufgebaut wären. Man stellt sich eine winzige Saite vor, die – je nachdem, wie sie schwingt – andere Eigenschaften hätte: mal die eines Quark, mal die eines Elektrons, mal die eines Photons. Versucht man, aufgrund dieser Idee die bekannten Effekte der Quantenmechanik mittels weniger Formeln auszudrücken, so sind die Gleichungen nur lösbar, wenn man annimmt, dass die Welt nicht aus nur vier, sondern aus 10 oder 11 Dimensionen aufgebaut ist. Diese Zusatzdimensionen wären versteckt und träten nur im extremen Mikrokosmos auf. Die Saite hingegen – die von Physikern String genannt wird – schwingt in allen Dimensionen. Noch gibt es keinen experimentellen Beweis für die Strings. Die zugrundeliegende Mathematik ist zudem so kompliziert, dass manche Teile der Theorie mit dem heutigen Kenntnisstand noch gar nicht berechenbar sind. Würde es gelingen, String-Effekte im Experiment zu zeigen, wäre man einen großen Schritt bei der Suche nach der Weltformel weitergekommen.

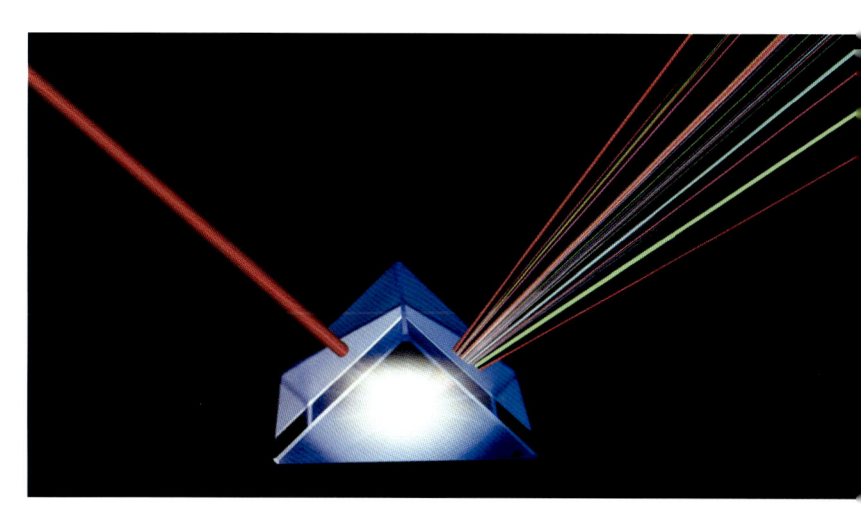

Eine Lichtstrahl wird in einem Prisma in seine Bestandteile zerlegt. Die Brechung hängt von der Farbe (Wellenlänge) und damit von der Geschwindigkeit im Glas ab.

Licht nimmt immer den schnellsten Weg …

So einfach lässt sich die Optik zusammenfassen! Licht bewegt sich in Luft schneller als in Glas. Verläuft der Weg eines Lichtstrahls zum Teil durch Luft, zum Teil durch Glas, so ist deshalb nicht unbedingt der kürzeste Weg der schnellste, was zum Phänomen der Lichtbrechung führt.

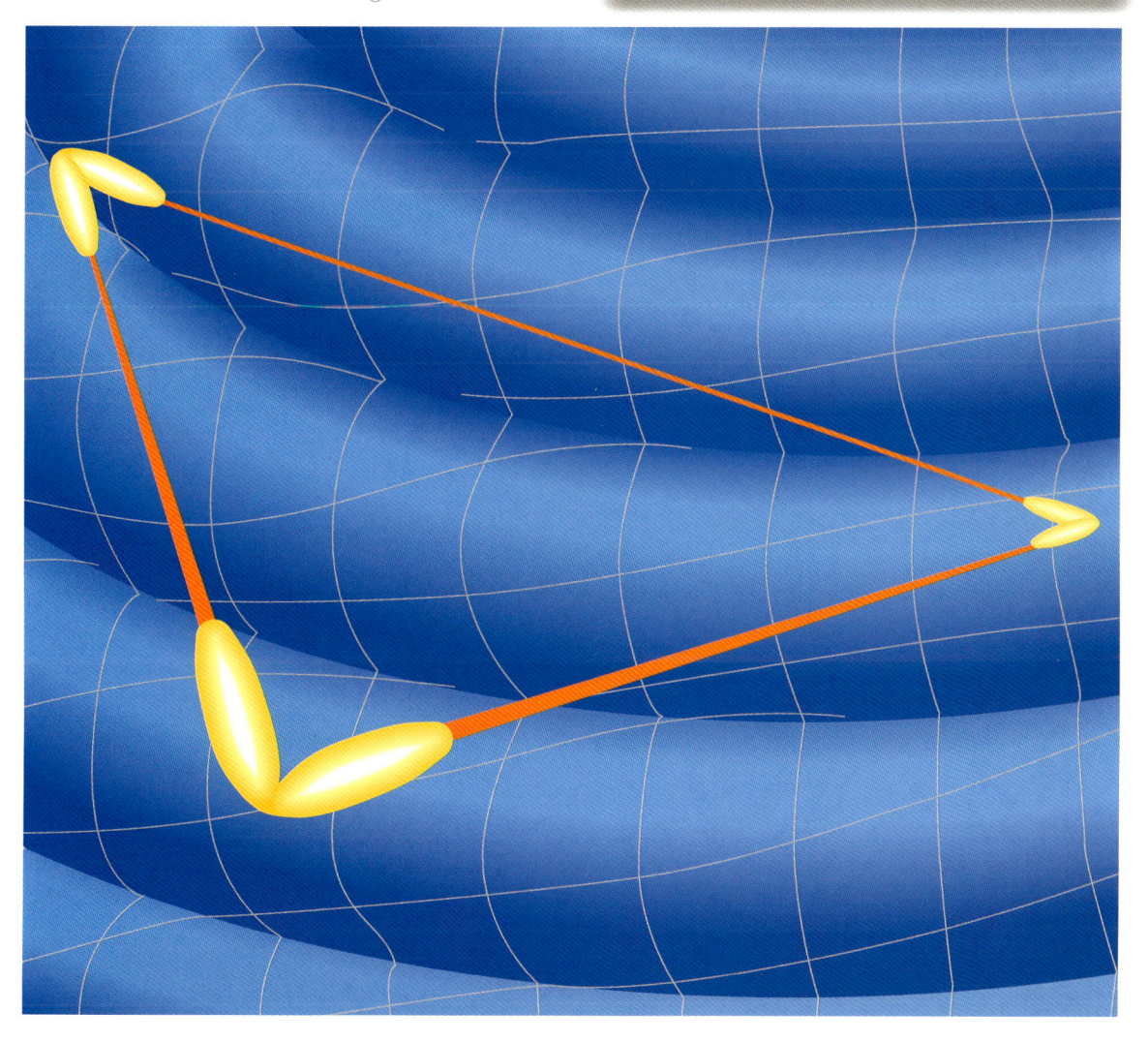

Hypothetischer Detektor von Gravitationswellen, die den Raum krümmen. Die drei Laserstrahlen der Detektoren würden durch die Wellen abgelenkt werden und so nicht mehr ins Ziel treffen.

PHYSIK

ES WIRD PHILOSOPHISCH: WARUM GAB ES DEN URKNALL?

Die biblische Schöpfung: Gott schuf den Menschen nach seinem Ebenbild („Die Erschaffung des Adam", Michelangelo, 1508–1512).

Was ist der Sinn des Universums?
Viele Religionen versuchen, anhand einer Schöpfungsgeschichte einen Sinn in der Welt zu erkennen: Hat Gott den Urknall und damit das gesamte Universum geschaffen und sieht seitdem zu, wie sich die Welt entwickelt? Das größte Problem beim Nachdenken über den Urknall ist die mangelnde Vorstellung davon, dass mit dem Urknall sowohl der Raum als auch die Zeit entstand. Und woher kommt das alles? Aus dem Nichts kann es ja schlecht entstehen. Oder doch? Die moderne Wissenschaft tut sich in diesem Punkt verständlicherweise schwer. Hier setzt die moderne Kosmologie mit ihren z. T. revolutionären Ideen an. Kosmologie ist die Sparte der Physik, welche die Geschichte und die Struktur des Universums zu erklären versucht. Dir Frage nach dem Sinn des Universums kann sie aber nicht beantworten, da diese eine subjektive Sicht auf die Welt darstellt.

Wo fängt die Ungewissheit an?
Physiker glauben, mittlerweile die Strukturen des Universums sowie seine Entwicklungsgeschichte sehr gut erklären und rekonstruieren zu können. Geht man von dem Entstehen des Universums im Urknall aus, so erscheinen die ersten 10^{-33} Sek. noch völlig abstrakt, da sich hier der Raum mit Überlichtgeschwindigkeit ausgedehnt haben soll (sog. Inflationäre Phase).

Gibt es Alternativen zur Urknallhypothese, der Entstehung aus dem Nichts?
Ja, es gibt sogar mehrere Alternativtheorien. Ein sehr interessanter Ansatz ist das sog. ekpyrotische Universum, das die Physiker Paul Steinhardt und Neil Turok erdachten. Ihre Theorie stützt sich auf die Annahme eines 10-dimensionalen Raums, wie ihn auch die String-Theorie fordert. Kurz gesagt sollen mindestens zwei kalte, fast leere, in sich vierdi-

Detail des Orionnebels, einem Geburtsort vieler junger Sterne.

mensionale Universen – sog. Brans – nebeneinander existieren. Vor 13,7 Milliarden Jahren soll die eine Bran, die sich entlang einer fünften Raumdimension bewegte, mit einer zweiten zusammen gestoßen sein. Bei der Kollision wurde die gesamte kinetische Energie der auftreffenden Bran in Strahlung, Materie und Expansion des Raums umgewandelt. Aufgrund von Quanteneffekten wellte sich die Bran bei der Bewegung durch die fünfte Dimension, weshalb die Kollision nicht völlig gleichzeitig stattfand. Das soll die Fluktuation der Hintergrundstrahlung erklären. Der Urknall wäre demnach nicht die absolute Schöpfung aus dem Nichts, sondern ein Effekt, der durch zwei kollidierende Brans erzeugt wurde. Der Vorteil der Hypothese liegt auf der Hand: Es gab keine Inflationäre Phase zu Beginn der Raumdehnung; auch entstand die Welt nicht in einem einzigen Punkt mit unendlicher Dichte und Temperatur aus dem Nichts, und zudem würde die Zeit auch vor der Kollision existieren. Die philosophische Frage nach dem Woher und Warum würde allerdings weiter unbeantwortet bleiben und nur auf eine andere Ebene verschoben werden: Woher kommen die ursprünglichen Brans, die kollidierten? Antworten auf diese Fragen zu finden, wird daher vorerst weiterhin Aufgabe der Religion und Philosophie sein. Die gesamte Grundüberlegung des ekpyrotischen Universums (s. Kasten) beruht auf der unbewiesenen Stringtheorie; sie bleibt insofern auch eine reine Hypothese – und bis auf Weiteres ohne Beweis.

Was bedeutet Ekpyrosis?
Ekpyrosis ist ein altgriechischer Begriff und bedeutet so viel wie Weltenbrand. Die Vorstellung existierte bereits in der germanisch-nordischen Mythologie als Ragna Rök: Die bekannte Welt wird verbrennen und in Flammen aufgehen. Dadurch wird eine neue, andere Welt erschaffen. Mit der alten Welt gehen auch die alten Götter unter, und neue Götter werden kommen, um die neue Welt zu beherrschen.

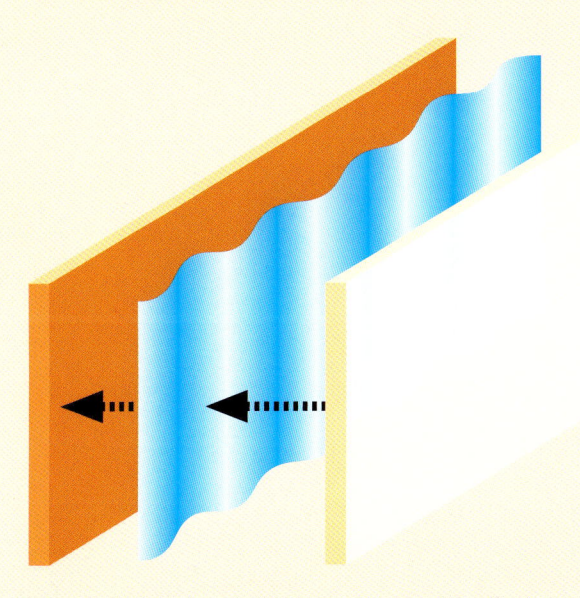

Schematische Darstellung der Kollision von Universen („Brans"), wie sie die Theorie des ekpyrotischen Universums postuliert. Die gewellte blaue Schicht stellt eine Bran dar, die sich von der rechten Bran auf die linke zubewegt und mit dieser zusammenstößt.

PHYSIK

| Zucker | Periodensystem | Phosphat und Schwefel |

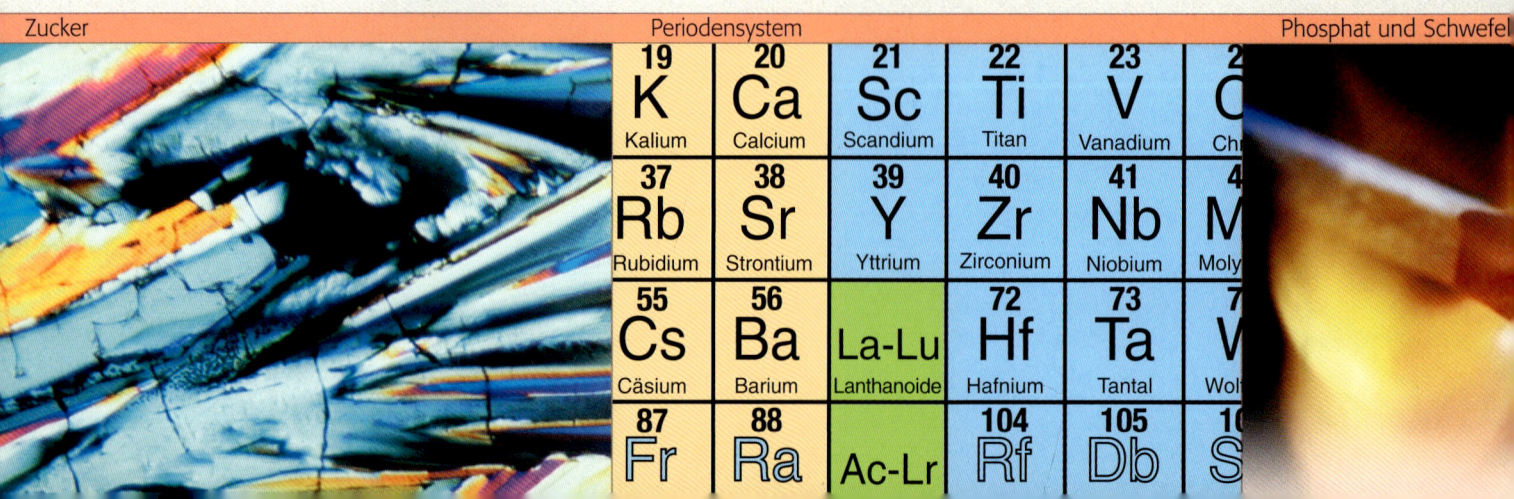

19 K Kalium	20 Ca Calcium	21 Sc Scandium	22 Ti Titan	23 V Vanadium	
37 Rb Rubidium	38 Sr Strontium	39 Y Yttrium	40 Zr Zirconium	41 Nb Niobium	
55 Cs Cäsium	56 Ba Barium	La-Lu Lanthanoide	72 Hf Hafnium	73 Ta Tantal	
87 Fr	88 Ra	Ac-Lr	104 Rf	105 Db	

◀ Minerale und Gesteine   ▲ Metalle

CHEMIE

Chemie – das ist die Wissenschaft der Stoffe. Stoffe bestehen aus Atomen, die sich untereinander zu komplexen Verbindungen zusammenfügen können. Sei es Metall – das durch die Reaktion mit Sauerstoff rostet –, sei es Zucker – der in unserem Körper zu Energie verbrannt wird – oder sei es das Benzin im Motor eines Autos: Chemische Reaktionen bestimmen unser Leben. Allzu häufig wird Chemie vor allem mit Kunststoffen assoziiert; ein solcher Blick schließt jedoch einen Großteil unserer Umwelt aus. Denn ganz gleich, ob Stock oder Stein, ob Luft oder Wasser, ob Tier, Pflanze oder Mensch: Alle bestehen aus chemischen Elementen und Verbindungen.

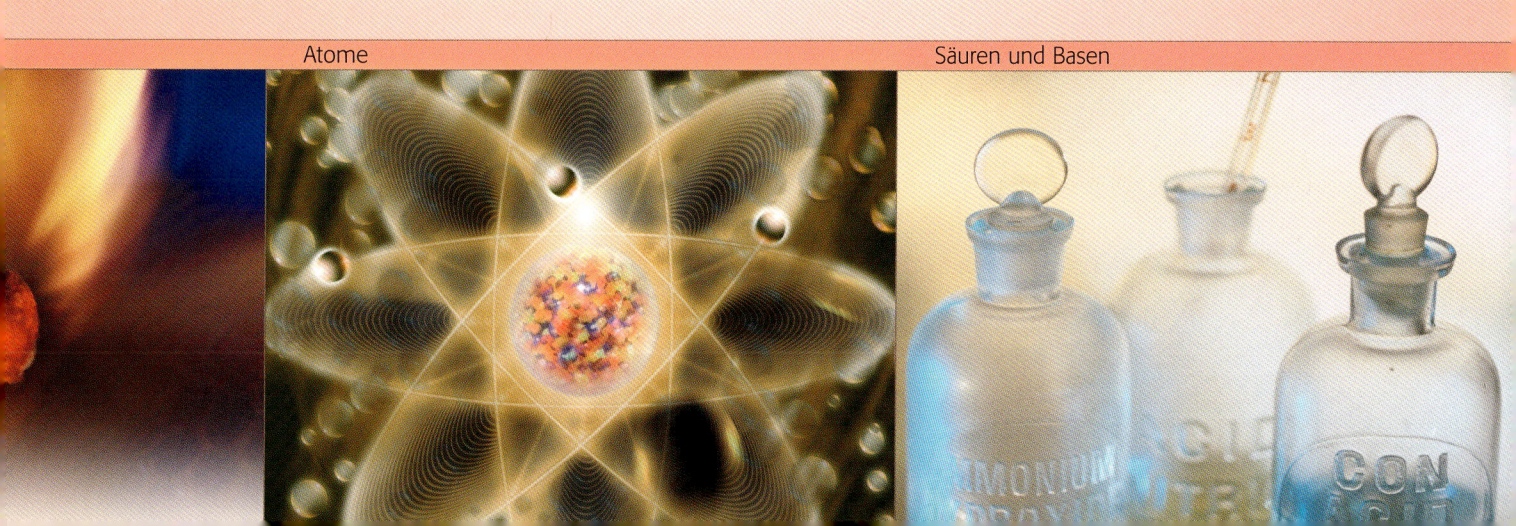

Atome   Säuren und Basen

CHEMIE – DIE WELT DER STOFFE

Was ist Chemie?
Chemie ist die Wissenschaft vom Aufbau, dem Verhalten und der Umwandlung von den Substanzen, aus denen unsere Welt besteht. Die Substanzen – oder Stoffe – bestehen aus Atomen, den Grundeinheiten der Materie. Verantwortlich für die Eigenschaften der Atome und Moleküle sind deren Elektronenhüllen. Man könnte die Chemie daher auch in gewissem Sinn als Atomphysik bezeichnen – die jedoch nicht mit der Kernphysik zu verwechseln ist, die vor allem die Eigenschaften der kleineren Atomkerne beleuchtet.

Warum ist die Chemie ein eigenständiges Fach?
Die Grenzen zwischen den Fächern Physik und Chemie sind in der Tat nicht eindeutig zu ziehen. Teile der Chemie überlappen mit der Atom- oder Molekularphysik. Allerdings beschäftigt sich die Chemie – vor allem die sog. Organische Chemie – auch mit den Strukturen des Lebens, während die Physik die unbelebte Natur erforscht. Doch auch hier mischt die Physik mittlerweile mit, nämlich in dem Spezialgebiet der Biophysik: der Physik des Lebens. Die Chemie hat durch das Erzeugen neuer Stoffe (z. B. Kunststoffe oder auch das Veredeln von Rohstoffen wie Erdöl zu Benzin) einen so großen technischen und wirtschaftlichen Stellenwert, dass sie traditionell als eigenständige Disziplin definiert wird.

Ist Chemie ungesund?
Oft hört man – wenn etwa in negativer Weise von Zusätzen in Lebensmittel gesprochen wird – den Ausspruch: „Da ist Chemie drin!" Die Chemie wird in diesem Fall auf die Produktion von Konservierungsstoffen oder gar Pestiziden reduziert. Dabei ist der menschliche Körper in gewissem Sinn nichts anderes als ein großes Chemielabor: Wir verbrennen Zucker, wir wandeln Fettsäuren um, verändern Stoffe – z. B. Eiweiß, das im Magen gerinnt – und nutzen so (wie alle Lebewesen) die Natur der Stoffe. Dass Chemie ungesund ist, kann also gar nicht gesagt werden – denn ohne chemische Prozesse könnten wir gar nicht leben. Allein unser Stoffwechsel – der Begriff benennt es bereits – ist per definitionem Chemie im eigentlichen Wortsinn. Dass der Mensch gelernt hat, bekannte und auch neue Substanzen selbst herzustellen, ist ja nichts Negatives. Die technische Anwendung – z. B. in Form großer Chemiefabriken – kann jedoch auch negative Auswirkungen etwa auf die Umwelt haben; das muss jedoch nicht

Keine Hexenküche, sondern die bunte Welt der Chemie: Beim Erhitzen geht eine Flüssigkeit in die Gasphase über.

der Fall sein. Eine neutrale Sicht auf die Wissenschaft und ihre Möglichkeiten hilft, entsprechend zu differenzieren und den großen Wert und Nutzen der Chemie für den Menschen zu erkennen.

Verschiedene Chemikalien in einem Labor. Die einzelnen Behältnisse müssen genau beschriftet sein. Ätzende oder anderweitig gefährliche Substanzen werden durch Warnaufkleber gekennzeichnet.

Welcher chemische Prozess hat die Menschheit besonders voran gebracht?
Das Feuer! Was wäre aus der Menschheit geworden, wenn sie nicht das Feuer entdeckt hätte? Feuer ist nichts anderes als die chemische Reaktion z. B. von Holz mit dem Sauerstoff der Luft unter Hitzeentwicklung. Die ersten Menschen, die in der Lage waren, Feuer zu entzünden, könnte man daher als die ersten Chemiker bezeichnen. Sie wussten zwar noch nicht, was hinter dem Feuer steckt, aber sie konnten es zumindest nutzbar machen.

Pulverförmige Farbstoffe: Viele der gebräuchlichen Färbemittel, z.B. für Textilien, werden heutzutage künstlich erzeugt.

Wirtschaftsfaktor Chemie
Lange Zeit war die Chemie wirtschaftlich eher unbedeutend, bis gegen Ende des 19. Jh. die ersten synthetischen Farbstoffe für die Textilindustrie entwickelt wurden. Die Nachfrage war groß, da viele der natürlichen Pigmente, die über den Anbau von Färbepflanzen gewonnen werden mussten, sehr teuer waren. Die chemische Industrie wuchs schnell. Die gezielte Synthese von Substanzen wurde zu einem Schlüsselfaktor der neuen Wirtschaft, auch jenseits der Farbstoffe. Seien es Waschmittel, neuartige Erfindungen – wie Zelluloid für die darauf basierende Filmindustrie – oder die Erfolge der modernen Pharmakologie: Die Chemie ist in allen Sparten unseres modernen Lebens unverzichtbar geworden.

DER TRAUM VOM GOLD – VON DER ALCHEMIE ZUR MODERNEN CHEMIE

Waren Alchemisten Zauberer?
Viele Geschichten und Mythen ranken sich um die alten Alchemisten. Zaubern konnten sie selbstverständlich nicht, doch im Prinzip waren sie die Wegbereiter der modernen Chemie. Denn das Ziel der Alchemisten war es, Stoffe ineinander umzuwandeln. Vor allem Metalle standen dabei im Mittelpunkt. So wurde nach Wegen gesucht, aus sog. unedlen Metallen edle Metalle wie Gold zu erzeugen. Zu diesem Zweck versuchte man, die Eigenschaften der Stoffe zu ergründen und ihre Zusammensetzung zu verstehen, um sie entsprechend manipulieren zu können. Die erworbenen Kenntnisse wurden häufig unter Verschluss gehalten, was die Alchemie zu einer Art Geheimlehre werden ließ. Dadurch erhielt sie den Nimbus des Okkulten und der Zauberei.

Woher kommt der Begriff Alchemie?
Al-kymyia ist der arabische Ausdruck für Alchemie. Vermutlich ist dieses eine Entlehnung des altägyptischen Wortes kemet, das schwarzes Land oder schwarze Erde bedeutet. Zugleich war mit diesem Wort Ägypten gemeint, da der Boden hier durch die Überschwemmungen des Nils immer wieder dunkel gefärbt wurde. Das griechische Wort chymeia wird im Sinne von Schmelzen verwendet. Daher wurde die Alchemie entweder als Kunst des Schmelzens oder (was wahrscheinlicher ist) als die Kunst des schwarzen Landes (also des alten Ägyptens) verstanden. Die in Süddeutschland übliche Aussprache des Wortes Chemie mit „k" erinnert ein wenig an den Originalbegriff.

Was ist der Stein der Weisen?
Der sog. Stein der Weisen war ein Traum aller Alchemisten: Sie suchten nach einer Substanz, mit deren Hilfe unedle Stoffe, insbesondere Metalle, in edle Metall wie Gold und Silber verwandelt werden konnten, und nahmen an, Materie bestehe neben der Stofflichkeit auch aus Prinzipien wie „edel" und „unedel". Dem Stein der Weisen wurde nachgesagt, mit seiner Hilfe könne das Prinzip „edel" auf beliebige Stoffe übertragen werden.

Alchemisten bei der Arbeit – aus der Sicht des flämischen Malers Joannes Stradanus (1523–1605).

Was hat Quecksilber mit Gold zu tun?

Quecksilber folgt im Periodensystem der chemischen Elemente (s. S. 72 f) direkt auf Gold, hat also prinzipiell nur ein Proton mehr als dieses. Dass die Alchemisten im Quecksilber etwas Besonderes sahen, lag aber an seiner Eigenschaft, als einziges Metall auch bei Zimmertemperatur flüssig zu sein (denn die Alchemisten kannten weder das Periodensystem noch den inneren Aufbau der Materie). Lange Zeit glaubte man, alle Metalle bestünden aus einem Gemisch aus Schwefel und Quecksilber, wären also das, was wir heute Legierung nennen. Der Arzt, Naturforscher und Philosoph Paracelsus (1493–1541) fügte als dritten Bestandteil das Salz hinzu, um auch nichtmetallische Stoffe erklären zu können. Hierbei spielten auch religiöse Grundprinzipien (so die Dreifaltigkeit des christlichen Gottes) eine Rolle. Natürlich gelang es ebenso wenig, aus Quecksilber durch Mischen mit Schwefel Gold zu erzeugen wie den Stein der Weisen zu finden.

Wann kam das Ende der Alchemie?

Das Ende der Alchemie wurde mit der Renaissance eingeläutet, als man sich von Irrationalem befreien und allen nicht beweisbaren Mystizismus über Bord werfen wollte. An die Stelle der Goldmacherei trat die rein wissenschaftliche Betrachtung der Stoffe. Dies war die Geburtsstunde der modernen Chemie. In gewissem Sinn wurde Mitte des 18. Jh. der Alchemie durch den französischen Chemiker Antoine Laurent Lavoisier (1743–1794) der Todesstoß versetzt: Er stellte nämlich fest, dass das Oxidieren von Metallen deren Gewicht erhöht. Er experimentierte daraufhin mit Quecksilberoxid, trennte den Sauerstoff ab und oxidierte das Quecksilber erneut. Da das neu erzeugte Quecksilberoxid genauso viel wog wie die Ausgangssubstanz, erkannte er die Anlagerung des Sauerstoffs und somit die zugrundeliegende chemische Reaktion.

Quecksilber ist das einzige Metall, das bei Zimmertemperatur flüssig ist. Diese Eigenschaft hat schon die frühen Alchemisten fasziniert.

Gold – auch heute noch ist dieses edle Metall heiß begehrt und entsprechend wertvoll.

CHEMIE

DAS ATOM – HARTER KERN, WEICHE SCHALE

Kann man Atome sehen?
Nein, dafür sind sie mit einem Durchmesser von nur 0,00000001 mm viel zu klein. Es ist aber heute möglich, sie abzutasten. Ein sog. Rasterkraftmikroskop nutzt dazu eine feine Nadel, deren Spitze aus einem einzigen Atom besteht. Mit dieser feinen Spitze wird die Oberfläche des zu untersuchenden Objekts abgetastet. Steht die Nadel genau über einem Atom, so stoßen sich die beiden Elektronenhüllen gegenseitig ab; zwischen zwei Atomen hingegen kann die Nadel etwas tiefer in das Objekt eindringen, bevor sie auf das nächste Atom stößt. Da keine Nadel so fein geschliffen werden kann, wird sie chemisch – durch Ätzung – hergestellt. Die feine Bewegung der Nadel von Atom zu Atom erfolgt durch Materialien, die sich – abhängig von einer angelegten elektrischer Spannung – schwach biegen. Nur so kann man die Nadelspitze exakt positionieren.

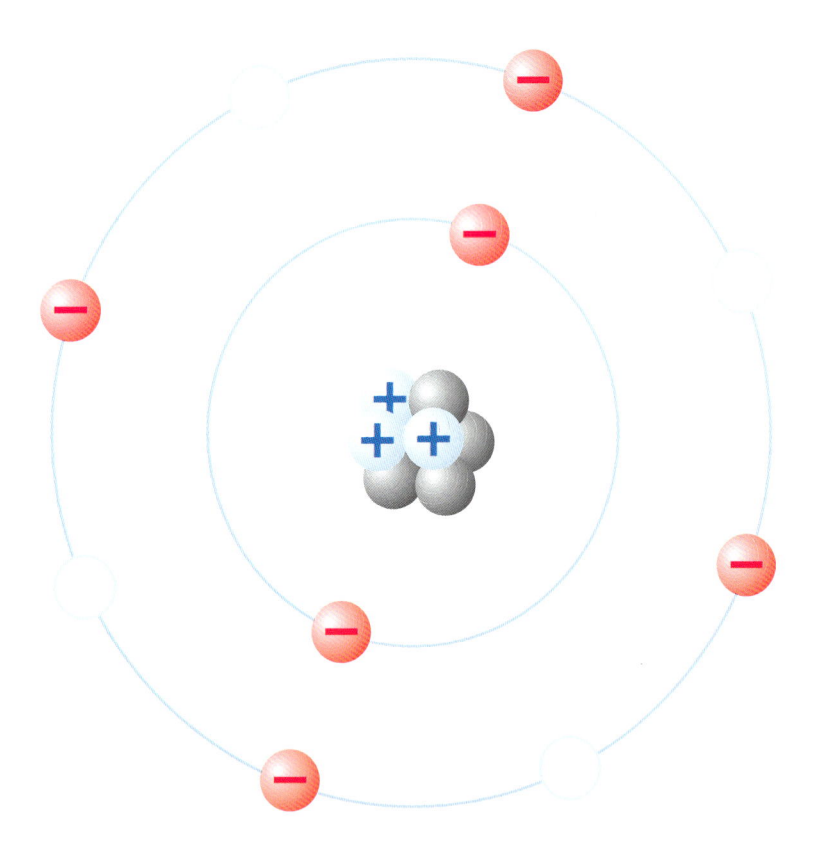

Künstlerische Darstellung eines Atoms mit um den Kern kreisenden Elektronen.

Was hat ein Atom mit einer Zwiebel gemeinsam?
Eine Zwiebel besteht aus mehreren ineinander geschichteten Häuten oder Hüllen. In ähnlicher Weise bilden die Elektronen mehrere Schalen um den Atomkern. Die Elektronen der Atomhülle können dabei nur definierte Energiezustände einnehmen; dies ist ein Effekt der Quantenmechanik, der – vereinfacht ausgedrückt – besagt, dass sie nur in bestimmten Abständen vom Atomkern existieren. Niels Bohr stellte ein solches Atommodell im Jahr 1913 vor. Er stellte auch fest, dass die Anzahl der Elektronen der einzelnen Atomhüllen unterschiedlich groß ist. Die innerste Schale hat nur für zwei Elektronen Platz, die zweite (und, bis auf Ausnahmen, jede weitere) kann hingegen acht Elektronen aufnehmen.

Was sind Orbitale?
Orbitale stellen eine Weiterentwicklung des Bohrschen Atommodells dar. Elektronen sind in Wirklichkeit keine reinen Teilchen, sondern besitzen auch Welleneigenschaften. Man kann sich ein Elektron als eine Art verschwommene Wolke vorstellen. Sobald man aber durch eine Messung die genaue Position eines Elektrons zu bestimmen versucht, verschwindet die diffuse Ladungswolke und das Elektron ist plötzlich ein fast punktförmiges Teilchen. Man kann aber die Wahrscheinlichkeit berechnen,

Ein Kohlenstoff-Atom: Auf der äußeren Elektronenschale sind noch vier Plätze (als weiße Kreise markiert) für weitere Elektronen frei. Der Atomkern besteht aus je sechs Protonen (positiv geladen, in der Grafik sind drei davon sichtbar) und Neutronen (neutral).

wo man am ehesten Elektronen auffinden würde, wenn man messen, also „nachsehen" würde. Die Bereiche mit der größten Auffind-Wahrscheinlichkeit entsprechen genau den Abständen der Bohrschen Schalen. Das Bohrsche Modell stellt somit nur eine vereinfachte Annäherung an die tatsächliche Gestalt eines Atoms dar, die aber schon viele chemischen Eigenschaften der Elemente erklärt.

Was ist ein chemisches Element?

Chemische Elemente entsprechen den verschiedenen in der Natur vorkommenden Atomen. Die chemischen Eigenschaften der Atome werden durch die Anzahl der Ladungen im Atomkern – den sog. Protonen – definiert. Gold besteht aus Atomen mit 79 Protonen. Der Atomkern von Sauerstoff besitzt acht Protonen, Wasserstoff nur ein einziges. Die Atomhülle besitzt genau so viele Elektronen – negative Ladungen – wie der Kern Protonen. Atome sind daher insgesamt ungeladen, da sich die positiven und negativen Ladungen gegenseitig ausgleichen.

Wie viele Elemente gibt es?

Bis heute hat man 117 unterschiedliche Elemente beschrieben. 93 Elemente wurden auch in der Natur entdeckt, die anderen 22 sind zu kurzlebig und können nur im Labor künstlich erzeugt werden. Besonders Elemente mit großen Kernen (z. B. Uran oder Plutonium) sind häufig instabil und zerfallen radioaktiv.

Niels Bohr (1885–1962) im Jahr 1925. Der dänische Physiker und Nobelpreisträger entwickelte das Schalenmodell der Elektronenhülle.

Was sind Ionen?

Ionen sind Atome, die ein oder mehrere Elektronen verloren oder aber zu viel haben. Licht z. B. kann einzelne Elektronen aus den Schalen (bzw. Orbitalen) herausschlagen. Ionen haben aufgrund ihrer Ladungen andere chemische Eigenschaften als neutrale Atome.

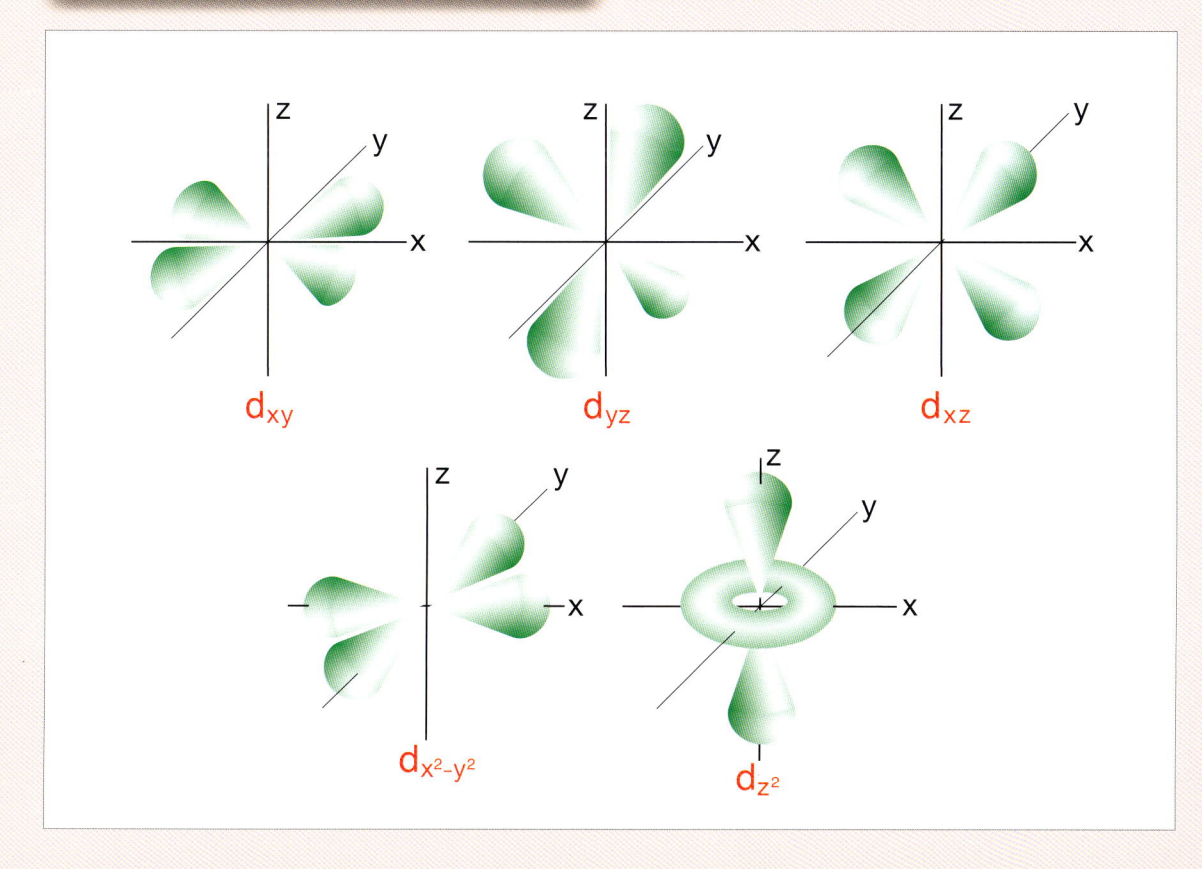

d_{xy} d_{yz} d_{xz}

$d_{x^2-y^2}$ d_{z^2}

Bildliche Darstellung des Orbitalmodells. Elektronen sind nicht nur punktförmige Teilchen, sondern können auch als Welle oder Ladungswolke erscheinen. Die möglichen Formen dieser Ladungswolken (Orbitale) sind hier dargestellt. Die drei Raumdimensionen sind mit x, y und z bezeichnet. Mit „d" werden die einzelnen möglichen Orbitale bezeichnet (d_{xy} ist z. B. der Name eines Orbitals in der x-y-Ebene).

CHEMIE

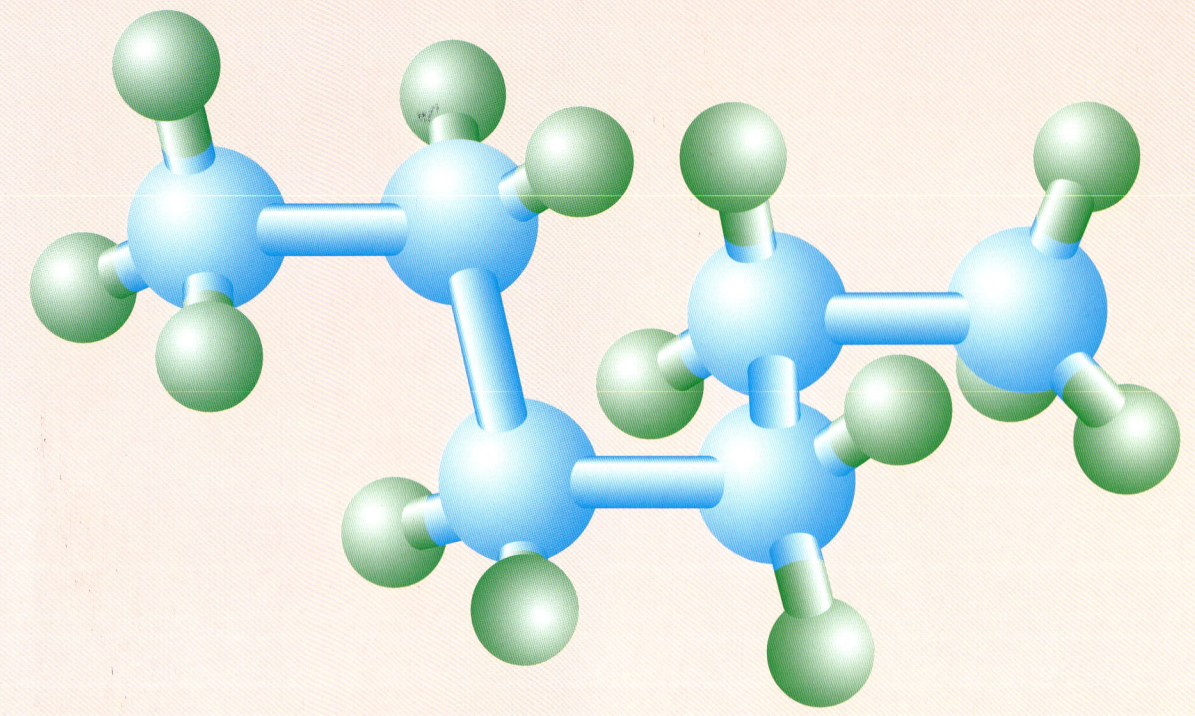

Das Hexan-Molekül, ein Kohlenwasserstoff, besteht aus sechs Kohlenstoffatomen (hier blau) und 14 Wasserstoffatomen (hier grün). Es wird industriell als Lösungsmittel verwendet.

CHEMISCHE REAKTIONEN – WIE ATOME SICH BINDEN

Was sind Moleküle?

Man könnte sagen, dass die meisten Atome sehr gesellig sind – denn sie bilden kleine Aggregate, die als Moleküle bezeichnet werden. Für die Bindung sind die Elektronenhüllen der beteiligten Atome verantwortlich. Stoffe, die aus Molekülen bestehen, werden chemische Verbindungen genannt.

Warum kleben Atome zusammen?

Die Schalen der Elektronenhülle eines Atoms haben eine jeweils genau definierte Anzahl an Plätzen für Elektronen. Atome sind nun bestrebt, stets die äußerste Schale komplett aufzufüllen. Die äußerste Schale von Chloratomen z. B. hat genau einen Platz für ein Elektron frei; Natrium hingegen hat seine äußerste Schale mit nur einem einzigen Elektron besetzt, während die nächst tiefere Schale komplett ist. Also gibt es sein Elektron an Chlor ab: Beide sind nun in ihrer äußersten Schale komplettiert. Durch die Übergabe des Elektrons ist das Natrium nun positiv und das Chloratom negativ geladen, beide sind Ionen. Und so entsteht Natriumchlorid, das Kochsalz. Die Chlor- und Natriumionen ziehen sich gegenseitig an, stoßen sich untereinander aber ab. Das bedingt eine regelmäßige dreidimensionale Anordnung, Kristallgitter genannt. Jedes Salzkorn ist ein solches Gitter.

Cl · Cl · Cl_2

Chemische Bindung zweier Chloratome: Die zwei äußersten Elektronenschalen – hier als Orbitale bzw. Ladungswolken mit den darin sitzenden Elektronen dargestellt – haben jeweils noch genau einen Platz frei. Die Atome legen die beiden Einzelelektronen zusammen und teilen sich die Hülle; sie ist so für beide komplett.

In Molekülen sind die Atome enger gebunden als dies bei Kristallen der Fall ist. Das erfolgt z. B. durch das gemeinsame Teilen von Elektronen: Chlor fehlt (wie beschrieben) ein Elektron, um seine äußerste Schale zu komplettieren. Zwei Chloratome können sich hier gemeinsam helfen, indem sie ihre Elektronenhüllen überlappen lassen.

Welche Atome mögen sich nicht?

Wie im Leben der Menschen muss auch in der Wissenschaft – wie das geflügelte Wort besagt – „die Chemie stimmen", wenn sich zwei oder mehr Atome binden sollen. Wenn die Elektronenhüllen sich nicht gegenseitig ergänzen können, wird eine Bindung der Atome in der Regel nicht möglich sein.

Wie groß werden Moleküle?

Die kleinsten Moleküle bestehen aus nur zwei Atomen – z. B. Chlor-, Sauerstoff- oder auch Wasserstoffgas. Moleküle können aber auch lange und verzweigte Ketten bilden und dann prinzipiell endlos lang werden. Ein Beispiel für ein sehr großes Molekül ist unsere Erbsubstanz DNA. Sie besteht aus mehr als 100 Milliarden Atomen und ist damit eines der größten natürlichen Moleküle. Mit bloßem Auge kann man sie nicht sehen, aber mit Hilfe eines Mikroskops kann man sie als Chromosomen im Zellkern erkennen.

Können Moleküle zerbrechen?

Ja, vor allem große, komplexe Moleküle; auch beim Erhitzen neigen sie aufgrund der erhöhten Bewegungsenergie durch Kollisionen untereinander dazu. Auch Radioaktivität kann Moleküle beschädigen. Alpha-Teilchen können – wie kleine Kanonenkugeln – z. B. an der DNA erhebliche Schaden anrichten. Meist repariert unser Körper das beschädigte DNA-Molekül selbst, aber es kann auch zum Tod der betreffenden Zelle oder zu Zellveränderungen und -wucherungen wie beim Krebs führen. Moleküle können auch chemisch gespalten oder zerlegt werden, indem andere Atome oder Moleküle mit ihnen um die Verteilung der Elektronen streiten. So kann sich eine Verbindung in eine andere umwandeln.

Ist Beton eine chemische Verbindung?

Nein, denn es ist eine Mischung aus Zement und Kies und besteht nicht aus einheitlichen Molekülen. Auch der Hauptbestandteil Zement ist nur zusammengesetzt aus Kalzium-, Aluminium- und Eisenverbindungen, sog. Oxiden. Beim Erstarren des angesetzten Zementbreis verketten sich zwar die einzelnen Moleküle zu vielen kleinen Kristallen, die ein festes Gefüge bilden, trotzdem ist es keine einheitliche Verbindung, sondern ein sog. Stoffgemisch.

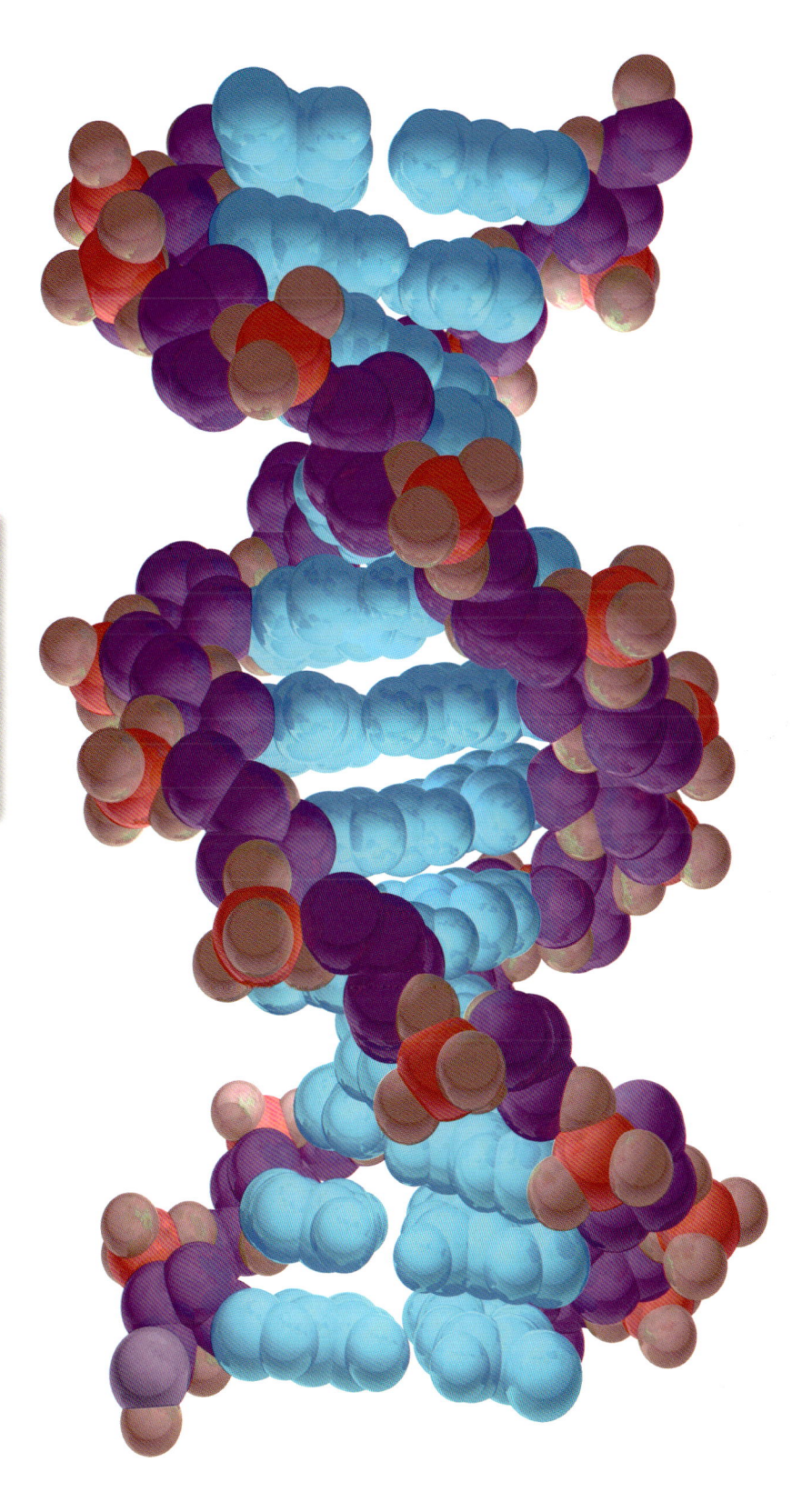

Die DNS, eines der größten natürlichen Moleküle, sieht aus wie eine verdrehte Leiter. Die Leitersprossen – hier hellblau dargestellt – speichern die Erbinformation des Lebens.

CHEMIE

DAS PERIODENSYSTEM – ETWAS ORDNUNG IN DER VIELFALT

Was besagt das Periodensystem?

Das Periodensystem versucht, die natürlichen Elemente anhand ihrer chemischen Eigenschaften zu ordnen. Die Atome sind bestrebt, die äußerste Schale komplett mit Elektronen zu besetzen. Die erste Schale hat für genau zwei Elektronen, alle weiteren Schalen für jeweils acht Elektronen Platz (wenn man von wenigen Ausnahmen absieht). Man kann nun die natürlichen Elemente anhand der Besetzung ihrer äußersten Schale sortieren. Jedes Proton im Kern entspricht dabei einem Elektron in der Hülle. Das dritte Element z. B. – Lithium – hat drei Elektronen, d. h. die innerste Schale ist voll und die nächst äußere mit einem Elektron besetzt. Man kann nun abzählen – mit jedem weiteren Proton im Kern des folgenden Elements mehr wird die jeweilige zweite Schale weiter gefüllt, bis das zehnte Element – Neon – diese ganz ausfüllt: mit zwei Elektronen auf der innersten und acht auf der zweiten Schale. Nun geht es in die nächste Runde: Natrium – das elfte Element – hat wieder nur ein Elektron auf der äußersten, nun der dritten Schale; Argon als Nr. 18 füllt diese wieder komplett. In dieser Weise lassen sich die Elemente in eine achtspaltige Tabelle eintragen. Die Elemente, die dann in dieser Tabelle in einer Spalte untereinander stehen, besitzen untereinander ähnliche chemische Eigenschaften, da sie dieselbe Anzahl an Elektronen in ihrer äußersten Schale aufweisen. Man nennt diese Spalten Haupt-

Was sind Edelgase?

Edelgase besitzen genau so viele Elektronen, dass ihre äußerste Schale vollständig besetzt ist. Aus diesem Grund gehen sie von sich aus chemische Verbindungen ein und bilden keine Moleküle, liegen also atomar vor. Sie bilden die achte Hauptgruppe im Periodensystem (Helium, Neon, Argon, Krypton, Xenon und Radon).

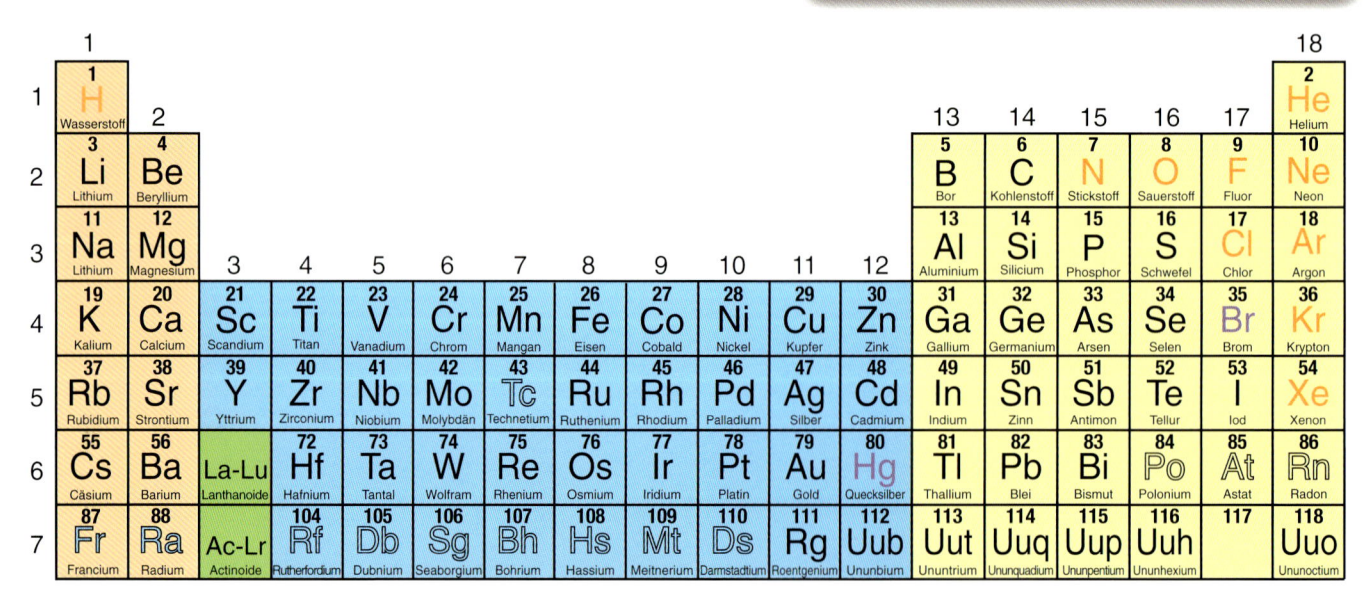

Das Periodensystem der Elemente gruppiert die chemischen Elemente nach ihren Eigenschaften – ähnliche Elemente stehen untereinander. Die hell gefüllten Zeilen sind die acht Hauptgruppen, die blau und grün gefärbten die sog. Nebengruppenelemente. Die Hauptgruppen unterscheiden sich chemisch sehr deutlich voneinander, die Nebengruppen – ausnahmslos Metalle – sind sich untereinander oft sehr ähnlich.

Luftschiffe wie z.B. ein Zeppelin – hier die „Los Angeles" aus dem Jahr 1923 – wurden mit Wasserstoff oder Helium gefüllt, da diese Gase viel leichter als Luft sind und für Auftrieb sorgen.

gruppen. Die Elemente der siebten Hauptgruppe – denen also ein Elektron zum Füllen der äußersten Schale fehlt – sind Chlor, Fluor, Brom, Jod und Astat – bilden zusammen mit Elementen der ersten Gruppe Salze (z. B. Chlor und Natrium ergeben Kochsalz) und werden daher Halogene genannt (altgriech.: Salzerzeuger). Die Reihen der Tabelle werden Perioden genannt und bestehen aus Elementen mit gleicher Zahl an besetzten Elektronenschalen.

Was sind Nebengruppen?

Ab der vierten Periode wird es etwas komplizierter, da dort Schalen bei der Besetzung zunächst ausgelassen und erst nachträglich aufgefüllt werden, nachdem ganz außen das zweite Elektron platziert ist. Das Auffüllen ändert nichts an der ganz äußeren Schale, weshalb sich diese Elemente untereinander sehr ähneln. Es handelt sich hier ausnahmslos um Metalle. Auch die Edelmetalle wie Gold, Silber oder Platin sind sog. Nebengruppenelemente.

Wer erfand das Periodensystem?

Das Periodensystem wurde unabhängig voneinander und nahezu gleichzeitig von zwei Chemikern entwickelt: Dimitri Iwanowitsch Mendelejew stellte es im Jahre 1869 in Russland vor und kam damit knapp dem Deutschen Lothar Meyer zuvor, der sein System im Jahre 1870 publizierte. Das erste Periodensystem enthielt nur die Hauptgruppen. Im Laufe der Jahre wurde es durch die Entdeckung neuer Elemente Stück um Stück komplettiert.

Was ist ein Isotop?

Neben den geladenen Protonen sind Atomkerne auch aus ungeladenen Neutronen aufgebaut. Das gleiche Element kann daher unterschiedlich schwere Kerne – je nach Zahl der Neutronen – besitzen. Die verschiedenen Vorkommensformen der Atome eines Elements werden Isotope genannt. In der Chemie spielen Isotope meist keine Rolle, da sie sich aufgrund gleicher Ladungszahl chemisch nicht voneinander unterscheiden. Physikalisch sind ihre Eigenschaften hingegen oftmals deutlich verschieden. Viele Isotope sind radioaktiv.

Dimitri Iwanowitsch Mendelejew (1834–1907), der Erfinder des Periodensystems. Ihm zu Ehren wurde das Element Nr. 101 Mendelevium getauft.

CHEMIE

AGGREGATZUSTÄNDE – DIE VIELEN GESICHTER DER MATERIE

Wasser wird solange erhitzt, bis es den Siedepunkt erreicht: Die Flüssigkeit geht in die Gasphase – hier als Wasserdampf erkennbar – über.

Was sind Aggregatzustände?
Die verschiedenen Erscheinungsformen von Substanzen beschreiben die Aggregatzustände fest, flüssig und gasförmig. Bei Zimmertemperatur z. B. ist Sauerstoff gasförmig, Wasser flüssig und Eisen fest. Der Aggregatzustand hängt einerseits von der Substanz und andererseits von äußeren Einflüssen wie Druck und Temperatur ab – auch Eisen kann man schmelzen und sogar zum Verdampfen bringen. Bei normalem Luftdruck muss Eisen aber immerhin auf 2750 °C erhitzt werden, damit es tatsächlich anfängt zu kochen und danach verdampft. Bei Wasser reichen dafür bekannterweise 100 °C aus, während Sauerstoff bereits bei −182,97 °C von der flüssigen in die Gasphase übergeht.

Wie viele Aggregatzustände gibt es?
Neben den klassischen Phasen fest, flüssig und gasförmig werden mindestens drei weitere Aggregatzustände unterschieden. Der bekannteste davon ist das Plasma – ein heißes Gas, dessen Atome durch die Stöße untereinander ionisiert werden, also eins oder mehr Elektronen verlieren. Weitere Aggregatzustände sind die Suprafluidität sowie das Bose-Einstein-Kondensat (s. S. 45).

Mischung von Eis und einer wässrigen Flüssigkeit, in diesem Falle Bourbon-Whiskey: Das Eis kühlt den Drink bis auf 0°C, den Schmelzpunkt von Wasser, ab.

Was ist ein Gas?

Ein Gas besteht aus Molekülen oder Einzelatomen, die sich völlig frei bewegen können. Da die einzelnen Moleküle aufgrund ihrer Temperatur – die nichts anderes als ein Maß für die Bewegungsenergie der Einzelteilchen ist – immer wieder zusammenstoßen, verteilen sie sich ganz von allein in jedem ihnen zur Verfügung gestellten Raum. Je höher die Temperatur, umso schneller sind die einzelnen Moleküle, und je geringer der Außendruck, umso freier können sie sich bewegen. Je kleiner und leichter die Moleküle sind und je weniger Kräfte sie aufeinander ausüben, mit denen sie sich gegenseitig festhalten könnten, umso eher gehen sie in die Gasphase über. Helium ist das Edelgas mit den kleinsten Atomen. Die Atome üben auch extrem wenig Bindungskräfte aufeinander aus. Daher ist Helium bereits ab −268,93 °C gasförmig! Es lässt sich zudem nur unter sehr hohem Druck zu einem Feststoff gefrieren.

Kann Eis direkt verdampfen?

Ja, dies nennt man Sublimation. Wasser sublimiert nur bei sehr niedrigem Außendruck. Gefrorenes Kohlenstoffdioxid geht auch bei Luftdruck bei −78,5 °C direkt in die Gasphase über. Weil es „trocken" verdampft, also keine Flüssigkeitsphase zeigt, wird es auch als Trockeneis (im Vergleich zum „Wassereis") bezeichnet.

Ist Glas eine Flüssigkeit?

So verrückt es auch klingen mag – im Grunde genommen ja: Erhitzt man Glas, so fängt es nicht an, direkt von einem festen in einen flüssigen Aggregatzustand überzugehen, sondern wird zunächst weicher, um bei weiterer Erhöhung der Temperatur immer flüssiger zu werden. Das Erhitzen verringert nur die sog. Viskosität (Zähigkeit). Umgekehrt wird Glas beim Erkalten stetig zäher, bis es praktisch fest ist. Daher ist Glas eine extrem zähe Flüssigkeit, die sich wie ein Feststoff verhält.

Was ist Schnee?

Schnee ist eine lockere Ansammlung kleiner Eiskristalle. Zwischen den einzelnen Kristallen befindet sich Luft. Eis und Luft haben einen unterschiedlichen Brechungsindex, weshalb das Licht im Schnee durch die Lichtbrechung in alle möglichen Richtungen zerstreut wird. Daher erscheint Schnee zwar weiß, aber undurchsichtig.

Schwefel, eine Besonderheit

Schwefel besteht aus ringförmigen Molekülen. Bei 119 °C schmilzt er zu einer gelben Flüssigkeit. Ab 160 °C brechen die Ringe auf und lagern sich zu langen Ketten zusammen. Deshalb wird Schwefel zunehmend zähflüssiger. Zwischen 200 °C und 250 °C verknäulen sich die Ketten untereinander und der Schwefel wird sehr zäh, fast gummiartig. Erhitzt man ihn weiter, so beginnen die Ketten zu zerbrechen und der Schwefel wird wieder allmählich dünnflüssig. Bei 445 °C schließlich sind die Bruchstücke so klein, dass der Schwefel in die Gasphase übergeht.

Vergrößerung einer Schneeflocke: Die gewinkelte Struktur dieses kleinen Eiskristalls spiegelt die Winkelung des Wassermoleküls wider.

CHEMIE

FEUER – WENN OXIDATION IN SCHWUNG KOMMT

Warum brennt Holz?
Holz besteht zum Großteil aus Kohlenstoff. Brennt Holz, so verbindet sich der Sauerstoff der Luft mit dem Kohlenstoff des Holzes. Sauerstoff versucht, zwei Elektronen an sich zu ziehen, damit seine äußerste Elektronenschale komplettiert ist. Die äußerste Schale des Kohlenstoffs ist mit vier Elektronen halb voll. Binden sich zwei Sauerstoffatome mit einem Kohlenstoffatom, so ist das Ziel erreicht: Die vier Elektronen komplettieren die beiden Sauerstoffatome, und es entsteht Kohlenstoffdioxid. Da der Sauerstoff in der Luft fast ausschließlich in Form von O_2-Molekülen vorliegt, muss erst Energie zugeführt werden, damit die Bindung untereinander im Sauerstoffmolekül gelöst wird. Erst dann kann eine neue, energetisch günstigere Verbindung eingegangen werden. Die Energiedifferenz wird als Hitze abgegeben und ermöglicht die nächste Reaktion anderer Sauerstoffmoleküle mit dem Holz. Die Energiemenge ist sogar so groß, dass der Überschuss an Hitze in Form der Flamme nach außen abgegeben werden kann. Die Reaktion läuft, wenn sie einmal entfacht ist, so lange weiter, bis der gesamte Kohlenstoffvorrat verbraucht ist. Übrig bleibt am Ende eine feine Asche: die übrigen Inhaltsstoffe des Holzes.

Warum brennt nasses Holz nicht?
Wasser nimmt die bei der Verbrennung freigesetzte Wärmeenergie wie ein Schwamm auf. Diese Energie wird dazu eingesetzt, die sog. Wasserstoff-Brückenbindungen zu lösen und das Wasser verdampfen zu lassen. Dem Sauerstoff fehlt jetzt die Energie, um neue Kohlenstoffatome aus dem Holz zu lösen. Das Feuer geht daher wieder aus, wenn das Holz zu nass ist, bzw. kann gar nicht erst entfacht werden.

Was bedeutet Oxidation?
Der Begriff Oxidation leitet sich vom Sauerstoff her (Oxide sind Sauerstoffverbindungen). Früher wurden daher Reaktionen, bei denen Sauerstoff gebunden wird, als Oxidation und solche, bei denen Sauerstoff abgegeben wird, als Reduktion bezeichnet. Allerdings erscheint es konsequenter, den Reaktionstypus generell über die Übergabe von Elektronen zu definieren: Wird ein Stoff oxidiert, so werden ihm Elektronen entzogen; wird er reduziert,

Trockenes Holz wird mit Hilfe des Luftsauerstoffs unter Freisetzung von Wärmeenergie oxidiert: Das Holz brennt – wie in diesem Lagerfeuer.

Rost ist ein bekanntes Problem von Eisen wie hier an diesem Rohr zu erkennen. Links ist es noch im Originalzustand zu sehen, rechts ist es völlig verrostet. Der Chemiker sagt, dass das enthaltene Eisen zu Eisenoxid oxidiert ist.

so werden sie ihm zugeführt. An einer Oxidation muss also nicht notwendigerweise Sauerstoff beteiligt sein. Häufig werden Oxidationen/Reduktionen kurz als Redox-Reaktionen bezeichnet.

Was haben Feuer und Rost gemeinsam?
Beides sind Oxidationen: Im Fall des Feuers oxidiert der Kohlenstoff; im Fall des Rostes oxidiert ein Metall – z. B. Eisen. Der Prozess des Rostens läuft in der Regel nur deutlich langsamer ab. Hat das Metall aber eine große Oberfläche, an der es mit Sauerstoff reagieren kann, so fängt es auch Feuer und brennt rasch ab. Daher lässt sich Eisenwolle regelrecht anzünden.

Was ist Korrosion?
Man könnte annehmen, es sei dasselbe wie Rosten: Korridiertes Metall ist zunächst tatsächlich einfach rostig. Chemisch gesehen ist diese Aussage jedoch nicht vollkommen korrekt. Unter Korrosion wird ganz allgemein die langsame Zerstörung eines Stoffes durch Einwirkung anderer Stoffe der Umgebung verstanden. Dies kann durchaus in Form einer Oxidation passieren – also durch Verrosten; aber auch andere Reaktionen können einen Stoff zerstören – z. B. beim Einwirken einer Säure.

Warum macht Wasserstoff blond?
Wasserstoff macht nicht blond; bei dieser Aussage handelt es sich vielmehr um eine Art sprachlichen Kurzschluss. Denn um dunkle Haare hellblond zu machen, wird nicht Wasserstoff, sondern Wasserstoffperoxid verwendet. Wasserstoffperoxid, H_2O_2, gibt sehr leicht ein einzelnes Sauerstoffatom ab, um in das stabile Wasser (H_2O) überzugehen. Einzelne Sauerstoffatome sind jedoch äußerst aggressiv und oxidieren das dunkle Haarpigment Melanin, das durch diese Veränderung schlicht farblos wird.

Christina Aguilera freut sich über den soeben gewonnenen Grammy (Februar 2007). Die Haarfarbe – wasserstoffblond – ist aber nicht ihre natürliche, sondern wurde durch Bleichung mit Wasserstoffperoxid künstlich erzeugt.

CHEMIE

STREICHHOLZ, FEUERWERK, SPRENGSTOFF – LEICHT BRENNBAR BIS EXPLOSIV

Der rote Streichholzkopf entzündet sich sofort, wenn er an einer geeigneten Oberfläche – meist auf der Streichholzschachtel – gerieben wird. Die Energie wird bei der Reaktion von Phosphor mit einer Schwefelverbindung freigesetzt.

Wieso entzündet sich ein Streichholz?

Streichhölzer enthalten in ihrem Kopf eine Schwefelverbindung (z. B. Antimontrisulfid) und Kaliumchlorat. Das Kaliumchlorat oxidiert Schwefelverbindungen unter Freisetzung großer Energiemengen. Um die Reaktion zu starten, zieht man das Streichholz über eine Reibefläche, die roten Phosphor enthält, der mit Kaliumchlorat sofort und zudem äußerst heftig reagiert. Die Oxidation des Phosphors – der beim Reiben am Streichholzkopf hängen bleibt – setzt genug Energie frei, um nun die Oxidation des Antimonsulfids auszulösen. Das Streichholz entflammt. Früher gab es auch Streichhölzer, deren Köpfe direkt aus rotem Phosphor und Kaliumchlorat bestanden. Sie zündeten auf jeder beliebigen Reibungsfläche, reagierten aber auch auf einfachen Druck. Solche Streichhölzer konnten z. B. auch in der Hosentasche Feuer fangen; daher sind sie nicht mehr in Gebrauch.

Was hat Dynamit mit dem Nobelpreis zu tun?

Viele explosive Gemische bergen die Gefahr, sich bei der geringsten Energiezufuhr selbst zu entzünden. Früher wurde für Sprengungen im Bergbau Nitroglycerin verwendet – eine äußerst gefährliche und instabile Flüssigkeit mit hoher Sprengkraft. Der schwedische Chemiker und Industrielle Alfred Nobel (1833–1896) forschte an Nitroglycerin und entdeckte durch einen Zufall eine Möglichkeit, diese in einem Feststoff zu binden. Er erfand so im Jahr 1866 das Dynamit, welches nicht auf Erschütterungen reagiert. Der Bedarf im Bergbau war riesig, vor allem für Diamantenminen. Alfred Nobel verdiente an seinem Patent in kurzer Zeit ein Vermögen. In seinem Testament gründete er eine Stiftung, die denen Preise zuerkennt, die der Menschheit durch ihre Entdeckungen einen großen Dienst erwiesen. Die Nobelpreise werden seit 1901 alljährlich verliehen.

Sprengung eines Hochhauses. Bei richtiger Platzierung des Sprengstoffs fällt das Haus in sich zusammen, ohne Nachbargebäude zu beschädigen.

Was ist eine Explosion?
Eine Explosion ist eine Reaktion, bei der (ähnlich wie bei einem Streichholz) sehr schnell sehr viel Energie freigesetzt wird. Solange die Energie abgeführt werden kann, die Reaktion also im Offenen stattfindet, verpufft sie meist einfach in Form von Hitze. Wird aber mehr Energie freigesetzt, als durch Wärmeübertragung abgegeben werden kann, so wird der Überschuss in Form einer Druckwelle und kinetischer Energie beteiligter oder nahe gelegener Objekte abgeführt. Dies macht Explosionen so gefährlich. Sperrt man das Reaktionsgemisch in eine feste Dose ein, so wird auch bei ansonsten recht harmlosen Gemischen die Energieabfuhr verhindert. Die Energie staut sich auf, bis die Dose zerreißt. Schwarzpulver brennt in der Luft zwar heftig, ist aber weitgehend harmlos. In einer festen Hülle aber dient es Silvesterknaller und ist nicht ganz ungefährlich.

Wissenswertes
- Die ersten Streichhölzer wurden bereits im 6. Jahrhundert in China erfunden.
- Im 13. Jh. dienten Bomben aus Schwarzpulver in China als Waffe.
- Bereits 1285 wurde die Herstellung von Schwarzpulver und dessen Anwendung für Feuerwaffen von dem Syrer Hassan ar-Rammah beschrieben.

Wie funktioniert eine Feuerwerksrakete?
Feuerwerkskörper enthalten explosive Stoffgemische, die durch eine Lunte gezündet werden. Die erste Reaktion erfolgt in einer nach unten geöffneten festen Hülle. Der Druck wird durch die Öffnung abgeführt, und der Rückstoß treibt die Rakete steil in die Luft. Die eigentliche Explosion erfolgt in einer zweiten Kammer. Da eine reine Explosion in der Luft für den Betrachter nur laut und optisch nicht attraktiv wäre, werden Stoffe wie Grünspan, Natrium, Magnesium und Kaliumpermanganat hinzugemischt, die im Feuer bunte Flammenfarben ergeben.

Das Feuerwerk ist eine laute, bunte und friedliche Anwendung von Explosivstoffen.

CHEMIE

KATALYSATOREN – MEIST WINZIG KLEIN…

Was ist ein Katalysator?
Ein Katalysator begünstigt eine chemische Reaktion, indem er die Menge der Energie vermindert, die für ein Auslösen der Reaktion notwendig ist. Er selbst wird während des Vorgangs nicht verbraucht. Katalysatoren können winzig klein sein. Auch einzelne Moleküle oder gar Atome können als Katalysator fungieren. Im alltäglichen Sprachgebrauch denkt man beim Begriff häufig zuerst an Autos und ihre Abgase. Der in modernen Autos vorhandene sog. Kat ist jedoch, genau genommen, ein kompliziertes, technisches Gerät – in dem allerdings Katalysatoren enthalten sind!

Kann Würfelzucker brennen?
Damit Zucker überhaupt brennen kann, muss er üblicherweise sehr stark erhitzt werden. Mit einem Streichholz ist es eigentlich unmöglich, ihn anzuzünden: Wenn man die Flamme lange an ein Stück Zucker hält, dann schmilzt er nur und karamellisiert. Es gibt aber einen kleinen Trick: Man muss auf den Würfelzucker nur ein bisschen Pflanzenasche streuen. Versucht man nun, ihn mit Hilfe eines Streichholzes zu entzünden, so fängt er Feuer und verbrennt unter einem zischenden Geräusch. Die Asche bleibt dabei erhalten und dient als Katalysator für die Reaktion.

Was sind Enzyme?
Enzyme sind Proteine, die in lebenden Zellen als Katalysatoren dienen: Sie senken die für den Start chemischer Reaktionen notwendige Energie und ermöglichen so einen kontrollierten Stoffwechsel. Ohne die kleinen und stillen Helfer würden lebende

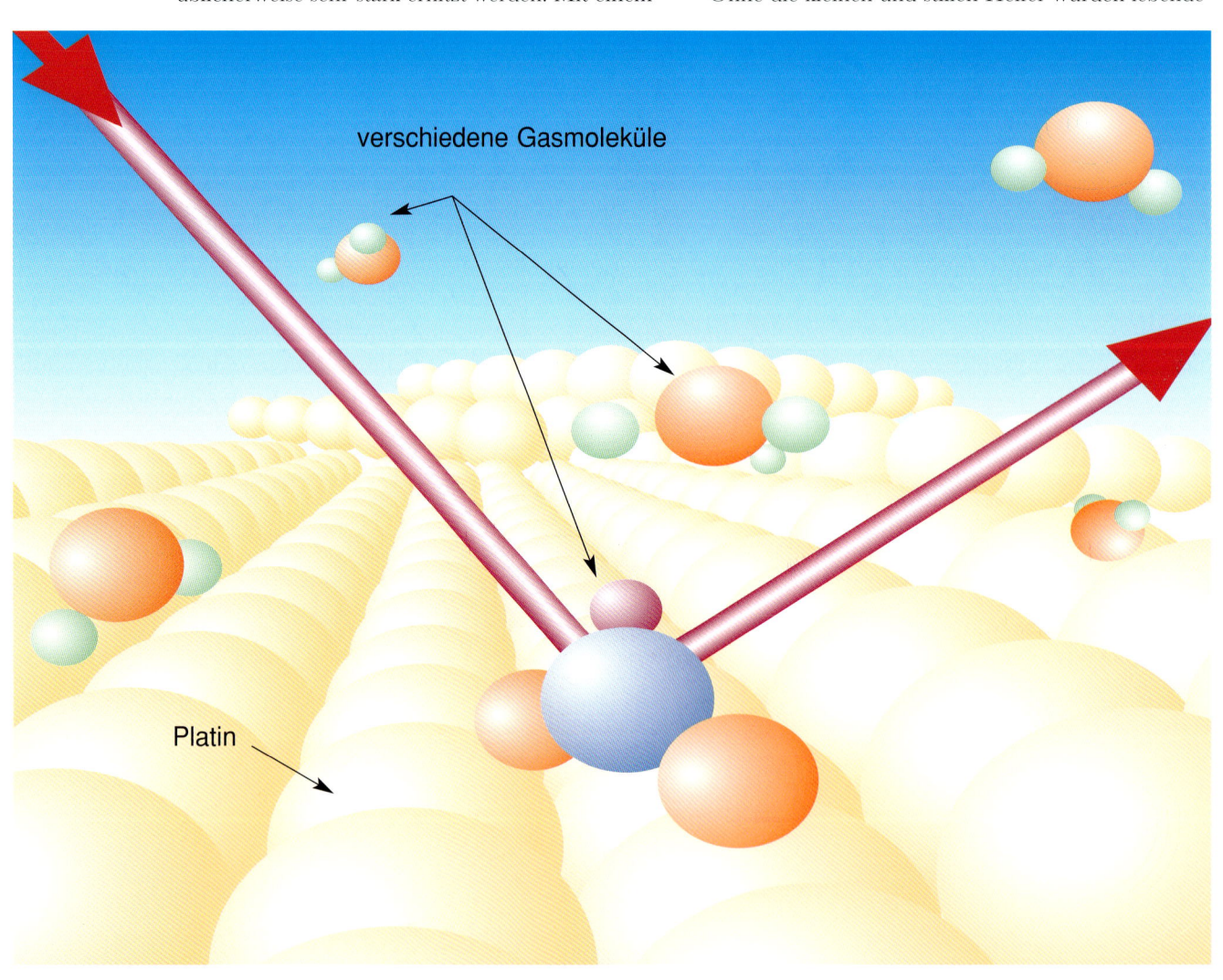

Ein aus verschiedenen Molekülen zusammengesetztes Gas fließt an einer Platinoberfläche entlang. Hierbei wirkt das Platin als Katalysator: Verbindet sich ein Molekül mit dem Platin, so kann dieses leichter mit anderen Gasbestandteilen reagieren – z.B. mit Wasserstoff oder Sauerstoff. Nach der Umwandlung der Moleküle löst sich die Bindung mit dem Platin. Auf diese Weise können Abgase entgiftet werden.

Zellen rasch absterben, da der gesamte Stoffwechsel zusammenbrechen würde. Enzyme können aber auch auf technischem Weg für Bioreaktionen sorgen – etwa bei Gärungsprozessen (auch Fermentation genannt), die mit Hilfe von Bakterien oder Pilzen (z. B. Bier- oder Bäckerhefe) in Gang gesetzt werden.

Warum wird ein Apfel an der Luft braun?
Beim Zerschneiden eines Apfels werden stets einige Zellen verletzt – und der Zellinhalt kommt beim Schnitt mit dem Sauerstoff der Luft in Berührung. Sauerstoffmoleküle reagieren aber nicht von allein, da sie sich bereits gegenseitig ihre äußerste Elektronenschale füllen. Die in den Apfelzellen enthaltenen Enzyme katalysieren die Reaktion und sorgen dafür, dass ein Apfel braun wird. Der Genießbarkeit des Apfels tut die Braunfärbung jedoch keinen Abbruch. Da sie aber vielfach als nicht ästhetisch angesehen wird, werden Äpfel auch mit sog. Antioxidantien begast, die diese Reaktion behindern; es dauert dann deutlich länger, bis sich das Apfelfleisch verfärbt.

Bei der Käseherstellung wird der Süßmilch Lab – ein Gemisch aus zwei Enzymen (Biokatalysatoren) – zugefügt, das die Milch zum Gerinnen bringt.

> **Der Ananas-Effekt**
> Beim Essen einer frischen, nicht völlig ausgereiften Ananas kann es passieren, dass sich die Zunge pelzig anfühlt. Dieser Effekt entsteht durch eiweißspaltende Enzyme in der Ananasfrucht; sie können auch während des Essens in unserem Mundraum aktiv werden. Unreife Ananasfrüchte sind (vor allem im Bereich des harten Mittelteils) besonders enzymreich und entfalten so ihre manchmal etwas unangenehme Wirkung.

Das Bräunen des Apfelfleisches nach dem Abbeißen wird durch Enzyme des Apfels katalysiert.

CHEMIE

CHEMIE GANZ BUNT – DIE WELT DER FARBEN

Warum sind Farben farbig?

Farben hängen von der Wellenlänge des Lichts ab. Weißes Licht ist in Wirklichkeit eine Mischung aller sichtbaren Wellenlängen. Mit Hilfe eines Prismas, das die einzelnen Wellenlängen unterschiedlich stark bricht, werden die einzelnen Farbkomponenten aufspalten – ähnlich, wie dies auch beim Regenbogen geschieht. Nur selten strahlen Gegenstände aktiv; meist reflektieren sie nur das Licht, mit denen sie beleuchtet werden. Wird ein Gegenstand mit weißem Licht bestrahlt, aber erscheint uns dennoch rot, so werden die anderen Wellenlängen offensichtlich nicht reflektiert. Verantwortlich dafür sind die Quanten-Eigenschaften der Elektronen: Abhängig von ihrer Bewegungsfreiheit in den Molekülen können sie Lichtquanten mit passender Energie (d. h. Wellenlänge) absorbieren. Untersucht man das reflektierte Licht, so kann man daher auf die chemischen Eigenschaften, d. h. auf die Zusammensetzung des beleuchteten Objekts, schließen.

Warum ist die Blue Jeans blau?

Blue Jeans wurden als stabiler Stoff für Arbeitshosen entwickelt. Da eine dunkle Hose gegenüber leichten Verschmutzungen weniger empfindlich ist als eine helle, bot es sich an, den Stoff einzufärben. Indigoblau – ein bereits seit dem Altertum bekannter Farbstoff – wurde im 19. Jh. für das Färben von Uniformen verwendet und war dabei für seine Stabilität

> **Woher kommt die Redewendung „Blau machen"?**
>
> Sie hängt mit einer alten Arbeitsweise beim Färben mit Indigoblau zusammen: Da Indigoblau nahezu wasserunlöslich ist, wurde der Farbstoff zunächst durch Reduktion in das wasserlösliche Indigoweiß umgewandelt. Die Textilien wurden daraufhin mit der wässrigen Lösung des Indigoweiß durchtränkt. Anschließend wurde dieses durch Oxidation wieder in den blauen Farbstoff zurück überführt. Der einfachste Weg für die Oxidation bestand darin, die Stoffe auf eine grüne Wiese in die Sonne zu legen: Durch die Photosynthese im Gras wird viel Sauerstoff gebildet, der wiederum das Indigoweiß zu Indigoblau oxidiert. Da man glaubte, die Färber hätten in der Zeit, in der die Stoffe auf der Wiese blau wurden, nichts anderes zu tun und ruhten – fern der Arbeit – aus, entstand das geflügelte Wort.

Verschiedene Farbstoffe in wässriger Lösung. Dank der modernen Chemie kann man heutzutage fast jeden Farbton kostengünstig herstellen. Früher musste oft auf Naturstoffe zurückgegriffen werden, die oftmals selten und sehr teuer waren.

Die Blue Jeans ist dank des strapazierfähigen Stoffes bis heute ein Verkaufsschlager. Mittlerweile werden Jeans aber in allen denkbaren Farben hergestellt.

gegenüber Licht und Auswaschung bekannt und geschätzt. Obwohl Ende des 19. Jh. – sozusagen der Geburtsstunde der Blue Jeans – noch kein geeignetes Verfahren für die künstliche Herstellung von Indigoblau bekannt war, wurde es als Naturprodukt der Indigopflanze bereits in großen Mengen produziert und entsprechend günstig gehandelt. Bis heute werden blaue Jeans mit Indigoblau gefärbt.

Wissenswertes
- Für 1 kg Safran benötigt man ca. 120 000 Blüten, die von Hand geerntet werden.
- Mit bis zu 14 Euro pro Gramm ist Safran fast so teuer wie reines Gold.
- Tinte war bereits vor 3000 Jahren im alten Ägypten bekannt.
- Eisen-Gallustinte – die bereits vor 2300 Jahren durch Auskochen von Galläpfeln mit Eisensulfat erzeugt wurde – ist auch heute noch als dokumentenechte Tinte in Gebrauch.

Sind alle Lebensmittelfarben künstlich?

Nicht unbedingt; die bekannte gelbe Färbung von Reis in der spanischen Paella etwa wird durch einen Naturstoff erzeugt: das Gewürz Safran. Hierbei handelt es sich um die tiefroten Narben einer speziellen Krokus-Art. Neben natürlichen Farbstoffen – z. B. Curcuma (gelb), Chlorophyll (grün), Carotinoide (gelb bis rot) – sind aber viele heute verwendete Lebensmittelfarben künstlichen Ursprungs wie z. B. das Azorubin (E 122 – blau). Alle zugelassenen Lebensmittelfarbstoffe besitzen eine sog. E-Nummer – eine EU-weit definierte Bezeichnung für Lebensmittelzusätze –, auch die natürlichen. So verbirgt sich hinter E 140 nichts anderes als das natürliche Blattgrün Chlorophyll.

Safran, eines der teuersten Gewürze, färbt trotz seiner roten Färbung Speisen gelb. Daher kommt der bekannte Spruch „Safran macht den Kuchen gel(b)".

CHEMIE

VOM EISEN ZUM STAHL – DIE PERFEKTE MISCHUNG

Auch heute noch werden die meisten Kirchenglocken aus Bronze hergestellt. Hierbei wird meist mit einem Mischungsverhältnis von ca. 75–80% Kupfer zu 20–25% Zinn gearbeitet.

Was ist eine Legierung?
Eine Legierung ist die Mischung eines Metalls mit einem oder mehreren anderen chemischen Elementen. Diese können (müssen aber nicht) ihrerseits Metalle sein. Im Unterschied zu einer chemischen Verbindung sind die beteiligten Elemente nicht durch Bindungen miteinander verknüpft. Durch eine Legierung wird versucht, die Eigenschaften eines Metalls zu optimieren. Weiche Metalle können dadurch z. B. gehärtet oder die Anfälligkeit für Korrosion kann vermindert werden.

Wie entdeckte der Mensch den Nutzen von Legierungen?
Vermutlich war es reiner Zufall, dass der Mensch bereits vor ca. 8000 Jahren entdeckte, dass kupferhaltige Erze in heißem Feuer eine Flüssigkeit freigeben, die abgekühlt wieder erstarrt. Kupfer hat aber den Nachteil, sehr weich zu sein; deshalb eignete es sich nicht für Gebrauchsgegenstände wie z. B. Äxte. Nachdem auch Zinn entdeckt wurde, unternahm der Mensch schon bald den Versuch, beide – Kupfer und Zinn – im flüssigen Zustand zu mischen. Das Ergebnis ist die Bronze, die deutlich mehr Festigkeit und Stabilität als Kupfer zeigt. Bronze wurde seitdem für Schmuck, Gebrauchsgegenstände und Waffen genutzt, was das Ende der Steinzeit und den Beginn der Bronzezeit bedeutete. Seit 3300 v. Chr. ist die Verwendung von Bronze belegt.

Was ist Stahl?
Stahl ist eine Eisenlegierung mit einer Beimischung von weniger als zwei Prozent Kohlenstoff. Eisen

CHEMIE

Wissenswertes

- Messing ist eine Legierung aus Kupfer und Zink, die bereits im alten Babylonien bekannt war.
- Amalgam für Zahnfüllungen ist eine Legierung aus Quecksilber (50%) und Silber oder Zinn (mit Beimischung von Kupfer, Indium und Zink); da Quecksilber giftig ist, ist Amalgam bis heute sehr umstritten.
- Bereits in der Antike wurden Eisenlegierungen von den Sumerern und Ägyptern genutzt. Man konnte sie allerdings mangels Hochöfen noch nicht herstellen. Als Quelle dienten Eisen-Nickel-haltige Meteoriten.
- Gusseisen ist eine Eisenlegierung mit mehr als zwei Prozent Kohlenstoffbeimischung. Es ist zwar besonders hart, dafür aber äußerst spröde und eignet sich deshalb nicht für die Werkzeugherstellung.

wurde um 1000 v. Chr. entdeckt und löste daraufhin die Bronze im Bereich der Werkzeugherstellung ab. Erst im 12. Jh. wurden die ersten Holzkohle-Hochöfen entwickelt, welche die notwendigen Temperaturen entwickelten, um Eisen komplett aufzuschmelzen und überschüssigen Kohlenstoff herauszubrennen. Die Entwicklung des Stahls markiert einen bedeutenden technischen Fortschritt. Aber nicht nur Werkzeuge wie Äxte wurden nun bruchfester und langlebiger als die älteren Geräte aus Eisen oder Bronze. Auch die Qualität und Bruchfestigkeit der Waffen – z. B. der Schwerter – erhöhte sich und wurde zu einem entscheidenden Faktor in den Machtkämpfen der mittelalterlichen Welt Europas: So manche Schlacht wurde aufgrund des härteren und festeren Stahls entschieden. Stahl ist gewöhnlich widerstandsfähiger und auch härter als Eisen. Seine Eigenschaften lassen sich durch die Wahl geeigneter Beimengungen in die Legierung steuern: Bei einem Gehalt von 10,5–13 % Chrom etwa ist Stahl rostfrei; an der Oberfläche bildet sich dann eine dünne Schicht aus Chromoxid, die den übrigen Stahl vom Luftsauerstoff abschließt. Mischt man zwei Prozent Molybdän in die Legierung, wird der Stahl zudem gegen Salzsäure resistent und ist so vor Korrosion besser geschützt. Weitere Bestandteile modernen Stahls sind Elemente wie Nickel, Mangan, Cobalt oder Niob.

Flüssiger Stahl in einer Eisenhütte. Aufgrund der großen Hitze – über 1500°C – muss sich ein Arbeiter mittels feuerfester Kleidung vor Verbrennungen schützen.

Friedliche Nutzung des Eisens: Äxte aus Eisen waren härter und widerstandsfähiger als die früheren Bronzewerkzeuge.

CHEMIE

SÄUREN UND BASEN – GANZ SCHÖN ÄTZEND

Zitronen schmecken sauer. Hierfür verantwortlich ist die Zitronensäure, die nicht nur in Zitronen, sondern als Stoffwechselprodukt in allen lebenden Zellen – wenngleich in nicht so hoher Konzentration – vorkommt.

Warum schmeckt die Zitrone sauer?

Ein Geschmackseindruck wird generell von Geschmacksrezeptoren der Zunge wahrgenommen und an unser Gehirn weitergeleitet. Doch auf was reagieren die Geschmacksknospen der Zunge, wenn sie die Wahrnehmung „sauer" signalisieren? Es sind Ionen, also elektrisch geladene Atome oder Moleküle – und in diesem speziellen Fall H_3O^+-Ionen, also Wassermoleküle (H_2O) –, an die sich ein einzelnes Proton (H^+, Wasserstoffion) anlagert. Die positive Ladung bewirkt in der Nervenzelle der Geschmacksknospe eine kurzzeitige Öffnung eines sog. Ionenkanals. Man kann es sich wie das Umlegen eines Schalters vorstellen, der einen kleinen elektrischen Kurzschluss zulässt. Die Ladung fließt, und der kurze Stromimpuls wird als Information an das Gehirn weiter geleitet. Die in der Zitrone enthaltene Zitronensäure bildet in Wasser die H_3O^+-Ionen; diese lassen sie für uns sauer schmecken.

Was ist eine Säure?

Säuren sind Substanzen, die bei chemischen Reaktionen ein Proton bzw. ein Wasserstoffion an den Reaktionspartner abgeben. In Wasser (H_2O) werden so H_3O^+-Ionen erzeugt. Die Substanzen, die Protonen abfangen und binden, werden Basen genannt. Löst man eine Base in Wasser, so geben sie dort OH^--Ionen ab. Ein OH^- und ein H^+-Ion ergeben zusammen H_2O, also Wasser. So neutralisieren sich Säure und Base gegenseitig.

Was ist der pH-Wert?

Der pH-Wert ist ein Maß für die Menge der in Wasser gelösten, freien H_3O^+-Ionen. Die gewöhnliche Skala umfasst die Werte 0–14. Ein pH-Wert von 7,0 ist neutral – d. h. die Flüssigkeit enthält genauso viele H_3O^+-Ionen wie OH^--Ionen. Werte unter 7 sind sauer, über 7 basisch.

Warum ätzen Säuren und Basen?

Freie Protonen bzw. H_3O^+-Ionen sind hochreaktiv. Sie vermögen spontan Moleküle zu spalten oder zumindest durch die Übertragung eines Protons strukturell zu verändern. Das Gleiche gilt für Basen, da auch OH^--Ionen hochgradig reaktiv sind.

Starke Säuren werden meist in Glasbehältern aufbewahrt, da dieses gegen die meisten Säuren resistent ist.

sich an die Wassermoleküle binden und so H_3O^+-Ionen bilden. Die zugehörige Base ist NaOH (Natronlauge). Diese löst sich im Wasser zu Na^+ und OH^-. OH^- und H_3O^+ ergeben zweimal H_2O (Wasser), während Na^+ und Cl^- zusammen NaCl, also Natriumchlorid, d. h. Kochsalz ergeben. Salze sind daher stets Produkte einer Säure-Basen-Reaktion.

Wissenswertes
- Glas ist gegen die meisten Säuren resistent. Flusssäure (HF) schafft es allerdings, selbst Glas zu verätzen.
- Auch Essig ist eine Säure.
- Konzentrierte Schwefelsäure wirkt neben ihrer Säureeigenschaft auch noch oxidierend und ist deshalb besonders gefährlich.
- Sog. Supersäuren wie Fluorsulfonsäure können Tausend Mal saurer als konzentrierte Schwefelsäure sein. In Wasser können sie ihre Wirkung nicht vollkommen entfalten, da die Menge der H_3O^+-Ionen im Wasser beschränkt ist.
- Die stärkste bekannte Säure ist die sog. Magische Säure (eine Mischung aus Fluorsulfonsäure und Antimonpentafluorid). Sie ist eine Milliarde mal saurer als konzentrierte Schwefelsäure!

Was hat Salz mit Säure zu tun?
Die Salzsäure HCl ist eine der bekanntesten Säuren. HCl ist die Verbindung eines Chloratoms (Cl) mit einem Wasserstoffatom (H). Löst man HCl in Wasser, so lösen sich die beiden Atome voneinander, allerdings behält das Chlor das Elektron vom Wasserstoff. So entstehen H^+-Ionen, die

Sind Salze sauer oder basisch?
Weder noch, denn Salze sind Endprodukte, nach dem Austausch eines Protons zwischen Säure und Base. Sie können keine weiteren Protonen abgeben oder aufnehmen. Salzwasser ist daher (im Gegensatz zu Salzsäure oder Natronlauge) nicht ätzend.

Die Substanz Lackmus verfärbt sich abhängig vom Säuregrad in unterschiedlichen Farbtönen. Mit Lackmus getränkten Papierstreifen lässt sich der ungefähre Säuregrad einer Lösung – der pH-Wert – schnell und einfach bestimmen.

CHEMIE

SAUBER DANK CHEMIE – VON DER SEIFE ZUM WASCHPULVER

Was ist Seife?
Seifen sind die Salze von Fettsäuren und Kalium- oder Natriumbasen. Bereits im Altertum erkannten die Menschen, dass die Mischung von Pflanzenasche (basisch) und Öl (sauer) eine reinigende Wirkung hat. Zwar galt es bei den Römern lange Zeit als verweichlicht, Seife zu benutzen (da man sich meist mit Hilfe des Bimssteins die Haut reinigte), doch nach der Zeitenwende begann sich die Seife langsam durchzusetzen. Seife zeigt ihre Wirkung vor allem gegenüber fettigem Schmutz. Seifen werden heute vornehmlich aus pflanzlichen Fetten (z. B. Palmöl, Olivenöl, Kokosfett) oder auch aus tierischen Resten (Knochenfett, Talg, Schmalz) hergestellt.

Was sind Tenside?
Tenside sind Stoffe, welche die Oberflächenspannung von Wasser reduzieren; dadurch kann Wasser z. B. Kleidungsfasern besser benetzen. Eine weitere Eigenschaft von Tensiden ist ihre Zwitterhaftigkeit: Sie können an dem einen (hydrophoben, also wasserabweisenden) Ende des Moleküls mit Fetten interagieren, am anderen (hydrophilen, also wasserliebenden) Ende hingegen mit Wasser. Dass Fett sich nicht in Wasser löst, hängt mit den Wasserstoff-Brückenbindungen zusammen. Fette können diese nicht aufbrechen und mit Wassermolekülen engen Kontakt aufnehmen.

Moderne Waschmittel erzeugen eine strahlend weiße Wäsche. Hierfür wird neben reinigenden Tensiden ein weiterer Wirkstoff beigemischt: Weißmacher. Helle Stoffpartien werden weiß überfärbt, farbige Stellen bleiben davon nahezu unbeeinflusst.

> **Warum wäscht Seife?**
> Seifen bestehen aus Tensiden; diese binden mit ihrem hydrophoben Ende fettige Schmutzpartikel. Tenside lagern sich zusammen und formen im Wasser kleine Hohlkugeln. Die hydrophilen Enden der Tenside bilden die Oberfläche, weshalb sich die Kugel im Wasser löst; die hydrophoben, also fettbindenden Enden sind nach innen orientiert. Die Schmutzpartikel werden so eingeschlossen und können mitsamt der winzigen Tensidhohlkugel mit dem Waschwasser weggespült und so aus der Wäsche oder von der Haut entfernt werden.

Was ist der Unterschied zwischen Kern- und Schmierseife?
In erster Linie unterscheiden sie sich in ihrer Konsistenz. Die weichen Schmierseifen werden aus Kalisalzen (z. B. Pottasche und Fettsäuren) erzeugt, während die harten Kernseifen aus Natriumsalzen (z. B. Soda) hergestellt werden.

Schaden Waschmittel der Umwelt?

Generell ja, aber ihre Schädlichkeit wurde bereits deutlich reduziert. Seifen haben den Nachteil, in kalkhaltigem (sog. hartem) Wasser auszuflocken und nicht mehr ausreichend Waschkraft zu besitzen. Daher wurden lange Zeit Phosphate in Waschmittel gegeben, die das Wasser enthärten. Über das Abwasser gelangen diese in die Umwelt. Phosphate sind starke Dünger und fördern das Algen- und Bakterienwachstum in Gewässern. Die Algen und Bakterien wiederum verbrauchen den im Wasser gelösten Sauerstoff – mit der Folge, dass die Gewässer „kippen", also mangels Sauerstoff nur noch bedingt Leben zulassen. Moderne Waschmittel enthalten anstelle von Seifen verbesserte Tenside, die keine Wasserenthärtung mittels Phosphaten zur Steigerung der Waschkraft benötigen. Seit 1990 werden in Deutschland daher keine phosphathaltigen Waschmittel mehr vertrieben. Umweltschädlich sind Waschmittel dennoch, da Tenside – u. a. durch ihre Eigenschaften, Fette zu lösen – den Lebensraum Wasser beeinflussen und das natürliche Gleichgewicht stören. In Kläranlagen werden Tenside daher mikrobiologisch abgebaut. Leider ist kein hundertprozentiges, sondern nur ein weitgehendes Entfernen der Tenside möglich.

Was sind Flüssigseifen?

Flüssigseifen werden aus besonders kurzkettigen Fettsäuren hergestellt. Sie reagieren im Gegensatz zu klassischen Seifen nicht basisch und werden oft als pH-neutral in der Werbung angepriesen. Der Vorteil pH-neutraler Waschlotionen ist die geringere Aggressivität der Haut gegenüber, die bei häufigem Händewaschen zu Problemen (Hautunverträglichkeit, Austrocknen) führen kann.

Seife – ein selbstverständlicher Bestandteil der täglichen Hygiene. Vor allem fettiger Schmutz lässt sich mit Hilfe von Seife entfernen.

Gelangen Phosphate durch Abwässer in die Umwelt (wie es früher noch stark der Fall war) können Gewässer so aufgedüngt werden, dass sich Algenblüten bilden. Neben soviel Algen haben andere Lebewesen jedoch kaum eine Chance.

CHEMIE

WASSER – DIE GANZ BESONDERE FLÜSSIGKEIT

Was ist das Besondere am Wasser?

Wasser besitzt chemische Eigenschaften, die seiner Molekularstruktur zu widersprechen scheinen. Wasser ist ein sehr kleines Molekül, bestehend aus einem Sauerstoffatom und zwei Wasserstoffatomen. Chemisch wird es als H_2O bezeichnet. H steht hierbei für der Wasserstoffatome (engl.: hydrogen), die tief gestellte 2 bezeichnet die Anzahl des Wasserstoffs und das O steht für den Sauerstoff. Wasser ist aber trotz des kleinen Moleküls bei normalem Luftdruck erst über 0 °C flüssig und siedet bei 100 °C. Schwefelwasserstoff (H_2S) ist prinzipiell ähnlich aufgebaut, schmilzt jedoch bei −85,5 °C und ist bereits ab −60,33 °C gasförmig! Schwefel und Sauerstoff stehen im Periodensystem aber in der gleichen Hauptgruppe, sind chemisch gesehen also äußerst ähnlich. Zudem ist Schwefel schwerer als Sauerstoff. Eigentlich müsste Schwefelwasserstoff erst später als Wasser flüssig oder gasförmig werden oder anders ausgedrückt: Wasser dürfte bei Zimmertemperatur gar nicht flüssig sein!

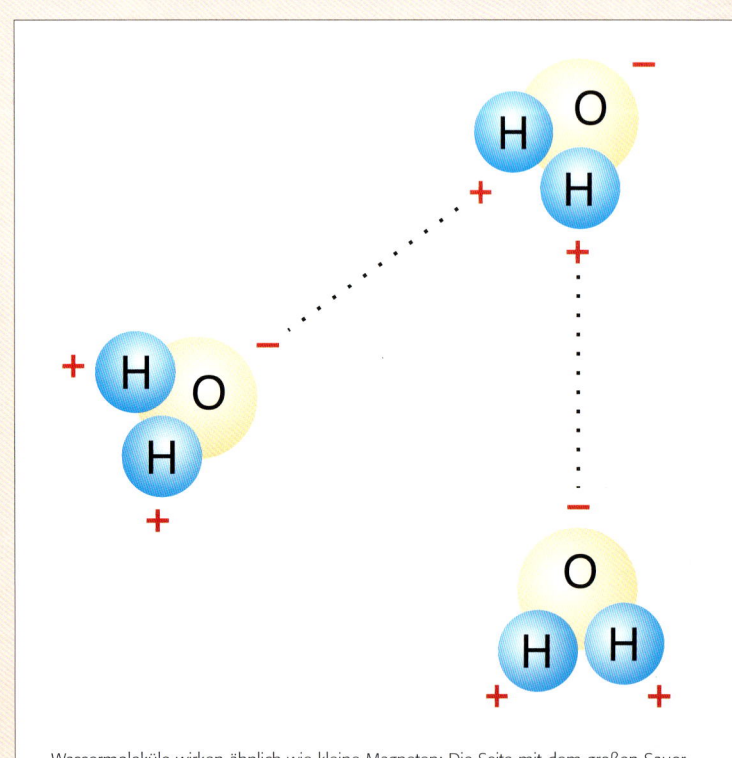

Wassermoleküle wirken ähnlich wie kleine Magneten: Die Seite mit dem großen Sauerstoffatom ist negativ geladen, die beiden kleineren Wasserstoffatome sind positiv geladen. Die Moleküle ziehen sich daher bei richtiger Ausrichtung gegenseitig an. Die Bindung, hier durch eine gepunktete Linie dargestellt, wird Wasserstoffbrückenbindung genannt.

Wasser gefriert bei Temperaturen unter 0 °C zu einem Feststoff – es bildet sich Eis. Die Strukturen im Eis dieses zugefrorenen Sees wurden durch Bewegungen des Wassers während des Gefrierens erzeugt.

CHEMIE

Warum gefriert Wasser im Winter?

Diese Frage lässt sich auch in Bezug auf Wasser als Flüssigkeit stellen: Warum ist Wasser bei Zimmertemperatur flüssig und kein Gas? Der Grund liegt in einem winzigen Detail: Die beiden Wasserstoffatome sind in einem flachen Winkel zum Sauerstoff angeordnet. Das Molekül sieht also etwa aus wie der Kopf einer Micky Maus. Da das Sauerstoffatom die Elektronen des Wasserstoffs sehr stark an sich heranzieht – stärker als der Schwefel des Schwefelwasserstoffs –, ist die Seite mit dem Sauerstoffatom negativ und die andere Seite positiv geladen. Die Wassermoleküle verhalten sich daher wie eine Ansammlung kleinster Magneten, die sich bei richtiger Ausrichtung gegenseitig anziehen. Chemiker sagen, dass Wassermoleküle „polar" sind. Diese Anziehungskraft hält die Wassermoleküle gegenseitig so gut fest, dass sie ein sehr stabiles Gitter, also Eis bilden, das erst bei 0 °C geknackt wird – Wasser wird dann flüssig. Im flüssigen Wasser sind die Kräfte zwischen den Molekülen ebenfalls wirksam, reichen aber nicht aus, Wasser starr zu halten. Der Halt zwischen den Molekülen wird als Wasserstoff-Brückenbindung bezeichnet und ist für die besonderen Eigenschaften des Wassers verantwortlich.

Warum gibt es Wassertropfen?

Wasser zieht sich in Ruhe zu kleinen Tropfen zusammen und fließt nicht einfach auseinander. Auch hierfür sind die Wasserstoff-Brückenbindungen verantwortlich. Im Innern der Flüssigkeit ziehen sich die Moleküle von allen Richtungen gegenseitig an. An der Oberfläche zu Luft können sie aber nur quer miteinander und nach unten verbunden sein. Moleküle im Inneren der Flüssigkeit sind daher fester gebunden als die der Oberfläche. Der energetisch günstigste Zustand ist daher, wenn Wassertropfen kugelförmig sind, da sie dann im Verhältnis zum Volumen die kleinste Oberfläche aufweisen und somit möglichst wenig Moleküle nur partiell gebunden werden. Deshalb ziehen sich Wassertropfen zu kleinen Kügelchen zusammen, die beim Herabfallen aufgrund der Luftreibung zur bekannten Tropfenform verzogen werden. Stört man die Brückenbindungen z. B. durch Zugabe von Spülmittel oder durch Erhitzen, so nimmt die Oberflächenspannung stark ab.

Wissenswertes

- Wasser weist bei genau 4 °C die höchste Dichte auf und nicht – wie zu erwarten wäre – bei 0 °C; auch das liegt an den Wasserstoff-Brückenbindungen. Gletscherbäche nehmen daher erstaunlich oft genau 4 °C an, ebenso das Tiefenwasser großer Seen.
- Schwefelwasserstoff wird in faulen Eiern gebildet und macht deren Gestank aus; bereits wenige Moleküle reichen aus, um die Nase deutlich zu irritieren.
- Schwefelwasserstoff ist äußerst giftig, da es den Blutfarbstoff Hämoglobin angreift. In geringer Konzentration aber wirkt es, in Wasser gelöst, heilend bei Hautkrankheiten.

Die Oberflächenspannung des Wassers bedingt die Bildung von Wassertropfen. Ohne diese zusammenhaltende Kraft würde sich das Wasser – da ja flüssig – als feiner Film auf der Oberfläche dieser Vogelfeder verteilen..

MINERALE UND GESTEINE

Modell eines Kristallgitters, hier eines Diamanten. Jede der schwarzen Kugeln stellt ein Kohlenstoffatom dar, das (bis auf die Randatome) mit je vier benachbarten Atomen verbunden ist.

Was ist ein Mineral?

Minerale sind Feststoffe, die durch und durch chemisch einheitlich aufgebaut sind, also eine homogene Grundstruktur aufweisen – d. h. ganz gleich, wo man in dem Mineral die Lage der Atome oder Moleküle zueinander untersucht, findet man einen prinzipiell gleichen Aufbau vor. Sind die Atome oder Moleküle regelmäßig und völlig identisch angeordnet, so hat man einen reinen Kristall. Ist die Zusammensetzung prinzipiell gleich, aber die Anordnung nicht immer exakt gleich, ist dies ebenfalls ein Kristall, jedoch mit Störstellen. Solche Störungen nehmen Einfluss auf die Farbe eines Minerals. Ein Mineral nennt man amorph, wenn der Aufbau zwar im Durchschnitt gleich ist, die Moleküle oder Atome aber kein Gitter bilden, sondern einfach unregelmäßig verteilt sind.

Sind Minerale Steine?

Man nennt zwar seltene Minerale, die besonders schön aussehen, Edelsteine (und nicht ganz so seltene Minerale Halbedelsteine), dennoch sind sie im chemischen Sinne keine Steine. Ein Stein ist vielmehr ein Konglomerat unterschiedlicher Minerale. Er besteht also aus verschiedenen kleinen Kristallen, die gemeinsam das Gestein bilden. Granit z. B. besteht aus den drei Mineralen Feldspat, Quarz und

Glimmer. Betrachtet man einen Granitstein mit einer Lupe, so lassen sich alle drei Minerale unterscheiden.

Warum ist Marmor so kostbar?

Kalksteine – also Gestein aus Kalziumkarbonat – sind alles andere als selten. Marmor ist ebenfalls ein Kalkstein, wurde aber von der Natur veredelt. Kommt in der Erdkruste Kalkstein mit Magma (dem flüssigen Gestein des Erdinnern) in Kontakt, so wird dieser sehr stark erhitzt. Wenn neben der Hitze auch ein großer Druck herrscht, wird das Kalkgestein aufgeschmolzen und zugleich zusammengepresst. Erkaltet es anschließend sehr langsam, so enthält es nur noch winzige Poren und ist daher sehr frostresistent – Wasser kann es kaum durchdringen. Dieses kompakte Gestein lässt sich sehr gut polieren; deshalb wurde es bereits in der Antike für wertvolle Bauwerke genutzt. Einschlüsse bei der Schmelze ergeben zudem ästhetische, fein ziselierte Muster. Neben Kalk kann auch Dolomit (eine Verbindung von Kalziumkarbonat und Magnesium) durch Druck und Hitze zu Marmor umgewandelt werden. Entsprechende Bedingungen – z. B. durch Kontakt von Kalk- oder Dolomitgestein mit Magma bei geeignetem Druck und Abkühlungsbedingungen – treten allerdings zu selten auf, als dass Marmor ein Massenprodukt der Erdkruste werden könnte. Zudem muss der Marmor oberflächennah gebildet werden bzw. dorthin verfrachtet werden, sodass er für den Menschen nutz- und abbaubar ist. Deshalb bleibt guter Marmor auch heute noch ein kostbares Baumaterial.

> **Wissenswertes**
> - Die Härte von Mineralen wird auf einer Skala mit den Werten 1–10 angegeben. Entscheidend für den Härtegrad eines Minerals ist, welche anderen Minerale damit geschnitten oder eingeritzt werden können. Diamant ist das härteste (10), Talk das weichste Mineral (1).
> - Ein Diamant ist nichts anderes als reiner Kohlenstoff; presst man eine Bleistiftmine (Graphit) unter sehr großer Hitze, könnte man daraus künstlich Diamanten erzeugen.
> - Mit Mineralen kann man auf rauen Oberflächen farbige Striche malen. Die Farbe entsteht durch Abrieb des Minerals und kann sich von der Farbe des Gesamtkrsitalls unterscheiden. So ist z. B. Katzengold (Pyrit) leuchtend goldgelb, die Strichfabe aber schwarz.
> - Auch Eis ist ein Mineral. Wasser ist nur bei normalen Temperaturen flüssig, weshalb man es nicht mit Mineralen assoziiert.
> - Quarz und Glas sind chemisch gleich (Siliziumdioxid), Quarz ist aber kristallin und Glas amorph (siehe oben).

Brillianten, also speziell geschliffene Diamanten, sind teuer und heiß begehrt. Da der Diamant das härteste natürliche Mineral ist, ist das Schleifen aufwändig.

Die große Marmortreppe des Palazzo Reale in Neapel, Italien. Die Feinkörnigkeit und Festigkeit machen Marmor zu einem beliebten, aber wegen der hohen Nachfrage auch teuren Baustoff.

CHEMIE

AKKUS UND BATTERIEN – KRAFTSTOFF FÜR UNTERWEGS

Wie funktioniert eine Batterie?

Eine Batterie wandelt chemische Energie in elektrischen Strom um. Hierbei wird die Eigenschaft von sog. Redox-Reaktionen (s. S. 76 f), Ladungen in Form von Elektronen abzugeben und aufzunehmen, ausgenutzt. Die erste funktionstüchtige Batterie entwickelte der italienische Physiker Allessandro Volta (1745–1827), die auf eine Entdeckung des Naturforschers Luigi Galvani (1737–1798) basierte. Galvani untersuchte die Muskulatur von Fröschen und bemerkte, dass bei Verwendung unterschiedlicher Metalle als Klammern zur Fixierung des Muskels dieser plötzlich zu zucken begann. Volta verwendete Zink- und Kupferplatten und verband diese durch eine saure Elektrolytlösung. Das Zink wird von der Säurelösung oxidiert und geht als Ion in Lösung; dabei gibt es pro Atom zwei Elektronen an die Elektrode ab. Die Kupferplatte ist an der Oberfläche durch den Sauerstoff der Luft oxidiert. Verbindet man die Zinkelektrode mit der Kupferelektrode, so fließen die vom Zink abgegebenen Elektronen zum Kupfer und ermöglichen die Reduktion des Kupferoxids zu reinem Kupfer. Schließt man die Elektroden kurz, so fließt Strom vom Zink zum Kupfer. Heutige Batterien funktionieren prinzipiell genauso, wenngleich die Elektroden und das Medium heute höhere Leistungen ermöglichen – z. B. Alkali-Mangan-Batterien, die im Vergleich zu alten Zink-Kohle-Batterien knapp die dreifache Leistung erbringen.

Warum benötigen Autos Batterien?

Streng genommen sind Autobatterien Akkumulatoren: Beim Starten des Motors muss ein Zündfunke erzeugt werden, der das Benzin im Motor zum Verbrennen bringt. Der Funke wird elektrisch erzeugt. Darum springt ein Auto, dessen Akku leer ist, nicht mehr an. Nebenbei werden bei stehendem Motor alle Prozesse, die elektrischen Strom benötigen – z. B. Licht, Radio usw. – von der Autobatterie (dem Akkumulator) gespeist. Während der Fahrt hingegen wird der Akku über die Lichtmaschine, welche die im Motor erzeugte Energie nutzt, wieder aufgeladen.

Der in Batterien gespeicherte elektrische Strom kann auf vielfältige Weise genutzt werden. Hier wird Wasser in seine beiden Bestandteile – Wasserstoff und Sauerstoff – zerlegt. Chemiker sprechen hierbei von Elektrolyse.

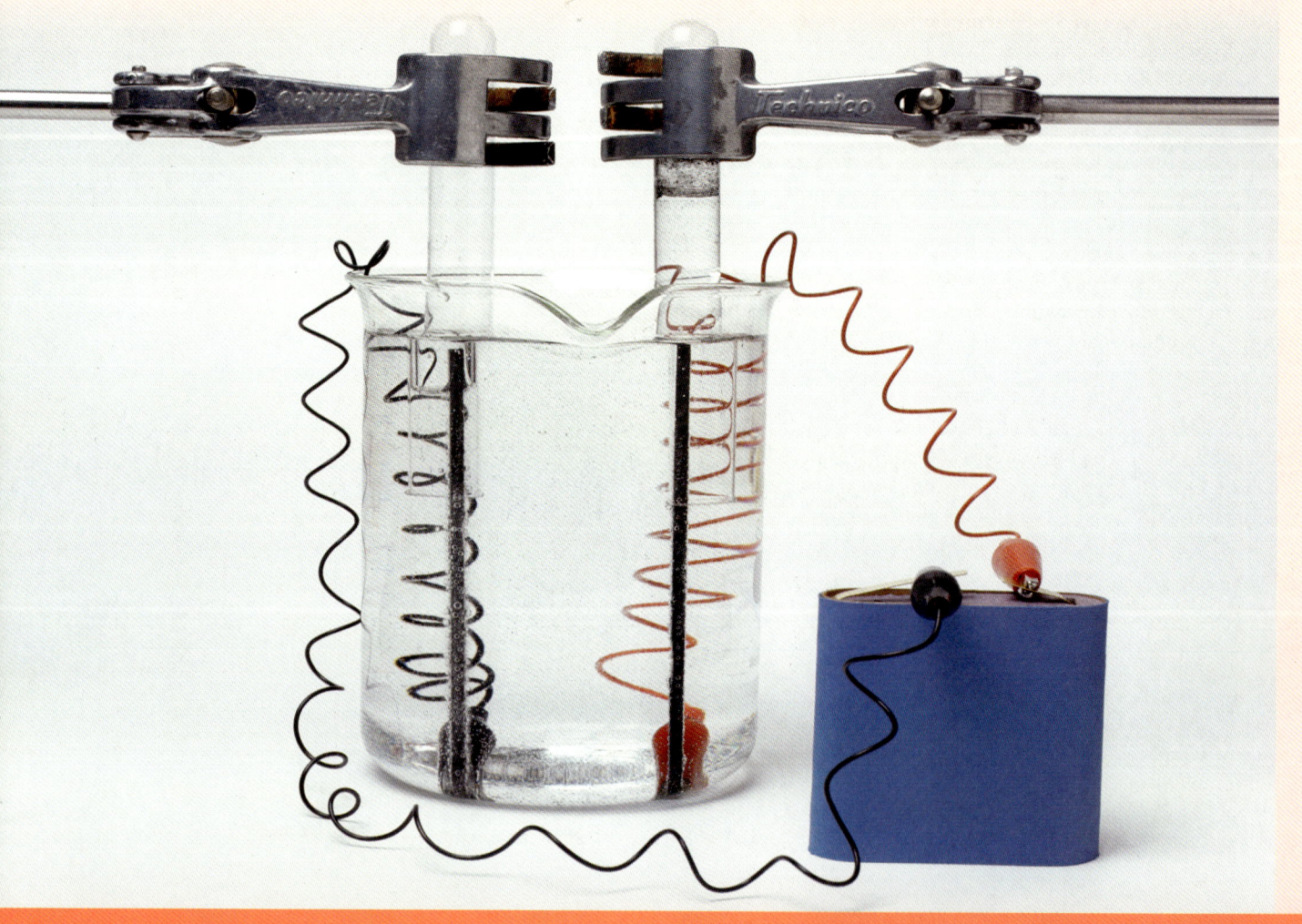

Was ist ein Akku?

Ein Akkumulator – kurz: Akku – ist eine wieder aufladbare Batterie. Hierbei wird beim Anlegen einer elektrischen Spannung der chemische Redox-Prozess umgekehrt und somit die chemische Energie neu gespeichert. Der Prozess läuft daher in einem Akku in beiden Richtungen ab, während er in normalen Batterien irreversibel ist.

Was ist eine Brennstoffzelle?

Brennstoffzellen erzeugen – wie Batterien oder Akkus – Strom, sind aber keine Energiespeicher, sondern reine Energieumwandler. Die Energie wird aus einer Oxidationsreaktion, d. h. einer Verbrennung gewonnen; meist wird dabei Wasserstoff (H_2) und Sauerstoff (O_2) zu H_2O verbunden. Im Gegensatz zu Wärmekraftmaschinen wird nicht die bei der Oxidation des Wasserstoffs gewonnene Wärmeenergie zur Stromerzeugung verwendet, sondern die bei der Oxidation erfolgende Ladungsübertragung über zwei Elektroden – wie dies bei Batterien der Fall ist. Da der zu oxidierende Brennstoff (Wasserstoff) ständig nachgeliefert wird, wird ein dauerhafter Stromfluss garantiert, ohne dass sich die Brennstoffzelle entlädt. Das System arbeitet äußerst effizient und produziert als Abgas reinen Wasserdampf.

Autobatterien sind eigentlich Akkumulatoren. Ist ein Akku entladen, kann er erneut aufgeladen werden. Oft reicht aber auch nur eine kleine Starthilfe durch ein anderes Auto bzw. dessen „Batterie", um den Motor zu starten.

> **Die einfachste Batterie: die Zitrone**
>
> Es genügt, in eine Zitrone einen Kupferdraht und einen Zinkdraht (oder verzinkten Nagel) zu stecken und diese z. B. über eine kleine Glühbirne kurzzuschließen, um einen Stromfluss zu erzeugen, der die Birne zum Brennen bringt. Diese einfache „Biobatterie" hat bereits in Form der Installation „Capri-Batterie" von Joseph Beuys (1985) Karriere als Kunstwerk gemacht.

Prototyp einer Miniaturbrennstoffzelle: Als Brennstoff dient hier Methanol, also ein Alkohol. Der elektrische Strom wird durch die Oxidation des Alkohols gewonnen.

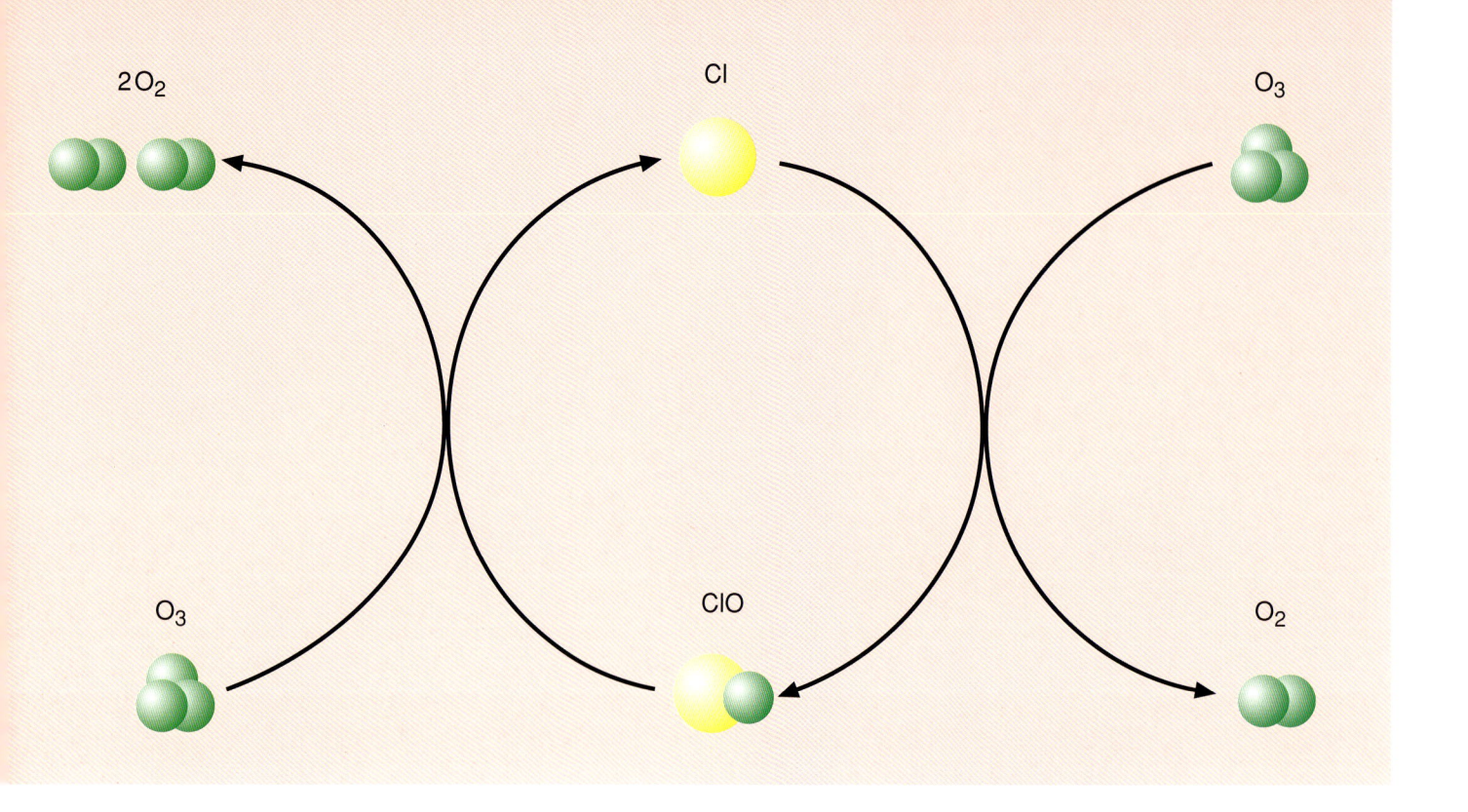

OZON – OBEN GUT, UNTEN SCHÄDLICH

Mechanismus der Ozonzerstörung durch einzelne Chloratome: Stößt ein Chloratom (Cl) auf ein Ozonmolekül (O_3), reißt es ein Sauerstoffatom an sich (es bildet sich ClO, Chloroxid), und aus dem Ozon wird ein normales Sauerstoffmolekül. Trifft nun das ClO auf ein weiteres Ozonmolekül, so gibt es den Sauerstoff wieder ab. Aus Ozon (O_3) und dem Sauerstoff (O) entstehen zwei Sauerstoffmoleküle (O_2). Das entstandene Chloratom greift wieder Ozon an, und der Kreislauf beginnt von vorn.

Was ist Ozon?

Ozon (O_3) ist ein Molekül aus drei Sauerstoffatomen in Form eines flachen Winkels. Es ist energetisch ungünstiger als gewöhnliche Sauerstoffmoleküle (O_2). Bei Zimmertemperatur ist es instabil und daher sehr stark oxidierend. Ein Sauerstoffatom ist sozusagen zu viel und steht für eine Reaktion mit anderen Stoffen zur Verfügung. In einer reinen Ozonatmosphäre würde etwa Holz spontan verbrennen, also sich von selbst entzünden. Ozon wirkt auch auf unsere Nasenschleimhäute oxidierend und wird daher als unangenehm stechend empfunden. Es ist auch die Ursache für den typischen Copyshop-Geruch, der von heißen Kopiergeräten ausgeht. Hohe Ozonkonzentrationen in unserer Umwelt, also in Bodennähe, sind wegen der Aggressivität des Ozons für die Atemwege belastend und können Kopfschmerzen auslösen.

Was ist die Ozonschicht, und wofür benötigen wir sie?

Aufgrund der (äußerst energiereichen kosmischen) Höhenstrahlung bildet sich in hohen Atmosphäreschichten (15–50 km Höhe) aus gewöhnlichen Sauerstoffmolekülen Ozon. Die Gesamtmenge an Ozon ist dennoch sehr gering. Bei normalem Luftdruck würde die Ozonschicht auf nur drei

Wie entsteht Ozon?

Ozon bildet sich, wenn gewöhnliche Sauerstoffmoleküle zerbrechen. Die einzelnen Sauerstoffatome sind dann hochgradig reaktiv und lagern sich spontan an intakte O_2-Moleküle an. Ozon entsteht auf zweierlei Weise: Auf physikalischem Weg können energiereiche UV-Strahlung (ultraviolettes Licht, in der Atmosphäre) oder hohe Temperaturen (z. B. Laserdrucker, Kopiergeräte, Blitzschlag in der Natur) O_2-Moleküle zerlegen. Auf chemischem Weg bilden Stickstoffdioxid (NO_2) und O_2 unter Einfluss von gewöhnlichem UV-Licht das Ozon. Stickoxide wurden in der Vergangenheit (vor allem in der Zeit vor der Einführung der Katalysatortechnik) im Straßenverkehr in großen Mengen als Abgas erzeugt.

Millimeter Dicke zusammengedrückt werden. Ozon fängt energiereiche UV-Strahlung ab, indem es diese absorbiert. Dabei wandeln sich je zwei Ozonmoleküle in drei gewöhnliche Sauerstoffmoleküle um. Ein großer Teil der für uns gefährlichen UV-Strahlung wird daher abgefangen und erreicht die Erdoberfläche erst gar nicht. Ohne die schützende Ozonschicht wäre der Aufenthalt in direktem Sonnenlicht gefährlich, da UV-Strahlung neben Sonnenbrand auch Hautkrebs verursachen kann.

Wodurch entstand das Ozonloch?

Die Ozonschicht befindet sich in einem empfindlichen Gleichgewicht zwischen Ozonneubildung und

Ozonabbau durch das UV-Licht. Vom Menschen verursachte Abgase – insbesondere durch in Sprühdosen u. ä. verwendete Fluorchlorkohlenwasserstoffe (FCKWs) – verteilen sich in der gesamten Atmosphäre. Gewöhnlich ist dies relativ harmlos, da sich die Schadstoffe dort stark verdünnen. In höheren Luftschichten aber – ebenfalls durch die Höhenstrahlung bedingt – setzen FCKWs einzelne Chloratome frei. Diese Chloratome wirken beim Ozonabbau als Katalysatoren mit. Da Katalysatoren bei der Reaktion als solche erhalten bleiben, kann ein einzelnes Chloratom nahezu unbegrenzt Ozon zerlegen helfen. Die Reaktion wird erst gestoppt, wenn das Chloratom ein weiteres Chloratom trifft und so Cl_2 entsteht. Zuvor werden aber pro Chloratom ca. 100 000 Ozon-Moleküle abgebaut. Die Folge: Die Ozonschicht dünnt aus. Die tiefen Temperaturen an den Polen – vor allem am Südpol – verstärken den Ozonabbau zusätzlich. Deshalb sind die polnahen Regionen am stärksten gefährdet.

Die Dicke der Ozonschicht wird mit Hilfe von Laserstrahlen ausgemessen, deren Licht mit den Ozonmolekülen interagiert. Hier sieht man einen hierfür entwickelten Laser im Labor des CNFS der Universität Paris, das sich mit atmosphärischer Forschung beschäftigt.

Hat das Ozonloch etwas mit dem Treibhauseffekt zu tun?
Nein, jedenfalls nicht direkt. Die FCKWs hingegen – die als Hauptverantwortliche für das Ozonloch bekannt sind – gelten als starke sog. Treibhausgase (s. S. 219 f).

Autos ohne Katalysator setzen in ihren Abgasen Stickoxide frei, die bei der Ozonbildung in Bodennähe – hier schadet es als Gift der Umwelt – eine große Rolle spielen.

CHEMIE

STICKSTOFF – DÜNGER FÜR DIE PFLANZEN

Wovon leben Pflanzen?
Pflanzen leben von dem Zucker, den sie durch die Fotosynthese in ihren Blättern erzeugen. Hierbei wird der Kohlenstoff der Luft – in Form von Kohlenstoffdioxid – sowie Wasser aus dem Boden in Kohlenwasserstoffe umgewandelt. Der Kohlenstoff dient dem Zuwachs an Biomasse. Dennoch benötigen Pflanzen noch weitere Nährstoffe, um wachsen und gedeihen zu können, wenngleich in deutlich geringerer Menge als Kohlenstoff. Eiweiße bestehen aus Aminosäuren, d. h. Säuren auf Stickstoffbasis. Ohne diese würden viele wichtige Stoffwechselreaktionen stillstehen, da die hierfür nötigen Enzyme nicht gebildet werden könnten. Als weitere Elemente sind Phosphor (Phosphat) und Kalium für Pflanzen besonders wichtig. Stickstoff kommt in Form von N_2-Molekülen in der Luft mit ca. 70% zwar reichlich vor, ist in dieser Form aber für Pflanzen nicht nutzbar. Pflanzen benötigen Nitrat (NO_3^{2-}), das sie – meist mit Hilfe von symbiontischen Pilzen – aus dem Boden aufnehmen. Ein Problem für die Landwirtschaft ist die damit verbundene Auslaugung des Bodens.

Warum verwenden Pflanzen nicht den Luftstickstoff?
Weil sie den natürlichen Stickstoff (N_2) nicht zu Nitrat oxidieren können. Die einzigen Organismen, die hierfür passende Enzyme entwickelt haben, sind Bakterien. Manche Pflanzen behelfen sich aber mit einem Trick: Sie haben in ihre Wurzeln genau solche Bakterien aufgenommen und halten sie in kleinen Knöllchen sozusagen als Untermieter. Die Bakterien werden von der Pflanze mit Luft versorgt, aus der sie den Stickstoff entziehen und über mehrere Stufen zu Nitrat oxidieren; das wiederum nutzt anschließend die Pflanze. Vor allem sog. Leguminosen (Hülsenfrüchtler) wie Klee, Luzerne, Bohne oder Erbse sind dazu in der Lage.

Was ist Dünger?
Dünger sind natürliche oder künstliche Stickstoff-, Phosphor- und Kaliumspender. Die einfachste Form, Stickstoff in Böden einzutragen, besteht im Verteilen von Gülle oder Jauche auf den entsprechenden Feldern. Jauche ist reich an Harnstoff und Ammoniak. Hier spielen Bodenbakterien eine wich-

Hülsenfrüchte können mit Hilfe bakterieller Helfer den Bodenstickstoff fixieren und somit die Erde, in der sie wachsen, selbständig düngen.

CHEMIE

Gülle wird in goßen Mengen als Dünger auf Feldern ausgebracht. Wird der Boden aber überdüngt, können Nitrate in das Grundwasser – oftmals Trinkwasser – versickern und dort zu Bakterienwachstum führen.

tige Rolle, da diese den Harnstoff in Ammoniak und diesen wiederum zu Nitrat umbauen und somit pflanzenverfügbar machen. In der Landwirtschaft wird die Menge an Stickstoff, die von den Pflanzen verbraucht wird, dem Boden wieder durch den Dünger zugeführt, um einer Auslaugung entgegenzuwirken. Ein zu großer Stickstoffgehalt kann sich aber wiederum schädlich auswirken, da die gesamte Bodenflora und -fauna davon beeinträchtigt wird und sich dies negativ auf die Nutzpflanzen auswirken kann.

Warum ist unser Trinkwasser häufig nitratbelastet?
Nitrat ist wasserlöslich und wird daher schnell ins Grundwasser ausgewaschen. Auf diese Weise verliert der Boden ständig Stickstoff. Gewöhnlich wird das durch Bakterien gebildete Nitrat sofort von den Pflanzen aufgenommen. Wird aber mehr gedüngt, als die Pflanzen benötigen (oder auch während der Vegetationsphasen mit eingeschränktem Wachstum, z. B. im Winter), so gelangt der Überschuss direkt in die Gewässer und im Laufe der Zeit auch in tiefere Grundwasserschichten. Da Nitrat von allen Organismen für den Aufbau von Eiweißen genutzt wird, setzt auch ein unerwünschtes Bakterienwachstum im Trinkwasser durch das Nitrat ein. Die betroffenen Gewässer sind dann auch durch Algenblüten bedroht und drohen zu kippen (s. S. 89), wenn zu viel Nitrat das Wasser belastet. In Deutschland ist daher ein Gülleaustrag auf Felder im Winter verboten (auch wenn dies dennoch nach wie vor praktiziert wird).

Auch eine Folge der Überdüngung: die Algenblüte in einem kleinen Bach. In solchen Gewässern können nur sehr wenige Tier- und Pflanzenarten überleben.

CHEMIE

GLÜHBIRNE, HALOGENLEUCHTE, NEONRÖHRE – CHEMIE SCHAFFT LICHT

Wie funktioniert eine Glühbirne?

Strom fließt durch einen dünnen Draht, wodurch dieser erhitzt wird und zu leuchten beginnt. Damit die Lampe mit möglichst hellem und fast weißem Licht erstrahlt, muss der Faden sehr stark erhitzt werden. Aus diesem Grund wird meist Wolfram, das erst bei ca. 3400 °C schmilzt, verwendet; frühere Glühdrähte bestanden aus Osmium (Schmelztemperatur ca. 3300 °C). Bei so hohen Temperaturen würde der Glühdraht allerdings sofort durch den Sauerstoff der Luft verbrennen. Dem wird vorgebeugt, indem im Innern der Glühbirne ein Vakuum erzeugt wird. Der geringe Druck im Innern der Birne birgt aber auch einen Nachteil: Durch die Hitze gehen viele Atome direkt in die Gasphase über, d. h. der Draht verdampft sukzessive (man nennt diesen Vorgang Sublimation) und reißt, wenn er zu stark ausgedünnt wurde. Moderne Glühbirnen enthalten daher ein Schutzgas, das auch bei hohen Temperaturen nicht mit dem Draht chemisch reagiert und durch seinen Druck das Sublimieren vermindert. Am besten eignen sich dafür Edelgase, da sie chemisch inaktiv sind. Verwendet werden Argon, Xenon oder Krypton, da das hohe Gewicht ihrer Atomkerne eine schnelle Ableitung der entstehenden Wärme,

Links: Die Glühbirne – ein dünner Wolframdraht wird erhitzt, um weißes Licht zu erzeugen.

Leuchtreklamen in Las Vegas, USA: Der Mensch macht auch die Nacht zum Tag – dank künstlichem Licht.

die einen Energieverlust bedeuten würde, vermindert. Preiswerte Glühbirnen enthalten ein Stickstoff-Argon-Gemisch, da auch Stickstoffmoleküle (N_2) relativ reaktionsträge sind und nicht oxidierend wirken.

Warum sind Halogenlampen so hell?
Fügt man dem Schutzgas einer Birne Halogene wie Brom oder Iod hinzu, so verbinden sich diese mit den verdampfenden Wolframatomen. Das entstehende Halogen-Wolfram-Gas zerfällt bei hohen Temperaturen wieder in seine Bestandteile und gibt Wolframatome ab, die wieder auf dem Glühdraht kondensieren. Auf diese Weise repariert sich der Draht ständig selbst. Gleichzeitig wird ein Ablagern von Wolfram auf der Glasoberfläche und dem Sockel der Glühbirne verhindert. Die Birne schwärzt nicht und kann so bei höheren Temperaturen betrieben werden, also eine größere Helligkeit erzeugen. Wegen der großen Hitze sind die Birnen sehr klein und kompakt und bestehen aus dickem Quarzglas.

Warum leuchtet eine Neonröhre?
Neonröhren nutzen den Effekt der sog. Gasentladung. Durch eine zuvor erzeugte hohe Spannung wird das Gas – in diesem Fall das Edelgas Neon – ionisiert. Dadurch kann Strom durch das Gas fließen. Die Energie des Stroms wird von den Elektronen des Gases absorbiert und in Form von Lichtquanten wieder abgegeben: Das Gas beginnt zu leuchten. Da für die Ionisierung kurzzeitig eine hohe Spannung aufgebaut werden muss, dauert es ca. eine Sekunde, bis die Röhre nach dem Einschalten zündet. Die Spannung wird durch ein Vorschaltgerät erzeugt.

> **Wissenswertes**
> • Der deutsche Markenname Osram steht für Glühbirnenfabrikation und setzt sich aus den Wörtern Osmium und Wolfram zusammen.
> • Man sollte Halogenbirnen nicht mit nackten Fingern anfassen: Die Fettspuren auf dem Sockel oder dem Glas der Birne würden verkohlen und sich zu stark aufheizen. Das kann zum Zerplatzen der Birne führen.
> • Australien will ab 2010 herkömmliche Glühbirnen verbieten; sie sollen vollständig durch Energiesparlampen ersetzt werden.

Energiesparlampen enthalten statt eines Glühdrahts ein Gas, das elektrisch zum Leuchten angeregt wird.

Wie funktionieren Energiesparlampen?
Im Prinzip wie eine Neonröhre; es handelt sich auch hier um Gasentladungslampen. Als Gas wird allerdings ein Argon-Quecksilber-Gemisch verwendet. Das Quecksilber wird nach dem Einschalten der Lampe durch den Strom verdampft und erhöht so den Innendruck der Lampe. Aus diesem Grund muss eine Energiesparlampe einige Sekunden vorglühen, bevor sie ihre maximale Helligkeit erreicht.

CHEMIE

DIE WELT DES PLASTIKS UND DER KUNSTSTOFFE

Kunststoffe werden täglich in großen Mengen verbraucht. Ihr Recycling ist oft schwierig, bei genauer Sortierung nach Materialzusammensetzung aber vielfach möglich.

Was ist ein Kunststoff?

Kunststoffe, im Alltag häufig als Plastik bezeichnet, sind künstlich hergestellte Festkörper aus kettenförmigen Molekülen auf Kohlenstoffbasis. Die Ketten werden durch das Aneinanderreihen von kleinen Grundbausteinen gebildet. Die Grundelemente werden Monomere (altgriech. monos: einzeln, meros: Teil), die gesamte Kette – die aus vielen Monomeren besteht – wird Polymer genannt (altgriech. polys: viele).

Warum bereitet das Recycling von Kunststoffen Probleme?

Zahlreiche Kunststoffe lassen sich einschmelzen und wieder aufs Neue zu Produkten formen. Die Molekülketten können allerdings durch die Hitzeeinwirkung beschädigt werden, was zu einem Qualitätsverlust des Materials führt. Die zu schmelzenden Kunststoffe müssen zudem sortenrein vorliegen. Die Trennung nach Polymertypen ist aber sehr aufwändig, zumal manche Materialien aus verschiedenen Kunststoffen zusammengesetzt sind. Eine sortenreine Trennung erfordert entweder sehr viel menschliche Arbeitszeit oder ist chemisch so aufwändig, dass die sog. Ökobilanz negativ ausfällt.

Ist das Verbrennen von Plastik gefährlich?

Nur bedingt; bei sehr hohen Temperaturen verbrennen viele Kunststoffe vollständig, ohne gesundheitsgefährdende Abgase zu bilden. Entsprechende Temperaturen werden allerdings nur in Müllver-

> **Die Welt der „P"s: PE, PP, PVC, PS, PUR und PET**
>
> Kunststoffe werden gewöhnlich anhand ihrer chemischen Zusammensetzung benannt. PE bedeutet Polyethen, PP Polypropylen, PVC Polyvinylchlorid, PS Polystyrol, PUR Polyurethan und PET Polyethylenterephthalat. Die Abkürzungen sind einfacher auszusprechen und prägnanter, weshalb sie sich international durchgesetzt haben. Namensgebend sind die Monomere, aus denen die Ketten bestehen. Die genannten sechs Materialien bilden die Basis für 90% der weltweiten Kunststoffproduktion.

Das Problem der sog. Weichmacher

Die gängigen Kunststoffe sind für den menschlichen Körper ungiftig, da sie von unseren Enzymen nicht abgebaut werden können. Daher eignen sich Kunststoffe auch zur Kleidungsherstellung (Kunstfasern, Gummistiefel usw.). Um PVC – das in der Herstellung günstig und sehr stabil ist – elastisch zu machen, wird ihm häufig (Diethylhexylphthalat) beigemischt. DEHP macht PVC weich und geschmeidiger, ist aber nur schwach mit den Polymeren verbunden. DEHP wird daher von der Haut aufgenommen und gelangt – z. B. beim Barfußtragen von sog. Flip-Flops (sandalenartige Kunststoffschuhe) in den Körper. DEHP gilt als fruchtbarkeitsschädigend. Im Bereich der Kleinkinderspielzeuge – die in dem Mund genommen werden können sollen – ist DEHP in der EU mittlerweile verboten. Auch die Fraßschäden durch sog. Automarder gehen auf das Konto von Weichmachern, da sie durch Geruch und Geschmack die Tiere anlocken und zum Verbeißen der Kabel und Schläuche animieren.

brennungsanlagen garantiert. Besonders gefährlich hingegen ist das Verbrennen von PVC, da durch die enthaltenen Chloride hoch gefährliche Dioxine (das sog. Seveso-Gift) entstehen.

Warum ist Gummi elastisch?

Liegen die Molekülketten unregelmäßig verknäult vor, so kann man durch Quervernetzung der einzelnen Ketten dieses härten, aber dennoch eine gewisse Elastizität erhalten. Sind die Moleküle sehr stark vernetzt, so nimmt die Festigkeit zu und die Elastizität wiederum ab (sog. Hartgummi). Werden die Querverbindungen über Schwefelatome erzeugt, nennt man den Vorgang Vulkanisation. Moderne Gummis – z. B. für Autoreifen – vereinen Härte und Elastizität mit guter Abriebfestigkeit sowie geringer Rollreibung.

Autoreifen sind Hightech-Gummiprodukte. Die genaue Mischung und der Verknüpfungsgrad der Kunststoffmoleküle erzeugen die nötige Festigkeit und trotz guter Bodenhaftung eine nur geringe Rollreibung.

Flip-Flops – beliebte Kunststoffsandalen. Manche Modelle enthalten allerdings gesundheitsgefährdende Weichmacher, die durch die Haut vom Körper aufgenommen werden können.

CHEMIE

SILIZIUM – VOM GLAS ÜBER DEN MIKROCHIP BIS ZUM IMPLANTAT

Wie selten ist Silizium?
Silizium ist überhaupt nicht selten, im Gegenteil. Es ist nach dem Sauerstoff das zweithäufigste Element der Erde. 25,8% des Gewichts der Erdkruste und 15% der gesamten Erde macht das Silizium aus. Der Sand der Meere besteht neben Kalziumkarbonat (zerriebene Muschelschalen und Korallenskelette) zum großen Teil aus Siliziumdioxid. Siliziumdioxid – besser bekannt als Quarz – ist der Grundstoff für die Glasherstellung sowie der Grundstoff für die industrielle Siliziumgewinnung.

Was ist Glas?
Glas ist im Prinzip eine extrem zähe Flüssigkeit. Siliziumdioxid schmilzt bei 1723 °C. Kühlt man die Schmelze schneller ab, als sich innerhalb der Masse eine geordnete Kristallstruktur bilden kann, so erhält man als Ergebnis Glas. Glas kommt auch in der Natur vor. Silikatreiche Lava bildet ein sehr dunkles, nahezu schwarzes Glas, das Obsidian genannt wird. Wird z. B. Quarzsand durch einen Blitzeinschlag aufgeschmolzen, so bilden sich beim Abkühlen ebenfalls kleine Glasklumpen aus. Die Glasherstellung verläuft auch über das Schmelzen und rasche Abkühlen von Siliziumdioxid.

Wie wird aus Silizium ein Gel?
Der Dresdner Chemiker Richard Müller stellte 1941 den Kunststoff Silikon her. Silikon ist eine Kette aus sich abwechselnden Silizium- und Sauerstoffatomen. An die Siliziumatome werden zusätzlich Kohlenwasserstoffe gebunden, um die äußerste Elektronenschale des Siliziums aufzufüllen. Die Ketten können auch quer verbunden werden und Netzwerke ausbilden. Die Eigenschaft des Silikons hängt von den Kettenlängen und insbesondere vom Grad der Vernetzung ab. Reine Ketten sind flüssig und können zu Silikongel verarbeitet werden; mäßige Vernetzung hingegen führt zu einer gummiartigen Struktur. Viele Quervernetzungen machen Silikon hart und harzartig. Hier wird über die Kohlenwasserstoffe seine Löslichkeit in Lösungsmitteln ge-

Quarzsand unter der Lupe: Jedes kleine Sandkorn ist ein kleiner Quarzkristall. Da Quarz reines, oxidiertes Silizium ist, dient Sand als Grundstoff für die Glasherstellung und die industrielle Siliziumgewinnung.

Silizium ist allgegenwärtig: Ob in Form großer Fensterscheiben oder als Chip in einem Mobiltelefon – wir leben in einem Siliziumzeitalter.

Unten: Sog. Wafer (Waffel-) Chips aus Silizium – ein Zwischenschritt bei der Fertigung von modernen Computerchips. Die Oberfläche ist auf wenige Millionstel Millimeter genau geschliffen – also nahezu perfekt flach.

Die Zukunft: Computerchips ohne Silizium?

Ein Traum der Wissenschaft sind sog. Quantencomputer, die aufgrund quantenmechanischer Effekte Berechnungen anstellen und Informationen speichern können. Erste Schritte in diese Richtung sind bereits erfolgt. Weniger utopisch ist die Verwendung organischer Halbleiter. Durch Hinzufügen von Natriumatomen werden Kohlenstoffketten (Polymere) zu Halbleitern. Die Vorteile sind äußerst dünne Schichtdicken und zudem die Elastizität des Materials. So besteht theoretisch die Möglichkeit, etwa anstatt Papier zu bedrucken, chipgesteuert dünne Folien als elektronische Bücher und Zeitschriften zu verwenden. Der Chip wäre biegsam und sehr dünn, weshalb er in die Folie integriert werden könnte. Diese Folien könnten auch bewegte Bilder darstellen.

steuert, damit das Harz erst flüssig ist und sekundär aushärtet. Da Silikon für den menschlichen Körper ungiftig ist, wird es in der plastischen Chirurgie – z. B. in Form von weichen Gelkissen bei Brustvergrößerungen – eingesetzt. Meist findet es aber dank seiner wasserabweisenden Eigenschaften und der Elastizität als Dichtungsmasse Verwendung.

Warum bestehen Computerchips aus Silizium?

Reines Silizium ist ein Halbleiter. Die Leitfähigkeit von Halbleitern ist temperaturabhängig. Bei tiefen Temperaturen sind sie sehr gute Isolatoren. Silizium ist auch bei Zimmertemperatur nicht leitend. Erhitzt man es aber – z. B. über eine angelegte elektrische Spannung –, so wird es leitend. Man kann Silizium also als Leiter an- und ausschalten. Der Widerstand in Halbleitern kann auch abhängig von der Richtung des Stroms sein. Daher lassen sich Schaltelemente wie Transistoren auch auf mikroskopisch kleinem Raum erzeugen; dies hat in der Folge zur Entwicklung des Computerchips geführt.

CHEMIE

KERAMIK – VOM GESCHIRR ZUM HITZESCHILD DER RAUMSCHIFFE

In einem Brennofen wird der Ton, aus dem dieser Becher gefertigt wurde, angeschmolzen und später wieder abgekühlt: Es entsteht eine Keramik.

Was ist Keramik?

Keramik ist eine der frühesten kulturtechnischen Errungenschaften der Menschheit. Wird Tonerde mit Hilfe von Wasser weich und formbar gemacht, so wird das Endprodukt durch Hitzeeinwirkung – z. B. Brennen in einem Ofen – hart und stabil. Dies eröffnete die Möglichkeit, Vorratsgefäße oder andere nützliche Gebrauchsgegenstände herzustellen. Ton besteht aus sehr feinen Körnchen von Silizium- und Aluminiumoxiden. Die Korngröße liegt meist unter zwei Mikrometern. Beim Brennen bei 900–1200 °C durchdringen sich die einzelnen Körner und werden dadurch untereinander verbunden. Die Keramik wird hart, ist insgesamt aber porös und wasserdurchlässig. Um die Keramik wasserfest zu machen – was z. B. bei Geschirr notwendig ist –, wird sie anschließend glasiert. Hierfür verwendet man einen feinen Schlick aus gemahlenem Glas. Bei 1200–1450 °C verschmilzt die Glasur mit dem Keramikkörper und dichtet diesen vollständig ab.

Schon im 13. Jahrhundert wurden im heutigen China Porzellanvasen höchster Qualität gefertigt. Hier eine Vase aus der Yuan-Dynastie.

Warum ist Keramik hitzestabil?

Die Bestandteile von Keramik besitzen einen sehr hohen Schmelzpunkt. Beim Brennen werden die einzelnen Bestandteile – von Porzellan abgesehen – nicht aufgeschmolzen, sondern nur unter der Hitze miteinander verbunden (bzw. versintert). Für hitzestabile, technische Keramiken werden z. B. Aluminiumoxid (Schmelzpunkt bei ca. 2050 °C), Bornitrid (2700 °C) oder Siliziumcarbid (sublimiert bei ca. 3070 °C) als Grundstoff verwendet.

Wird Keramik in der Technik verwendet?

Ja, Keramiken sind vielseitige und wertvolle Bestandteile moderner Technik – z. B. als
– Hitzeschilde (Öfen, Heizelemente oder Schutz des Space Shuttles beim Eintritt in die Atmosphäre),
– Abriebschutz in Pumpen und Kolben,
– Zahn- und Gelenkersatz (Festigkeit, Abriebfestigkeit),
– Messer (aufgrund der Härte; Keramiken können härter als Stahl sein),
– Isolatoren (z. B. für Hochspannungsleitungen oder in Zündkerzen) sowie als
– Korrosionsschutz.

Wie isoliert man Hochspannungsleitungen?

Moderne Hochspannungsleitungen werden mit Spannungen bis 420 000 Volt betrieben. Entsprechend hoch muss der Widerstand des Isolators sein. Bei so hohen Spannungen werden häufig Glas- oder Porzellanisolatoren verwendet. Hierbei werden meist mehrere Einzelisolatoren in Form von Ketten zusammengefasst. Da der Strom bei so hohen Grundspannungen bei Überspannung auch in Form eines Lichtbogens – also eines kleinen Blitzes – direkt die Luft durchschlagen kann, wird meist eine Art Blitzableiter zur Sicherung der Isolatoren installiert, der die Energie abfängt und sicher ableiten kann.

Warum ist gutes Porzellan teuer?

Die Herstellung des Porzellankörpers ist heutzutage kein relevanter Preisfaktor mehr, wenngleich hinsichtlich der Qualität des gebrannten Porzellans durchaus auch heute Qualitätsunterschiede auszumachen sind. Preisgestaltend sind in erster Linie das Design und die künstlerische Fertigung der in der Glasur eingebrannten Muster und Färbungen. Beim Meißner Porzellan – aus der 1710 gegründeten und ältesten europäischen Porzellanmanufaktur – wird das berühmte Zwiebelmuster auch heute noch per Handarbeit ausgearbeitet; nur die Hauptlinien werden über ein Siebdruckverfahren maschinell aufgetragen.

> **Wer erfand Porzellan?**
> Das älteste bekannte Porzellan stammt aus China (7. Jh.). Porzellan wird aus einer Mischung von Ton, Feldspat und Quarz hergestellt. Feldspat schmilzt beim Brennvorgang, bildet aber beim Abkühlen kein einheitliches Kristallgitter. Es wird nur immer zäher und bildet am Ende eine Art Glas; das ist Kennzeichen und Besonderheit dieser Art Keramik.

Das Hitzeschild des Space Shuttle besteht aus einer Vielzahl kleiner Keramikplatten. Die Lufttreibung beim Wiedereintritt in die Atmosphäre kann das Hitzeschild kurzfristig bis an seine Grenzen, also über 3000 °C, erhitzen.

CHEMIE

ZUCKER, FETTE, KOHLENHYDRATE – DAS LEBEN BRAUCHT ENERGIE

Was ist Zucker?

Chemisch betrachtet sind Zucker Kohlenhydrate, d. h. sie bestehen nur aus Kohlenstoffatomen und Wassermolekülen, die zu einem Molekül vereint sind. Die meisten Zucker bestehen aus einer einfachen Grundstruktur: Fünf oder sechs Kohlenstoffatome bilden eine Kette, die über ein Sauerstoffatom zu einem Ring geschlossen wird bzw. werden

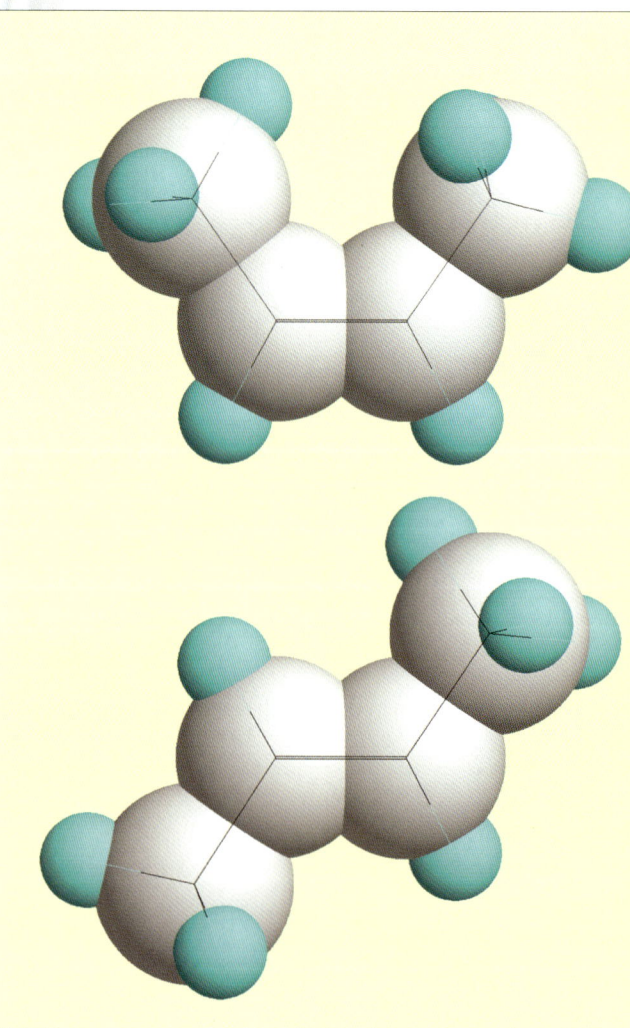

Oben: Bei identischer Zusammensetzung können Moleküle – hier als einfaches Beispiel das Gas Buten – eine unterschiedliche äußere Form besitzen. Im Falle von Fettsäuren kann so eine Kleinigkeit bereits über gesund und ungesund entscheiden.

Links: Bei dreißigfacher Vergrößerung erkennt man, dass Zucker – hier Rohrzucker – aus kleinen Kristallen besteht.

kann. Der klassische Haushaltszucker – die Saccharose – besteht aus zwei Ringen mit je sechs Kohlenstoffatomen. Traubenzucker hingegen ist kleiner und besteht nur aus einem einzigen Ring; deshalb wird er schneller ins Blut aufgenommen.

Ist Zucker immer süß?
Nein, die meisten langkettigen Zucker – die aus der Verknüpfung vieler Einzelringe bestehen – schmecken wir nicht als süß. Papier etwa besteht aus der geschmacksneutralen Cellulose – einem äußerst langkettigen Zucker, der auch in Holz enthalten ist. Stärke – ebenfalls ein langkettiger Zucker, der z. B. in Kartoffeln in großer Menge vorhanden ist – wird von Enzymen in kurzgliedrige Zucker zerlegt. Daher schmeckt Brot nach langem Kauen etwas süßlich.

Was sind Süßstoffe?
Süßstoffe schmecken für unsere Zunge süß, meist sogar deutlich süßer als gewöhnlicher Zucker, besitzen aber fast keinen Brennwert, also praktisch keine Kalorien. Süßstoffe sind für die Ernährung von Diabetikern wichtig, in Bezug auf Kalorienreduktion allerdings sehr umstritten, da sie als Appetitanreger gelten und erfolgreich in der Nutztiermast eingesetzt werden. Der Effekt, Kalorien einzusparen, geht daher durch das verstärkte Essverhalten meistens verloren.

Ist Fett ungesund?
Nein, im Gegenteil. Aufgrund ihres hohen Energiegehalts werden sie zwar im Körper gespeichert, was die ungeliebten Pölsterchen und Fettrollen ergeben kann. Dies passiert aber nur, wenn dem Körper mehr Energie – als er für den Stoffwechsel und seine alltäglichen Aktivitäten benötigt – zugeführt wird. Fette haben immer den gleichen Grundbauplan: Drei Fettsäuren binden sich an ein Glycerinmolekül und bilden ein Triglycerid. Fettsäuren – die aus langen Kohlenstoffketten bestehen – werden gesättigt genannt, wenn an der Kette die maximal mögliche Zahl an Wasserstoffatomen gebunden sind. Bei geringerer Anzahl an Wasserstoffatomen werden sie ungesättigt genannt. Da unser Körper selbst keine ungesättigten Fettsäuren produziert, sind wir auf eine Aufnahme von außen angewiesen. Fette können daher sehr gesund sein.

Stärke und Acrylamid – sind Kartoffelchips ungesund?
Kartoffelchips bestehen fast nur aus Stärke und Fett, in dem sie frittiert wurden. Eine Ernährung allein mit Kartoffelchips wäre also sehr einseitig und ungesund, aber das trifft auf zahlreiche Lebensmittel zu. Das größere Problem als etwa die vielen Kalorien ist das in Kartoffelchips enthaltene Acrylamid: Es bildet sich beim Erhitzen von Stärke

> **Wie gewinnt eine Zelle Energie?**
> In den Mitochondrien – den Energieplattformen der Zellen – werden Zucker und Fette verbrannt, d. h. die Kohlenwasserstoffketten werden zu Kohlenstoffdioxid und Wasser oxidiert, wodurch Energie freigesetzt wird. Das Kohlendioxid geben wir durch die Atemluft wieder in die Umwelt ab.

und gilt als mutagen und krebserregend. Die Langzeitfolgen sind bislang noch nicht ausreichend untersucht, aber eine direkte Wirkung auf die Erbsubstanz DNA wurde in Tierversuchen bestätigt. Die Frage ist also weniger, ob Acrylamid (und damit auch das Verzehren von Chips) ungesund ist, sondern wie ungesund es ist. Acrylamid ist nicht nur in Chips, sondern z. B. auch in Knäckebrot, dunkler Brotkruste, Lebkuchen, der gebräunten Oberfläche von Pommes frites sowie in Kaffee enthalten.

Kartoffelchips können – wie auch andere, stark erhitzte Lebensmittel – größere Mengen Acrylamid enthalten, das im Verdacht steht, Krebserkrankungen auszulösen.

CHEMIE

ZUCKER UND ERDÖL – GANZ SCHÖN RAFFINIERT

Was geschieht in Raffinerien?
Chemisch gesehen stellt der Prozess des Raffinierens eine Reinigung und Veredelung dar. Eine Raffinerie ist daher ein Chemiebetrieb, der primäre Verunreinigungen entfernt und das Endprodukt optimiert.

Warum wird Zucker raffiniert?
Zucker wird entweder aus Zuckerrüben oder aus Zuckerrohr gewonnen. In beiden Fällen ist der Rohzucker braun gefärbt und enthält noch sekundäre Pflanzeninhaltsstoffe. Der Zucker wird mehrfach in Wasser gelöst, filtriert, zentrifugiert und wieder auskristallisiert, bis er am Ende als rein weißer Kristallzucker in Form von purer Saccharose vorliegt. Manchmal wird der Zucker sekundär wieder braun eingefärbt. Hierfür wird karamellisierter Zucker als Sirup zugefügt. Nur Vollrohrzucker ist natürlicher, unraffinierter Zucker aus Zuckerrohr und enthält –

Erdölraffinerie in Schottland: Hier wird Erdöl gereinigt und für die Herstellung von Treibstoffen aufbereitet.

Petroleum, Kerosin, Diesel, Heizöl, Benzin – verwirrende Vielfalt

- Petroleum besteht aus mittellangen Kohlenwasserstoffketten, die alle einen ähnlichen Siedepunkt besitzen. Petroleum ist nicht so leicht entzündbar wie Benzin, verbrennt aber nahezu vollständig und rußarm im Vergleich zu Dieselkraftstoff.
- Kerosin ist im Prinzip dasselbe wie Petroleum, nur werden hier Zusatzstoffe für den Gebrauch in Flugzeugturbinen zugegeben. Dieselkraftstoff ist – wie Petroleum und Kerosin – ein Gemisch aus mittellangen Ketten (10–22 Kohlenstoffatomen), die aber unterschiedliche Siedepunkte und Brenneigenschaften aufweisen. Es ist günstig in der Herstellung, neigt aber beim Verbrennen zu starkem Rußen.
- Heizöl für Zentralheizungen entspricht wiederum dem Dieselkraftstoff; es besitzt aber mehr Nebenstoffe – wie z. B. Schwefel – und löst schneller Korrosionen aus. Als Kraftstoff wäre Heizöl zwar nutzbar, ist aber aus Gründen der schlechten Abgaswerte – und weil dem Staat bei Heizölnutzung die für Kraftstoffe übliche Zusatzsteuereinnahme vorenthalten bliebe – verboten.
- Flugbenzin – wie es für Propellermaschinen verwendet wird – entspricht gewöhnlichem Benzin; fälschlicherweise wird es oft mit Kerosin verwechselt.

Würfelzucker – nur durch die Raffinerie ist Zucker rein weiß. Brauner Zucker kann aber ebenfalls raffiniert und nachträglich durch Karamellzugabe wieder eingefärbt sein.

Warum kann Fett ranzig werden?
Fette und Öle werden von Luftsauerstoff direkt oxidiert. Da der Prozess aber sehr langsam verläuft, werden Fette nicht von einem Augenblick zum nächsten ranzig. Die dabei eintretende chemische Veränderung allerdings erkennt der Mensch an einem unangenehmen Geruch und Geschmack. Die Abbauprodukte der Fettsäuren – Alkohole, Aldehyde, Peroxide usw. – können auch gesundheitsschädlich sein.

neben anderen Zuckerarten außer Saccharose – auch Mineralstoffe, Vitamine und Spurenelemente.

Was ist der Unterschied zwischen Erdöl und Benzin?
Erdöl ist ein schwarzes, zähflüssiges Gemisch unterschiedlicher Kohlenwasserstoffe. Mehr als 17 000 unterschiedliche Verbindungen sind in Rohöl enthalten. Benzin wird aus Rohöl raffiniert. Zudem werden lange Kohlenwasserstoffketten gebrochen und in kürzere Ketten mit nur noch fünf bis elf Kohlenstoffatomen verwandelt (das sog. Cracken des Erdöls). Dadurch ist Benzin zwar leichter flüchtig und verdunstet schneller, aber der Brennwert steigt deutlich an. In Benzin sind nur noch ca. 100 verschiedene Kohlenwasserstoffe enthalten, und es ist dünnflüssig und farblos. Zur Qualitätssteigerung werden dem Benzin sekundäre Stoffe zugesetzt.

Warum führt die Nutzung von Erdöl zur Belastung des Erdklimas?
Bei der Verbrennung von Kohlenwasserstoffen wird der Kohlenstoff zu Kohlenstoffdioxid oxidiert. Kohlenstoffdioxid ist ein Treibhausgas und daher mitverantwortlich für den Treibhauseffekt (s. S. 218 f). Die Mengen an Kohlenstoff, die über Jahrmillionen in Kohlenwasserstoffe umgewandelt wurden, wurden vom Menschen im Lauf von wenigen Jahrzehnten oder Jahrhunderten verbrannt und in die Atmosphäre zurückgeführt.

Düsenflugzeuge werden mit Kerosin betankt. Hierbei handelt es sich nur um abgewandeltes Petroleum.

CHEMIE

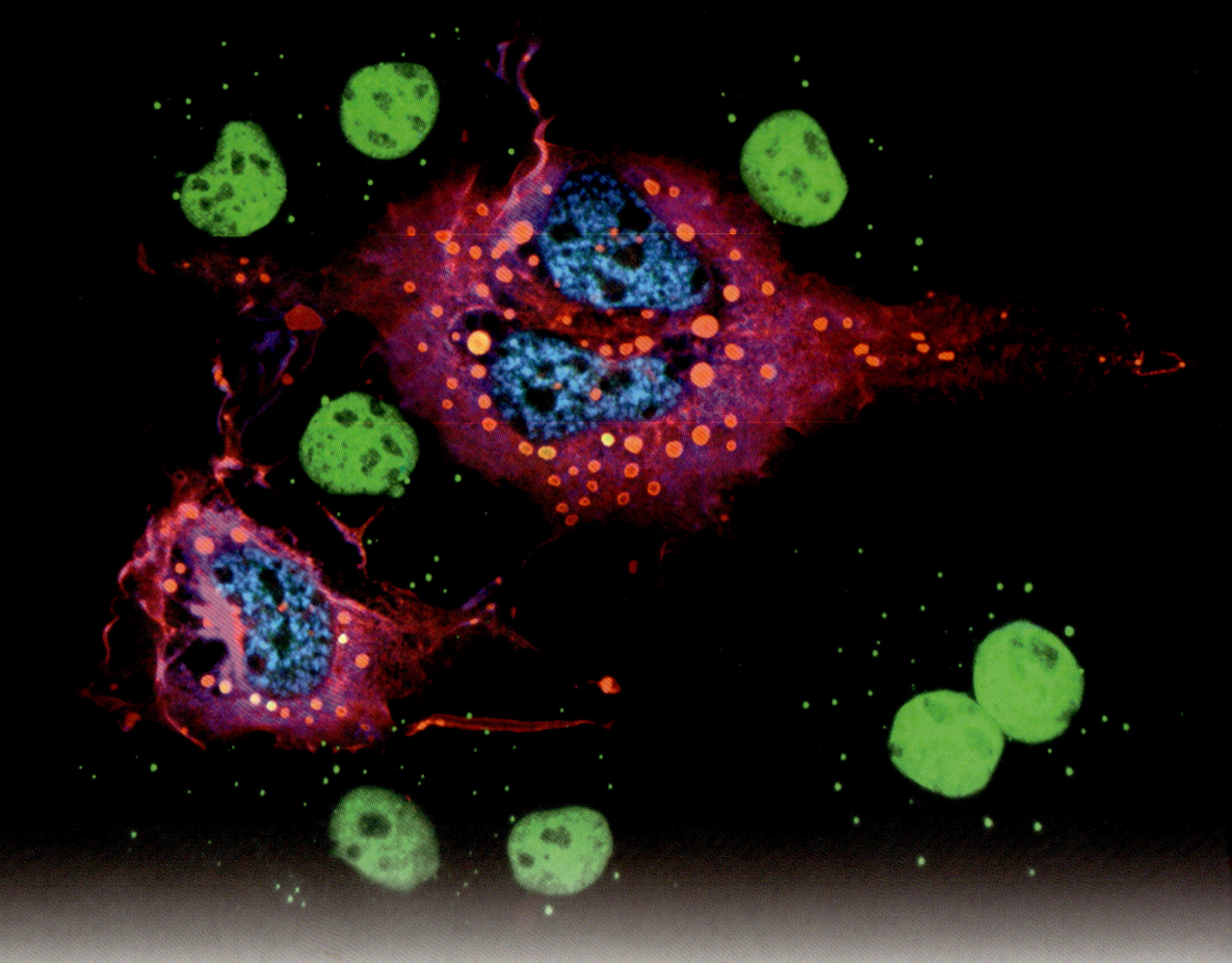

PRIONEN – MOLEKÜLE, DIE KRANK MACHEN

Mutierte Proteine können Zellen stark schädigen oder gar abtöten. Diese lichtmikroskopische Aufnahme zeigt zwei von mutierten Prionen befallene und dadurch geplatzte Zellen.

Können Moleküle krank machen?
Ja, in vielfältiger Weise, etwa durch das Verspeisen giftiger Pilze. Viele Stoffe können in den Stoffwechsel den Menschen eingreifen oder direkt Zellen abtöten (z. B. durch Oxidation von Zellmembranen oder Beeinflussung von Enzymen). Neben klassischen Vergiftungen können Moleküle aber auch komplizierte, langwierige Krankheiten wie z. B. Krebs auslösen, indem etwa die Erbsubstanz chemisch verändert wird und die betroffenen Zellen – wie beim Krebs – mit ungebremstem Wachstum reagieren. Bekannte Beispiele dafür sind Acrylamid (zu stark erhitzte Stärke, z. B. in Kartoffelchips), Umweltgifte wie Dioxine oder Afla- und Ochrotoxine in verschimmelten Lebensmitteln.

Gibt es molekulare Infektionskrankheiten?
Ja, allerdings muss der Erreger es schaffen, sich im befallenen Organismus zu vermehren oder vermehren zu lassen. Das galt bis zur Entdeckung der Prionen durch Stanley Prusiner als unmöglich. Der amerikanische Neurologe und Biochemiker erhielt für seine Entdeckung 1997 den Nobelpreis.

Was sind Prionen?
Prionen sind reaktive Eiweißmoleküle, also Proteine, die vor allem im Nervensystem und im Gehirn an der Oberfläche der Nervenzellen vorkommen. Sie haben die Funktion, die Zellen vor freien Radikalen, Kupferionen und Oxidantien wie Wasserstoffperoxid zu schützen.

Wie kann ein Prion krank machen?
Prione erhalten – wie alle Proteine – ihre Form durch das Falten und Zusammenklappen längerer Ketten aus Aminosäuren. Wird ein Prion falsch gefaltet, so können sich seine chemischen Eigenschaften deutlich verändern. Fehlerhafte Prionen kehren hydrophobe Enden der Aminosäureketten nach außen – sie sind ansonsten im Innern versteckt – und machen diese so wasserunlöslich. Das wäre an sich kein Problem, wenn nicht zugleich ein weiterer und (letztlich tödlicher) Effekt aufträte: Ein fehlerhaftes Prion überträgt bei direktem Kontakt seine Faltungsstruktur auf gesunde Prionen, d. h. die gesunden Prionen falten sich um und werden ihrerseits zu infektiösen Prionen. Der Erreger (das fehlerhafte Prion) vermehrt sich also nicht durch Verdopplung, sondern durch Modifikation körpereige-

ner Proteine. Die Nervenzellen werden dadurch stark geschädigt, und der Organismus reagiert mit Koordinations- und Bewegungsstörungen. Wenn zentrale Körperfunktionen durch die Hirnschäden ausfallen, führt dies zum Tod. Krankheiten wie BSE (Rinderwahn), das Creutzfeld-Jakob-Syndrom beim Menschen oder Scrapie bei Schafen werden durch Prionen verursacht.

Wie infiziert man sich mit Prionen?

Pathogene Prionen können durch einen genetischen Defekt oder einen Fehler bei der Bildung des normalen Prions im Körper spontan entstehen. Eine Übertragung ist fast nur durch Verzehr bereits infizierten Fleisches denkbar. Wird das Fleisch ausreichend erhitzt, werden die Prionen zerstört. Der Ausbruch der BSE-Seuche in Europa hätte durchaus vermieden werden können, denn Kühe sind Pflanzenfresser. Aus Kostengründen wurde jedoch

> **Die Creutzfeld-Jakob-Krankheit (CJK)**
>
> CJK stellt sozusagen das BSE-Pendant beim Menschen dar. Sie wird gewöhnlich genetisch ausgelöst und ist ausgesprochen selten. Während der BSE-Epidemie in Europa wurde eine neue Variante von CJK bekannt, an der bis heute über 150 Menschen starben. Es gilt als sicher, dass in diesen Fällen BSE-Prionen auf den Menschen übertragen wurden. Weitere Fälle der tödlichen Krankheit werden aufgrund der langen Inkubationszeit in Zukunft erwartet.

Trotz des „verrückten" Blickes ist diese Kuh kerngesund. Da Rinderwahn eine lange Inkubationszeit hat, ist eine Infektion nur in späten Stadien auch sicher von außen erkennbar.

unzureichend erhitztes Tiermehl – das u. a. aus an Scrapie erkrankten Schafen hergestellt wurde – an Kühe verfüttert und damit die BSE-Epidemie ausgelöst. Andere mögliche Übertragungswege – z. B. über die Milch von der Kuh auf das Kalb oder durch Speichel – sind bisher sehr umstritten.

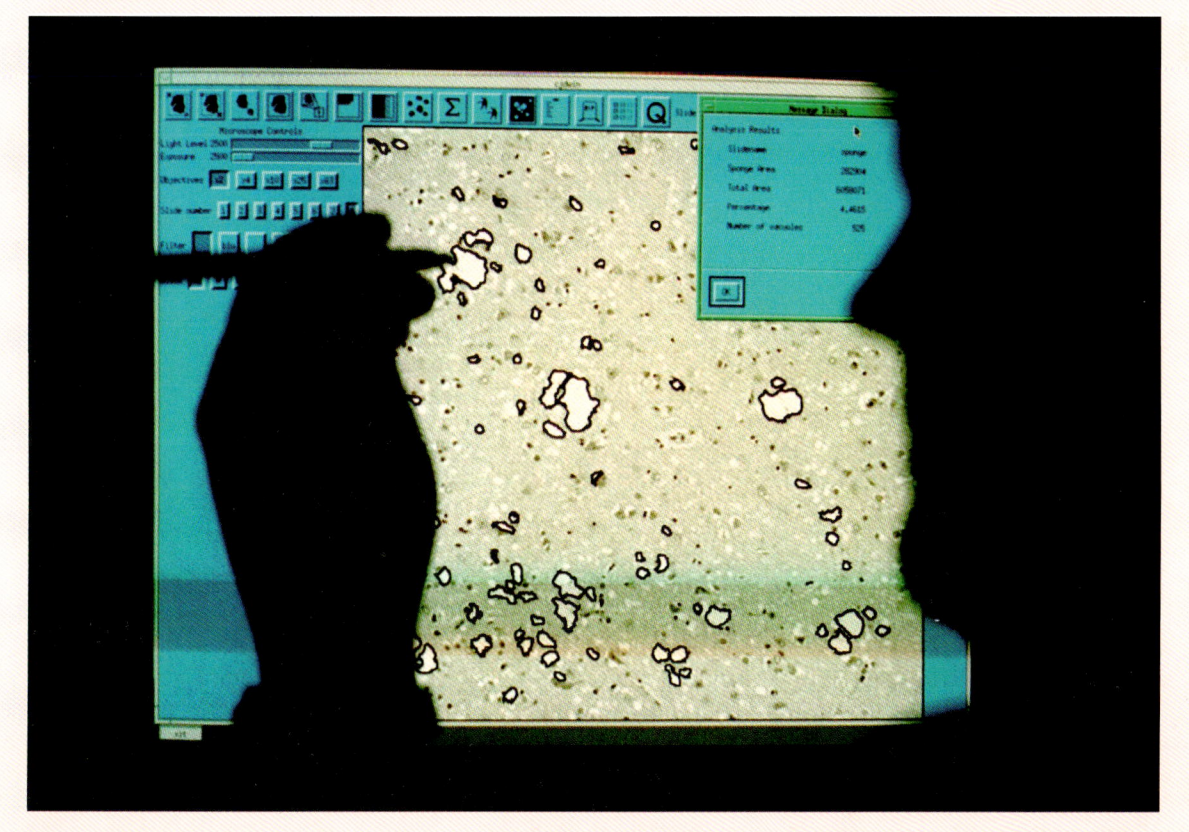

Ein Arzt markiert auf dieser tomografischen Aufnahme eines Ausschnitts eines menschlichen Gehirns Bereiche, die durch CJK-Prionen bereits stark geschädigt sind.

CHEMIE

Gentechnik | Evolution | Zoologie

◀ Botanik   ▲ Mikrobiologie

BIOLOGIE

Keine andere Naturwissenschaft erforscht in so umfassender Weise die Belange des Lebens wie die Biologie. Sie beschäftigt sich mit der Vielfalt der Mikroorganismen, Tiere, Pflanzen und Pilze sowie mit der Interaktion der Arten untereinander und deren Funktionen in ihrem jeweiligen Lebensraum. In der Praxis bestehen Querverbindungen zu Medizin, Pharmazeutik, Agrarwissenschaft und Lebensmitteltechnologie. Auch die Erfassung der Folgen von Umwelt- und Klimaveränderungen gehört zu den Aufgaben der Biologie.

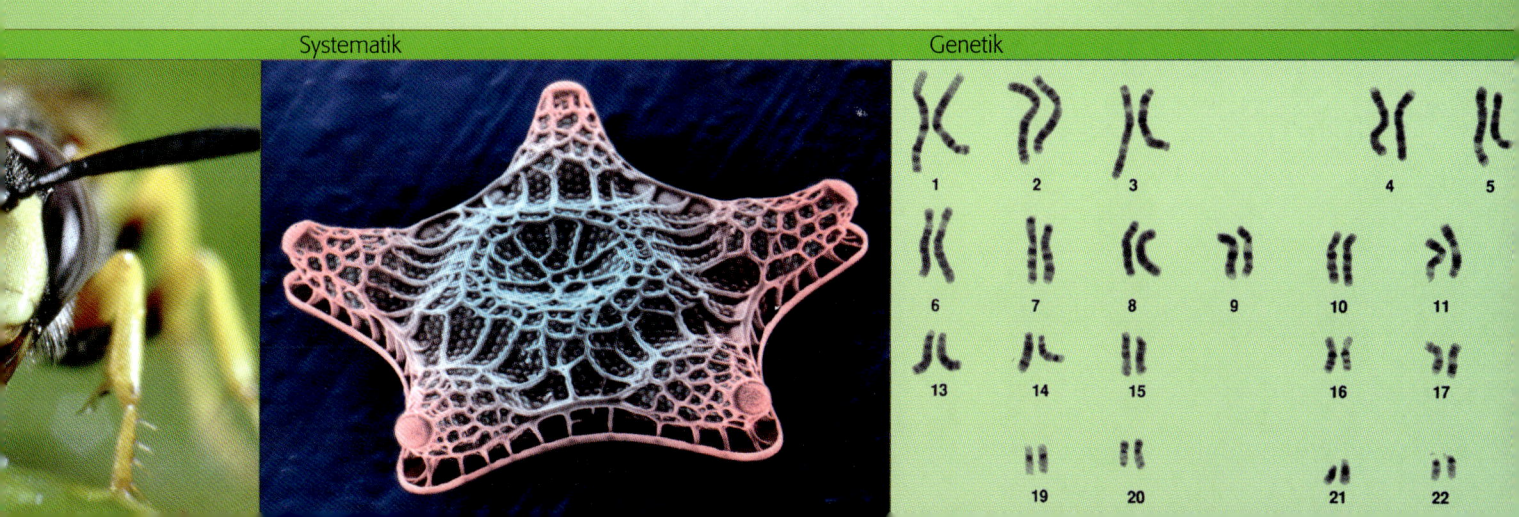

Systematik   Genetik

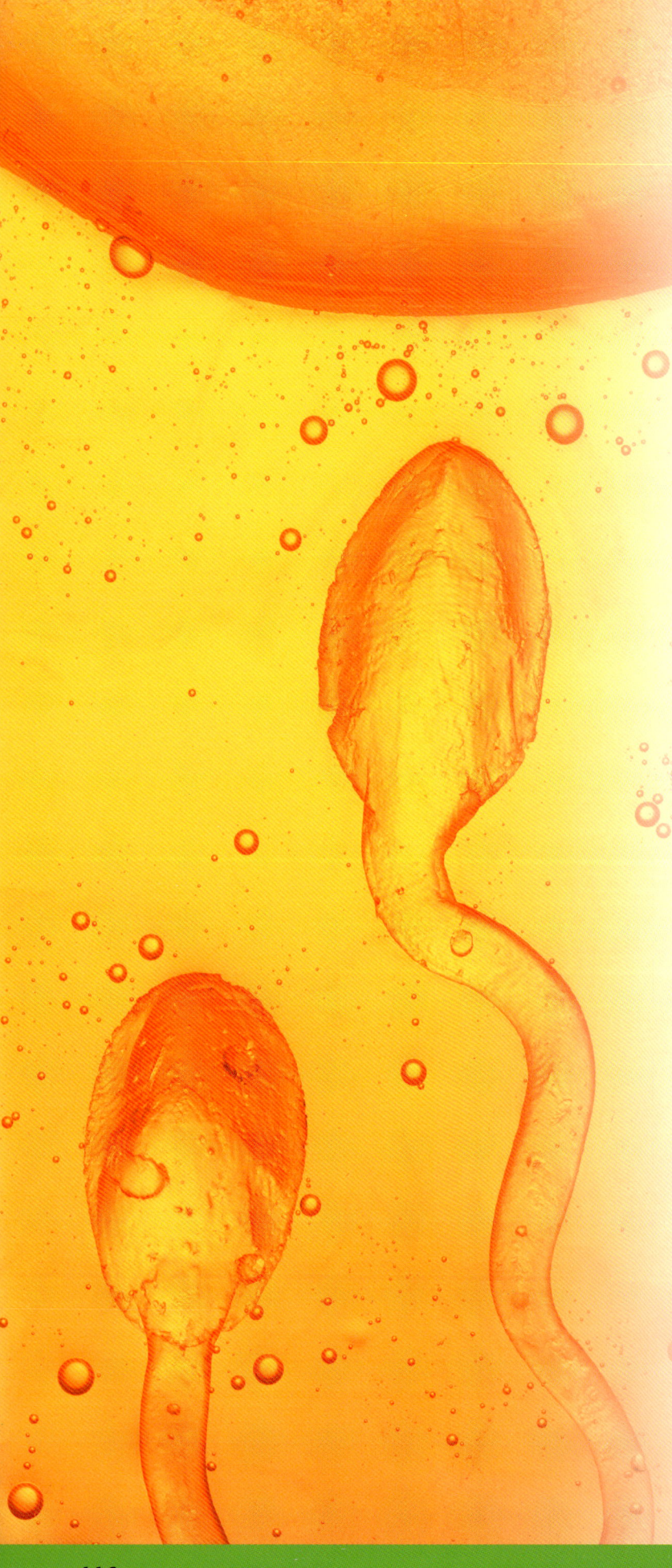

DIE ENTSTEHUNG DES LEBENS: AM ANFANG WAR DIE ZELLE

Wann begann das Leben auf der Erde?

Ob das Leben aus dem Nichts entstand, ob Gott es der unbelebten Materie einhauchte oder ob es, wie bereits der griechische Naturphilosoph Thales von Milet (624–546 v. Chr.) glaubte, aus dem Wasser kam – diese Frage können bis heute weder Philosophen noch Naturwissenschaftler eindeutig beantworten.

Vor etwa vier Milliarden Jahren gab es bereits Wasser und eine Atmosphäre. In dieser Frühzeit der Erdgeschichte, dem Archaikum, entstanden die ersten Organismen. Neuere Theorien gehen davon aus, dass sich aus im Wasser gelösten anorganischen Molekülen einfache organische Verbindungen bildeten. Die dafür erforderliche Energie lieferte die sehr intensive UV-Strahlung, die mangels Sauerstoff und Ozon ungehindert in die Atmosphäre eindringen konnte.

Das sog. Ursuppen-Experiment der Chemiker Harold C. Urey und Stanley Miller im Jahre 1953 zeigte, dass aus Bestandteilen wie Wasser, Methan, Ammoniak und Wasserstoff unter Energiezufuhr (z. B. Blitzschlag) organische Verbindungen wie einfache Aminosäuren sowie Carbon- und Fettsäuren entstehen können.

> **Was haben Feuer und Leben gemeinsam?**
>
> • Feuer ist vielgestaltig und veränderlich (von der Kerzenflamme bis zum verheerenden Waldbrand).
> Im Feuer findet eine Art Stoffwechsel statt (Kohlenwasserstoff-Verbindungen werden zu Kohlenstoffdioxid und Wasser oxidiert, wobei Energie in Form von Wärme entsteht).
> • Feuer breitet sich aus – d. h. es wächst und pflanzt sich sozusagen fort, solange es „genährt" wird.
> • Feuer ist bewegt und reagiert auf äußere Einflüsse (Wind facht es an, Wasser löscht es).
> • Feuer steht im Gleichgewicht zwischen seiner „Nahrungsaufnahme" (Brennmaterial) und der Abgabe von Endprodukten (Wärme, Ruß, CO_2) bei ständiger Erneuerung der eigenen Körpersubstanz (Flammen, Glut).
> In Bildern und Metaphern von entfachter bis zu verzehrender Liebe, vom feurigen Liebhaber bis zur erloschenen Leidenschaft spiegelt das „Leben" des Feuers Aspekte der menschlichen Existenz.

Zwei Spermien auf dem Weg zur Befruchtung einer Eizelle. Sie sind – ebenso wie diese – von einer Membran umgeben.

BIOLOGIE

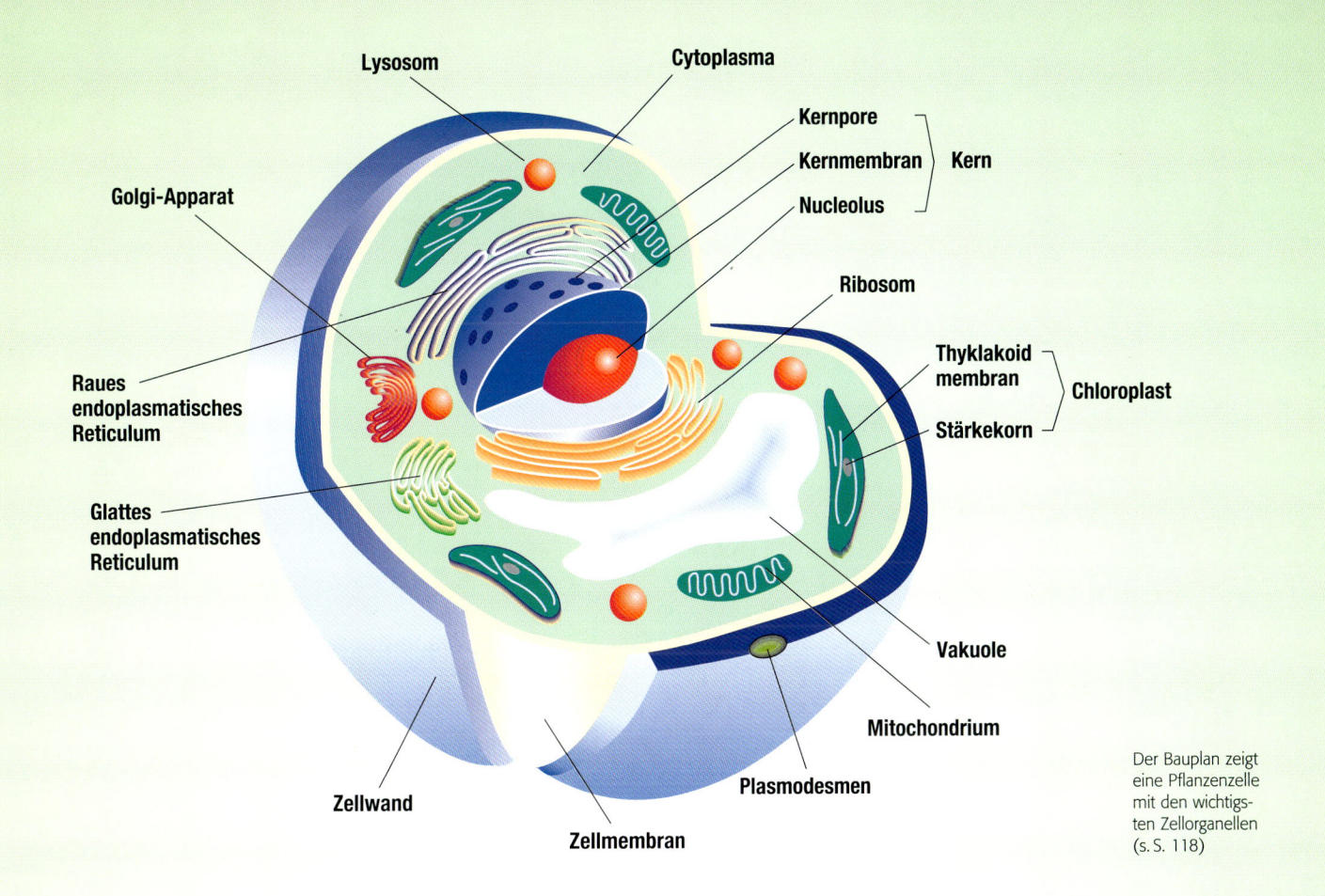

Bauplan einer Pflanzenzelle mit Beschriftungen: Lysosom, Cytoplasma, Kernpore, Kernmembran, Nucleolus (Kern), Golgi-Apparat, Ribosom, Thylakoidmembran, Stärkekorn (Chloroplast), Raues endoplasmatisches Reticulum, Glattes endoplasmatisches Reticulum, Vakuole, Mitochondrium, Zellwand, Zellmembran, Plasmodesmen.

Der Bauplan zeigt eine Pflanzenzelle mit den wichtigsten Zellorganellen (s. S. 118)

Was unterscheidet belebte von unbelebter Natur?

Im Wesentlichen die folgenden sechs Merkmale:
- Gestalt und Individualität
- Stoffwechsel und Energieverbrauch
- Wachstum
- Bewegung und Interaktion mit der Umwelt
- Vermehrung, Fortpflanzung
- Weiterentwicklung (Evolution)

Woraus bestehen Lebewesen?

Aus Atomen, Molekülen und Zellen: Atome und Moleküle sind die kleinsten Bausteine, die zur Entstehung von Zellorganellen wie Zellkern und Mitochondrien benötigt werden. Die Zelle (lat. cellula: kleine Kammer) ist die kleinste lebensfähige Einheit. Sie ist u. a. in der Lage, Nährstoffe aufzunehmen, diese in Energie umzuwandeln, auf Reize (z. B. Temperaturänderungen) zu reagieren, sich zu bewegen und – vor allem – sich zu vermehren. Zellen verbinden sich zu Geweben (z. B. Bindegewebe), aus denen Organe (z. B. Haut, Herz) aufgebaut werden. Die Organe wiederum bilden Systeme wie den Blutkreislauf und schließlich den Organismus (Mensch, Tier), der mit seiner Umwelt in Kontakt tritt und in Lebensgemeinschaften (Biozönosen) lebt.

Sind alle Zellen gleich?

Nein. Form, Größe und Aufgabe der Zellen können sehr verschieden sein. Neben Einzellern (Prokaryonta) gibt es Mehrzeller (Eucaryonta), bei denen mehrere

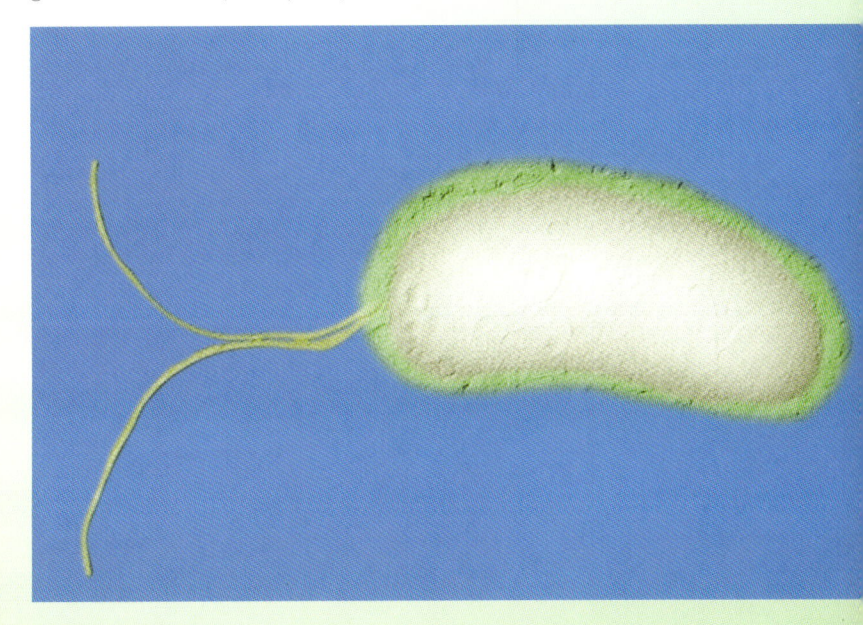

Mehr als die Hälfte aller Menschen sind mit dem Bakterium *Helicobacter pylori* infiziert, das als Verursacher von Magengeschwüren und Magenkrebs bekannt ist.

BIOLOGIE

Zellen zu einer funktionellen Einheit verbunden sind und die Selbstständigkeit zugunsten einer Spezialisierung aufgegeben wird. So sind z. B. Haut-, Nerven- oder Muskelzellen unterschiedlich ausgestattet. Zellen von Tieren sind von einer Membran umgeben, Pflanzen und Pilze besitzen außerdem eine Zellwand.

Wie sieht es im Innern einer Zelle aus?
Jede Zelle besitzt eine Membran, die das Cytoplasma mit den Zellorganellen umgibt und den Stoffaustausch (z. B. Wasser, Salze) ermöglicht. Die Organe der Zellen – die Organellen – erfüllen die verschiedensten Aufgaben. Im Zellkern sind die Erbinformationen gespeichert, die Mitochondrien – auch als Kraftwerke der Zelle bezeichnet – erzeugen unter Sauerstoffverbrauch Adenosintriphosphat (ATP), die Hauptenergiequelle der Zelle. Im sog. Golgi-Apparat – gleichsam die Poststelle der Zelle – werden Proteine sortiert, umgewandelt und gelagert. Die Aufgaben des endoplasmatischen Retikulums reichen von der Eiweißproduktion über den Stofftransport in den Zellen bis hin zu Speicherfunktionen. In Pflanzenzellen dienen die Chloroplasten – die ähnlich wie Mitochondrien eine eigene DNA besitzen – der Fotosynthese.

Was ist die sog. genetische Datenbank?
Gut geschützt im Zellkern liegt – um ein technologisches Bild zu benutzen – die Software des Lebens. Die Anzahl der Programme, in denen die meisten Erbinformationen (Gene) gespeichert sind, ist für jede Art charakteristisch. Menschliche Zellen etwa enthalten jeweils 46 Chromosomen-Ordner, auf denen die einzelnen, individuell unterschiedlichen Dateien verwahrt werden (s. S. 153 f). Bei der mitotischen Teilung der Zellen zur Zellerneuerung (z. B. bei Blut- oder Hautzellen) oder für das Zellwachstum (z. B. Knochenzellen) wird – um im Bild zu bleiben – die jeweilige Chromosomendatei kopiert und auf die beiden Tochterzellen übertragen. Kommt es zu einem Kopierfehler (durch radioaktive Strahlung, Medikamente oder mutagene Lebensmittel), kann unter Umständen die ganze Datei in Mitleidenschaft gezogen werden. Unkontrolliertes Zellwachstum – das sich in Tumoren äußert – und Unfruchtbarkeit können die Folge sein, doch ist auch die Entstehung völlig neuer Eigenschaften möglich (s. S. 127 f).

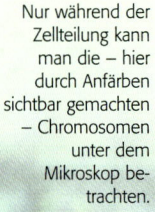

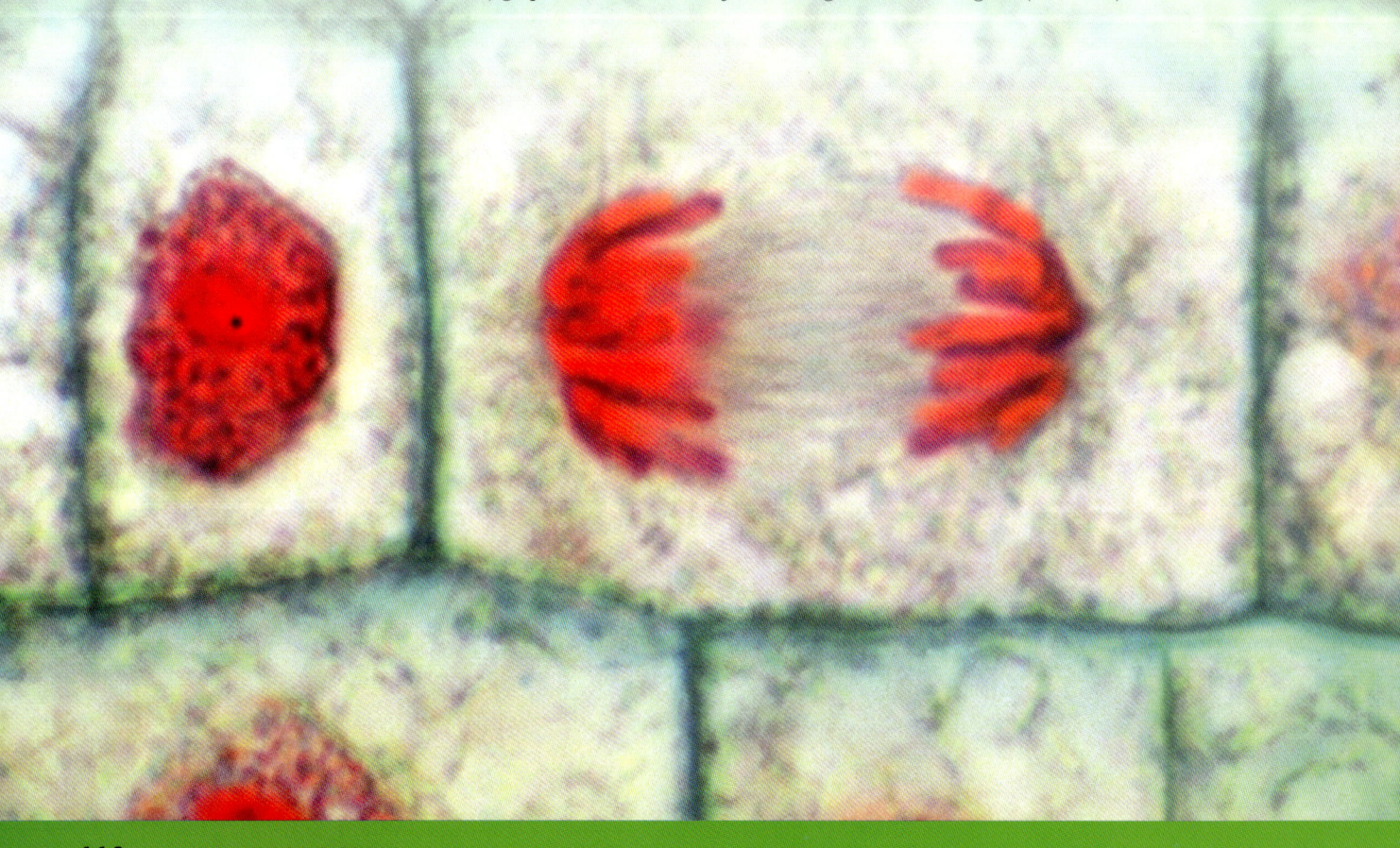

> **Wissenswertes**
> Der menschliche Körper besteht aus ca. 220 verschiedenen Zell- und Gewebetypen.
> Die einzelne Zelle eines Elefanten ist genauso groß wie die einer Maus.
> Eine durchschnittliche Zelle ist ca. 1/10 bis 1/100 Millimeter groß.
> Zellen, die viel Energie verbrauchen (z. B. Muskel-, Nerven-, Sinnes-, Eizellen), enthalten besonders viele Mitochondrien.
> Die Masse aller Bakterien auf der Erde ist ungefähr so groß wie die Gesamtmasse aller Pflanzen, Tiere und Pilze.
> Es gibt bei Schleimpilzen bis zu 80 cm große Einzelzellen.

Nur während der Zellteilung kann man die – hier durch Anfärben sichtbar gemachten – Chromosomen unter dem Mikroskop betrachten.

Mikroskopieren – „das Kleine sehen"

- Römer und Griechen verwendeten bereits 500 v. Chr. konvex geformte Linsen als Brenngläser. Robert Hooke, einer der Pioniere der Mikroskopie, veröffentlichte in seinem Werk „Micrographia" 1665 bereits zahlreiche mikroskopische Abbildungen. Bald darauf war der Blick durchs Mikroskop in den feinen Salons ein beliebter Zeitvertreib. Ob Tier- oder Pflanzenteile, ob die strukturreichen, mikroskopisch attraktiven Kieselalgen (Diatomeae), ob Salz- oder Zuckerkristalle, Wassertropfen oder Schneeflocken – die Mikroskopie eröffnet jedem, der sich mit ihr befasst, eine neue Welt.
- Mikro-Künstler wie Johann Diedrich Möller (1844–1907) gestalteten aus Diatomeen Muster, Bilder, Wörter und sogar Szenen, die als Präparate ihre Käufer fanden.
- Das Elektronenmikroskop erstellt ein weitaus genaueres Bild, als rein optische Systeme es liefern können. Nachteile liegen in der teuren Apparatur, der aufwendigen Probenvorbereitung und darin, dass keine noch lebenden Objekte betrachtet werden können. Der Vorteil ist die extreme Auflösung bis 0,1 Nanometer (nm), während im Lichtmikroskop nur Objekte bis 0,2 Mikrometer (µm) erkennbar sind.

Die Epidermie (Haut) von Pflanzenblättern wird durch Spaltöffnungen für die Atmung durchbrochen; hier die Unterseite eines Kamelienblattes bei 1500-facher Vergrößerung.

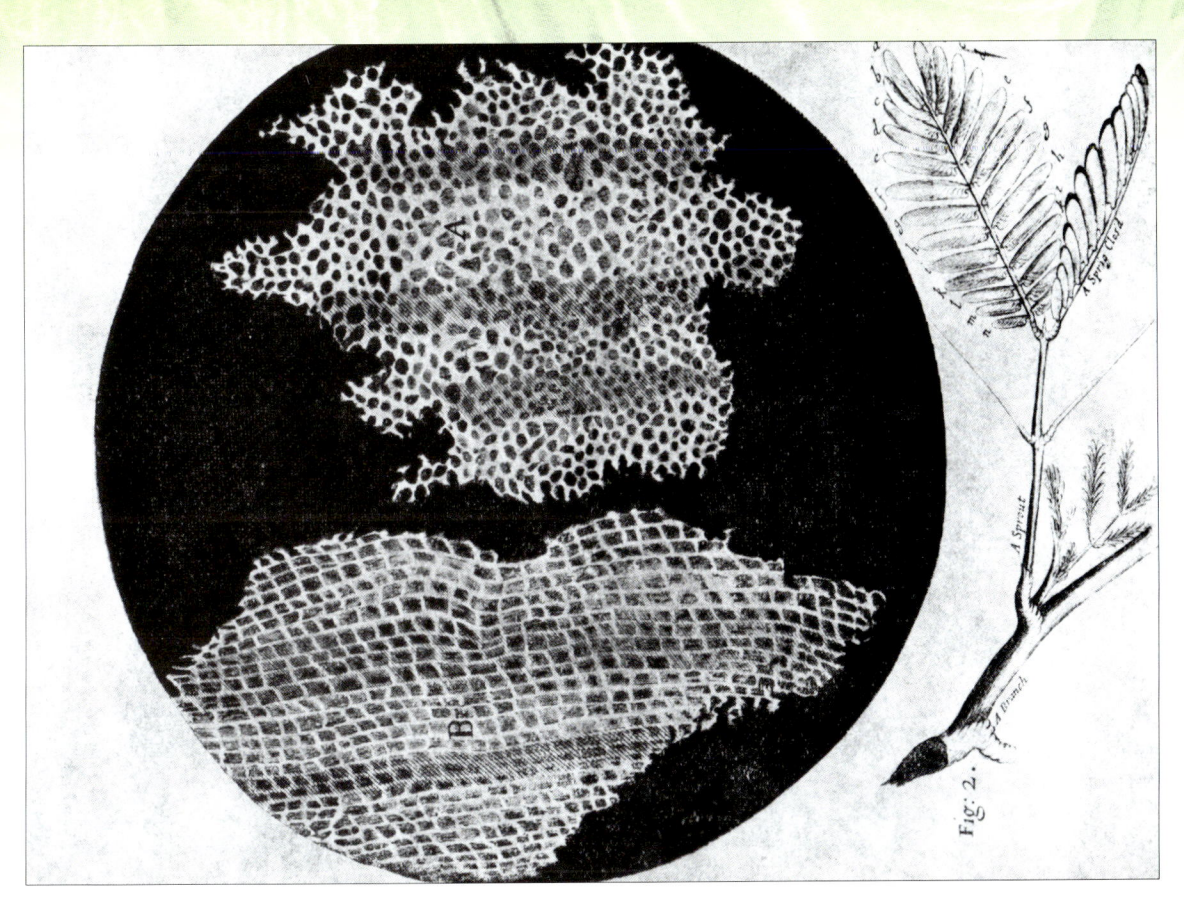

Robert Hooke (1635–1703) entdeckte unter dem Mikroskop die gekammerte Struktur von Kork und prägte den Begriff „Zelle".

BIOLOGIE

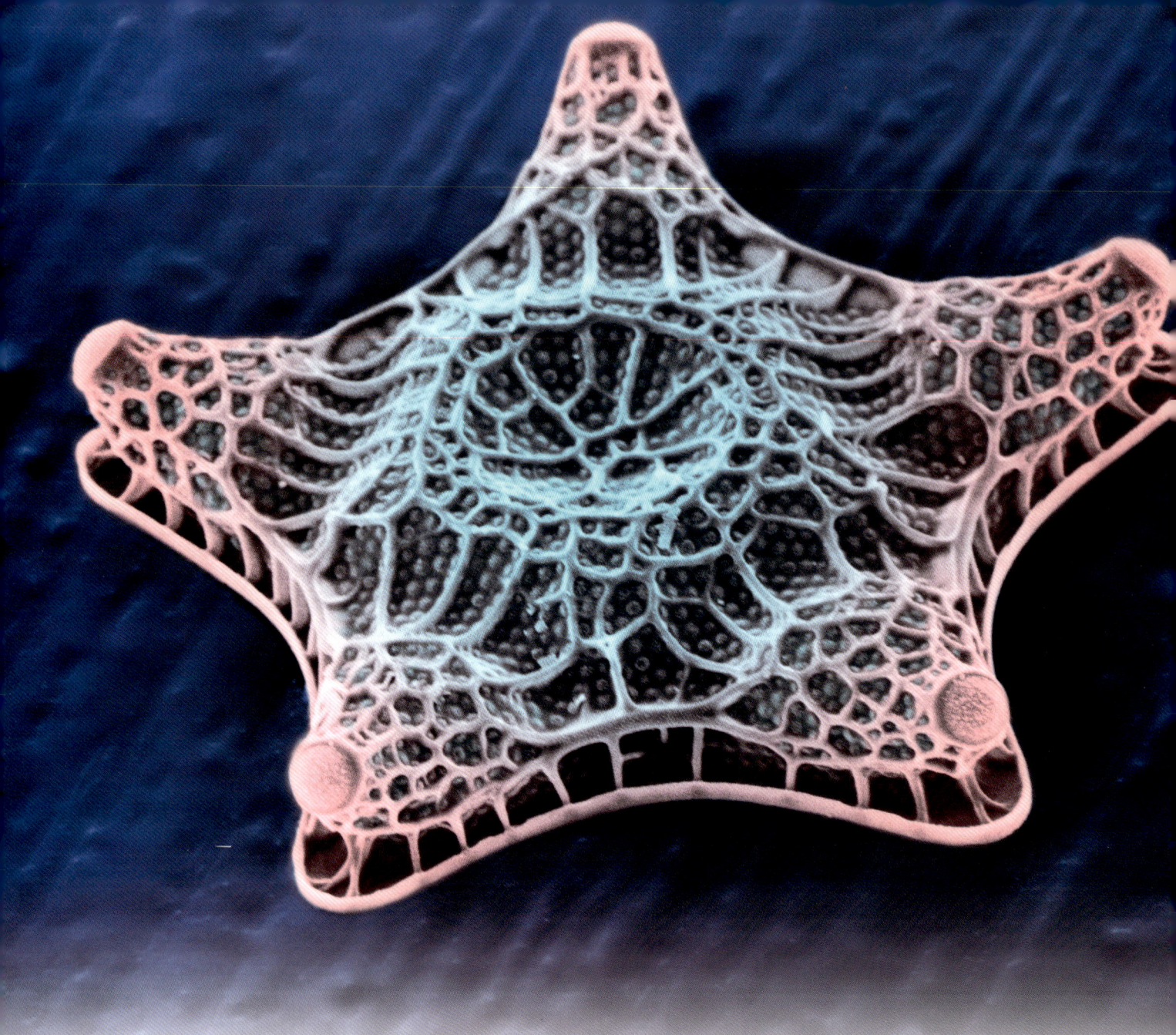

DIE ORDNUNG IN DER VIELFALT

Viele Algen haben einen Zellkern, sind also Eukaryonten. Diese Kieselalgenart (Vergr. 1:3000) gleicht einem Seestern.

Was ist ein Reich?

Alte Lehrbücher unterscheiden nur zwischen einem Tier- und einem Pflanzenreich. Der Zoologe Ernst Häckel (1834–1919) unterschied 1884 bereits drei Reiche: Tiere (Animalia), Pflanzen (Plantae) und Protisten (Protista). Der amerikanische Botaniker Robert Whittaker (1920–1980) schlug 1959 die Erweiterung der biologischen Systematik um Prokaryonten (Monera) und Pilze (Fungi) vor. Mit der Aufteilung der Prokaryonten in Eubakterien und Archaebakterien durch den Evolutionsbiologen Carl R. Woese (*1928) kam 1977 ein sechstes Reich hinzu. Genetische Forschungen veranlassten Woese 1990 zu einem neuen, revolutionären Vorschlag: Er regte an, künftig nur noch drei sog. Domänen zu unterscheiden, nämlich die Bakterien (Eubakterien), die Archaea (Urbakterien ohne echten Zellkern) und die Eukaryonten (Eucaryonta).

An Hand welcher Merkmale lassen sich Lebewesen unterscheiden?

Die moderne Systematik fasst die Lebewesen nach Merkmalen in Gruppen zusammen: Prokaryonten – darunter die Bakterien – besitzen keinen echten Zellkern; die DNA schwimmt frei im Cytoplasma als Kernäquivalent oder Nukleoid. Auch Organellen sucht man vergebens. Bakterien leben im Boden, im Wasser, in der Luft sowie in lebenden und toten Organismen.

Archaeen haben ebenfalls keinen echten Zellkern; sie besiedeln extreme Lebensräume – z. B. schwefelhaltige, über 80 °C heiße Quellen oder arktische und antarktische Eisregionen – und ertragen extrem saure, salzige oder basische Milieus. Als Krankheitserreger sind sie bisher noch nicht bekannt geworden. Technologisch werden sie z. B. bei der Biogasgewinnung genutzt.

Eukaryonten sind Lebewesen mit abgegrenztem Zellkern und umfassen Pilze, Pflanzen, Tiere und ein- bzw. wenigzellige Protisten (Algen, Schleimpilze, Amöben, Pantoffeltierchen und Hefen).

Sind Pilze Tiere ohne Füße oder Pflanzen ohne Chlorophyll?

Das Reich der Pilze mit weltweit über 100 000 Arten – von denen viele noch auf ihre Entdeckung warten – unterscheidet sich vom Pflanzenreich durch das Fehlen des Pigments Chlorophyll und vom Reich der Tiere durch das Vorhandensein einer chitinhaltigen Zellwand.

Pflanzen stellen mithilfe der Fotosynthese die lebensnotwendigen organischen Stoffe selbst her. Dabei nutzen sie als Kohlenstoffquelle ausschließlich Kohlenstoffdioxid (CO_2) und produzieren Sauerstoff.

Im Gegensatz zu Pflanzen gewinnen Tiere ihre Energie nicht durch Fotosynthese, sondern ernähren sich von anderen tierischen oder pflanzlichen Organismen. Außerdem benötigen sie Sauerstoff zur Atmung. Die meisten Tiere sind ortsbeweglich und mit Sinnesorganen ausgestattet. Die Zellen sind nur von einer Membran umgeben, besitzen also keine Zellwand (wie Pflanzen und Pilze).

Oben: Zum Reich der Pflanzen gehören Bäume, Sträucher und Kräuter ebenso wie Moose und Algen.

Rechts: Pilze besitzen kein Blattgrün. Viele Arten ernähren sich durch die Zersetzung von Laub und Holz.

BIOLOGIE

Pilze
Ständerpilze
Schlauchpilze
Jochpilze

Tiere
Wirbeltiere
Gliederfüßer (Insekten, Spinnen, Krebse)
Stachelhäuter
Würmer
Weichtiere
Hohltiere
Schwämme

Pflanzen
Samenpflanzen (Ein- und Zweikeimblättrige)
Farne
Moose
Grün- und Rotalgen

Flechten

Picobiliphyta

Vielzeller

Ein- bzw. wenigzellige Protisten
Algen
Schleimpilze
Amöben
Pantoffeltiere
Hefen

Eukaryonten
mit Zellkern

Cyanobakterien
Bakterien

Archaeen
(Urbakterien)

Prokaryonten
ohne echten Zellkern

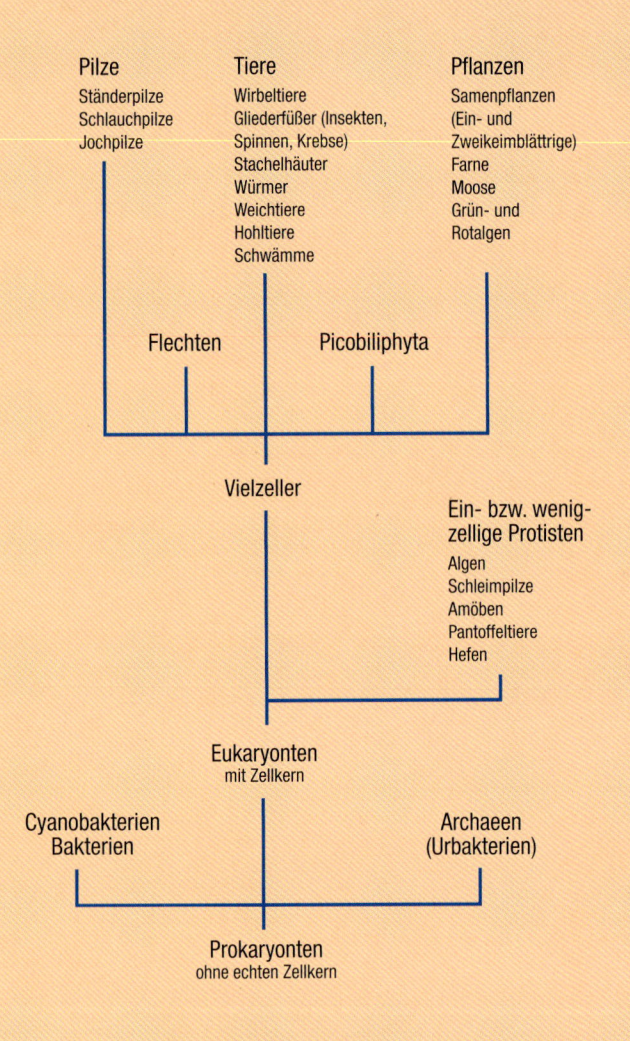

Der phylogenetische Stammbaum zeigt die Entwicklung der Lebensformen im Laufe der Evolution, von Einzellern bis zu komplexen Vielzellern.

Ein neues Reich?
Ein internationales Forscherteam um den Franzosen Fabrice Not berichtete im Jahr 2007 über die Entdeckung einer neuen Gruppe von Eukaryonten, den Picobiliphyta.
Dabei handelt es sich um winzige (0,5–3μm) grüne oder braune, längliche, im Lichtmikroskop kaum sichtbare Planktonformen, die v. a. in nährstoffarmen Meeresregionen in großen Mengen vorkommen. Man vermutet, dass sie fotosynthetisch aktiv sind und wie Pflanzen von Licht und Kohlenstoffdioxid leben.

Welche Gebirge bestehen aus den Überresten von Lebewesen?
Z.B. die Kreidefelsen auf Rügen und der Juragebirgszug; sie sind aus den Kalkschalen abgestorbener Lebewesen wie Kammerlingen (Foraminiferen) oder aus Ablagerungen von Kieselalgen und Strahlentierchen (Radiolarien) aufgebaut, die im Meer lebten und sich entweder schwebend, schwimmend oder kriechend fortbewegten. Aus den in diesen Schichten ebenfalls eingeschlossenen Tieren (Muscheln, Schnecken, Fische, Vögel) und Pflanzen (Farne) können Biologen, Paläontologen, Geologen und Klimaforscher Rückschlüsse auf das Leben in der Vergangenheit ziehen.

Was sind Flechten?
Flechten sind eine sehr erfolgreiche Lebensgemeinschaft, zu der sich Grünalgen oder Cyanobakterien einerseits und Pilze andererseits zusammengefunden haben; sie sind gleichsam Wanderer zwischen zwei Reichen. Die Partnerschaft ermöglicht beiden Beteiligten ein Überleben auch an extremen Standorten. Die Alge – zur Fotosynthese befähigt – versorgt den Pilz mit Nährstoffen, während der Pilz der Alge Wasser und Mineralstoffe aufschließt und sie vor zu rascher Austrocknung sowie vor starker ultravioletter Strahlung schützt.

Flechten, von denen es weltweit über 20 000 Arten gibt, wachsen auf Rinde, bearbeitetem Holz, alten Schindeln, sauren Torfböden und auf Felsen in Hochgebirgsregionen, aber auch in smogverseuchten Innenstädten. Einige Arten eignen sich auf Grund ihrer Empfindlichkeit als Bioindikatoren für langfristige Aussagen über die Entwicklung der Luftverschmutzung.

Das Portrait zeigt Carl von Linné, in der rechten Hand hält er seine Lieblingsblume, das nach ihm benannte Skandinavische Moosglöckchen *Linnaea borealis* L.

Warum nennt man Carl von Linné den Vater der Systematik?

Die volkstümlichen, regional sehr unterschiedlichen Pflanzennamen – z. B. für Löwenzahn: Kuhblume, Pusteblume, Bettpisser – sind mit den Spitz- oder Kosenamen beim Menschen vergleichbar. Analog zur standesamtlichen Erfassung der Menschen mit Vor- und Familiennamen führte der schwedische Naturforscher Carl von Linné (1707–1778) ein System binärer lateinischer Bezeichnungen ein, das verbindliche wissenschaftliche Bezeichnungen für alle bekannten Arten vorsah. Die sog. Linnésche Nomenklatur besteht aus zwei lateinischen oder latinisierten Wörtern: Voran steht der (groß geschriebene) Gattungsname – z. B. Taraxacum: Löwenzahn –, gefolgt vom (klein geschriebenen) Artnamen – z. B. officinale: arzneilich. Bei Pflanzen- und Pilzarten müssen sich Gattungs- und Artname unterscheiden, z. B. ist der Schlafmohn *Papaver somniferum*, bei Tieren dürfen sie identisch sein – z. B. Gemeine Erdkröte: *Bufo bufo*.

Kann es in der Linne'schen Nomenklatur Verwechslungen geben?

Ja – denn die Nomenklatur gilt meist nur für einen bestimmten Wissenschaftszweig. Es kommt durchaus vor, dass Botaniker und Zoologen ein und denselben Namen für grundverschiedene Organismen verwenden – zwei Beispiele: Unter Prunella versteht der Zoologe einen kleinen Singvogel, die Braunelle, während der Botaniker ein weit verbreitetes Heilkraut Prunella nennt. In diesem Fall sind sogar die deutschen Bezeichnungen identisch. Oxyporus heißt sowohl eine Käfer- als auch eine Pilzgattung.

Eine international einheitliche Terminologie ist unerlässlich, damit Wissenschaftler aus den verschiedensten Sprach- und Kulturräumen miteinander kommunizieren und kooperieren können. Je nach Untersuchungsgegenstand (Pflanzen, Tiere, aber auch Landschaftsräume wie Moore, Dünen usw.) gibt es eigene Regelwerke bzw. Definitionen.

> **Wer vergibt die wissenschaftlichen Namen?**
>
> Der Entdecker einer Gattung oder Art ist in der Regel auch der Namensgeber. Der Name verweist häufig auf ein besonderes Merkmal wie die Farbe (weiß: albus), eine Oberflächenstruktur wie Behaarung (wollig: lanuginosus), eine chemische oder pharmazeutische Eigenschaft (schlafbringend: somniferus), die Erscheinungszeit (im Frühjahr wachsend: vernalis) oder den Ort bzw. das Land der Erstentdeckung (aus Schweden, schwedisch: suecicus). Beliebt sind auch Widmungen an verdiente Wissenschaftler (Kamelie: Camellia erinnert an den Jesuitenpater und Naturforscher Josef Kamel). Der Name des Erstbeschreibers (Autorenname) wird in der wissenschaftlichen Literatur – meist abgekürzt – an den lateinischen Namen angefügt, z. B. Papaver somniferum L., wobei das L. für Carl von Linné steht.

Kreidefelsen wie die Seven Sisters bei Cuckmere Haven in England bestehen aus den Kalkschalen abgestorbener Tiere.

BIOLOGIE

DIE ENTSTEHUNG DER ARTENVIELFALT

Wie entwickelte sich die Vielfalt des Lebens auf der Erde?

Wie die Evolution – die Entwicklung von einfachen Formen zu kompliziert gebauten Lebewesen und die Veränderung der Arten im Laufe der Erdgeschichte – im Einzelnen ablief, wissen wir bis heute nicht genau. Paläontologen und Biologen haben jedoch aus Fossilienfunden, vergleichenden anatomischen Untersuchungen und Gemeinsamkeiten in der DNA eine Fülle von Indizien zusammengetragen. So fand man z. B. heraus, dass die Vorfahren der wichtigsten heute noch lebenden Tier- und Pflanzengruppen erst zu Beginn des Kambriums vor 500 Mio. Jahren erschienen – also zu einem im Vergleich zur Erdgeschichte sehr späten Zeitpunkt. Leitfossilien wie Trilobiten (aus dem Kambrium) und Ammoniten (die vom Devon, d. h. vor 416 Mio. Jahren bis zur Ende der Kreidezeit vor 145,5 Mio. Jahren lebten) ermöglichen die Zuordnung weiterer Funde. Untersuchungen von Baum-, oder Kräuterpollen in Boden-, Torf- und Eisproben geben Auskunft über Klima, Vegetationsentwicklung und menschliche Besiedlung (Rodung, Ackerbau) in den letzten 10 000 Jahren. Im trockenen Wüstenklima, im ewigen Eis, in Salzstöcken sowie in nassen, sauerstofffreien (anaeroben) Torfmooren können Lebewesen mit Haut, Haaren und sogar Kleidung erhalten bleiben.

Was sind Fossilien?

Als Fossilien (lat. fossilis: (aus-)gegraben) werden Spuren und Überreste von Organismen bezeichnet, die älter als ca. 10 000 Jahre sind. Von Pflanzen – z. B. Farnen – findet man Abdrücke, längst ausgestorbene Tiere hinterließen Fußspuren, Nester oder Kotreste, unter günstigen klimatischen Bedingungen blieben auch harte Teile wie Knochen, Zähne, Schneckengehäuse oder Schuppen erhalten. Echte Versteinerungen entstehen, wenn die zersetzte organische Substanz durch Kalk oder Kieselsäure ersetzt wird, wie bei Muschelschalen, oder Hohlräume ausgefüllt werden, z. B. bei Seeigeln. Dann bilden sich sog. Steinkerne. Bei in flüssigem Baumharz eingeschlossenen Insekten und Pflanzen bleiben nach der Härtung zu Bernstein sogar die Feinstrukturen erhalten. Fossilienführende Gesteinsschichten

Der Schwimmkrebs *Aeger spinipes*, der vor 200 Mio. Jahren im Jurameer lebte, ist eng mit den heutigen Garnelen verwandt.

Diese Insekten wurden vor ca. 35 Mio. Jahren in Bernstein, ein einst flüssiges, fossiles Harz eingeschlossen.

können mit radiometrischen Bestimmungen datiert werden; organische Überreste lassen sich so bis zu einem Alter von ca. 50 000 Jahren zuordnen.

Wie bestimmt man das Alter von Fossilien?

Gesteinsschichten bis zu einem Alter von 4,5 Milliarden Jahre können mit der sog. Uran-Blei-Methode, bis 1,25 Milliarden Jahre mit der Kalium-Argon-Methode datiert werden. Beide Arten radiometrischer Altersbestimmung beruhen darauf, dass radioaktive Stoffe (Isotope) in einer genau bekannten Zeit zerfallen. Als sog. Halbwertszeit wird die Zeitspanne bezeichnet, nach der nur noch die Hälfte der ursprünglichen Isotope vorhanden ist. Da seit der Einbettung keinerlei Isotope dazugekommen sind, ist auf diese Weise eine Altersbestimmung des Fossils möglich. Für jüngere (etwa bis 50 000 Jahre alte) Funde verwendet man die sog. Radiokarbonmethode, bei der zum Eichen Bohrkerne aus dem ewigen Eis und die Jahresringe von Baumscheiben verwendet werden: Man geht davon aus, dass ein Lebewesen (solange es lebt) Kohlenstoff in Form von ^{14}C-Isotopen aufnimmt. Ab dem Todeszeitpunkt fehlt der Nachschub, und der Zerfall beginnt – mit einer Halbwertszeit von 5730 Jahren.

Wer waren die Väter der Evolutionstheorie?

Im 18. Jh. wurde erstmals der Gedanke formuliert, dass alle Lebewesen sich verändern und somit eine Entwicklung durchlaufen. 1809 stellte der Naturforscher und Philosoph Jean Baptiste de Lamarck (1744–1829) die erste sog. Evolutionstheorie auf. Er folgerte aus seinen Beobachtungen unter anderem, dass Lebewesen ihren Nachkommen

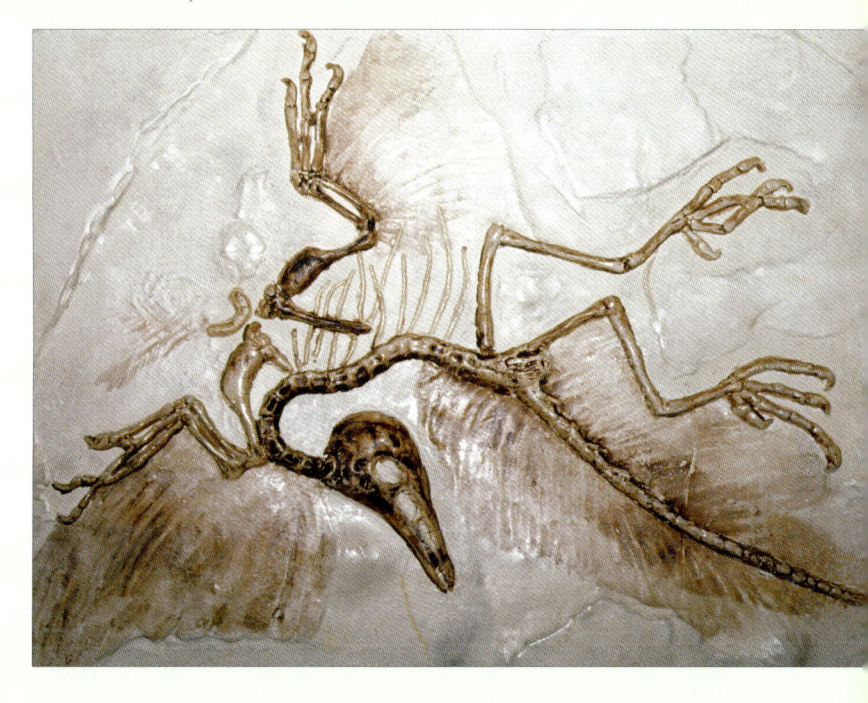

Vor ca. 150 Mio. Jahren lebte der Urvogel Archaeopteryx, dessen Fossilien in den Solnhofer Plattenkalken (bei Eichstätt) entdeckt wurden.

BIOLOGIE

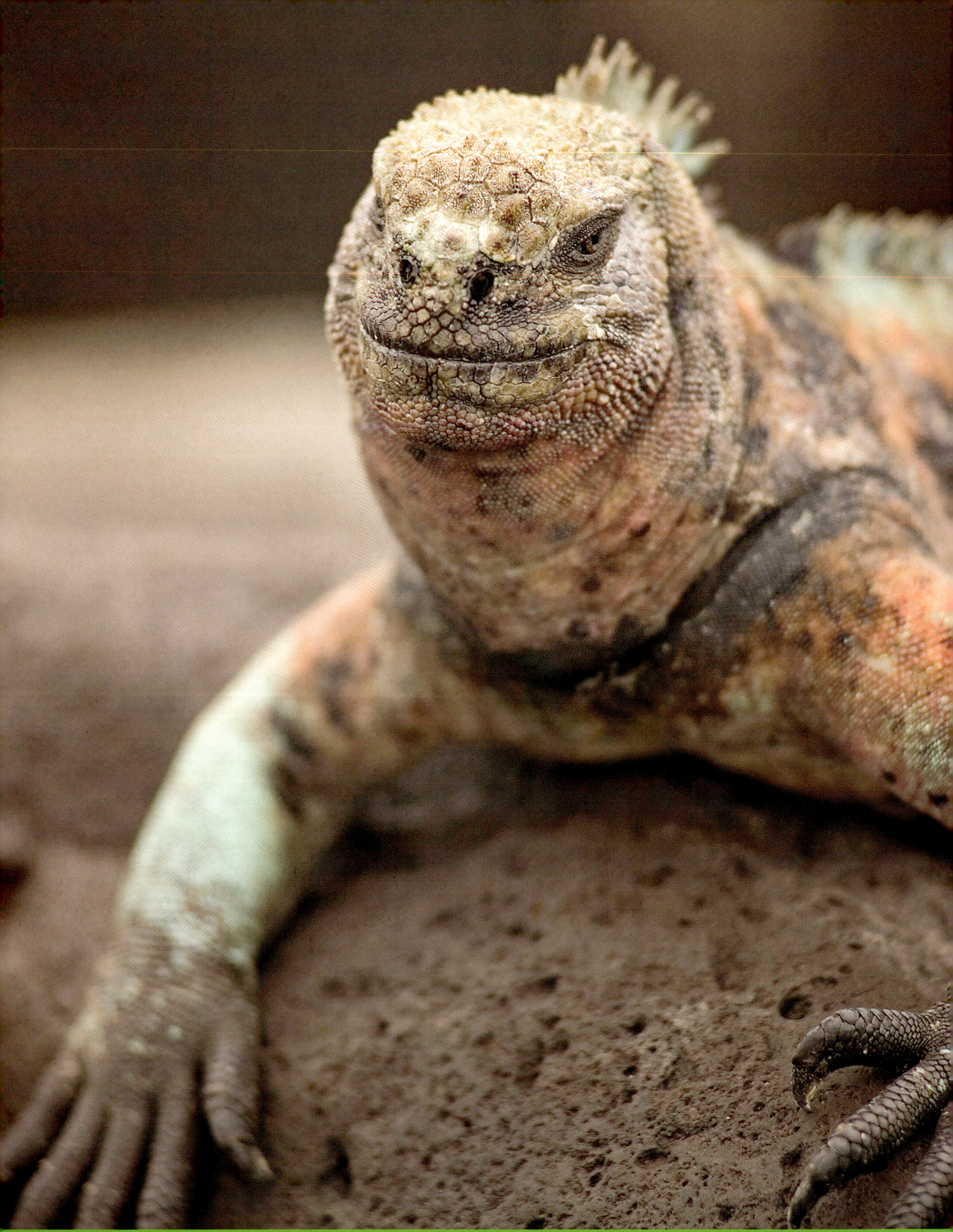

auch jene Eigenschaften vererben, die sie in ihrem Leben neu erworben haben und dass jeder Organismus die Fähigkeit hat, sich der Umwelt anzupassen und den Drang zur Vollkommenheit besitzt. Als Beleg führte er den langen Hals der Giraffen an: Eine Giraffe, die ihren Hals häufig und besonders lang nach den Blättern auf hohen Bäumen streckte, habe diese Fähigkeit an ihre Nachkommen weitergegeben. Darwins Forschungen und die sog. Mendelschen Regeln (s. S. 150 ff) widerlegten jedoch diese Theorie.

Die Kernsätze Darwins:
- Tier- und Pflanzenarten entstanden nicht durch einen einmaligen Schöpfungsakt.
- Arten entwickeln sich fortlaufend und sterben auch wieder aus.
- Ähnliche Organismen stammen von einem gemeinsamen Vorfahren ab.
- Die Evolution verläuft langsam, nicht sprunghaft. Durch Selektion wird die Evolution vorangetrieben.

Was ist Darwinismus?

Charles Darwin (1809–1882), der Vater der Evolutionstheorie – die nach ihm auch Darwinismus genannt wird –, veröffentlichte 1859 sein Buch „Über die Entstehung der Arten" (orig.: „On the Origin of Species"). Angeregt durch die Beobachtungen, die er während der Forschungsreise auf einem Vermessungsschiff vor allem an verschiedenen Finken- und Echsenarten auf den Galapagosinseln sammelte, postulierte er, dass Arten sich durch natürliche Auslese (Selektion) weiterentwickeln oder aussterben. Fossilfunde ebenso wie die Entdeckung des Neandertalers im Jahre 1856 bestärkten ihn in seinen Theorien.

Erst durch die Entdeckung der Mendelschen Regeln konnte der Weg der Merkmalsübertragung erklärt werden. Darwins Theorie, eine der Grundlagen der Evolutionsbiologie, wird allerdings bis heute diskutiert, überarbeitet und verfeinert.

Wie entstehen neue Arten?

Voraussetzung für die Entwicklung der Arten- und Formenvielfalt waren und sind Veränderungen des Erbguts durch spontane bzw. künstliche Mutationen. So entstandene Eigenschaften müssen sich im Überlebenskampf bewähren. Nur dann werden sie von Generation zu Generation weiter vererbt (selektiert).

Bei der Evolution in großen Sprüngen, der sog. Makroevolution (z. B. bei der Entstehung der Säugetiere), entwickelten sich im Laufe der Zeit qualitativ völlig neue Strukturen – nämlich Haare, Milchdrüsen und die Fähigkeit zur Temperaturregulation –, die bei den beschuppten, ihre Jungen nicht säugenden und wechselwarmen Reptilien noch fehlen. Bei der Evolution in kleinen Schritten – der Mikroevolution – verändern sich in vergleichsweise kurzen Zeiträumen Merkmale innerhalb einer Familie, z. B. bei den auf verschiedenen Galapagosinseln lebenden Darwinfinkenarten die Form der Schnäbel und die Färbung des Gefieders.

Charles Darwin im Alter von 69 Jahren.

Links: Wie ein Relikt aus der Zeit der Saurier erscheint diese rotgrüne Meeresechse, die auf einer der Galapagosinseln lebt.

Unten: Der Mähnenwolf, der größte Wildhund Südamerikas, hat sich im Laufe der Evolution gut an die Jagd im hohen Gras angepasst.

BIOLOGIE

Weiße Haut und Haare sowie rote Augen sind typisch für Albinos, die – wie dieser Igel – unter einem angeborenen Pigmentmangel leiden.

Was sind Mutationen?

Mutationen sind plötzliche, sprunghaft erfolgende, meist nur geringfügige Änderungen des Erbguts. Durch Mutationen können die in der DNA gespeicherten Erbinformationen verändert, über Ei- und Samenzellen weitergegeben und somit von einer Generation zur nächsten vererbt werden. Obwohl nur die wenigsten Mutationen dem Individuum Vorteile bringen, sind sie für die Dynamik der Evolution sehr wichtig.

Im 20. Jh. wurden Keime durch äußere Einflüsse (Mutagene) – wie Wärme, starke ionisierende Strahlung oder chemische Substanzen – zu spontanen Mutationen veranlasst. Erst künstliche Mutationen ermöglichten im Pflanzenanbau die Zucht ertragreicher Sorten aus klein- und wenigsamigen Wildformen in einem wirtschaftlich lohnenden Umfang.

Mutationen, die nur die Körperzellen, nicht die Keimzellen betreffen, werden nicht vererbt. Mutagene wie Umweltgifte oder energiereiche Strahlung können aber unter Umständen die Teilungsrate normaler Zellen so verändern, dass unkontrolliert wuchernde Krebszellen entstehen.

Bringt die Mutation Vorteile gegenüber den nicht veränderten Artgenossen, so wird sie sich innerhalb der Population (Artenbestand im gleichen Areal) verbreiten. Kommt es durch äußere Einflüsse (z. B. Felsstürze oder Inselbildungen) zur räumlichen Trennung einer Population, so entwickeln sich die getrennten Gruppen eigenständig weiter und passen sich an ihre jeweiligen Areale an. Sind die einstigen Teilpopulationen untereinander nicht mehr fortpflanzungsfähig, entstehen – wie bei den Darwinfinken – neue Arten. Die Selektion gibt der Evolution ihre Richtung, bestimmt also, ob sich ein vererbtes Merkmal durchsetzen kann oder wieder verschwindet.

Die Anlage zur Rot-Grün-Blindheit wird über das x-Chromosom vererbt. Ca. 8% aller Männer können die in der Abbildung dargestellte Zahl 68 nicht erkennen.

Gute Erfindungen setzen sich durch – Homologie und Analogie

Eine Ähnlichkeit, die sich aufgrund gemeinsamer Abstammung ergibt, nennt man Homologie: Fledermausflügel und Elefantenfuß sehen zwar sehr unterschiedlich aus, die Knochen folgen aber dem prinzipiell gleichen Bauplan von Oberarm-, Unterarm-, Handwurzel-, Mittelhand- und Fingerknochen, sind also gleicher Herkunft. Je enger Lebewesen miteinander verwandt sind, desto ähnlicher sind sie sich.

Ähnliche äußere Umstände erfordern in allen Teilen der Welt vergleichbare Lösungen (konvergente Evolution). Die amerikanischen Kolibris haben z. B. in den Nektarvögeln Afrikas und Asiens ihre Entsprechung, der afrikanische im indischen Elefanten, der europäische Wolf im australischen, 1936 ausgerotteten Beutelwolf und die europäische Rotbuche in der Südbuche der Südhalbkugel.

Passen sich verschiedene Gruppen unabhängig voneinander an einen bestimmten Lebensraum oder eine Lebensweise an, so kann zwar die Problemlösung gleich sein, der Bauplan ist jedoch ein anderer. Obwohl alle Flugsaurier (Pterosaurier), Vögel und Fledermäuse Wirbeltiere sind, haben sie völlig unterschiedliche Flügel entwickelt. Bei den Pterosauriern wird die Flügelhaut durch einen extrem verlängerten Finger gespannt, bei den Vögeln ist dagegen die gesamte Hand befiedert, wobei die Finger zum Teil reduziert und zusammengewachsen sind. Bei den Fledermäusen spannt sich die Haut zwischen mehreren Fingern. Eine solche Analogie in der Entwicklung weisen auch die stromlinienförmigen Körper von Pinguin (Vogel), Wal (Säugetier), Fischsaurier (fossiles Reptil) und Fisch als Anpassung an das Leben und Jagen im Wasser auf. Auch Libelle (Insekt), Schwalbe (Vogel) und Fledermaus (Säugetier) sind – obwohl sie fliegen und Insekten jagen – nicht mit einander verwandt, doch erfüllen ihre Flügel eine vergleichbare, d. h. analoge Aufgabe.

Setzt sich im Kampf ums Überleben immer der Stärkere durch?

Nein; die Überlebensfähigkeit einer Population ist vor allem von der Fruchtbarkeit der einzelnen Individuen abhängig. Je mehr Nachkommen produziert werden, desto vielfältiger ist das äußere Erscheinungsbild (Phänotyp), desto besser durchmischt sich das Erbgut (Genotyp) und desto schneller können sich auch fürs Überleben günstige Eigenschaften weiter vererben. Dabei ist nicht immer der Schönste, Stärkste und Größte im Vorteil; es zählen vor allem Intelligenz sowie Anpassungs- und Kooperationsfähigkeit.

Einseitige Selektion kann aber auch in einer Sackgasse enden. Verändert sich z. B. durch Umwelteinflüsse das Nahrungsangebot, geraten Spezialisten in Gefahr: Der australische Koalabär, der in seiner Ernährung allein auf die Blätter bestimmter Eukalyptusarten angewiesen ist, wäre zum Aussterben verurteilt, wenn eben jene Baumarten dem Klimawandel oder eingeschleppten Schädlingen zum Opfer fielen. Ändern sich die Lebensumstände, können einstige Außenseiter – die z. B. besonders klein oder groß, resistent gegen Krankheiten oder flexibler in der Ernährung sind – sog. ökologische Nischen besetzen und sich damit einen Überlebensvorteil für sich und ihre Nachkommen sichern.

Die Konkurrenz um Lebensraum, Licht, Wasser, Partner und Nahrung sowie der ständige Kampf gegen Krankheiten, Fressfeinde und die Wechselfälle des Klimas sorgen dafür, dass keine Lebensform die Oberhand gewinnt.

In der Zucht wird demgegenüber – durch künstliche Selektion – die Fortpflanzung jener Individuen gefördert, die gewünschte Eigenschaften besitzen.

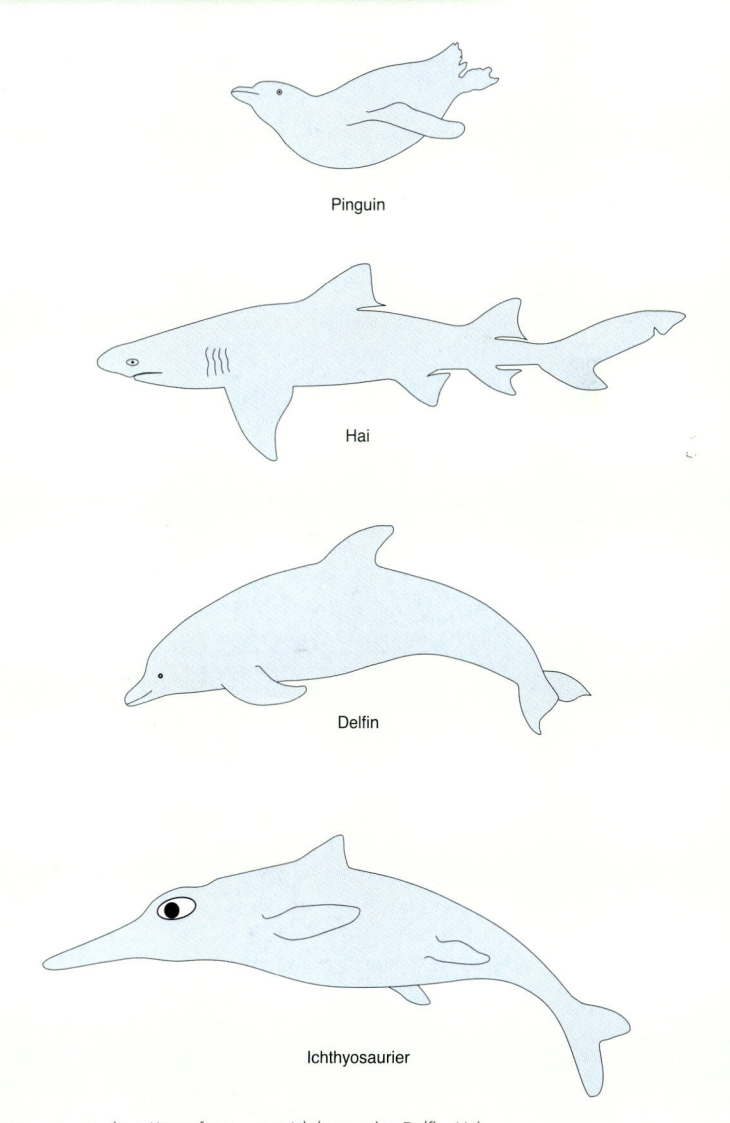

Pinguin

Hai

Delfin

Ichthyosaurier

Die strömungsgünstigen Körperformen von Ichthyosaurier, Delfin, Hai und Pinguin setzten sich in Anpassung an ihren Lebensraum durch.

BIOLOGIE

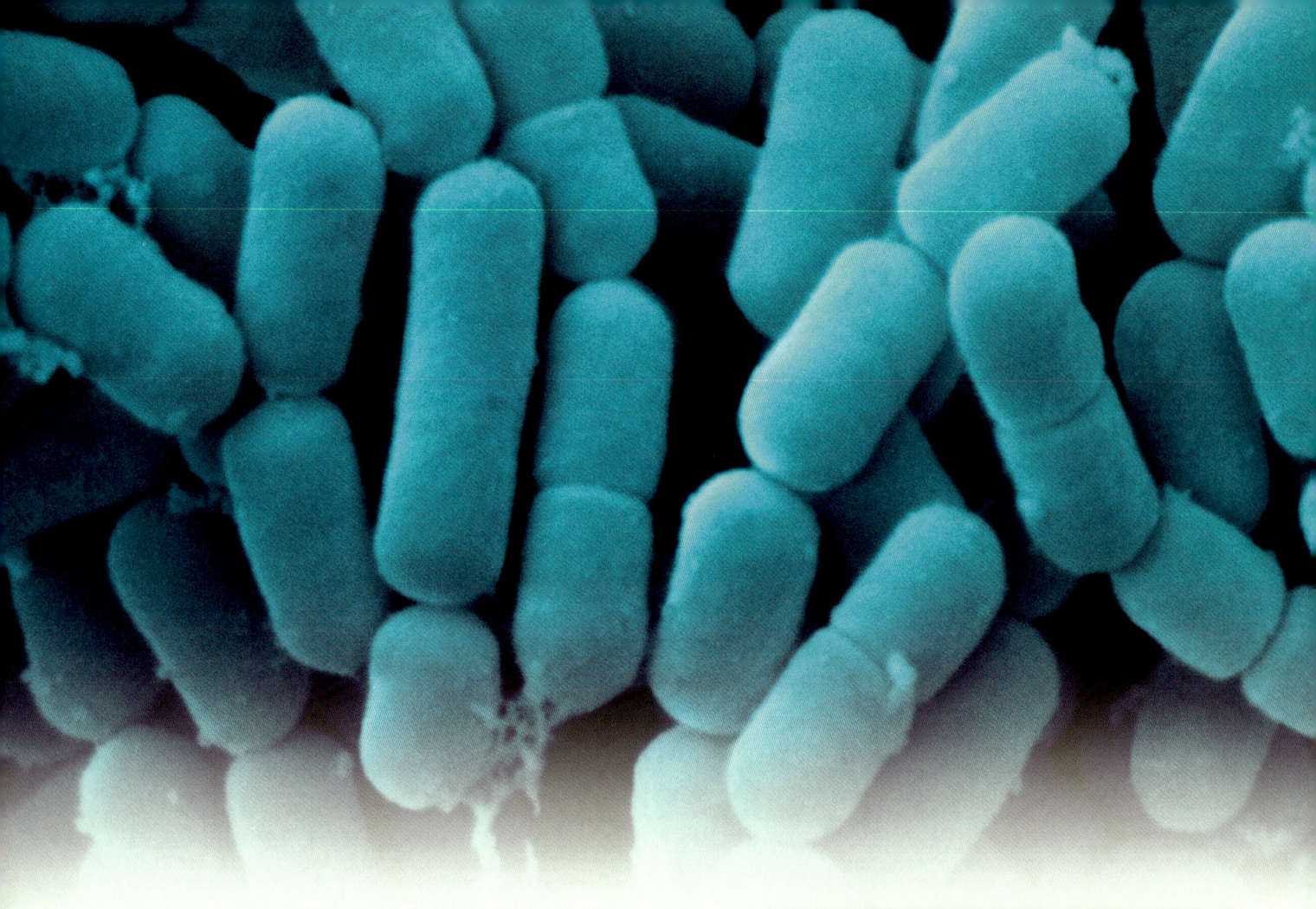

VOM BAKTERIUM ZUM MENSCHEN

Die Milchsäurebakterien (*Lactobacillus*) sind wichtige Helfer bei der Verdauung.

Was sind Bakterien?

Die Bakterien sind mikroskopisch klein, meist einzellig und haben keinen echten Zellkern; sie gehören daher zu den Prokaryonten. Ihre Formenvielfalt reicht von stäbchenförmig, kugelförmig (Kokken), kommaförmig (Vibrionen), spiralförmig (Spirillen) bis zu schraubenförmig (Spirochäten). Bakterien – die in Luft, Erde und Wasser, in Menschen, Tieren und in Pflanzen zu finden sind – können Trockenheit, Hitze, Kälte und Nahrungsmangel zum Teil jahrelang als Dauerformen (Sporen, Kapseln) überleben. Bazillen nennt man stäbchenförmige Bakterien, die hitzebeständige Sporen bilden.

Sind Bakterien Schädlinge oder Nützlinge?

Sowohl als auch, denn die Aufgabe der Bakterien – der Abbau organischer Substanz – kann sich sowohl nutzbringend als auch schädlich auswirken. Fäulnisbakterien z. B. verderben Fleisch, Fisch, Brot, Obst oder Getränke. Die entstehenden Giftstoffe (Toxine) machen die Lebensmittel ungenießbar oder

Wissenswertes über Bakterien

- Bakterien wurden 1675 von Antoni van Leeuwenhoek (1632–1723) mithilfe eines selbstgebauten Mikroskops in Gewässern und im menschlichen Speichel beobachtet; er nannte sie Animacules.
- Obwohl bereits ca. 6000 Arten beschrieben wurden, sind höchstens fünf Prozent der auf der Erde existierenden Bakterienarten bekannt.
- Beim täglichen Stuhlgang werden etwa 30 Milliarden Bakterien ausgeschieden; trotzdem bleibt die Darmflora – die sich in den ersten Lebenstagen nach der Geburt entwickelt – lebenslang relativ stabil. Das Darmbakterium Methanobrevibacter smithii verbessert durch den Abbau von Wasserstoff und von Restprodukten anderer Bakterien das Darmmilieu, sodass die Nahrung um ca. 15 % effizienter verwertet wird.
- 1999 wurde das größte bislang bekannte Bakterium entdeckt. Das Schwefelbakterium – die bis zu 0,75 mm Durchmesser große sog. Schwefelperle aus Namibia (Thiomargarita namibiensis) – ist auch mit bloßem Auge erkennbar.
- Cyanobakterien erzeugten bereits vor 3,5 Milliarden Jahren durch ihre Fotosynthese so viel Sauerstoff, dass sich Sauerstoffatmer entwickeln konnten.

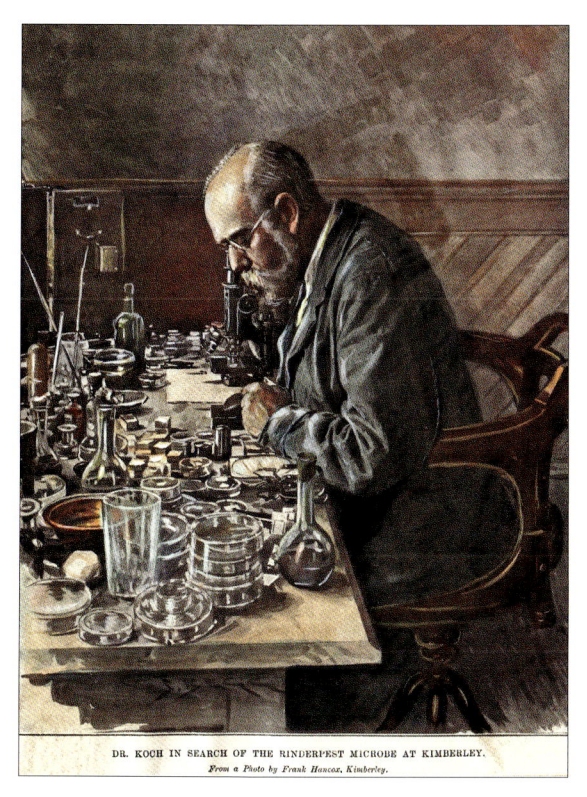

Robert Koch (1843–1910) entdeckte die Erreger von Milzbrand (*Bacillus anthracis*) und Tuberkulose (*Mycobacterium tuberculosis*).

unverträglich. Andererseits dienen Bakterien zur Herstellung von Nahrungsmitteln wie Käse, Joghurt oder Sauerkraut. Ebenso sind Bakterien an der Synthese von Arzneimitteln (Antibiotika, Hormone) und Chemikalien (Buttersäure, Milchsäure, Butylalkohol) beteiligt. Darmbakterien – es gibt im menschlichen Darm 400 bis 500 verschiedene Arten – sind für unser Wohlergehen unerlässlich. Sie spalten Teile der Nahrung in einzelne Bausteine, die durch die Darmwand ins Blut aufgenommen werden können und dann den diversen Stoffwechselvorgängen zur Verfügung stehen.

Nützliche Helfer sind auch Boden- und Gewässerbakterien: Durch Fäulnis- und Gärungsprozesse werden die Kohlenstoff-, Stickstoff-, Schwefel- und Phosphorkreisläufe in Gang gehalten. Wichtig sind Bakterien außerdem für die biologische Phase in Kläranlagen und bei der Zersetzung pflanzlichen Materials, z. B. im Komposthaufen.

Wie kann man sich vor schädlichen Bakterien schützen?

Die Beachtung einiger hygienischen Regeln reduziert die Gefahr der Ansteckung und der Gesundheitsschädigung, z. B.:
– Obst und Gemüse vor dem Verzehr waschen;
– Lebensmittel vor Ungeziefer sicher aufbewahren;
– von Ungeziefer befallene Lebensmittel vernichten;
– keine Speisereste herumstehen lassen;
– Handtücher, Wischlappen, Kleidung regelmäßig wechseln;
– Nahrungsmittel – bes. an heißen Tagen – kühl lagern;
– Hände nach dem Besuch der Toilette und der Berührung von Kranken oder Tieren reinigen;
– beim Umgang mit Kranken Desinfektionsmittel verwenden.

Was unterscheidet Viren von Bakterien?

Viren sind so klein (15–400 nm), dass man sie nur unter dem Elektronenmikroskop erkennen kann. Sie besitzen keine eigenen Stoffwechselenzyme und leben immer parasitär. Zur Vermehrung benötigen sie die Ausstattung der Wirtszelle. Viren bestehen aus Proteinen und Nukleinsäuren – entweder Desoxyribonukleinsäuren (DNA) oder Ribonukleinsäuren (RNA). Sie sind von einem Proteinmantel (Kapsid), eventuell auch einer lipidhaltigen Hülle (Envelope) umgeben. Viren sind Erreger von Infektionskrankheiten bei Menschen (z. B. Kinderlähmung, Masern, Grippe, AIDS), bei Tieren (Tollwut, Maul- und Klauenseuche) und bei Pflanzen (Tabakmosaikvirus). Oft treten sie gemeinsam mit Pilzen auf (z. B. dem Hefepilz Candida albicans).

Die in sog. Petrischalen kultivierten Colibakterien und Salmonellen werden von einem Mikrobiologen bearbeitet.

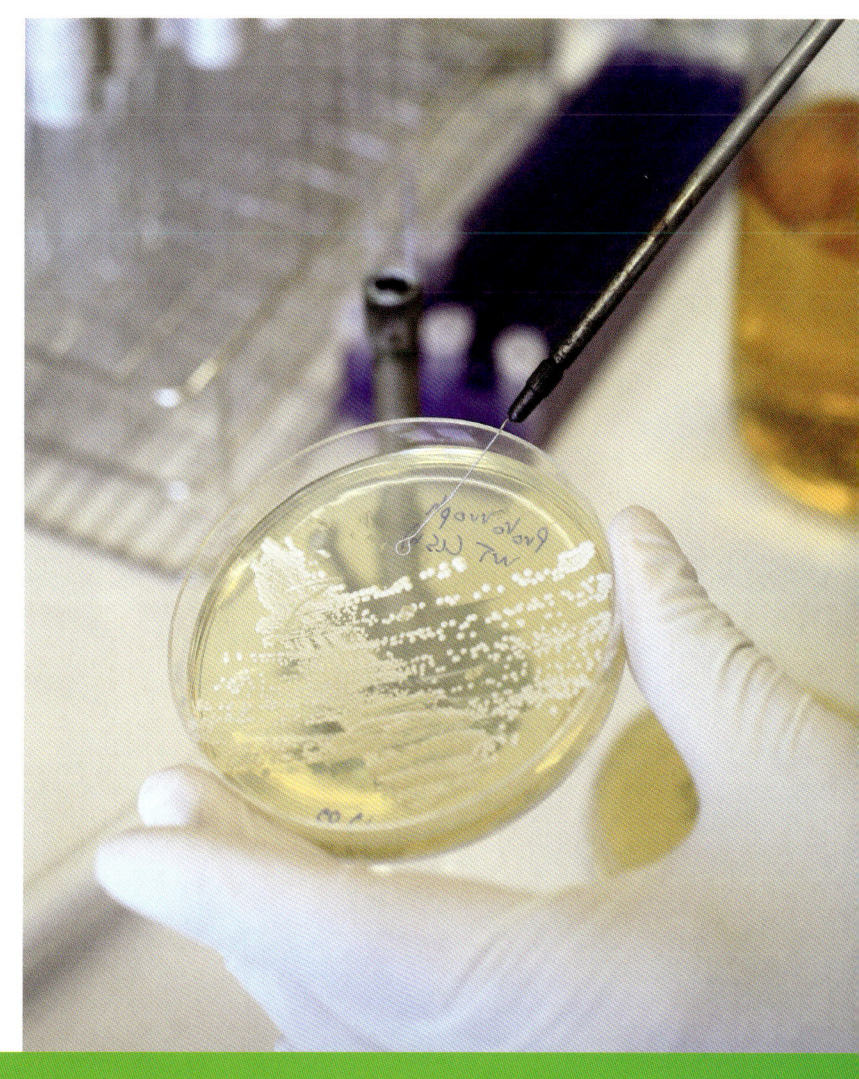

BIOLOGIE

Können auch Bakterien gefährliche Krankheiten auslösen?

Ja, z. B. die Erreger von Infektionskrankheiten wie Salmonellose, Wundstarrkrampf, Diphtherie oder Typhus. Sie werden durch Übertragung (z. B. Tröpfcheninfektion beim Husten oder Niesen) oder durch Kontakt mit infizierten Menschen bzw. Tieren verbreitet. Die Bakterien gelangen in die Blutbahn, können Gewebe zerstören oder durch Toxine vergiften. Bei einer regional und zeitlich begrenzten Krankheit spricht man von einer Epidemie (z. B. Ruhr, Cholera, Typhus), bei weltweiter Infektion von einer Pandemie.

Das Vogelgrippe-Virus stellt eine gefährliche Bedrohung für Geflügel und auch für den Menschen dar.

Wissenswertes

- Windpocken und Gürtelrose werden vom selben Erreger, dem Varizella-Zoster-Virus, und Herpes von einem nahen Verwandten, dem Herpes-simplex-Virus, ausgelöst. Antibiotika sind nutzlos gegen Viren.
- Es gibt nur wenige Medikamente, die das Wachstum von Viren hemmen (bei Aids etwa wird Zidovudin, mit dem Wirkstoff Azidothymidin therapeutisch eingesetzt).
- Das Erbgut z. B. von Influenzaviren verändert sich ständig, sodass immer wieder neue Impfstoffe entwickelt werden müssen.
- Manche Viren treten nicht wirtsspezifisch auf, d. h. sie wechseln zwischen Vogel, Tier und Menschen (z. B. der Vogelgrippe- und der Influenzavirus).

Biologen sagen *das* Virus, Computerfachleute *der* Virus.

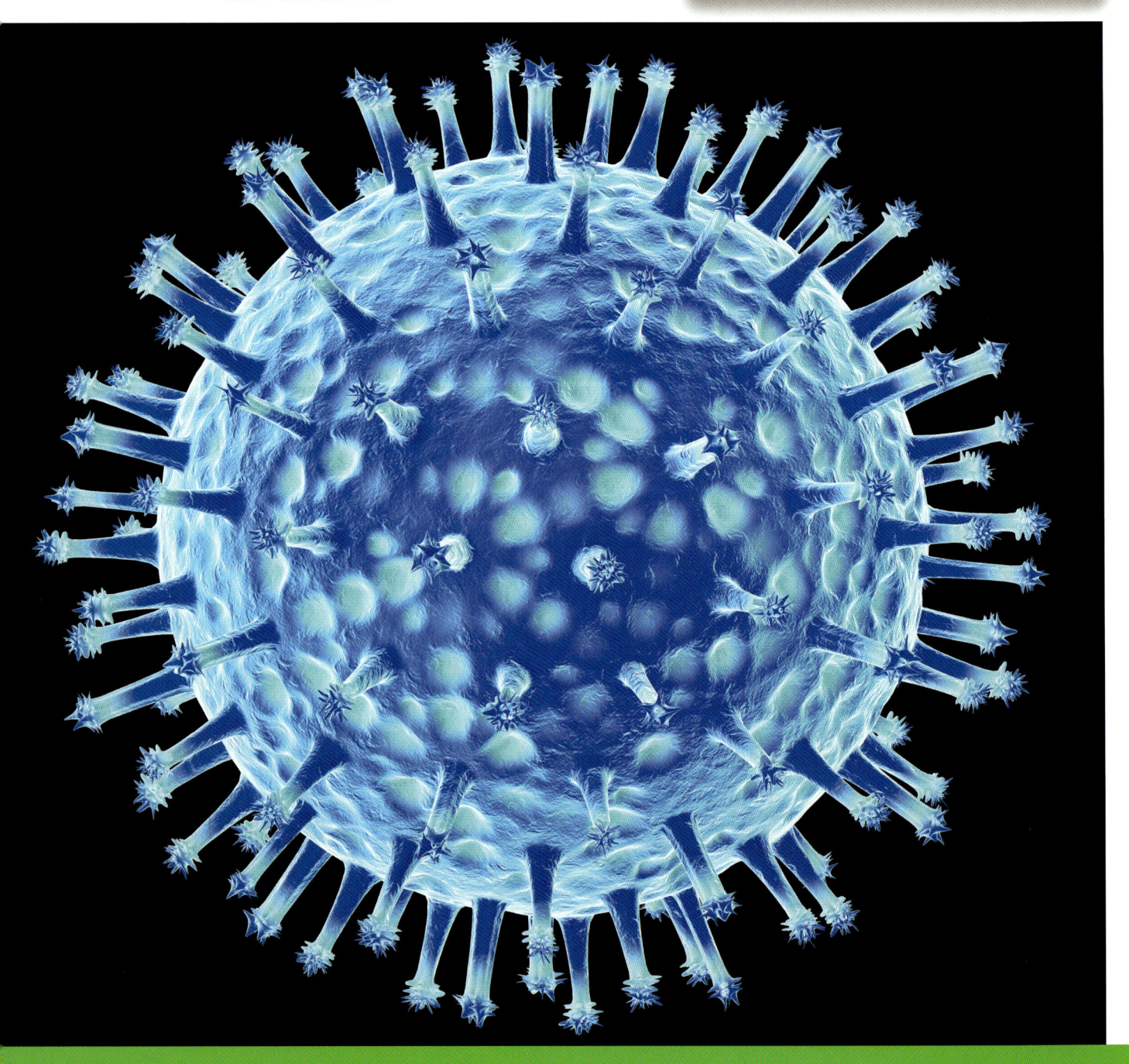

VON DER ALGE BIS ZUM MAMMUTBAUM – DIE VIELFALT DER PFLANZEN

Spirulina-Algen, die in dem stark basischen Wasser des Lake Natron in Nordtansania (Afrika) leben, färben den See rot.

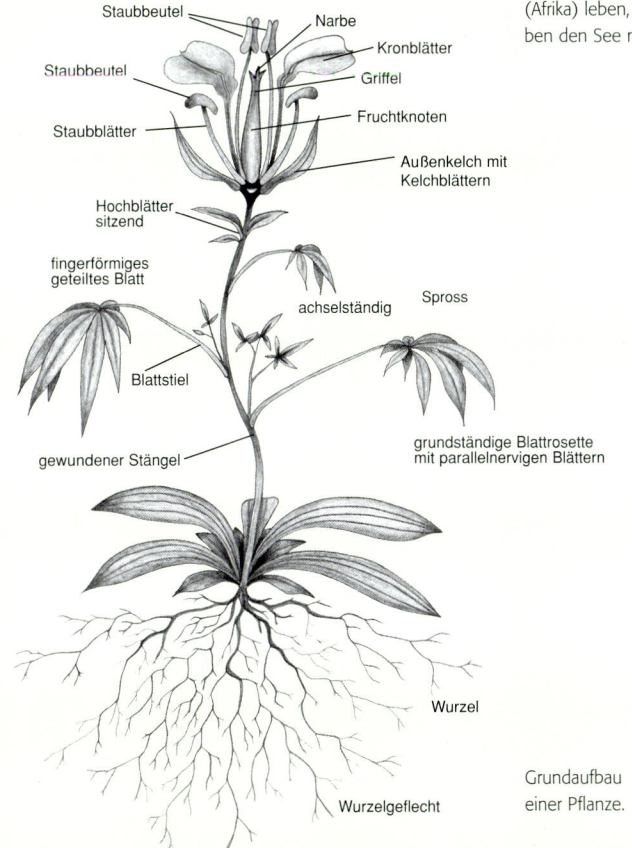

Wie werden Pflanzen unterschieden?

Das Pflanzenreich wird unterteilt in die im Süß- oder Salzwasser lebenden Grünalgen bzw. Rotalgen und die Samenpflanzen. Bei letzteren wiederum unterscheidet man Einkeimblättrige (Liliopsida, früher: Monocotyledones – z. B. Gräser, Orchideen, Lilien) und Zweikeimblättrige (früher: Dicotyledones; mit den Einfurchenpollen-Zweikeimblättrigen, Magnoliopsida, z. B. Seerose, Magnolie, und den Dreifurchenpollen-Zweikeimblättrigen, Rosopsida, z. B. Rose, Nelke).

Alle Samenpflanzen weisen als Grundbauplan Wurzeln, Stängel, Blätter und Blüten mit einer von einem Fruchtknoten umhüllten Samenanlage auf.

Sind alle Algen Pflanzen?

Nein, streng genommen sind nur Grün- und Rotalgen Pflanzen, da nur sie Fotosynthese betreiben. Die anderen Algenarten sind einzellige Lebewesen (Protisten), wie z. B. Braun- und Kieselalgen. Es gibt Algen, die an Baumstämmen oder auf Felsen, auf feuchten Blättern oder auf feuchten Böden leben, im Schnee oder vorwiegend im Wasser (Plankton). Sie können ein- oder mehrzellig sein und sogar mit Pilzen in Symbiose leben oder (wie die

Grundaufbau einer Pflanze.

BIOLOGIE

Zooxanthellen) mit bestimmten Meerestieren. Besonders auffallend sind die Laminarien, die in den Küstenbereichen ausgedehnte Tangwälder (Kelp) bilden.

Wie ernähren sich Pflanzen?

Wird die in den Blättern gebildete Glukose nicht zur Blatt-, Blüten- oder Samenbildung benötigt, kann die Pflanze sich Nahrungsreserven anlegen. Pflanzen, bei denen die oberirdischen Teile im Winter absterben, legen in den Wurzeln (Karotte), Rhizomen (Maniok), Zwiebeln (Tulpe) oder Knollen (Dahlie) Depots an – gewissermaßen für schlechte Zeiten. Im Frühjahr wird in manchen Regionen der aufsteigende, zuckerhaltige Saft – z. B. von Ahorn und Birke – zur Siruperstellung gewonnen.

Im Stängel befinden sich Leitungsbahnen, in denen die Zucker und viele andere Stoffe transportiert werden. Für den Transport macht sich die Pflanze ein physikalisches Prinzip zunutze: Die Laubblätter bzw. Nadeln besitzen Atemlöcher, sog. Spaltöffnungen; diese öffnen sich bei warmer trockener Luft und geben Wasser an die Umgebung ab. Es entsteht ein Sog, der das von den Wurzeln aufgenommene Wasser sowie die darin gelösten Mineralsalze nach oben zieht. Dabei ist die Saugkraft der Baumwurzeln so groß, dass sie Wasser bis in eine Höhe von ca. 150 m „pumpen" können.

Der Blattquerschnitt zeigt das Leitungs- und Stützsystem (Xylem und Phloem) sowie das schwammige Speichergewebe (Parenchym).

Was ist Rosenfieber?

Schnupfen, Kratzen im Hals, tränende Augen, manchmal auch erhöhte Temperatur zur Zeit der Rosenblüte (Juni, Juli) wurden früher als Symptome des sog. Rosenfiebers angesehen. Heute weiß man, dass der sommerliche Heuschnupfen v. a. von Gras- und Getreidepollen ausgelöst wird. Schnupfen im Januar oder Februar ist häufig eine allergische Reaktion auf Hasel- oder Erlenpollen; im August und September ist das aus Nordamerika stammende Träubelkraut (Ambrosia artemisiifolia) – das sich durch die Klimaerwärmung von Ost- und Südeuropa immer weiter nach Norden ausbreitet – Auslöser schwerer Pollen- und Kontaktallergien.

Warum haben manche Pflanzen so auffällige Blüten?

Die Anpassung der Pflanzen an ihre Bestäuber hat im Laufe der Evolution eine große Vielfalt an Formen, Farben und Strategien hervorgebracht. Pflanzen, die von Bienen, Käfern, Schmetterlingen, Fliegen, von Kolibris oder Fledermäusen befruchtet werden, müssen ihre Besucher entweder durch besonders auffällige Blüten (große, bunt gefärbte Kronblätter, zahlreiche Blüten), einen anregenden Duft (imitierte Sexuallockstoffe, Aasgeruch) oder ein Nahrungsangebot (Pollen, Nektar) anziehen. Wenige der oft sehr großen männlichen Pollen reichen aus,

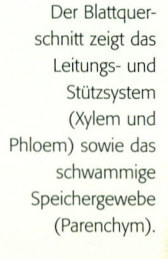

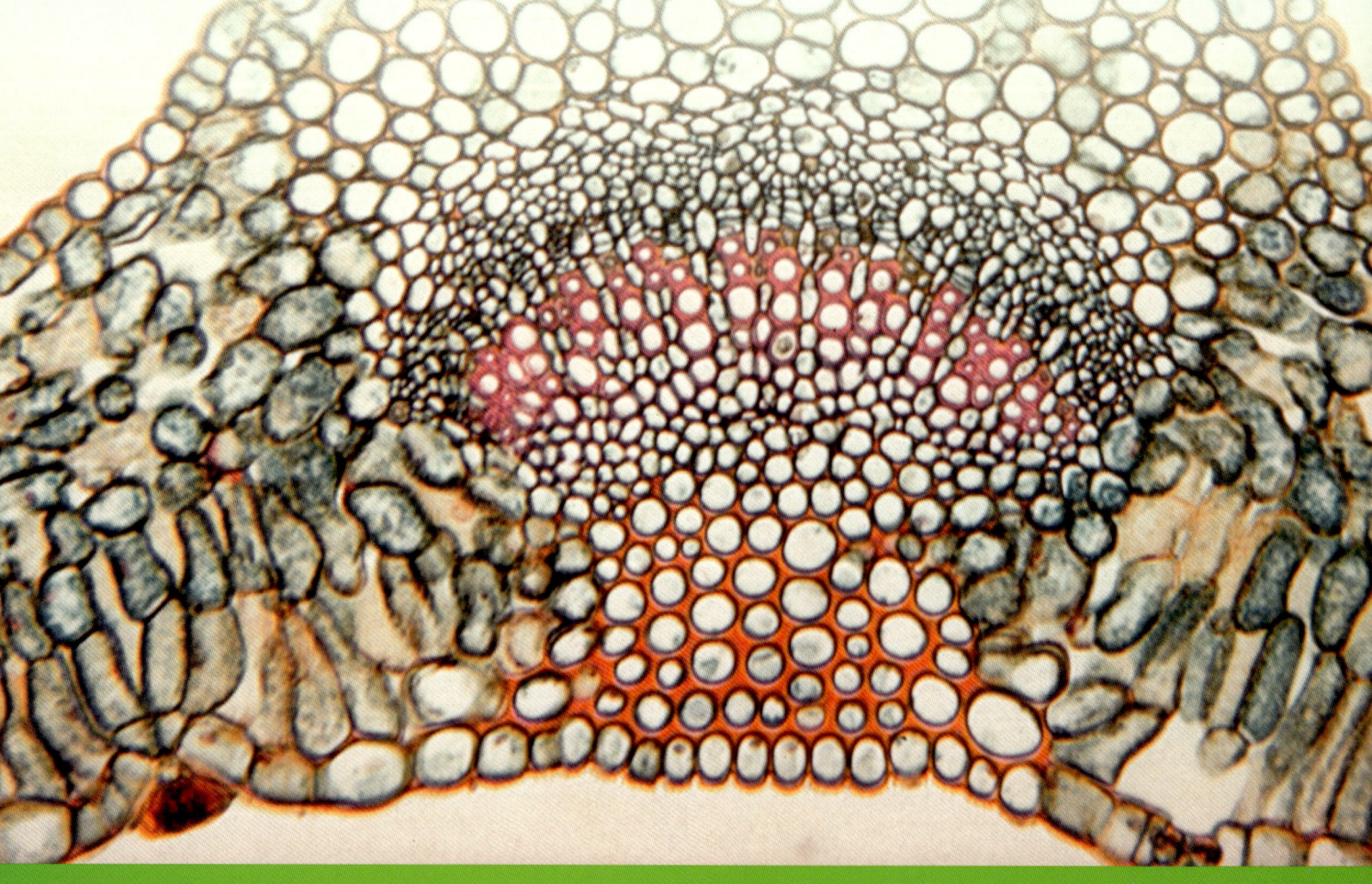

> **Wissenswertes**
> - Es gibt rund 500 000 verschiedene Pflanzenarten.
> - Die Rafflesia hat mit rund einem Meter Durchmesser die größte Blüte der Welt. Sie wird vorwiegend von Fliegen bestäubt, die durch die Fleischfarbe und den Aasgeruch angelockt werden.
> - Mammutbäume können über 3000 Jahre alt werden und ein Gewicht von über 2400 t erreichen (zum Vergleich: Ein Blauwal wiegt ca. 190 t).

um die Befruchtung und damit die Samenbildung zu garantieren.

Andererseits benötigen Pflanzen, die sich auf den Wind oder das Wasser als Transportmittel verlassen, keinen attraktiven weiblichen Schauapparat. Sie investieren in die Produktion einer immens großen Zahl kleiner und leichter Pollen. Die Pollen werden z. B. in beweglichen, hängenden Kätzchen gebildet, die vor der Blattentfaltung „stäuben" (Hasel, Erle, Birke), oder – wie die Gräser (z. B. der Roggen) – in lang gestielten Staubbeuteln.

Was geschieht bei der Fotosynthese?

Das aus der Luft aufgenommene Kohlenstoffdioxid (CO_2) wird in den grünen Blättern mit dem von den Wurzeln gelieferten Wasser H_2O unter Einwirkung der Sonnenenergie zu Traubenzucker (Glukose, $C_6H_{12}O_6$) umgewandelt. Als „Abfallprodukt" entsteht Sauerstoff (O_2). Die Glukose ist sowohl Energielieferant als auch Ausgangsmaterial für die Synthese von Bau- und Reservestoffen. Der grüne Blattfarbstoff (Chlorophyll) absorbiert dabei die Lichtenergie. Manche Pflanzen haben im Laufe der Evolution ihr Chlorophyll verloren und leben als Vollschmarotzer auf anderen Pflanzen, wie die Rafflesia und die heimische Sommerwurz (Orobanche).

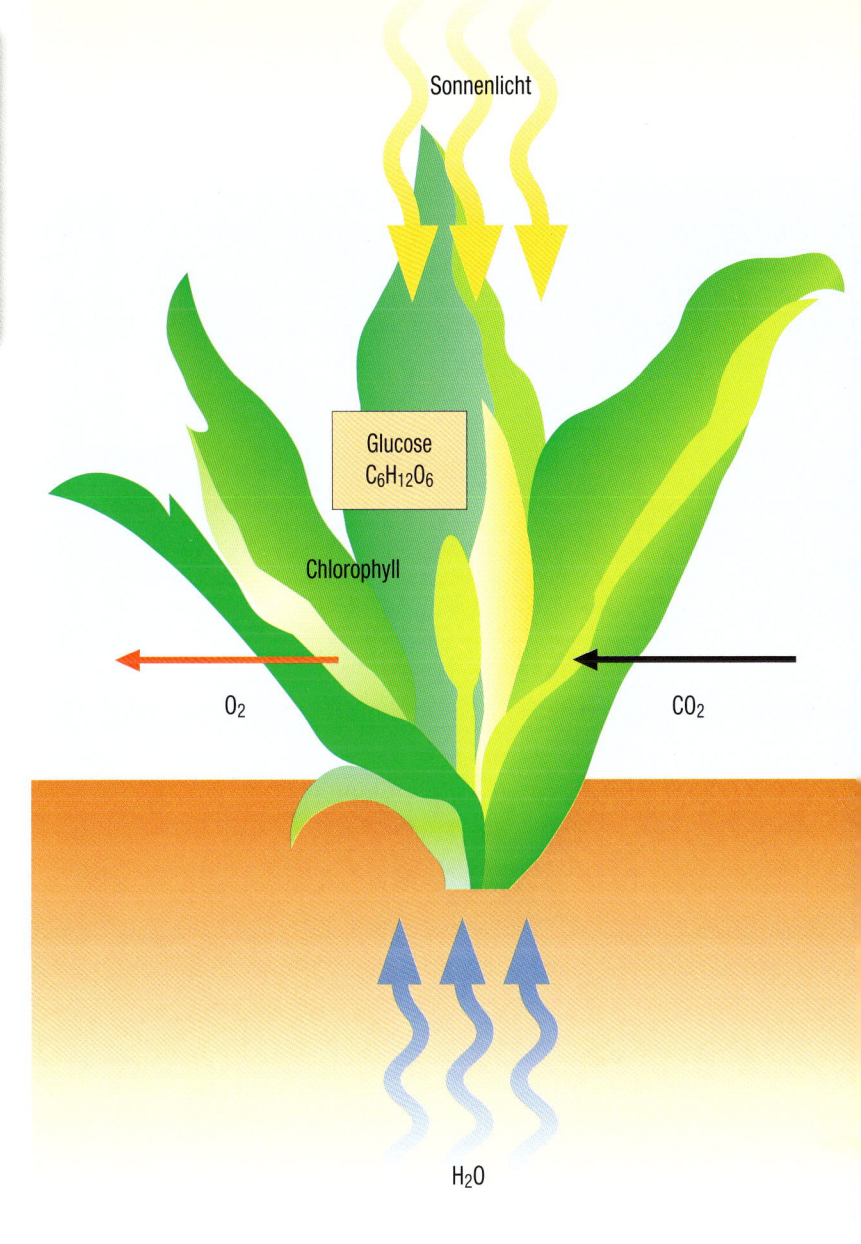

Das Schema stellt stark vereinfacht die Lichtreaktion der Fotosynthese dar.

> **Licht-Reaktionsgleichung**
> - Unter Einwirkung des Sonnenlichts entsteht aus Kohlenstoffdioxid und Wasser Traubenzucker und Sauerstoff.
> - Die Fotosynthese-Gleichung lautet:
> $6\ CO_2 + 6\ H_2O \rightarrow C_6H_{12}O_6 + 6\ O_2$.
> - Aus je 6 Molekülen Kohlenstoffdioxid und 6 Molekülen Wasser entstehen 1 Molekül Glukose und 6 Moleküle Sauerstoff.

Die Pollen der Weiden kleben durch sog. Pollenkitt zusammen und können somit leicht von Futter suchenden Bienen transportiert werden.

BIOLOGIE

PILZE – DIE UNBEKANNTEN WESEN

Betreiben auch Pilze Fotosynthese?
Nein, Pilze sind nicht zur Fotosynthese fähig. Sie leben entweder als sog. Destruenten, wie der Holz zersetzende Zunderschwamm (Fomes fomentarius) – oder parasitisch wie der in der Streu der Nadelwälder gedeihende Nadelschwindling (Marasmius perforans). Das Mutterkorn (Claviceps purpurea) schmarotzt auf Gräsern, und der Birkenpilz (Leccinum scabrum) lebt in Symbiose mit dem Birkenbaum

Gibt es ein Merkmal, an dem man einen Giftpilz erkennen kann?
Nein; zahlreiche Speisepilze haben giftige oder zumindest ungenießbare Doppelgänger. Auch die Blauverfärbung des Fleisches bei Sauerstoffkontakt ist kein sicheres Indiz: Es gibt Giftpilze wie den Satansröhrling (Boletus satanas), die nur schwach blauen, und Esspilze wie den Schwarzblauenden Röhrling (Boletus pulverulentus), die sich intensiv blau verfärben. Die einzige sichere Methode, sich vor Vergiftungen zu schützen, besteht darin, den Pilz, den man verzehren will, genau zu kennen. Dabei helfen gute Pilzbücher – doch sollte man nicht nur die Bilder anschauen, sondern unbedingt auch die Texte lesen.

Kann man Pilze roh essen?
Nein; mit wenigen Ausnahmen – wie dem Kulturchampignon, dem Fichtensteinpilz und dem Brätling – dürfen Speisepilze nur gut gegart, d. h. erst nach mindestens 15–20 Min. Erhitzung, verzehrt werden. Pilzgifte (wie beim Hallimasch) werden nur unter Wärmeeinwirkung zerstört, und Pilzeiweiß ist schwer verdaulich.

Was sind Magic Mushrooms?
Als Magic Mushrooms (dt.: Zauberpilze) werden Pilze bezeichnet, die Halluzinationen hervorrufen. Abgesehen davon, dass sie unter das Rauschmittelgesetz fallen, besteht auch bei ihnen die Gefahr einer Verwechslung mit giftigen Doppelgängern. Die Wirkung der halluzinogenen Pilze ist von Art zu Art unterschiedlich und wegen der stark schwankenden Konzentration der Inhaltsstoffe viel schwerer abzuschätzen als etwa beim Haschisch. Persönlichkeitsveränderungen und unvorhersehbare Reaktionen können schon nach einmaligem Genuss auftreten.

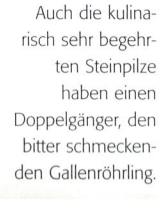

Auch die kulinarisch sehr begehrten Steinpilze haben einen Doppelgänger, den bitter schmeckenden Gallenröhrling.

TIERE – EROBERER ALLER LEBENSRÄUME?

Nach welchen Merkmalen werden Tiere unterschieden?

Das Tierreich gliedert sich in zahlreiche Untergruppen, z.B. Hohltiere, Insekten und Wirbeltiere, deren Arten jeweils einen gemeinsamen Bauplan aufweisen. So haben die im Meer lebenden Hohltiere (Coelenterata) – zu denen die Quallen und Seeanemonen zählen – einen radialsymmetrischen Körper und ein diffuses Nervennetz, jedoch kein Skelett und keinen Blutkreislauf. Der Körper besteht lediglich aus zwei Zellschichten, zwischen denen sich eine gallertartige Zone befindet. Den Insekten (Insecta) – die vorwiegend Luft und Boden erobert haben – sind ein chitinhaltiges Außenskelett, eine Dreiteilung des Körpers und hoch entwickelte Sinnesorgane gemeinsam. Die Wirbeltiere (Vertebrata) – zu denen Fische, Amphibien, Reptilien, Vögel und Säugetiere gehören – besitzen ein Innenskelett, eine mehrschichtige Außenhaut mit Schuppen, Federn oder Haaren, ein von einer festen „Kapsel" geschütztes Gehirn, Augen, Ohren und Riechorgan, als Sinnesorgane sowie ein Nervensystem.

Warum halten manche Tiere Winterschlaf?

Zeiten von Kälte und geringem Nahrungsangebot überbrücken einige Tiere durch einen Winterschlaf oder eine Winterruhe. Während des Winterschlafs sinkt die normale Körpertemperatur bei Säugetieren (z. B. beim Murmeltier, Siebenschläfer oder Igel) auf Werte zwischen 9 °C und 1 °C ab. Die Atmung wird schwach und der Herzschlag verlangsamt sich. Auf diese Weise reichen die im Herbst angefressenen Fettreserven zum Überleben. Dachse, Waschbären und Eichhörnchen wachen von Zeit zu Zeit aus der Winterruhe auf, um neue Nahrung zu sich zu nehmen. Wechselwarme Tiere wie Reptilien (Schlangen, Schildkröten, Eidechsen) und Amphibien (Frösche, Molche, Salamander), – deren Körpertemperatur sich der Umgebungstemperatur anpasst, können in eine bis zu sechs Monate dauernde Kältestarre fallen. In heißen Regionen gibt es aber auch Tiere, die einen Sommer- bzw. Trockenschlaf halten. Dazu gehören z. B. Krokodile und Schlangen.

Ein Murmeltier kann dank seiner Wirbelsäule aufrecht stehen.

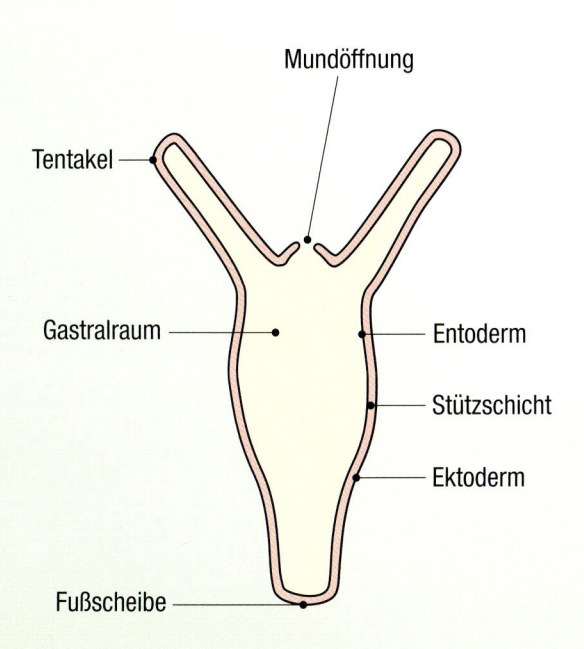

Querschnitt durch eine Seeanemone; Hohltiere haben weder ein Außenskelett wie die Insekten noch ein Innenskelett wie die Wirbeltiere.

(Beschriftungen: Mundöffnung, Tentakel, Gastralraum, Entoderm, Stützschicht, Ektoderm, Fußscheibe)

Sind Insekten Nützlinge oder Schädlinge?

Sowohl als auch. Für den Menschen und seine Umgebung schädliche Insekten leben an Nutz- und Zierpflanzen (z. B. Borkenkäfer, Kartoffelkäfer, Blatt-

BIOLOGIE

Insekten – hier das Porträt einer Wespe – sind an den drei Beinpaaren und den Facettenaugen erkennbar.

Insekten als Detektive?
Auch bei der Aufklärung von Verbrechen können Insekten helfen: Die Beobachtung der Larven und Larvenstadien verschiedener Leichen zersetzender Fliegen- und Käferarten erlaubt Rückschlüsse auf Ort und Zeitpunkt eines Todesfalls. Daneben können auch an Erdresten anhaftende Tiere (wie Ameisen) sowie unter Umständen auch Pollen und Samen Hinweise auf Tatort, Tatzeit und Täter geben.

wespen, Schmierläuse), an Holzbauten (z. B. Termiten), von Nahrungsvorräten (z. B. Motten und Schaben), als Parasiten (Flöhe) oder Lästlinge (Mücken). Andere sind als Überträger von Krankheiten bekannt – wie die Anophelesmücke für Malaria, die Tse-Tse-Fliege für die Schlafkrankheit.

Andererseits dienen etwa 500 Insektenarten in vielen Gebieten Afrikas, Südostasiens und Mittel- bzw. Südamerikas den Menschen als eiweißreiche Nahrung. Insekten werden zudem als Textilfaserproduzenten (die Raupen des Seidenspinners), zur Produktion von Farbstoffen, Lacken oder Wachsen (z. B. der Schellack von Schildläusen) und in der pharmazeutischen Industrie (Synthese von Cantharidin aus der Spanischen Fliege eingesetzt. Außerdem werden sie als biologische Schädlingsbekämpfer im Forst- und Gartenbau (z. B. Schlupfwespen) sowie als Versuchstiere verwendet (Fruchtfliege Drosophila, Grillen, Heuschrecken). Vor allem aber dienen sie als Bestäuber der Blüten (Bienen, Hummeln), da ohne sie keine Frucht- und Samenbildung möglich wäre.

Insekten (Kerbtiere), die fossil bereits seit etwa 350 Millionen Jahren belegt sind, haben mit über einer Million Arten fast alle Lebensräume und Gebiete der Erde erobert.

Buckelwale (*Megaptera novaeangliae*), die sich oft in Küstennähe aufhalten, können bis 15 m lang werden. Sie sind auch wegen ihrer Gesänge bekannt.

138 BIOLOGIE

Sind Spinnen Insekten?
Nein; die Spinnentiere – zu denen auch Zecken, Weberknechte und Skorpione gehören – haben im Gegensatz zu den sechsbeinigen Insekten vier Beinpaare. Ihr Körper ist zweigeteilt in Kopfbrust und Hinterleib; Insekten hingegen weisen eine Dreiteilung in Kopf, Brust und Hinterleib auf. Spinnen haben keine sog. Facettenaugen, sondern meist acht Punktaugen. Die als Jäger lebenden Tiere sind häufig mit Giftklauen, Scheren oder Tastern ausgestattet. Skorpione besitzen einen langen Schwanz mit Giftstachel.

Was ist Biolumineszenz?
Manche Tiere – z. B. die Leuchtkäfer, aber auch verschiedene Bakterien und Pilze – erzeugen durch chemische Reaktionen ein sog. kaltes Licht; es entsteht also (anders als bei z. B. Glühlampen) keine Wärme. Tiere wie Angler- oder Korallenfische – die im Dunkel der Tiefsee leben – erzeugen Licht zum Anlocken von Beute oder Partnern. Der Vampirtintenfisch (Vampyroteuthis infernalis, eine Krakenart) hat am gesamten Körper Leuchtorgane, die bei der Jagd eingesetzt werden. Außerdem kann er zur Verwirrung von Feinden ganze Wolken von Leuchtpartikeln ausstoßen.

Die in südpazifischen Lagunen lebende Seegrasqualle (Mastigias papua) ernährt sich von tierischem Plankton. Den symbiontischen Algen verdankt sie ihre Farbe.

Wissenswertes
- Amphibien trinken nicht, sondern nehmen Wasser über die Haut auf.
- Amphibienlarven atmen mit Kiemen, erwachsene Frösche, Molche und Salamander aber mit einfachen Lungen sowie über die Haut.
- Mit ca. 27 000 Arten sind die Hälfte aller Wirbeltierarten Fische, während nur ca. 9800 Arten zu den Vögeln gehören. Die ältesten gefundenen Fischfossilien sind 450 Mio. Jahre alt.
- Bei Haien und Rochen besteht das Skelett aus Knorpeln und nicht – wie bei anderen Fischen – aus Knochen.
- Bei allen bekannten Vogelarten beträgt die Körpertemperatur ca. 42 °C.
- Die Knochenmasse macht bei Vögeln 8–9% der Körpermasse aus, bei Säugetieren aber bis zu 30%.
- Wale und Delfine sind Säugetiere und Lungenatmer.
- Der Gepard ist das schnellste Landtier.

BIOLOGIE

DER MENSCH – DIE KRONE DER SCHÖPFUNG?

In der Olduvai-Schlucht im Norden Tansanias wurden die Fossilien von *Homo habilis*, einem Vorgänger des *Homo erectus*, gefunden.

Wo liegen die Wurzeln der Menschheit?

Unbestritten ist, dass die Wiege der Menschheit in Afrika lag. Vor ca. 4 Mio. Jahren begann die Entwicklung der Australopithecus-Arten, die als Vorläufer des modernen Menschen gelten. Wie bei den Gorillas war der männliche Partner mit ca. 1,60 m deutlich größer als der 1,30 m kleine weibliche. Die 1974 entdeckte Hominide „Lucy", die vor 3,18 Mio. Jahren im heutigen Äthiopien lebte, hatte bereits einen aufrechten Gang. Vor rund 800 000 Jahren begann in Afrika die Weiterentwicklung des Homo erectus, die in Europa zur Entstehung des Neandertalers, in Afrika vor ca. 120 000 Jahren zum modernen Homo sapiens führte. Er eroberte von seiner afrikanischen Heimat aus die ganze Welt.

Was hat die Ernährung mit der Menschheitsentwicklung zu tun?

Vor 2,5 Mio. Jahren stellte der aufrecht gehende Mensch (Homo erectus) bereits Steinwerkzeuge her. Er zerteilte damit das erbeutete Fleisch und begann immer größere Territorien als Jäger zu durchstreifen. Die im Vergleich zur pflanzlichen Kost höherwertige Ernährung mit Fleisch führte im Zuge der Evolution zu einer Zunahme der Gehirnmasse und parallel zu einer Verkleinerung des Darms. Der moderne Mensch wendet 20% seiner gesamten Energieproduktion für die Arbeit des Gehirns auf.

Ein Vorläufer des modernen Homo sapiens lebte noch vor 18 000 Jahren in Indonesien. Dort wurden im Jahr 2003 die Überreste des sog. Homo erectus

Die Schädel von links nach rechts zeigen: *Homo neanderthalensis*, *Homo erectus*, *Homo sapiens*. Im Laufe der Menschheitsentwicklung nahm das Volumen des Gehirns zu, der Gesichtsschädel verkürzte sich.

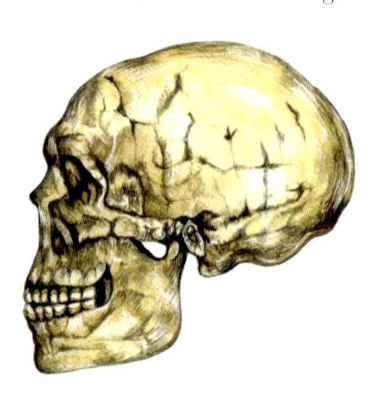

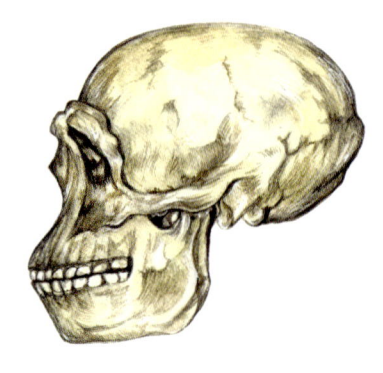

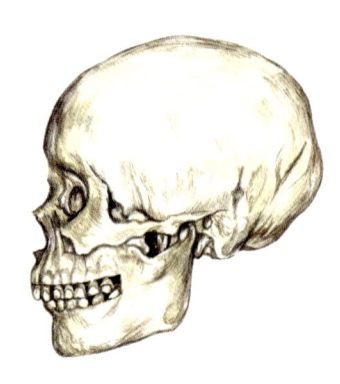

140 BIOLOGIE

> **Was uns die Knochen erzählen ...**
> • Urgeschichtler können aus menschlichen Gesichts- und Skelettknochen, Zähnen und Beifunden wie Blütenstaub, Tierknochen, Steinwerkzeugen und Schmuck Rückschlüsse auf das Leben in der Vorzeit ziehen.
> • Auch über Krankheiten, die unsere Vorfahren plagten, ist schon einiges bekannt. Neben unfallbedingten Behinderungen durch Knochenbrüche kann man Gelenk- und Knochenveränderungen – z. B. durch Überbelastung, Arthrose, Osteoporose, Mangelernährung und Rheuma – feststellen; sogar Krebsmetastasen lassen sich diagnostizieren.
> • Ein Kuriosum: Es war der DNA-Baustein für Ohrenschmalz, der den Beweis dafür erbrachte, dass Europäer näher mit Afrikanern als mit Asiaten verwandt sind.

floresiensis entdeckt, der zu Lebzeiten nur ca. 1 m groß und 25 kg schwer war.

Wodurch unterscheiden sich Mensch und Menschenaffe?

Während sich die Menschenaffen mit gebogenem Rücken auf langen Armen abstützend fortbewegen, ermöglichte die doppelt-S-förmig gebogene Wirbelsäule dem Menschen den aufrechten Gang und damit „den Überblick". Das Gebiss wurde im Laufe der Evolution schwächer und das Grosshirn wurde frei für neue Aufgaben. Der zum Klettern bestens geeigneten Klammerhand der Affen steht die geschickte Greifhand der Menschen gegenüber.

Wer war der Neandertaler?

Für mehr als 100 000 Jahre bewohnte der Neandertaler das heutige Europa; seine Spur verliert sich erst vor ca. 27 000 Jahren. Nach seiner Entdeckung 1856 im Neandertal bei Düsseldorf wurde er lange als dumm, wild und animalisch angesehen. Inzwischen weiß man, dass die Neandertaler sich mit einer Sprache verständigten, sich gemeinschaftlich um ihre Alten und Kranken kümmerten und ihre Toten rituell bestatteten. Sie waren erfolgreiche Jäger, die außer Kleintieren wie Eichhörnchen, Hasen und Füchsen auch Mammuts, Riesenhirsche und Höhlenlöwen erlegten. Die Herstellung von Schmuck und Werkzeug war ihnen vertraut, sie beherrschten das Feuer und kannten die Wirkung diverser Heilkräuter. Ob sich Neandertaler und „heutige" Menschen miteinander paarten, ist nach wie vor ungeklärt; belegt ist jedoch, dass beide einige Jahrtausende lang im gleichen Gebiet siedelten. Nach der letzten, großen Kältezeit (der Weichsel/Würm-Eiszeit) gab es den Neandertaler nicht mehr. Der moderne Mensch, der eine höhere Lebenserwartung und mehr Kinder hatte, verdrängte ihn.

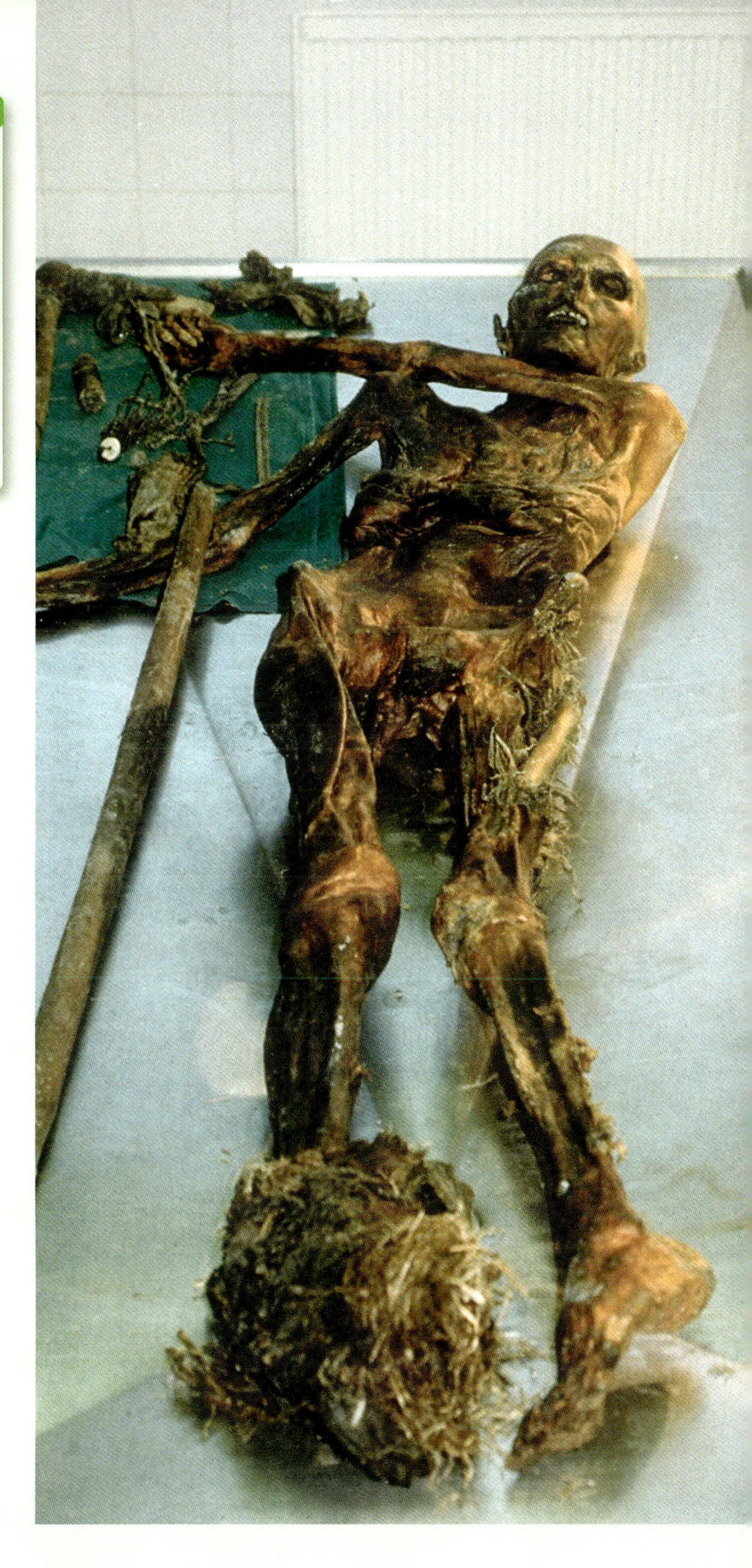

Die Gletschermumie „Ötzi" – der Mann aus dem Eis – gibt Aufschluss über das Leben gegen Ende der Jungsteinzeit vor ca. 5300 Jahren.

BIOLOGIE

ÖKOLOGIE – ALLES UNTER EINEM DACH

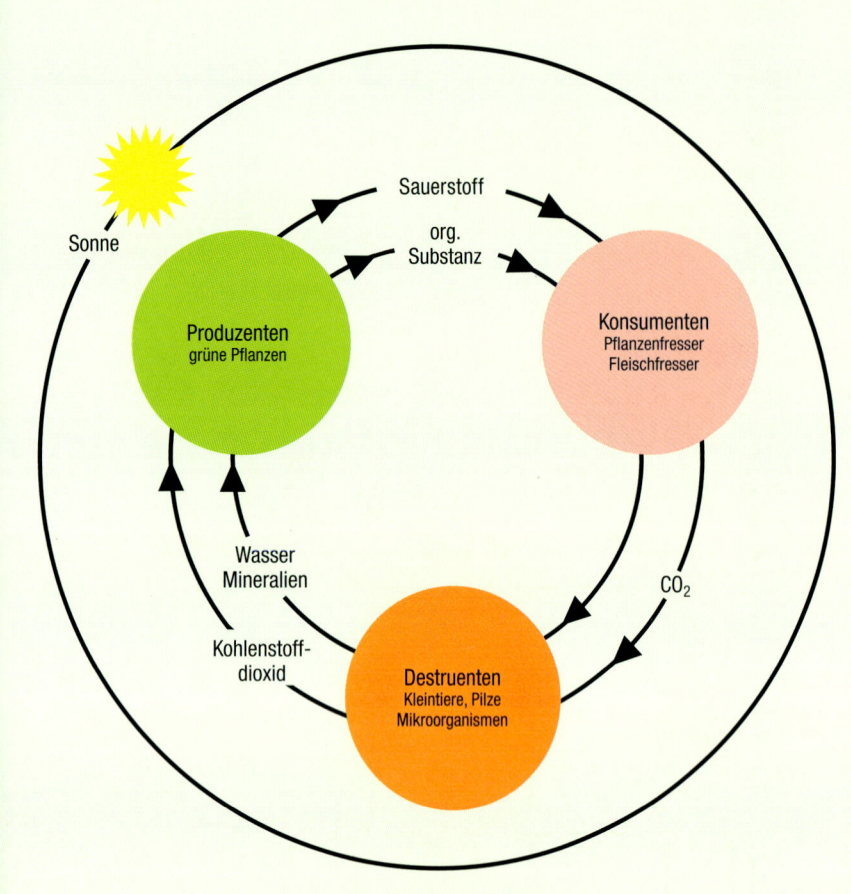

Produzenten – Konsumenten – Destruenten: Jeder ist auf den anderen angewiesen. Im Naturkreislauf geht nichts verloren.

Was versteht man unter Ökologie?
Ökologie (aus griech. logos: Lehre und griech. oikos: Haus) bedeutet soviel wie „die Lehre vom Zusammenleben aller Organismen unter einem Dach". Der Begriff, 1866 von Ernst Haeckel (1834–1919) geprägt, findet seit Mitte des 20. Jh. auch in den Sozialwissenschaften und der Politik Verwendung.

Erfolg oder Misserfolg im Leben – welche Faktoren spielen eine Rolle?
Man unterscheidet zwischen äußeren Einflüssen (abiotischen Faktoren) wie Licht, Wärme, Sauerstoff oder Bodenqualität und Einflüssen aus der belebten Umwelt (biotische Faktoren). Arten, die sich denselben Lebensraum (Ökosystem) teilen, beeinflussen sich gegenseitig, sei es in der Konkurrenz um Nahrung, Sexualpartner oder Wohnraum, sei es als Jäger oder Gejagte. Die Beziehungen untereinander sind ihrerseits wieder von abiotischen Faktoren wie langen Frost- oder Regenperioden und damit verbundenem Futtermangel gesteuert.

Welche Beziehungen existieren in ökologischen Systemen?
Die gegenseitigen Abhängigkeiten im Tierreich, im Pflanzenreich und zwischen den Vertretern verschiedener Reiche sind außerordentlich vielfältig und kompliziert.
– Symbiose: Darunter versteht man das beiderseitige Profitieren in einer freiwillig eingegangenen Beziehung (wie in einer guten Ehe); demgegenüber nennt man das obligatorische Zusammenleben zum beiderseitigen Vorteil – z. B. Seeanemone und Clownfisch, Alge und Pilz (Flechte) – Eusymbiose.
– Parasitismus: Hierbei liegt der Vorteil einseitig beim Parasiten, während der Wirt darunter leidet: Floh, Laus und Zecke z. B. ernähren sich und ihren Nachwuchs mit dem Blut von Hund, Katze oder Mensch.
– Räuber-Beute-Beziehung: Sie ist gewinnbringend für den Räuber und tödlich für die Beute: So ernährt sich der Fuchs u. a. von Mäusen; für die Arterhaltung der Mäuse allerdings ist die Eliminierung der schwachen, kranken und langsamen Tiere vorteilhaft.

Der Kolibri saugt mit seinem langen Schnabel Nektar aus der Blüte der Bromelie und bestäubt sie auf diese Weise. Beide Partner profitieren von der Beziehung.

> **Wissenswertes**
> - Ein Mäusebussard mit einem durchschnittlichen Körpergewicht von 1 kg frisst in einem Jahr 3000 Feldmäuse mit insgesamt 90 kg Körpergewicht – die ihrerseits 1 t Getreidekörner vertilgen. Jeder Konsument (Maus, Mäusebussard) muss ein Vielfaches seines Körpergewichts als Nahrung aufnehmen; ein Großteil wird zur Energiegewinnung benötigt, der Rest wird ausgeschieden.
> - Schwermetalle, Radioaktivität und chlorierte Kohlenwasserstoffe – am bekanntesten ist wohl das Pflanzenschutzmittel DDT – können sich in der Nahrungskette sehr stark anreichern. DDT führt z. B. bei Fleisch bzw. Fisch fressenden Vögeln – wie Adler, Sperber und Kormoran – zu einer Verdünnung der Eierschalen und damit oft zu Misserfolgen bei der Brut.

– Konkurrenz: Sie kann für beide Seiten negativ sein – vor allem, wenn bei geringem Nahrungsangebot um das Wenige, das es noch gibt, gestritten werden muss: z. B. zwischen den Aasfressern Geier und Schakal.
– Kooperation: Sie findet sich z. B. in Herden verschiedener Pflanzenfresser (wie Zebras, Antilopen und Gnus), die bei reichlichem Angebot keine Nahrungskonkurrenten sind, sich gegenseitig vor Feinden warnen und in der Masse Schutz finden.
– Neutralismus herrscht, wenn keine gegenseitige Beeinflussung vorliegt – etwa nach dem Motto: „Was interessiert es die Eiche, wenn die Katze Hunger hat?"
– Wirt-Gast-Beziehung: Bei ihr ziehen beide Teile einen Nutzen aus dem Zusammentreffen – z. B. die Blüte, die durch eine Nektar sammelnde Biene bestäubt wird.

Was versteht man unter der Nahrungskette?

Darunter versteht man durch Nahrungsbeziehungen voneinander abhängige Organismen. Die Kette reicht von grünen Pflanzen (Produzenten) über Pflanzenfresser wie die z. B. Kuh (Primärkonsument) bis zu den Fleischfressern wie den Löwen (Sekundärkonsument). Zersetzer wie Bakterien, Würmer, Insektenlarven und Pilze (Destruenten bzw. Reduzenten), die sich von den organischen Stoffen der anderen Lebewesen ernähren, produzieren so wieder die anorganischen Bestandteile. Ohne diese sog. Saprobier wäre die Erdoberfläche längst kilometerhoch mit Laub, Nadeln und Holz, mit toten Lebewesen und Ausscheidungen bedeckt.

Bekannt ist das enge Zusammenleben (die Eusymbiose) zwischen Anemonenfischen und Seeanemonen.

BIOLOGIE

Die Gemeinschaft bietet Zebras Schutz vor Fressfeinden wie Löwen und Geparden.

Fressen und gefressen werden – der Frosch, der gerade eine Libelle verspeist, dient selbst anderen Tieren als Nahrung.

Was sind Biotope und was Biozönosen?

Der so häufig verwendete Begriff Biotop (griech. bios: Leben und topos: Ort) beschreibt einen von einer Art besiedelten Lebensort, sagt aber nichts über dessen Güte. Maßgeblich für die Beurteilung einer solchen Lebensgemeinschaft – der Biozönose – sind sog. Indikator- bzw. Zeigerarten, die dem erfahrenen Beobachter Auskunft über die Standortverhältnisse geben. Brennnesseln weisen z. B. auf stickstoffreiche Böden hin, Salamander auf feuchte, kühle Standorte.

Was haben europäische Auwälder und tropische Regenwälder gemeinsam?

Auwälder – geprägt von der Dynamik des fließenden Wassers von Bächen und Flüssen – zählen zu den artenreichsten und vitalsten Lebensräumen Europas. Erlen, Weiden und Pappeln als Charakterarten der Weichholzaue sind gut angepasst an die sich durch jedes Hochwasser verändernden Bedingungen. Hier haben auch Biber und Eisvogel sowie Frühlingsblüher wie Seidelbast, Schneeglöckchen und Bärlauch ihren Lebensraum.

In den tropischen Regenwäldern – den artenreichsten Ökosystemen der Erde – sorgt ebenfalls eine gute Wasserversorgung für üppiges Wachstum. Im Gegensatz zu den sich durch Überlagerung mit Kies, Sand und Feinsedimenten ständig wandelnden Auwaldböden sind viele tropische Böden hingegen nährstoffarm. Der Stoffumsatz erfolgt hier fast ausschließlich in den höheren Stockwerken der Vegetation. Abgestorbene Pflanzen und Tiere werden sehr rasch zersetzt, sodass Phosphor, Stickstoff, Kalzium und Spurenelemente in dem ganzjährig nahezu gleich bleibenden tropischen Klima schnell wieder in den Stoffkreislauf gelangen.

Wird der Regenwald jedoch durch Brandrodung zerstört, reichen die in der Asche vorhandenen Nährstoffe nur noch ein bis zwei Jahre für den Anbau von Nutzpflanzen aus. Was danach übrig bleibt, ist karger, durch Eisenoxide rot gefärbter Wüstenboden.

Wie reagieren Ökosysteme auf neue Arten?

Neuankömmlinge, die in den vergangenen 500 Jahren in Europa heimisch geworden sind, bezeichnet man als Neozoen (Tiere) bzw. Neophythen (Pflanzen). Einige wurden als zoologische oder botanische Attraktionen eingeführt (z. B. die Rotwangen-Schmuckschildkröte und das Indische Springkraut), andere als Jagdwild oder aus landwirtschaftlichen Gründen (Fasan, Damwild, Mais, Kartoffel). Wieder andere wurden unabsichtlich eingeschleppt (Kartoffelkäfer, Träubelkraut). Allen Neuankömmlingen gemeinsam ist, dass sie mit den ökologischen Bedingungen ihrer gleichsam neuen Heimat gut zurecht kamen und sich ohne menschliche Hilfe weiter ausbreiteten.

Die wenigsten „Neubürger" fallen negativ auf, einige aber machen Schlagzeilen. Sind die Neuen den heimischen Arten z. B. durch hohe Fruchtbarkeit (z. B. Wildkaninchen), große Gefräßigkeit (wie die Aga-Kröte), viele Jahre überdauernde Samen (so der Riesenbärenklau) oder gute Stecklingsvermehrung (wie beim Japanischen Knöterich) im Konkurrenzkampf überlegen, werden die ursprünglich heimischen Arten in Nischen zurückgedrängt oder sogar ausgerottet. So starben z. B. nach der Aussetzung des Nilbarschs im Viktoriasee buchstäblich Hunderte von einheimischen Buntbarscharten aus.

In den tropischen Regenwäldern kommen die unterschiedlichsten Lebensgemeinschaften vor. Viele Tiere und Pflanzen haben sich perfekt an das Leben hoch oben in den Baumkronen angepasst.

BIOLOGIE

VERHALTEN – ANGEBOREN ODER ANERZOGEN?

Womit befasst sich die Verhaltensforschung?
Gegenstand dieser Forschung ist das angeborene oder erlernte Verhalten von Tieren und Menschen im Umgang mit Individuen der eigenen Art und im Kontakt mit der Umwelt. Die Ergebnisse finden über die Biologie hinaus in der Psychologie (Verhaltenstherapie, Werbung), Soziologie und Pädagogik (programmiertes Lernen) Beachtung.

Verhalten sich Tiere „menschlich"?
Bis ins 19. Jh. hinein wurde tierisches Verhalten oft sehr vermenschlicht dargestellt, nicht zuletzt in den überaus populären Werken des bekannten Zoologen und „Tiervaters" Alfred Brehm. Auch in Märchen und Legenden, Zeichentrickfilmen und Cartoons begegnen uns sprechende und denkende Tiere, deren Verhalten menschliche Eigenschaften verrät oder karikiert. Mit der Realität haben diese Zerrbilder wenig gemein – der „mutige Löwe", der „schlaue Fuchs", die „weise Eule" und die „falsche Schlange" sind von Grund auf irreführende Attribute. Vielmehr stellt sich beim Nahrungserwerb und bei der Partnerwahl des Menschen – um nur zwei Beispiele zu nennen – die umgekehrte Frage: In welchem Maße wird menschliches Verhalten unbewusst noch von der „tierischen" Vergangenheit geprägt?

Konrad Lorenz, bekannt als „Vater der Graugänse", in Altenberg bei Wien.

> **Konrad Lorenz – Vater der vergleichenden Verhaltensforschung**
>
> Konrad Lorenz (1903–1989), einer der wichtigsten Vertreter der sog. klassischen vergleichenden Verhaltensforschung (Ethologie), erhielt für seine „Entdeckungen zur Organisation und Auslösung von individuellen und sozialen Verhaltensmustern" (so der Titel seiner Veröffentlichung) gemeinsam mit Karl von Frisch und Nikolaas Tinbergen 1973 den Nobelpreis für Physiologie bzw. Medizin. Lorenz setzte weniger auf Experimente als auf Protokollierung des beobachteten Verhaltens. Schlüsselreize, angeborene Auslösemechanismen sowie die bei manchen Tierarten – z. B. Enten und Gänsen – nachweisbare Prägung in den ersten Stunden nach dem Schlüpfen erkannte er als genetisch festgelegt.

Angeboren oder erlernt – wie groß ist der Einfluss des Umfelds?
Verhaltensweisen, die für die Arterhaltung wichtig sind – z. B. eine schnelle Flucht in gefährlichen Situationen, das ruhige Ducken der Rehkitze in eine Mulde, das Balzverhalten in der Paarungszeit und der Saugreflex eines Neugeborenen –, sind oft im Erbgut verankert und können durch Schlüsselreize ausgelöst werden. Für dieses angeborene Verhalten wurde früher der Begriff Instinkt verwendet. Beim Menschen wird im übertragenen Sinn damit bis heute noch ein sicheres (Vor-)Gefühl in bestimmten Situationen bezeichnet.

Die Unterscheidung von Feind und Freund hingegen, von essbaren und giftigen Nahrungsmitteln, die verschiedenen Strophen des Gesangs oder erfolgreiche Jagdstrategien müssen von den Eltern und anderen Artgenossen oder durch Versuch und Irrtum gelernt werden. Die Lernfähigkeit von Tieren wurde in mancherlei Experimenten erforscht und bewiesen. So finden z. B. Ameisen in einem Irrgarten bereits nach wenigen Versuchen den kürzesten Weg zum Futter. Der Einsatz von Werkzeug

Erst durch Übung sowie Beobachtung und Nachahmung der älteren Tieren lernen Junglöwen die erfolgreiche Jagd.

ist nicht nur bei Schimpansen oder Delfinen bekannt (die einen Schwamm als Schnauzenschoner bei der Fischjagd verwenden), sondern auch bei Vögeln, die mit Hilfe von Ästchen und Blättern Leckerbissen aus Spalten holen.

Auch die Stellung in der Gruppe – die Rangordnung – ist nicht ererbt, sondern muss in Herden und Familien immer wieder durch Kämpfe erstritten oder verteidigt werden. Bei der Konkurrenz um Sexualpartner und um Nahrung (vermenschlicht als Futterneid bezeichnet) wird die Rangordnung sichtbar: Dem ranghöchsten Tier und seinem Nachwuchs stehen die besten Brocken zu.

Was ist Prägung?
In einem sehr kurzen, genetisch festgelegten Zeitabschnitt werden Reize der Umwelt so dauerhaft

> **Was sind Nestflüchter und Nesthocker?**
> Nestflüchter wie Reptilien, Strauße und Huftiere verlassen unmittelbar nach dem Schlüpfen bzw. nach der Geburt ihren Geburtsort und können den Eltern sofort folgen. Sie werden in der Regel von den erwachsenen Tieren noch gefüttert und beschützt. Nesthocker dagegen – wie Störche, Raubtiere, Nager und Menschen – kommen noch relativ unentwickelt zur Welt und sind wegen ihrer Hilflosigkeit lange auf eine intensive Brutpflege angewiesen.

Durch den weit aufgerissenen Schnabel löst das Küken den Fütterinstinkt der Eltern aus.

BIOLOGIE

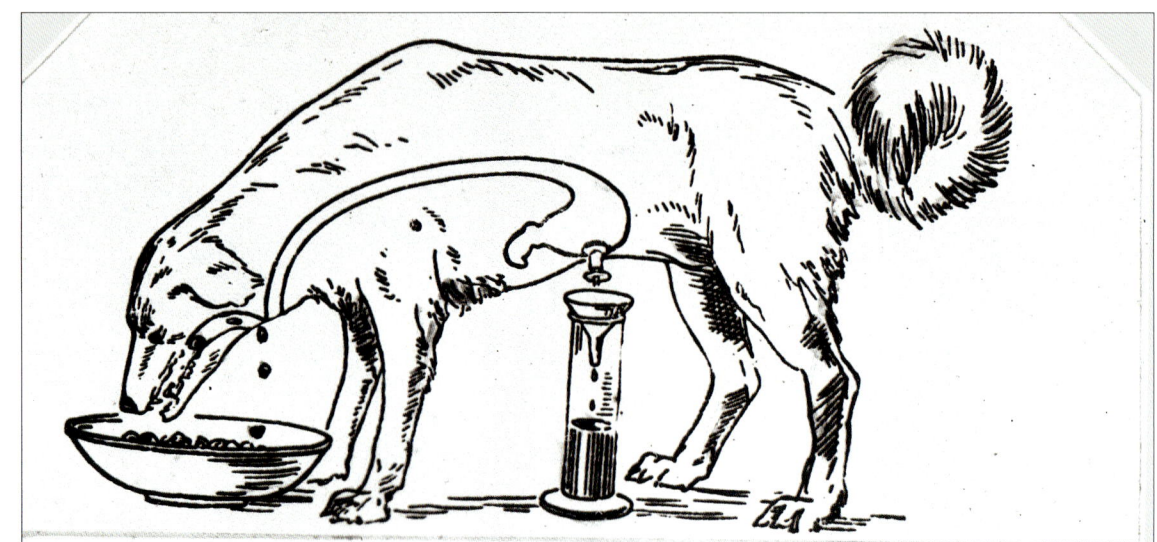

Der russische Mediziner und Physiologe Iwan Pawlow stellte bei einem Forschungsprojekt mit den nach ihm benannten Pawlow'schen Hunden fest, dass bereits Geruch und Geschmack des Futters die Produktion der Magensäfte und die Speichelsekretion anregen.

Пища, съедаемая собакой, не доходит до желудка и выпадает через отверстие в пищеводе. Но желудок — только под влиянием нервного возбуждения — выделяет желудочный сок.

Durch regelmäßige Lockrufe hält die Kanadagans ihre Kükenschar zusammen.

gleichsam auf der inneren „Festplatte" eingebrannt, dass bestimmte Verhaltensweisen wie angeboren erscheinen. Am bekanntesten ist die Nachfolgeprägung bei Küken, die erst lernen müssen, wie ihre Mutter aussieht: Junge Gänse nähern sich in den ersten Stunden nach dem Schlüpfen jedem Objekt, das sich bewegt und regelmäßige Geräusche von sich gibt – ob Mensch, Fußball oder Pappmodell –, und folgen diesem bedingungslos überallhin nach. Konrad Lorenz demonstrierte dies eindrucksvoll mit den auf ihn geprägten Grauganskücken. Es gibt auch eine sexuelle Prägung, die in der sensiblen und irre-

Warum läuft uns das Wasser im Mund zusammen?

Das Einsetzen der Speichelsekretion bereits beim Anblick oder dem Duft von Speisen bzw. bei der bloßen Vorstellung eines Leckerbissens ist ein über Konditionierung (Lernen) erworbener, beim Menschen wie bei den Tieren zu beobachtender Reflex. Iwan Pawlow (1849–1936) stellte bei Experimenten mit seinen Hunden fest, dass ein wiederholter Reiz – z. B. ein Klingelton – der regelmäßig der Fütterung vorausging, in Vorfreude auf die Nahrung die Sekretion von Speichel und anderen Verdauungssäften auslösen kann und ein Beispiel für einen erlernten Reflex darstellt.

Warum finden Menschen kleine Kinder und junge Tiere „süß"?

Beim Anblick von kleinen Kindern und Tierbabys reagieren die meisten Menschen mit dem unwillkürlichen Wunsch, das junge Lebewesen zu streicheln, zu füttern und zu beschützen. Zu den Schlüsselreizen – die das Fürsorgeverhalten auslösen – gehören die dem sog. Kindchenschema entsprechenden Proportionen (ein im Verhältnis zum Körper großer Kopf mit einer hohen, gewölbten Stirn, großen, runden Augen, dicken Pausbacken, kurzer Stupsnase bzw. Schnauze, kürzeren Armen und Beinen) sowie unsichere, eher tollpatschige Bewegungen.

versiblen Phase schon vor der Geschlechtsreife erfolgt: Bekannt sind Enten, die von Haushühnern aufgezogen wurden und diese dann bei der Balz als Partner bevorzugen. Für Tiere, die in größeren sozialen Gruppen leben (z. B. in Herden), ist die Prägung der Mutter auf ihr Junges gleich nach der Geburt überlebenswichtig. Durch Belecken oder Beschnuppern nimmt sie den individuellen Geruch auf, sodass sie ihren eigenen Nachwuchs auch in einer großen Herde wieder findet und an ihrem Gesäuge duldet. Jungtiere, auf die die Mutter nicht in der Phase nach der Geburt geprägt wurde, werden dagegen abgewehrt und am Trinken gehindert. Lachse erkennen am Geschmack das Wasser, in dem sie ihre ersten Lebenswochen verbrachten und in das sie als geschlechtsreife Tiere zum Laichen zurückkehren.

Was hat die Werbung von der Biologie gelernt?

Hersteller von Puppen und Stofftieren, Werbestrategen und Trickfilmproduzenten, die bei ihren Produkten auf die Darstellung prototypischer Kindergesichter achten, machen sich das sog. Kindchenschema zunutze. Aber auch Botschaften, die erfolgreich durch nonverbale Kommunikation – wie Körpersprache (sich in die Brust werfen), Mimik (Lächeln, Stirnrunzeln), Gestik (z. B. erhobene Faust) und Kleidung – ausgesendet werden, sind für die erfolgreiche Beeinflussung von Zielgruppen von großer Bedeutung und Gegenstand von Seminaren und Trainings für Politiker, Verkäufer und Manager. Die Lebensmittelindustrie nutzt darüber hinaus die frühe Prägung von Menschen und Tieren auf positiv empfundene Geschmacks- und Aromastoffe sowie optische Reize und intensiviert diese im Fooddesign.

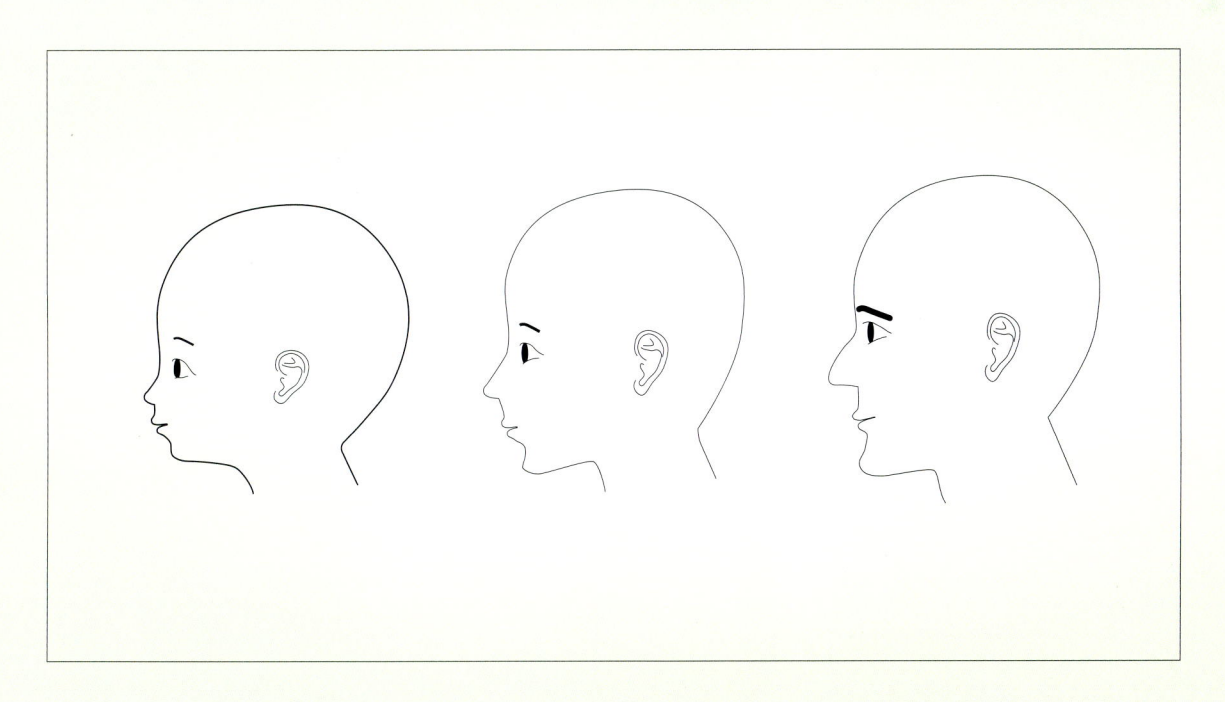

Die rundlichen, kindlichen Proportionen von Stirn, Augen, Kinn und Nase (Kindchenschema) lösen bei Erwachsenen den Beschützerinstinkt aus. Sie verändern sich im Laufe der Entwicklung zu den „Charakterköpfen" der Erwachsenen.

BIOLOGIE

Gregor Johann Mendel, der Vater der klassischen Genetik.

Trotz verschiedener Haarfarben – die Ähnlichkeit der drei Brüder ist unübersehbar.

GENETIK

Was besagen die mendelschen Regeln?
Die nach dem österreichischen Augustinermönch Gregor Johann Mendel (1822–1884) benannten mendelschen Regeln, die 16 Jahre nach dem Tod ihres Begründers wiederentdeckt wurden, bilden die Grundlage der modernen Evolutionsbiologie und Genetik. Mendel fand durch zahlreiche Experimente an Erbsen heraus, nach welchen Gesetzmäßigkeiten bestimmte Merkmale in der 1. bzw. in der 2. und 3.

Was haben die mendelschen Regeln mit Erbsenzählerei zu tun?
Der oft als Spinner belächelte Gregor Johann Mendel beschränkte sich bei seinen Forschungen an Erbsen auf eindeutig unterscheidbare Merkmale (Samenform, Samenfarbe, Blütenfarbe, Hülsenform, Hülsenfarbe, Blütenachse, Blütenstellung) und beobachtete ganze Populationen – und nicht nur wenige Individuen wie seine wissenschaftlichen Vorgänger. Er führte 355 Kreuzungen durch und untersuchte 12 980 aus diesen Befruchtungen herangezogene (Erbsen-)Bastarde. Die Veröffentlichung seiner Ergebnisse 1865 unter dem Titel „Versuche über Pflanzen-Hybride" traf damals bei seinen Zeitgenossen auf Unverständnis.

BIOLOGIE

Generation auftreten. Anhand dieser Ergebnisse gelang es ihm, Regeln der Vererbung aufzustellen, die bis heute gültig sind. Experimente mit der nur vier Chromsomen besitzenden Fruchtfliege Drosophila melanogaster, dem klassischen Versuchstier der Genetik, ergaben, dass Chromosomen die Träger der Gene sind und die Erbinformationen von der DNA gespeichert werden. Die Entschlüsselung des Erbguts von Drosophila gelang im Jahr 2000, die des menschlichen zur Jahreswende 2005/2006. Seither wissen wir, welches Gen auf welchem der 23 Chromosomen des Menschen liegt.

> **Was sind Chromosomen?**
>
> • Chromosomen sind fadenförmige Gebilde im Zellkern, die aus einem einzigen, sehr langen DNA-Molekül bestehen. Jedes Chromosom enthält Hunderte oder Tausende von Genen, von denen jedes eine bestimmte Region auf dem DNA-Molekül einnimmt.
> • Nicht alle Lebewesen haben 46 Chromosomen wie die Menschen. So besitzt z. B. der Pferdespulwurm nur zwei Chromosomen, die Taufliege Drosophila hat acht, die Ratte 42, das Haushuhn 78, der Champignon acht und der Schachtelhalm 216 Chromosomen.

Warum sehen Kinder nicht wie ihre Eltern aus?

Diese in Familien häufig gestellte Frage lässt sich vielfach mit Hilfe der mendelschen Regeln beantworten.

Haben z. B. Vater und Mutter blonde Haare, werden auch die Kinder blond sein (Uniformitätsregel). Ist aber der Vater schwarzhaarig und die Mutter blond, können die Kinder schwarz-, braun-, oder blondhaarig sein (sog. Spaltungsregel). Ist der schwarzhaarige Vater sehr musikalisch, die blonde Mutter sehr sportlich, kann der Nachwuchs schwarz, blond oder braun und musikalisch oder sportlich, bei jeder Haarfarbenkombination aber auch musikalisch und sportlich sein (Neukombinationsregel).

In der klassischen Tier- und Pflanzenzüchtung werden die mendelschen Regeln angewendet, damit besondere Eigenschaften der Eltern – z. B. bestimmte Farbmerkmale, ein zusätzliches Rippenpaar, gute Milch- und Fleischleistung – auf den Nachwuchs vererbt werden. Gewünschte Eigenschaften werden dann weitergezüchtet; unerwünschte können durch geschickte Auswahl ausgekreuzt werden. In Zuchtbüchern wird diese Arbeit über Jahrzehnte hinweg dokumentiert.

Wie entsteht ein Embryo?

Der Mensch – ob männlich oder weiblich – hat einen doppelten (diploiden) Chromosomensatz, d. h. er verfügt über 2 x 23 Chromosomen, die sich einzig im Geschlechtschromosom unterscheiden: Die Frau besitzt ein XX-, der Mann ein XY-Chromosom. Bei der Zellteilung, die alle Körperzellen zum Wachstum benötigen (Mitose), entstehen zwei Tochterzellen mit jeweils einem identischen diploiden Chromosomensatz.

Anders ist es bei der Bildung von Ei- und Samenzellen: Hier muss eine sog. Reduktionsteilung (Meiose) stattfinden, damit nur noch ein einfacher (haploider) Chromosomensatz übrig bleibt. Beim Vater entstehen so vier Samenzellen, die jeweils entweder ein männliches Y- oder ein weibliches X-Chromosom tragen, während die mütterlichen Eizellen, von denen in der Regel nur ein befruchtungsbereites Ei reift, immer nur mit einem X-Chromosom ausgestattet sind. Bei der Befruchtung verschmelzen die elterlichen Chromosomensätze: So entsteht wieder ein diploider Chromosomensatz mit insgesamt 46 Chromosomen, der von jedem DNA-

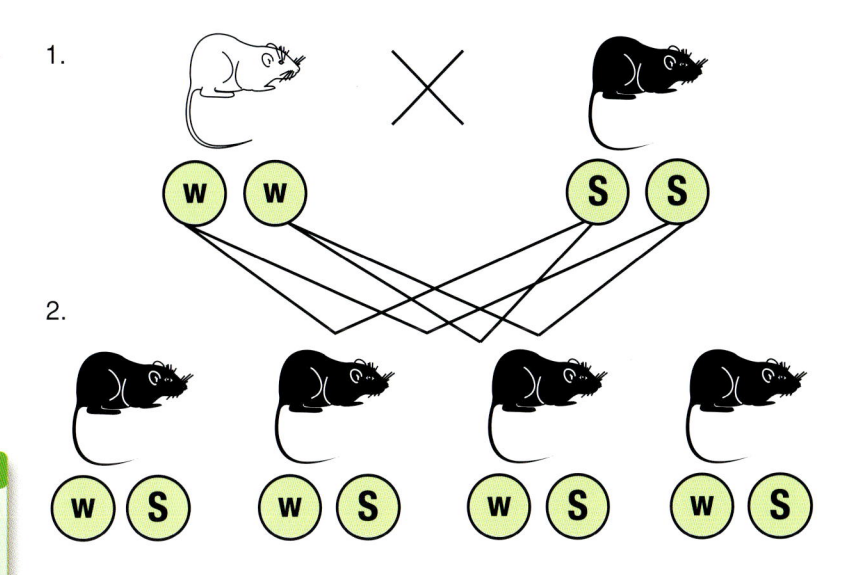

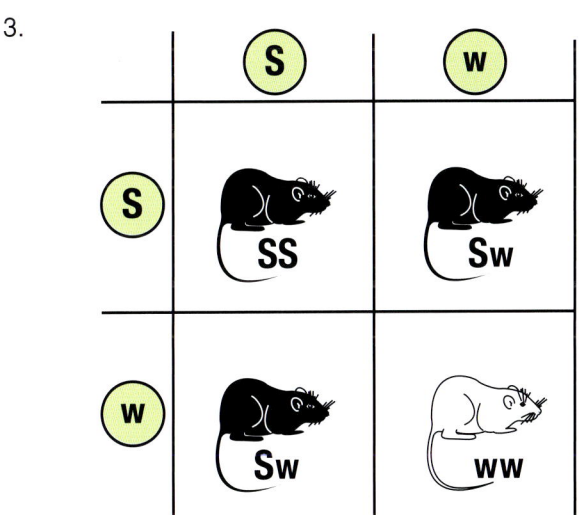

Oben: Die Farbe Schwarz (SS) wird dominant vererbt, die Nachkommen der beiden Mäuse (Sw) sind schwarz.

In der nächsten Generation spalten sich die Eigenschaften wieder auf, reinerbige Mäuse (SS und ww) sowie mischerbige (Sw) entstehen.

BIOLOGIE

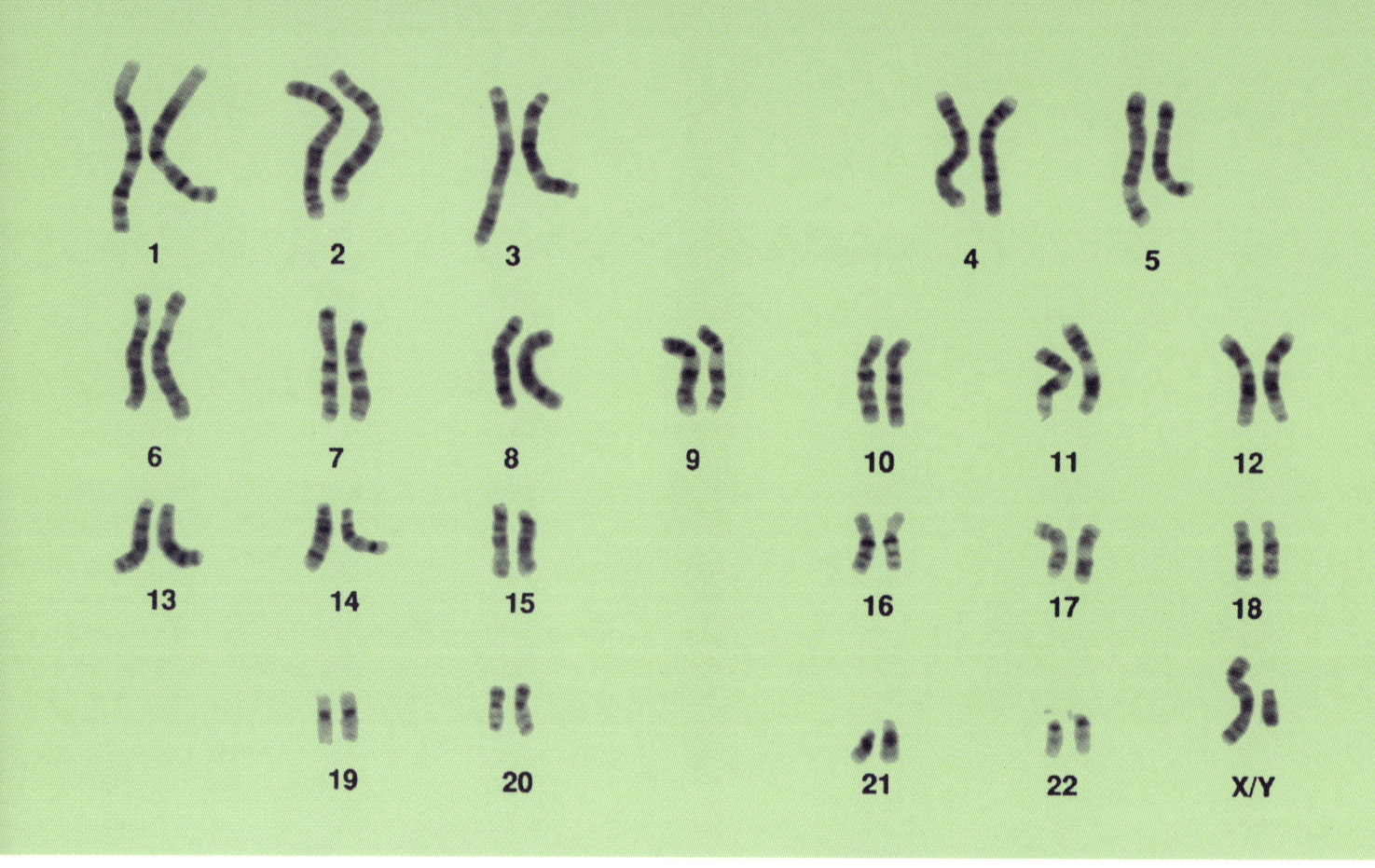

Die mikroskopische Aufnahme zeigt die 2 x 23 Chromosomen eines normalen männlichen Karyotyps. Nach dem Einfärben der Probe kann man die Chromosomen unter 1000-facher Vergrößerung als gestreifte Stränge erkennen. Das 23. Chromosom legt das Geschlecht fest (XY – männlich; XX – weiblich).

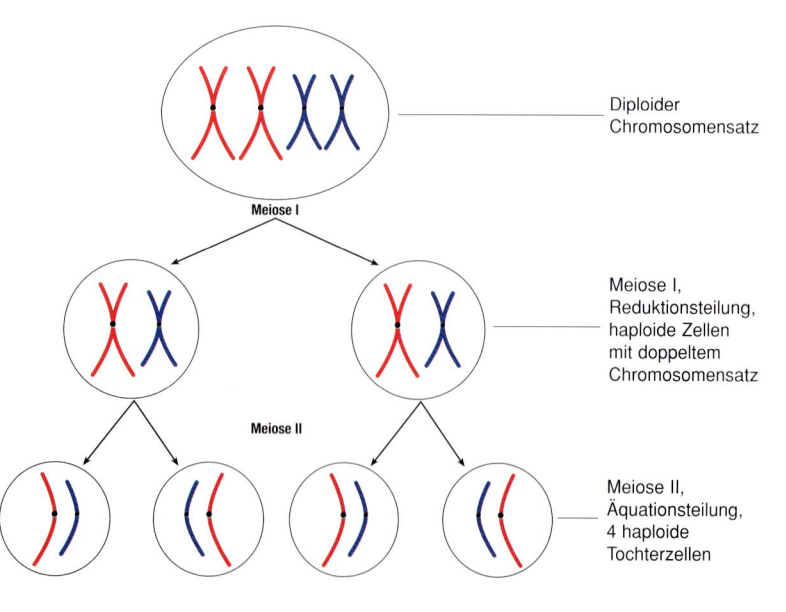

Bei der Meiose entstehen durch Reduktions- und Äquationsteilung die vier Samenzellen mit einem haploiden Chromosomensatz.

Abschnitt je eine Version (Allel) von Mutter bzw. Vater besitzt – das Erbgut wird also neu kombiniert.

Wer bestimmt das Geschlecht?

Das Geschlecht des Nachkommen, ob männlich (XY) oder weiblich (XX), wird bei der Befruchtung vom väterlichen Samen bestimmt. Werden zur gleichen Zeit zwei Eizellen durch zwei Spermien befruchtet, entstehen zweieiige Zwillinge, die dementsprechend auch unterschiedliche Erbanlagen aufweisen und verschiedenen Geschlechts sein können. Eineiige Zwillinge dagegen, die sich durch Teilung aus einer einzigen befruchteten Eizelle entwickeln, besitzen das gleiche Erbgut und das gleiche Geschlecht.

Was ist die DNA?

Die DNA (Deoxyribonucleic Acid, im deutschen Sprachraum als DNS – Desoxyribonukleinsäure – bezeichnet), ist das wichtigste Molekül für die Vererbung in pflanzlichen und tierischen Organismen. Vergleichbar einem Architekten, Bauherrn und Bauunternehmer in einer Person, gibt sie den Bauplan für die Zellen vor, ist aber auch für die Durchführung des Aufbaus und die richtigen Baumaterialien verantwortlich.

Die DNA besteht aus zwei langen Molekülketten, die schraubenförmig um eine gemeinsame (ge-

Genetik und Kriminalistik

Große Bedeutung erlangte die von Alec Jeffreys (* 1950) entwickelte Methode des sog. Fingerprintings nicht nur bei Vaterschaftsnachweisen, sondern auch in der Kriminalistik. Aus kleinsten Proben am Tatort eines Verbrechens kann das sog. genetische Profil des Täters erstellt werden. Wird der Täter in einem größeren Kreis von Verdächtigen – z. B. unter den Einwohnern einer Gemeinde – vermutet, bieten sich Speicheltests an: Man entnimmt mit einem Wattestäbchen einige Zellen der Mundschleimhaut, analysiert deren DNA und vergleicht sie mit den gesicherten Spuren.

Bei Vorliegen einer Straftat (gemäß StGB) darf die Polizei nur einen echten Fingerabdruck (Daktylogramm) nehmen; der genetische Fingerabdruck muss zuvor richterlich angeordnet werden (seine Abnahme erfolgt nur bei schweren Straftaten). In Deutschland wurde er erstmals 1988 von einem Gericht als Beweis in einem Strafprozess anerkannt.

dachte) Achse gewunden sind (Doppelhelix-Struktur). Die Information auf den DNA-Ketten wird durch Kombination der vier Basen Adenin „A", Cytosin „C", Guanin „G" und Thymin „T" kodiert, wobei sich immer die gleichen Basen gegenüberliegen – Adenin und Thymin bzw. Guanin und Cytosin. Die verschiedenen Kombinationen dieser Basenpaare sind für die Programmierung des Zellaufbaus verantwortlich.

Bei der DNA-Analyse werden die Erbanlagen (das Genom) auf bestimmten Bereichen der Chromosomen untersucht. Rückschlüsse auf Anomalien, die Veranlagung zu bestimmten Krankheiten, äußere Merkmale sind so möglich. Die u. a. kodierten Bereiche nehmen interessanterweise jedoch nur

Die Illustration zeigt – von links im Uhrzeigersinn nach rechts – die Entstehung eines Embryos, bei der das Erbgut von Mutter und Vater kombiniert wird.

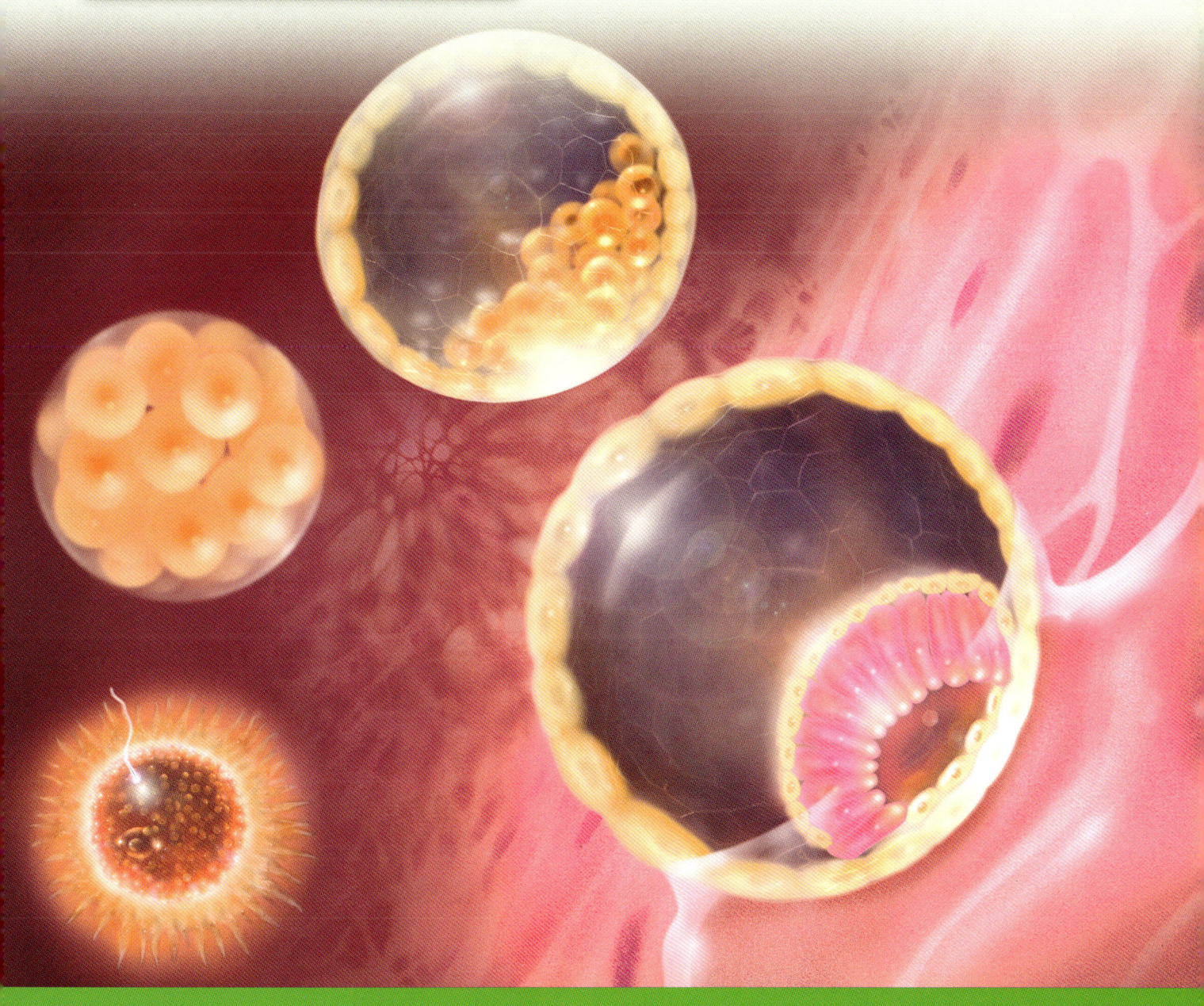

BIOLOGIE

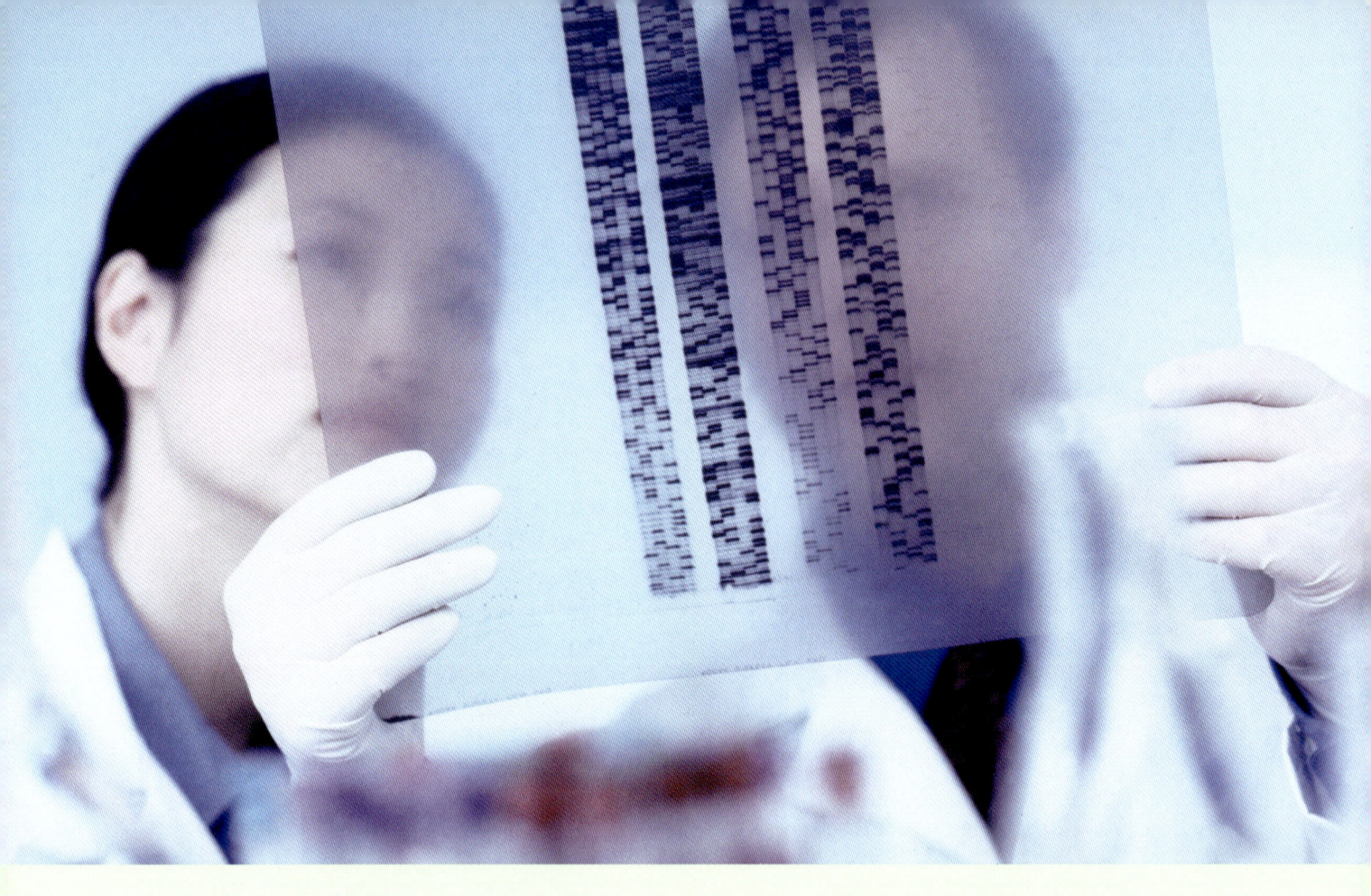

Ein Vergleich der unterschiedlich langen DNA-Fragmente der Eltern mit einzelnen Streifen (Banden) des Kindes zeigt die Verwandtschaftsverhältnisse.

ca. zwei Prozent der gesamten DNA ein, die restlichen 98% werden als Junk-DNA bezeichnet.

Was ist der genetische Fingerabdruck?

Die Junk-DNA, die keinen genetischen Code enthält, prägt aber den sog. genetischen Fingerabdruck, d. h. ein für jedes Lebewesen individuelles Muster von Basenpaaren. Kleinste Spuren von Blut, Speichel oder Sperma und zellhaltige Proben wie Haarwurzeln oder Hautschuppen sind für eine Analyse im Labor bereits ausreichend.

Ebenso wenig wie beim echten Fingerabdruck sind jedoch Aussagen über Aussehen, Krankheiten, Eigenschaften oder Begabungen möglich. Durch Zusatzuntersuchungen an den X- bzw. Y-Chromosomen können allerdings Informationen über Geschlecht und Anomalien (z. B. Down-Syndrom) gewonnen werden.

Wie funktioniert der Vaterschaftstest?

Für die Analyse werden mehrere definierte Stellen auf der DNA gleichsam ausgeschnitten. Aus der Anzahl und Kombination der Wiederholungen einer bestimmten Buchstabenfolge (A,C,G,T) dieser Genorte (STR, engl. short tandem repeats) ergibt sich ein individuelles Muster. Aufgrund der Vererbung der Wiederholungsanzahlen der STR-Genorte sind auch Aussagen über den Verwandtschaftsgrad möglich. Das Kind trägt an jedem STR-Genort eine Wiederholungsanzahl der Mutter und eine des Vaters. Beim Vaterschaftstest kann also durch den

Die Merkmale des Fingerabdrucks (Daktylogramm) sind bei jedem Menschen individuell verschieden.

Vergleich der elterlichen Allele (Merkmalsanlagen auf einem Gen) der wirkliche Vater festgestellt bzw. eine Vaterschaft ausgeschlossen werden. Die Wahrscheinlichkeit einer zufälligen absoluten Übereinstimmung liegt bei weniger als 1 : 100 000 000 000. Verwandtschaftsverhältnisse lassen sich auch über mehrere Generationen zurückverfolgen.

Wie verlässlich sind die Ergebnisse des genetischen Fingerabdrucks?

Jede Methode ist so gut wie die Menschen, die sie anwenden. Durch Schlamperei – verschmutzte oder vertauschte Proben, falsche Bedienung der Apparate oder durch Probleme in der Datenverarbeitung – können Fehler auftreten. Da eineiige Zwillinge grundsätzlich den gleichen genetischen Code besitzen, kann bei einem „positiven" Ergebnis des genetischen Fingerabdrucks eine Tatortspur auch vom Zwilling des eigentlichen Täters stammen. Nach einem Bericht des englischen Fachmagazins New Scientist ist es auch möglich, dass durch Knochenmarkspenden der genetische Fingerabdruck des Empfängers verfälscht wird. Da aufgrund verunreinigter Proben bereits Fehlurteile gefällt wurden, ist bei Strafprozessen inzwischen eine Wiederholung der Untersuchung vorgeschrieben.

Kann die Genetik helfen, Krankheiten zu heilen?

Durchaus – und Mediziner hoffen, mit Hilfe der Genetik in Zukunft z. B. molekulare Mechanismen der Krebsentstehung besser verstehen und für den einzelnen Patienten maßgeschneiderte, nebenwirkungsfreie Arzneimittel erzeugen zu können. Viele Krankheiten und Eigenschaften lassen sich bereits heute (mehr oder weniger genau) bestimmten Abschnitten innerhalb der Chromosomen zuordnen. So liegt z. B. die Alzheimerkrankheit auf dem Chromosom 14, andere wieder sind geschlechtsspezifisch: Es ist bekannt, dass manche Krankheiten wie die Bluterkrankheit und Eigenschaften, wie z. B. die Rot-Grün-Blindheit, auf dem X-Chromosom liegen. Da Männer nur ein X-Chromosom besitzen, sind sie viel häufiger betroffen als Frauen, deren zweites „gesundes" X-Chromosom den Defekt ausgleichen kann.

Aus der Erkenntnis, dass Schimpansen, deren Erbgut dem des Menschen zu 96% gleicht, immun gegen Malaria und Aids sind, hoffen Wissenschaftler in Zukunft auf der Basis jener Erbanlagen, die Affen vor den Infektionen schützen Therapien für den Menschen entwickeln zu können.

Das Erbgut des Zwergschimpansen (Bonobo) gleicht zu 98,4% dem menschlichen. Sein Lebensraum im Kongo ist stark durch politische und soziale Unruhen bedroht

BIOLOGIE

GENTECHNIK IN DER BIOLOGIE

In Deutschland, Österreich und der Schweiz besteht für gentechnisch veränderte Produkte, z. B. aus Soja, eine Kennzeichnungspflicht.

Was versteht man unter Gentechnik?
Spätestens seit dem Klonschaf Dolly und den Diskussionen um gentechnisch veränderte Lebensmittel wie Reis und Mais gehört die Gentechnik zu den umstrittensten Themen der Biologie. Die Erkenntnisse der Molekularbiologie über Chromosomen, Gene und biochemische Steuerungen von Lebewesen sowie bestimmte Virengenome erlauben Eingriffe in das Erbgut. DNA-Kombinationen über Artgrenzen hinweg eröffnen der Forschung weit reichende Möglichkeiten, deren Risiken und ethische Probleme uns aber noch lange begleiten werden.

Welche Risiken sind mit der Gentechnik verbunden?
Über die langfristigen Auswirkungen der sog. grünen Gentechnik weiß man bislang nur wenig. Wissenschaftler warnen z. B. vor einer Erhöhung der Allergieneigung, Veränderungen des Blutbilds, erhöhter Antibiotikaresistenz, vor Nierenschäden und Fehlgeburten bei Mensch und Tier. Aktuelle Probleme ergeben sich bereits durch die unkontrollierbare Kontaminierung von Kultur- und Wildpflanzen durch gentechnisch veränderte Pollen. So werden Produkte aus biologisch-dynamischem Anbau vom Handel (und vom Verbraucher) nicht mehr akzeptiert, wenn sie in der Nähe von gentechnisch manipulierten Pflanzen kultiviert wurden. Unterschätzt

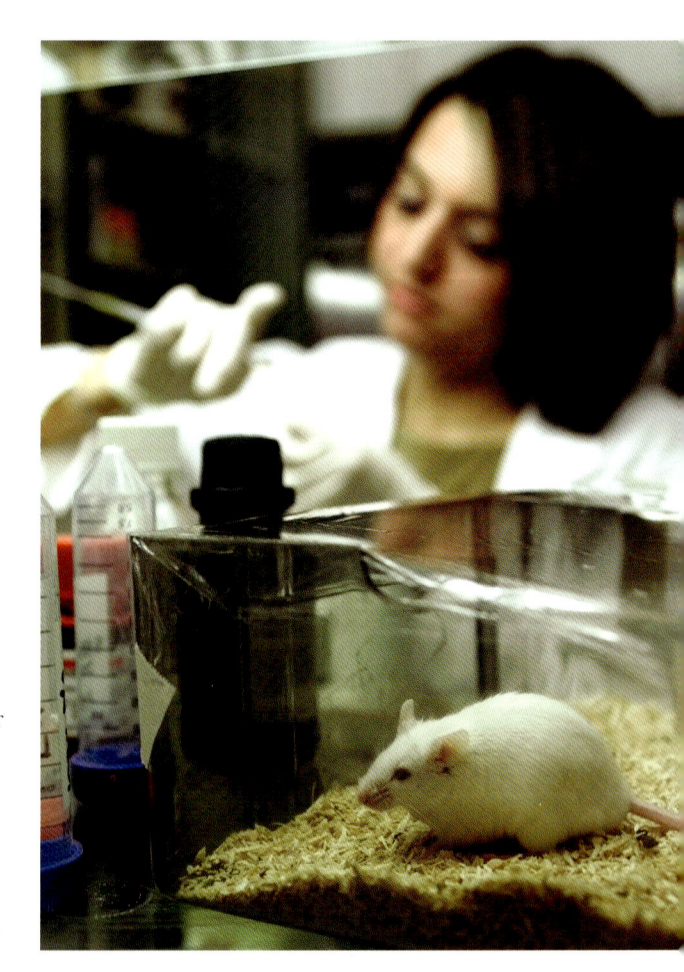

Italienische Wissenschaftler experimentieren mit gentechnisch veränderten Mäusen, um Medikamente gegen altersbedingten Muskelabbau zu entwickeln.

wird möglicherweise auch die Gefahr einer rapiden Verarmung der Artenvielfalt, da damit gerechnet werden muss, dass neue Züchtungen die Wildarten verdrängen. Landwirten droht die Gefahr der wirtschaftlichen Abhängigkeit von Konzernen, die patentiertes Saatgut und speziell darauf zugeschnittene Herbizide produzieren.

Welche Gentechniken gibt es?
– Grüne Gentechnik (Agrar-Gentechnik, Agro-Gentechnik): Anwendung gentechnischer Verfahren in der Pflanzenzüchtung sowie Nutzung gentechnisch veränderter Pflanzen in der Landwirtschaft und im Lebensmittelsektor.
– Gelbe bzw. rote Gentechnik: Anwendung in der Medizin bei der Entwicklung und Herstellung von Arzneimitteln (z. B. durch gentechnisch veränderte Bakterien hergestelltes Humaninsulin) sowie bei diagnostischen und therapeutischen Verfahren.
– Graue bzw. weiße Gentechnik: Nutzung gentechnisch veränderter Mikroorganismen in der Mikrobiologie und der Umweltschutztechnik, in der Industrie zur Herstellung von Enzymen oder Feinchemikalien.

Was bedeutet „Klonen"?
Unter Klonen (griech. kloon: Zweig, Schössling) versteht man die künstliche Erzeugung zweier (oder auch mehrerer) genetisch identischer Zellen oder Organismen.

Die Methode der Zellkernübertragung (reproduktives Klonen) gelang inzwischen nicht nur bei Schafen, Pferden, Labormäusen und -ratten, sondern auch bei vom Aussterben bedrohten Tierarten wie der Afrikanischen Wildkatze, dem Weißwedelhirsch, dem Europäischen Mufflon und dem Gaur.

Die Hoffnung einiger Wissenschaftler besteht darin, zukünftig aus embryonalen Stammzellen eines Patienten Gewebe oder sogar Organe zu züchten, die später für therapeutische Zwecke, z. B. für Haut-, Nieren- oder Herztransplantationen zur Verfügung stehen können (therapeutisches Klonen). Da das genetische Material vom Patienten stammt, entfällt die Gefahr immunologischer Abwehrreaktionen; andere Risiken allerdings – wie Tumorwachstum und Krebs – sind bisher nicht abschätzbar.

> **Wer war Dolly?**
> Dolly entstand aus der Euterzelle eines sechs Jahre alten Schafes (A), deren Zellkern im Reagenzglas (in vitro) in die entkernte Eizelle eines anderen Schafes (B) eingesetzt wurde. Der Embryo, der nur die Erbinformationen von (A) trug, wurde einem anderen Schaf (C) eingepflanzt, das 1997 in England Dolly zur Welt brachte. Dolly war also eine genetisch identische Kopie von Schaf (A).
> Die weitere Lebensgeschichte von Dolly verdeutlicht die Problematik des Klonens: Bereits 1999 wiesen Dollys Zellen Alterungs- und Abnutzungserscheinungen auf, die eigentlich erst nach dem 10. Lebensjahr zu erwarten gewesen wären. 2003 musste Dolly wegen einer Lungenentzündung vorzeitig eingeschläfert werden.

Klonschaf Dolly mit seinem „geistigen Vater", Dr. Ian Wilmut.

BIOLOGIE

ERZEUGUNG VON LEBENSMITTELN

Wo helfen Bakterien und Pilze bei der Lebensmittelherstellung?

Die meisten Lebensmittel werden heute in großen Industriebetrieben erzeugt; dort sind Bakterien wie *Escherichia coli, Lactobazillus,* Pilze wie *Aspergillus* und Hefen wie die Bierhefe *(Saccharomyces cerevisiae)* im Großeinsatz, weil sie sich anspruchslos und schnell kultivieren lassen. Die Herstellung und Konservierung von Käse, Joghurt, Wurst, Marmelade, Brot, Limonade, Wein und Bier sowie einer Vielzahl von Fertigprodukten aus Milch, Getreide, Fleisch, Obst und Gemüse wären ohne den Einsatz von Mikroorganismen nicht denkbar.

Wo kommt Milchsäuregärung zum Einsatz?

Ob in der deutschen, russischen, griechischen, römischen oder ungarischen Küche als Sauerkraut, in der Küche der Mandschurai als *Suan cai,* in Japan als *Tsukemono* oder in Korea als *Kimchi (Gimchi)* – rund um den Globus ist die Konservierung von Gemüse durch Milchsäuregärung bekannt.

Das zerkleinerte Gemüse (Weißkraut bzw. Chinakohl) wird gut mit Salz gemischt, in Steinguttöpfe geschichtet und fest gepresst, sodass die Zellstrukturen aufbrechen und der Zellsaft austritt. Mit einem Brett oder Teller abgedeckt und mit einem Stein beschwert, wird das Kraut kühl gelagert. Das Brett soll die Zufuhr von Sauerstoff verhindern und dafür sorgen, dass keine sauerstoffliebenden Bakterien das Gemüse verfaulen lassen. Die anaeroben Bakterien, die mit dem Kohl in den Topf gelangt sind, können den vorhandenen Fruchtzucker ohne weitere Zusätze zu Milchsäure, Essigsäure und Kohlenstoffdioxid vergären. Je nach Jahreszeit und Raumtemperatur dauert die Gärung zwischen sechs Tage und drei Monate.

Das saure Kraut ist kalorienarm, reich an Vitamin C und Vitamin B12 und enthält lebenswichtige Mineralstoffe und Spurenelemente wie Kalzium, Kalium, Natrium, Phosphor und Eisen.

Die charakteristischen Löcher im Schweizer Käse entstehen durch Kohlenstoffdioxid, das von Bakterien erzeugt wird.

Sauerkraut, hier vor dem Beginn der Milchsäuregärung in einem traditionellen Sauerkrauttopf aus Steingut, ist eine deutsche und osteuropäische Spezialität. Sie besteht aus vergorenem Weißkohl, der oft mit Weißwein verfeinert wird.

Wie kommen Löcher und blaue Adern in den Käse?

Bei der Herstellung von Frischkäse aus Frischmilch sorgen Milchsäurebakterien *(Lactobacillus)* für den Abbau des Milchzuckers. Die frei werdende Milchsäure lässt das Milcheiweiß gerinnen und unterbindet damit auch das Wachstum von Milch zerstörenden Bakterien. Lab, ein Enzym aus Kälbermägen, das biotechnologisch mit Hilfe des Schimmelpilzes *Mucor mihei* in Fermentern hergestellt wird, lässt die Masse gerinnen. Der dabei entstehende feste, auf der flüssigen Molke schwimmende Bruch wird abgeschöpft, gepresst und – je nach Sorte – mit Kräutern gewürzt, dann in Salzlake getaucht und zum Reifen in klimatisierten Räumen gelagert oder mit Pilzkulturen beimpft. *Propioni*-Bakterien erzeugen bei der Reife Kohlenstoffdioxid, welches für die typischen Löcher im Schweizer Käse verantwortlich ist. Die blauen Adern im Gorgonzola werden ebenso wie bei dem aus Schafmilch hergestellten Roquefort von dem Schimmelpilz *Penicillium roqueforti* erzeugt – und verschiedene Bakterien und Hefen, v. a. *Penicillium camemberti,* sorgen für den weißen Belag auf dem Camembert, seine weiche Konsistenz und den guten Geschmack.

Rechts: In Kupferkesseln gärt das Bier – hier in der Budweiser Brauerei in Tschechien.

Wie wird aus Wein Essig?

In zahlreichen Hochkulturen des Altertums – so bei den Ägyptern, Babyloniern, Persern, Griechen und Römern – wurde bereits Essig hergestellt. Er diente als Heil-, Schönheits- und Würzmittel. Die von Louis Pasteur (1822–1895) entdeckten Essigsäurebakterien *(Acetobacter)* verwandeln alkoholhaltige Flüssigkeiten wie Wein, Bier, Most, aber auch zuckerhaltige Trauben- oder Apfelsäfte in alkoholfreien Essig. Das Bakterium siedelt sich entweder selbst, z. B. in offen stehendem Apfelsaft oder Wein an (erkennbar an der Haut auf der Oberfläche) oder wird bei industrieller Herstellung durch Impfung zugesetzt.

BIOLOGIE

Mit verschiedenen Kräutern und Gewürzen lassen sich Öl- und Essigspezialitäten herstellen.

Anders als bei der Gärung ist Sauerstoff aus der Luft hier, für die Fermentation, notwendig; Wärme beschleunigt den Prozess.

Seit wann benutzt der Mensch Hefe?

Schon vor 6000 Jahren wurden Hefepilze von Menschen in Mesopotamien zum Bierbrauen genutzt. Ohne den Hefepilz *Saccharomyces cerevisiae* gäbe es keinen Wein und kein Bier, und wir müssten auch auf viele Brot- und Kuchenarten verzichten. Da sich die Anzahl der Hefezellen bei optimalen Temperaturverhältnissen und ausreichendem Nahrungsangebot ca. alle 90 Min. verdoppelt, sind Hefepilze leicht in großer Menge zu züchten.

Welche Eigenschaften machen die Hefen so wertvoll?

Hefen verwandeln unter anaeroben Bedingungen (ohne Sauerstoff) Zucker in Alkohol und Kohlenstoffdioxid und nutzen die dabei frei werdende Energie für ihr eigenes Wachstum. Alkohol und Kohlenstoffdioxid – aus Sicht der Hefe Abfallprodukte – sind für die Lebensmittelproduktion immens wichtig. Während der Alkohol für Brauer und Winzer wertvoll ist, sorgt das Kohlenstoffdioxid für lockere Backteige.

In der professionellen Wein- und Obstweinherstellung werden dem zuckerhaltigen Most daher speziell gezüchtete Hefen als Gärungshilfen zugesetzt. Bierbrauer füttern die Hefe mit Malzzucker aus gekeimter Gerste oder Weizen und erhalten als „Abbauprodukt" den gewünschten Alkohol.

Hefen haben einen relativ hohen Gehalt an hochwertigen Eiweißen, sodass sie auch zur Herstellung von Tierfutter verwendet werden. Auch in der Kosmetik haben sich Bierhefepräparate einen Markt gesichert.

Ist Fastfood Fatfood und ungesund?

Nicht immer und überall. Die Fette in Pommes frites, Mayonnaise, Würstchen und Käse, der Zucker in Ketchup und Cola – bei Kindern beliebt und oft in sog. Fast-Food-Restaurants angeboten – haben die Fettleibigkeit jedoch zu einer Pandemie werden lassen, mit gravierenden medizinischen und gesellschaftlichen Konsequenzen.

Cheeseburger und Pommes – weit verbreitet und von vielen geliebt, aber auch als Dickmacher gefürchtet.

Was ist „Designed Food"?

Inzwischen hat sich ein eigenständiger Industriezweig entwickelt, der aus preiswerten Rohstoffen Stärke, Eiweiß oder Fettaustauschstoffe gewinnt und diese zu neuen, scheinbar natürlichen Lebensmitteln zusammensetzt (sog. Designed Food). Zusätze von Vitaminen, Farbstoffen und Konservierungsstoffen (in der Europäischen Union sind ca. 300 Zusatzstoffe zugelassen, die allerdings durch Angabe der E-Nummern deklariert werden müssen) gaukeln dem Konsumenten eine gesunde Ernährung vor.

Allerdings sind vorgefertigte Speisen nicht von vornherein abzulehnen: Gleich nach der Ernte schockgefrorenes und tiefgekühltes Gemüse etwa enthält oft mehr Vitamine als über weite Wege transportierte Frischware. Ähnliches gilt für Fisch.

Ist Gentechnik im Essen unbedenklich?

Misstrauen ist bei gentechnisch veränderten Lebensmitteln angebracht. Über die Nebenwirkungen für Allergiker und Kranke sowie die Folgen in der Nahrungskette – z. B. durch die Fütterung der Nutztiere mit Gen-Soja oder Gen-Mais – wissen wir bisher noch zu wenig. Den wirtschaftlichen Erfolgserwartungen einiger Großkonzerne, die auf den Absatz von patentiertem Saatgut, sog. maßgeschneiderten Herbiziden und Düngemitteln spekulieren, stehen die Befürchtungen der naturgemäß wirtschaftenden Landwirtschaft gegenüber.

Warum vertragen nicht alle Erwachsenen Milch?

Genetiker haben festgestellt, dass der Mensch ursprünglich mit einer genetisch bestimmten, nur auf die Kindheit begrenzten Laktosetoleranz (Milch- bzw. Milchzuckerverträglichkeit) ausgestattet war. Nach Ansicht von Forschern muss vor etwa 8 000 – 10 000 Jahren bei Menschen im kaukasischen Raum eine Mutation aufgetreten sein, die die Laktosetoleranz auf die gesamte Lebensspanne ausgedehnt hat. Somit zeigen alle Nachkommen dieser Menschen – bis heute – lebenslang keinerlei gesundheitliche Beeinträchtigung beim Verzehr von Milch – im Gegensatz etwa zu Asiaten oder Afrikanern, die als Erwachsene keine Milch vertragen und mit Durchfall, Blähungen und Krämpfen v. a. auf Milch und Milchprodukte reagieren. Ursache ist das Fehlen bzw. der Mangel des Enzyms Laktase in den Zellen des Dünndarms.

Moderne Methoden der Lebensmitteltechnologie kommen bei der industriellen Erzeugung von Fertigprodukten und Fastfood zum Einsatz.

BIOLOGIE

BIONIK – DIE NATUR ALS VORBILD

Die sog. Winglets an den Tragflächenspitzen haben Flugzeugkonstrukteure der Natur abgeschaut.

Was bedeutet Bionik?
Bionik ist ein interdisziplinäres Wissensgebiet, das Bestandteile aus Biologie, Architektur, Ingenieurwesen und Design vereint, um Konzepte, die in der belebten Natur erfolgreich sind (z.B. Vogelflug), für menschliche Anwendungsgebiete nachzuempfinden und praktisch-technologisch umzusetzen. Das Kunstwort wurde 1960 von dem amerikanischen Luftwaffenmajor Jack E. Steele eingeführt und setzt sich aus Biologie und Technik zusammen.

Was haben Flugzeuge und Vögel gemeinsam?
Nicht nur dem stromlinienförmigen Körper, sondern auch der Gestalt und Anordnung der Flügelfedern bei Vögeln verdanken Flugzeugkonstrukteure wertvolle Anregungen: Vögel wie Adler und Kondor, die scheinbar mühelos stundenlang durch die Luft gleiten, haben an den Handschwingen lange Schwungfedern, die fächerförmig gespreizt werden können und so den aerodynamischen Widerstand verringern. Im Flugzeugbau wurden die Tragflächenspitzen mit den sog. Winglets versehen: Sie zerteilen die Luftwirbel, verringern den Luftwiderstand und somit auch den Energieverbrauch.

Was haben Haie mit dem Kerosinverbrauch von Flugzeugen zu tun?
Die Haut schnell schwimmender Haiarten ist mit kleinen, dicht aneinander liegenden Schuppen bedeckt. Feinste, in Strömungsrichtung verlaufende Längsriefen und -rippen auf ihrer Oberfläche verringern den Reibungswiderstand. Dementsprechend verringern die nach dem gleichen Prinzip gestalteten sog. Riblet-Folien – auf die Außenhaut von Flugzeugen geklebt – den Strömungswiderstand der Luft und können den Kerosinverbrauch um 6–8% senken.

Übernimmt die Architektur Bauprinzipien der Natur?
Ja. Viele Architekten greifen bei der Konstruktion von Gewölben, Brückenbauwerken, Hochhäusern und Leuchttürmen auf natürliche Vorbilder zurück. Die Architektur des Eiffelturms etwa ähnelt der Feinstruktur des Knochengewebes. Sendemasten sind ebenso materialsparend und windelastisch gebaut wie Grashalme. Als der Gartenarchitekt Joseph Paxton für die Londoner Weltausstellung 1851 den (1936 abgebrannten) Crystal Palace entwarf, nahm er die Blätter der tropischen Seerose Victoria amazonica zum Vorbild.

Die Hautschuppen des Weißen Hais waren Vorbild für die Riblet-Folien, die auf die Außenhaut von Flugzeugen geklebt werden.

Von Tieren und Pflanzen lernen

Die Phantasie von Erfindern und Ingenieuren wurde und wird durch die genaue Beobachtung von Tieren und Pflanzen angeregt. So ...

- analysierte bereits Leonardo da Vinci (1452–1519) den Vogelflug und versuchte, seine Erkenntnisse auf Flugmaschinen zu übertragen. Sein Flugapparat war nach dem Vorbild von Fledermausflügeln konstruiert;
- orientierten sich die Karlsruher Konstrukteure der Laufroboter Lauron II (1996) und III (1999) am Bewegungsapparat der Gemeinen Stabheuschrecke;
- wird der von Fledermäusen zur Ortung genutzte Ultraschall in der medizinischen Diagnostik eingesetzt;
- ermöglichen Schwimmflossen Tauchern eine schnellere Fortbewegung – ihre Vorbilder sind die Schwimmhäute von Fröschen und Wasservögeln;
- hielt sich der Erfinder des Klettverschlusses an den Verbreitungsmechanismus der Klettensamen. Diese bleiben mit Hilfe von Widerhaken an vorbeistreifenden Tieren hängen und erobern sich auf diese Weise neue Lebensräume;
- ahmen moderne Fassadenfarben, Fensterscheiben, Markisen und Dachziegel den sog. Lotus-Effekt nach: An der fein genoppten und mit Wachskristallen besetzten Blattoberfläche der Lotusblume perlen im Wasser gelöste Staub- und Schmutzpartikel (inklusive Pilzsporen und Bakterien) ab, sodass das Blatt immer sauber ist.

Der Kristallpalast (Crystal Palace) in London wurde in der für die damalige Zeit revolutionären Modulbauweise aus vorgefertigten Eisengittern und Glassegmenten errichtet.

BIOLOGIE

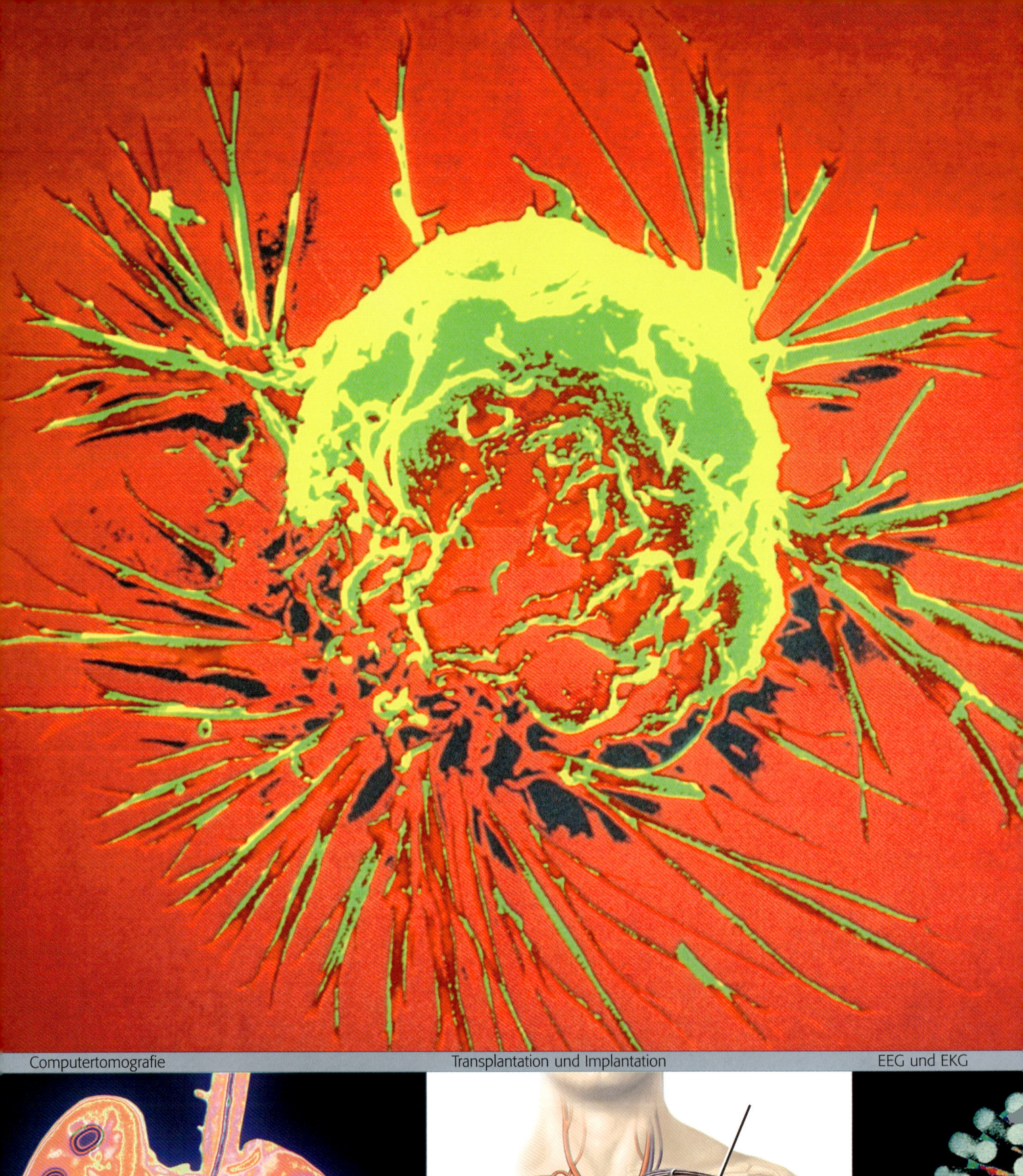

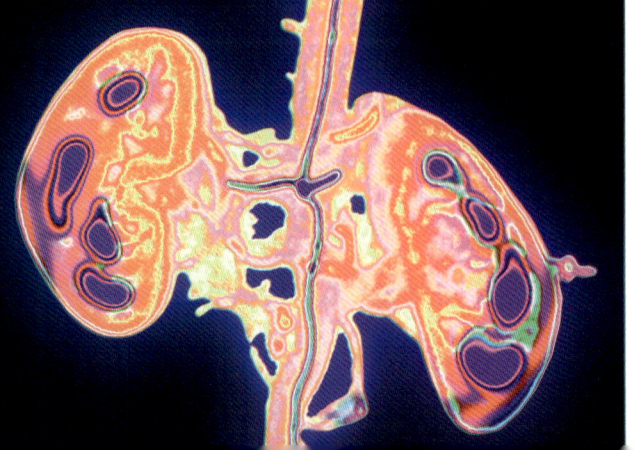

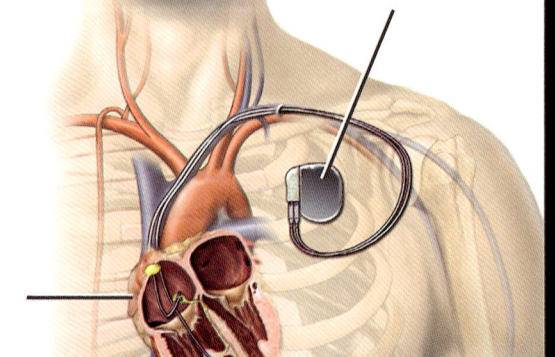

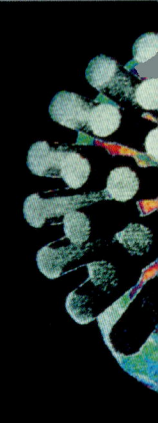

| Computertomografie | Transplantation und Implantation | EEG und EKG |

◄ Pathologie   ▲ Zahntechnik

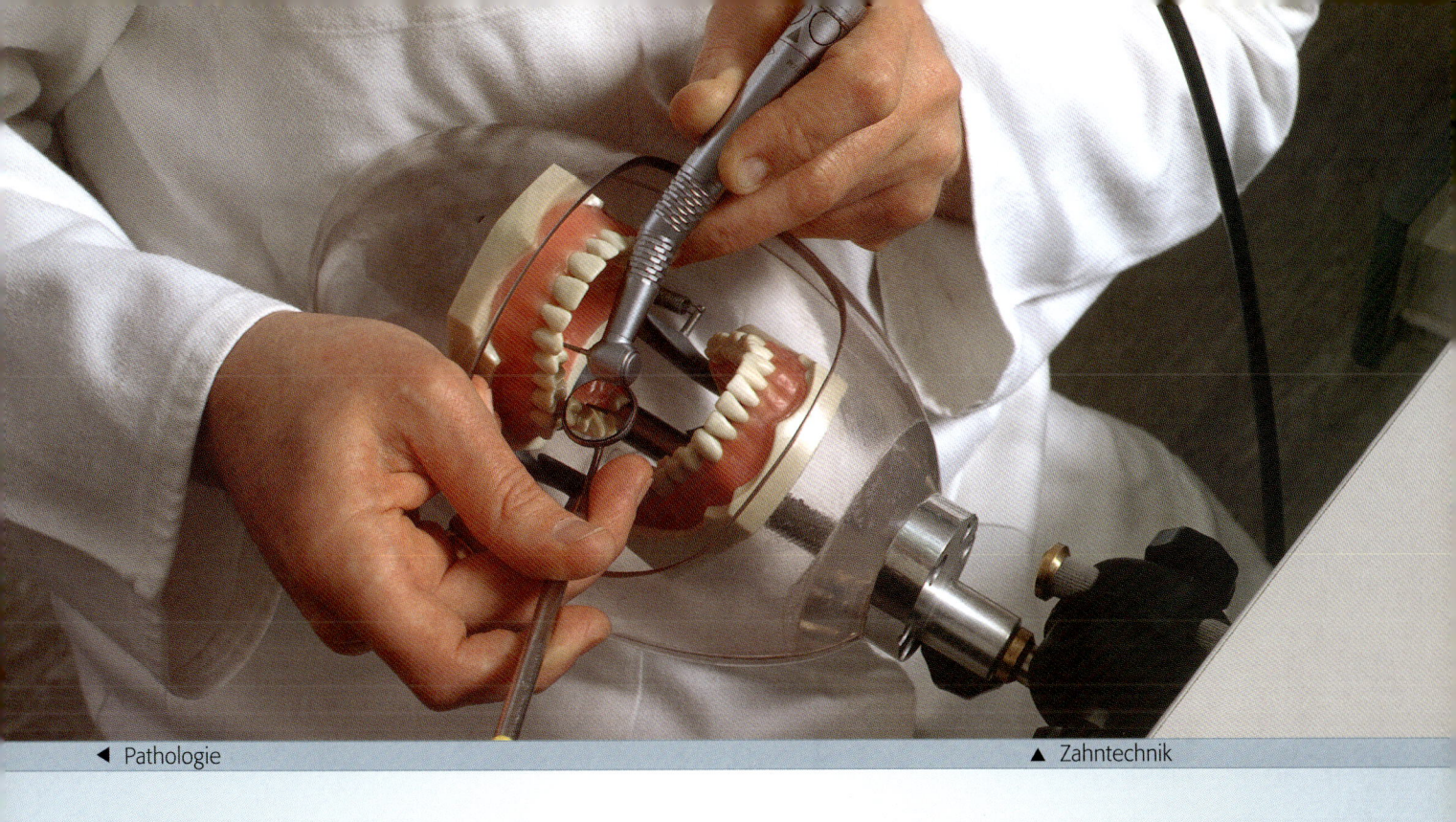

MEDIZINTECHNIK

Kaum eine andere Wissenschaft hat in den vergangenen Jahrzehnten so große Fortschritte gemacht wie die Medizin. Die rasante technische Entwicklung eröffnete Forschung und Industrie verbesserte Möglichkeiten, Grundlagenkenntnisse zu gewinnen, die aber auch zu einer Verbesserung der Patientenbehandlung führten. So haben sich inzwischen neue Verfahren und technische Hilfsmittel in Diagnostik und Therapie etabliert. Einige davon werden im folgenden Kapitel genauer unter die Lupe genommen.

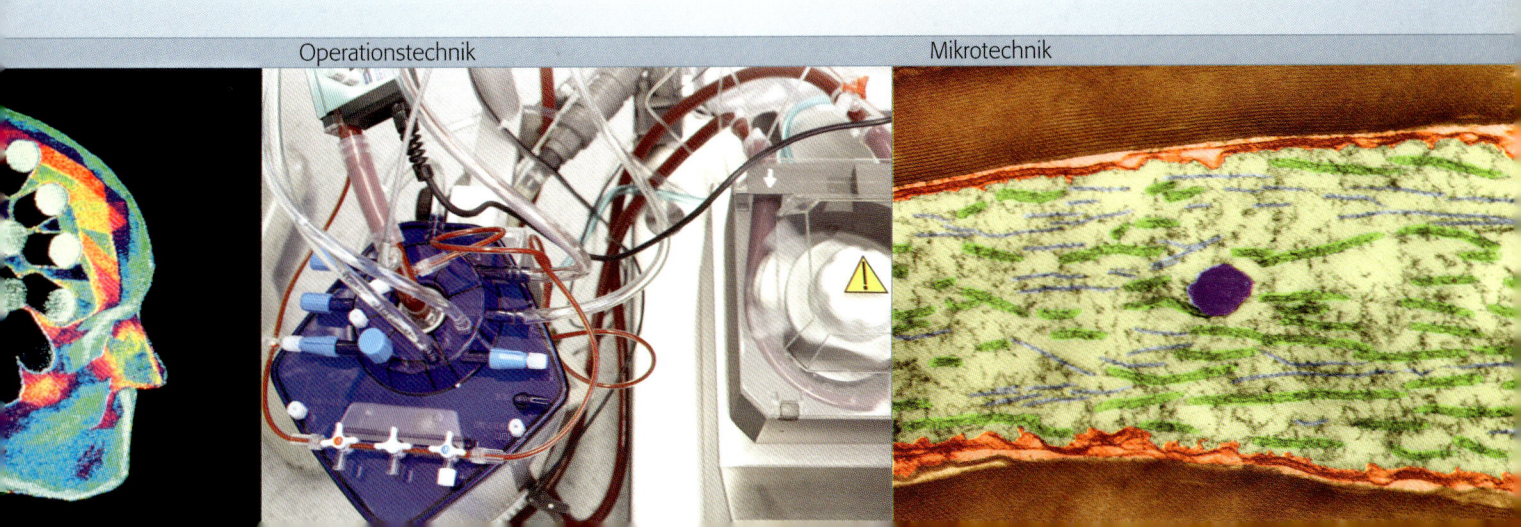

Operationstechnik   Mikrotechnik

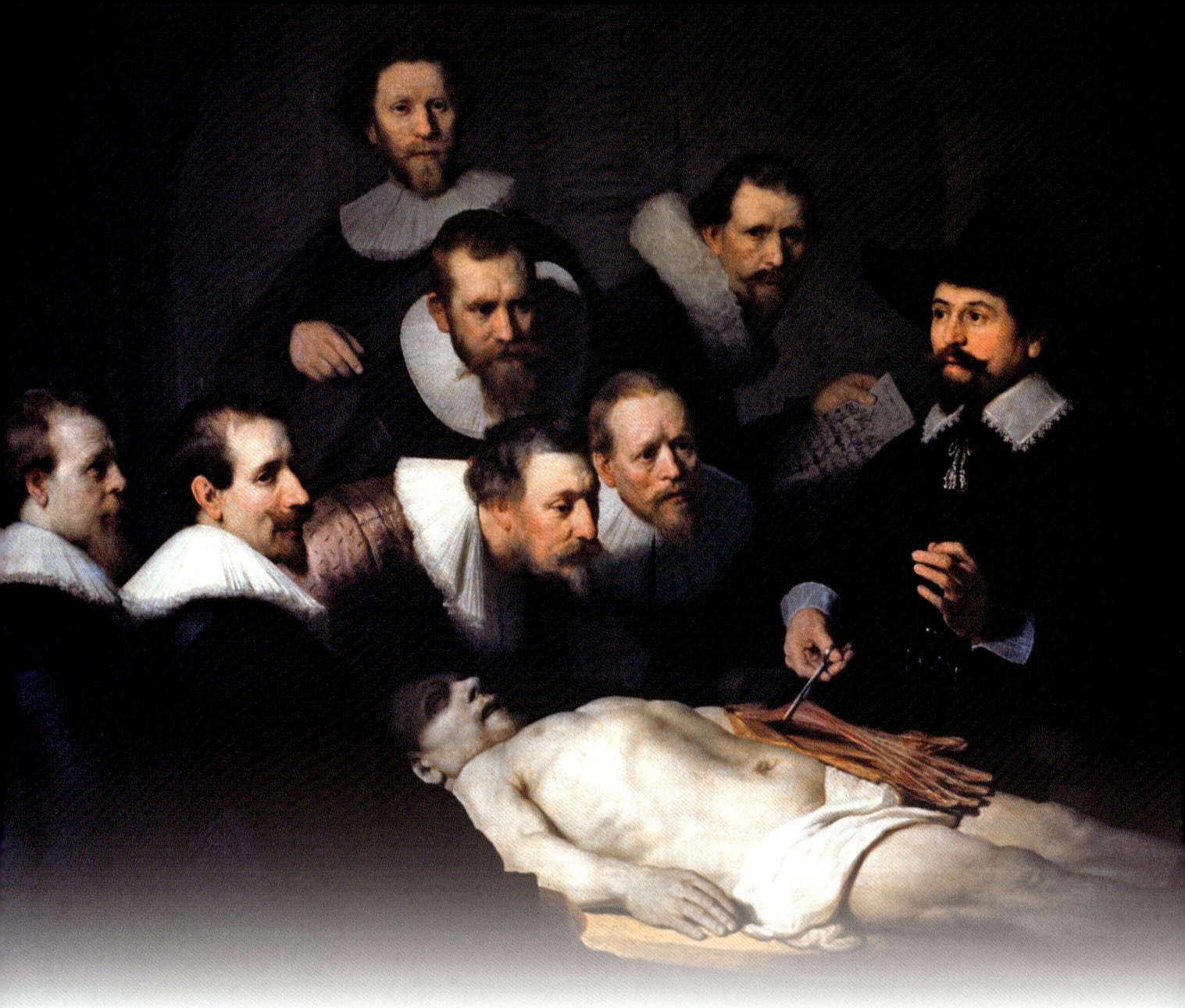

Anatomische Studien – wie in diesem Gemälde aus dem Jahr 1632 von Rembrandt dargestellt – waren bis etwa zum Beginn des 16. Jahrhunderts untersagt.

GESCHICHTE DER MEDIZINTECHNIK

Was versteht man unter Medizintechnik?

Medizintechnik kombiniert wissenschaftliche Vorgehensweisen zur Lösung von Problemen mit Anwendungsbereichen der Medizin. Dabei versuchen Ärzte unter dem optimalen Einsatz technischer Mittel, die Lebensqualität des Einzelnen zu verbessern. Auf-gabe der Medizintechnik ist es, sowohl den technischen Status quo als auch den medizinischen Wissensstand ständig zu verbessern, sodass Ärzten und Patienten optimale Diagnose- und Therapieverfahren zur Verfügung stehen. Dies umfasst sowohl Forschung und Entwicklung als auch die Etablierung neuer Methoden in der medizinischen Praxis.

Wann entstand die Medizintechnik?

Die Grundsätze der Medizintechnik sind, genau genommen, älter als die Menschheit; denn bereits in der Tier- und Pflanzenwelt lässt sich beobachten, wie Lebewesen sich gewisser Hilfen bedienen, wenn sie allein nicht mehr zurechtkommen. Auch die ersten Menschen waren in der Lage, Krankheiten zu erkennen und entsprechende einfache Gegenmaßnahmen zu ergreifen. Zugleich konnten sie dieses Wissen an andere Menschen weitergeben und schufen damit die Basis für Entwicklung. Im Laufe der Jahrhunderte wurden die Hilfsmittel immer ausgefeilter, und die menschliche Neugier sorgte in Form wissenschaftlicher Untersuchungen für eine erste Ursachenforschung, die Überprüfung bestehender Theorien und die Dokumentation gewonnener Erkenntnisse. Auf diese Weise vollzog die Medizintechnik eine zunehmend beschleunigte Entwicklung: Dauerte es noch mehrere Tausend Jahre,

Hippokrates (um 460–370 v. Chr.) legte mit seinen Schriften den Grundstein für viele spätere Behandlungsmethoden.

Wie entwickelte sich die Medizintechnik der Neuzeit?

Sir Joseph Lister (1827–1912) sorgte mit seinen Beschreibungen der Wundeiterung dafür, dass die hygienischen Bedingungen bei ärztlichen Untersuchungen deutlich verbessert wurden. 1895 entdeckte Wilhelm Röntgen Strahlen, die den menschlichen Körper durchdringen konnten. Sir Alexander Fleming (1881–1965) fand 1928 das Antibiotikum Penizillin. Das 20. Jahrhundert erschloss völlig neue Technologieformen und beschleunigte so auch die Forschung: Empirische Daten wurden in nie gekanntem Maßstab gesammelt, und der Computer erhielt Einzug in die Medizin. Das digitale Zeitalter sorgte für eine neue Orientierung der Forschung in Richtung Mikrokosmos: Genetik und Mikrotechnologie gehören seither zu den medizinischen Disziplinen. Zu Beginn des 21. Jahrhunderts sind die medizinischen Möglichkeiten des Menschen so groß wie nie zuvor – und ein Ende der Entwicklung ist keineswegs in Sicht.

Neue Erkenntnisse sorgten innerhalb kurzer Zeit dafür, dass sich chirurgische Instrumente immer mehr veränderten. Hier eine Tafel aus dem maßgeblichen Anatomieatlas des 19. Jahrhunderts von J.M. Bourgery.

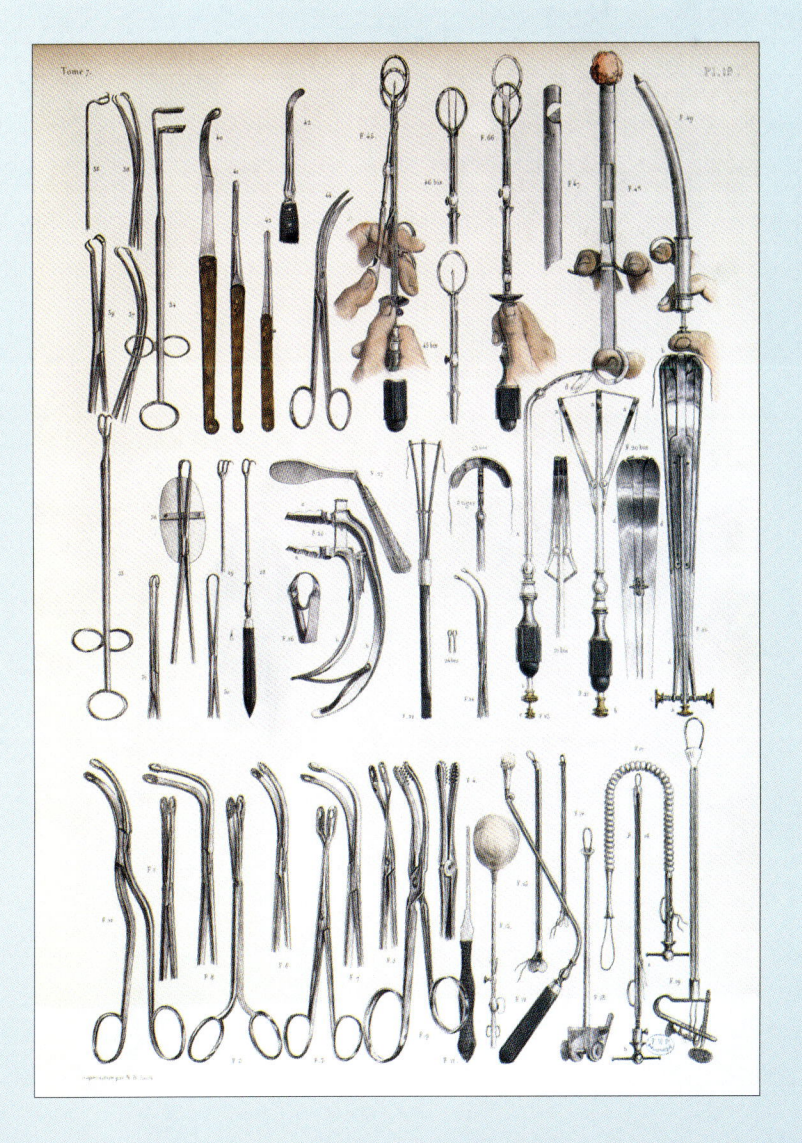

bevor die steinzeitliche Krücke von der Prothese als Gehhilfe abgelöst wurde – in Ägypten fand man Prothesen aus dem Jahr 2000 v. Chr. –, so vergingen von der ersten industriell gefertigten Prothese hin zum High-Tech-Produkt (z. B. Mikroprozessoren) keine 60 Jahre mehr.

Wo liegen die Ursprünge der Medizintechnik?

Den ersten nachweisbaren Schritt in Richtung Medizin und Forschung unternahm der Grieche Hippokrates (um 460–370 v. Chr.), der in seinen Abhandlungen Krankheit und Symptome ebenso unterschied wie Heilung und Schmerzlinderung. In den folgenden Jahrhunderten verlief die medizinische Weiterentwicklung eher schleppend – bis Paracelsus (um 1493–1541) den Grundstein für die moderne Pharmazie legte und Andreas Vesalius (1514–1564) mit seinen Studien zum Gründervater der modernen Anatomie und Chirurgie wurde. Im Zuge der Abgrenzung von Chemie und Physik gegenüber der Alchemie entstanden die ersten wissenschaftlich entwickelten Arznei- und Betäubungsmittel. Der Brite William Harvey (1578–1657) konnte daraufhin erstmals den Blutkreislauf nachweisen. Im 18. Jahrhundert sorgte die Aufklärung dafür, dass die Wissenschaften sich weiter entwickelten; Geburtshilfe sowie Zahnheilkunde entstanden als eigenständige Disziplinen.

MEDIZINTECHNIK

PHARMAZIE – DIE SUCHE NACH HEILMITTELN

Wie werden Heilmittel für Krankheiten gefunden?
Zunächst werden die zu bekämpfende Krankheit und die dazugehörigen Symptome genau untersucht. Wenn ein Erreger für die Krankheit gefunden wird, beginnt die Suche nach einem Wirkstoff, der den Auslöser in einer bestimmten Weise beeinflusst – also nach einem Heilmittel. Das mögliche Heilmittel und der Krankheitsauslöser werden zusammengeführt und anschließend die Reaktionen überprüft. Im Normalfall geschieht dies unter Laborbedingungen. Vergleiche mit anderen, bereits erforschten Erregern oder Krankheitsbildern erweisen sich hierbei als nützlich. Zeigt das Heilmittel die gewünschte Wirkung, werden weitere Tests eingeleitet.

Auch die molekularbiologische Untersuchung kann bei der Entdeckung von Eigenschaften eines Krankheitsauslösers von Nutzen sein.

Wie werden Medikamente getestet?
In einem Labor werden an Medikamenten zunächst verschiedene rein chemische bzw. physikalische Testreihen vorgenommen, um bereits im Vorfeld möglichen unerwünschten Wirkungen vorzubeugen, die das Medikament im Organismus potentiell auslöst. Im Anschluss werden die Wirkstoffe in vorklinischen Prüfungen an Zellkulturen oder an Tieren getestet, die Auswirkungen dokumentiert und daraus Wirkungen auf den menschlichen Organismus abgeleitet. Bei zufriedenstellenden Ergebnissen werden die Medikamente in vier klinischen Phasen getestet. Zunächst wird freiwilligen gesunden Personen der Wirkstoff in kleinen Dosen verabreicht, um zu überprüfen, ob die Ableitungen aus den ersten Testreihen korrekt waren. In Phase II wird das Medikament in Krankenhäusern bei der Behandlung von typischerweise 100 bis 500 freiwilligen Patienten eingesetzt, um zu testen, ob und wie die beabsichtigte Wirkung eintritt. Die Ergebnisse werden in Phase III mit der Wirkung

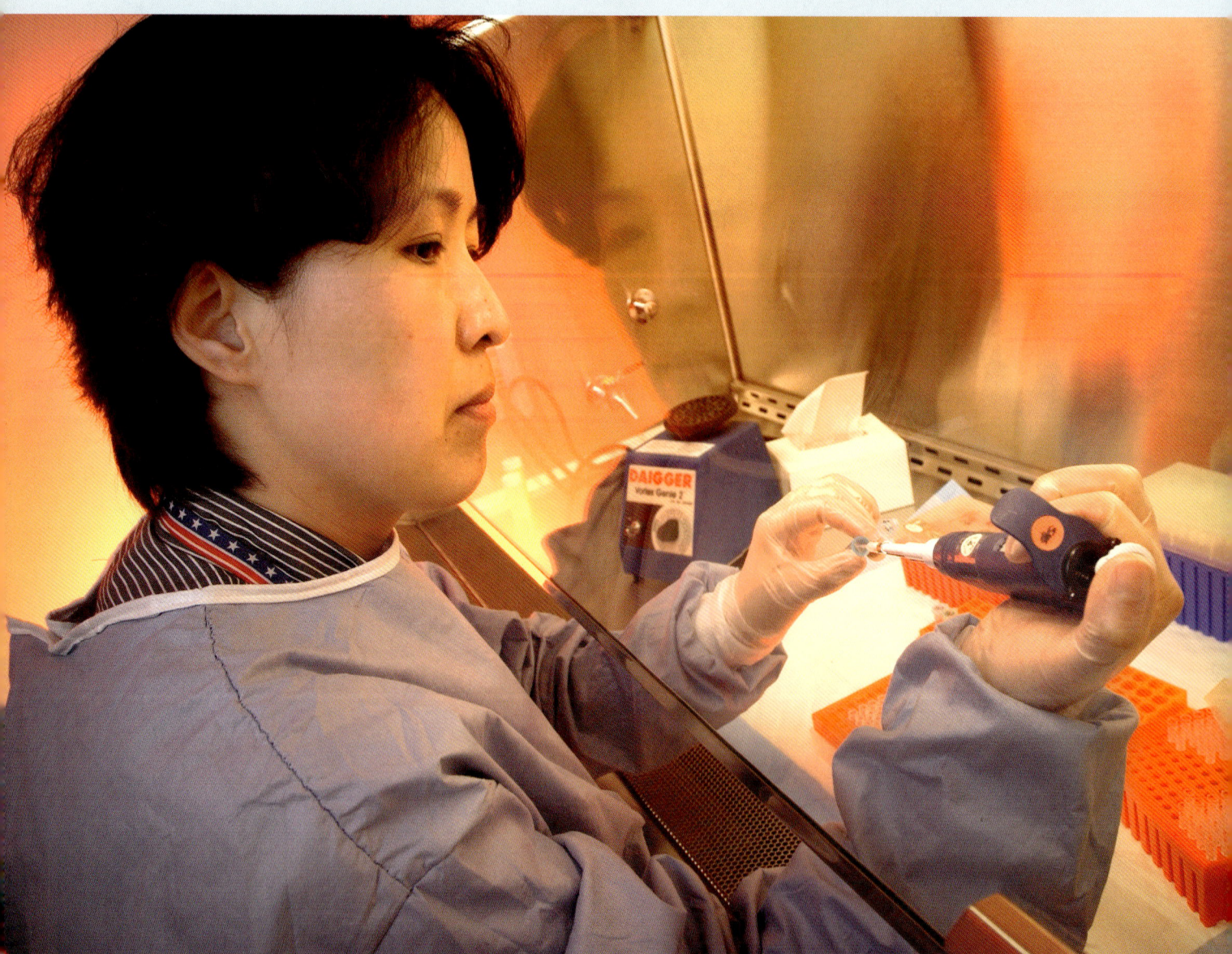

> **Frühe Pharmazie**
>
> Der Alchemist Paracelsus (1493–1541) suchte nach reinen Wirkstoffen – und stellte nicht nur (wie bis dahin üblich) bunte Medikamentenmischungen zusammen. Er hielt seine Beobachtungen der Symptome und die dazugehörige Therapie schriftlich fest und legte damit den Grundstein für die moderne Pharmazie. Zuvor glich in Europa die Behandlung durch Heilern eher einem Glücksspiel. In anderen Hochkulturen – z. B. China – ist allerdings bereits seit Jahrhunderten eine Pflanzenkunde bekannt, die pharmazeutisches Grundwissen beinhaltet.

anderer Medikamente verglichen. Nach der Zulassung des Wirkstoffs folgt Phase IV, in der Langzeitstudien vorgenommen werden.

Welche Wirkstoffe sind gesünder – pflanzliche oder künstlich hergestellte?

Der Unterschied liegt einzig in der Herstellung der Wirkstoffe: Während in einem Fall der vollständige, natürliche Wirkstoff aus der Pflanze herausgelöst werden muss, wird er im anderen Fall in einem Labor zusammengesetzt bzw. durch chemische Reaktionen herbeigeführt. In einem solchen Fall entsteht ein „synthetischer" oder auch „naturidentischer" Arzneistoff. Die Herstellung der synthetischen Stoffe erfolgt normalerweise schneller und sicherer als die der natürlichen, allerdings herrschen unterschiedliche Ansichten über die gesundheitlichen Vor- und Nachteile der jeweiligen Medikamente.

Paracelsus ging von der Annahme aus, jede Krankheit sei auf eine Ursache zurückzuführen, ohne deren Kenntnis eine Therapie fehlschlagen müsse.

Wie werden Medikamente hergestellt?

Ein Medikament besteht im Prinzip aus zwei Teilen: einem Wirkstoff, der die Heilung bewirkt, und einem sog. Transportmittel. Daher werden Wirkstoffe – sofern sie für die innere Anwendung gedacht sind – z. B. mit Wasser oder Alkohol zu Tropfen oder Säften verarbeitet. Falls sie äußerlich angewandt werden sollen, werden sie Ölen oder einem Salbengrundstoff beigemischt. Auch Stärke hat sich als Trägerstoff für getrocknete Wirkstoffe erwiesen. Bei der Herstellung von Medikamenten ist vor allem darauf zu achten, dass der Trägerstoff eine verdünnende Wirkung haben kann; dies wiederum gilt es bei den Dosierungen zu beachten, damit der Wirkstoff den gewünschten Effekt auch erzielt.

Neben den medizinischen Grundstoffen findet man in den ersten Apotheken der Neuzeit häufig auch christliche Symbole, da nach Paracelsus' Auffassung ein Medikament ohne Glauben nicht wirken könne.

MEDIZINTECHNIK

W. C. Röntgens Entdeckung der nach ihm benannten Strahlen stellte einen Meilenstein in der Entwicklung medizinischer Diagnoseverfahren dar. Er erhielt dafür im Jahre 1901 den ersten Nobelpreis überhaupt (Physik).

RÖNTGENSTRAHLEN UND CT – STRAHLEN, DIE UNTER DIE HAUT GEHEN

Was machen Röntgenstrahlen sichtbar?
Röntgenstrahlen durchdringen den Körper, wobei sie von einigen Materialien (abhängig von ihrer Dicke und Dichte) absorbiert werden können: Knochen etwa – mit ihrem hohen Kalziumanteil – können einen höheren Anteil an Röntgenstrahlen absorbieren als Weichteile wie Organe oder Muskeln. Beim Röntgenvorgang treffen die Strahlen, die den Körper passiert haben, auf einen Film und färben diesen schwarz. Die Stellen, an denen Strahlen absorbiert wurden, erscheinen auf dem Röntgenbild weiß; im Regelfall zeigt ein solches Bild also z. B. die Form der Knochen.

Durch Einnahme eines Kontrastmittels lassen sich aber auch andere Teile des Körpers sichtbar machen, ebenso durch Veränderungen in der Wellenlänge der Röntgenstrahlen: Je kleiner die Wellenlänge, desto besser durchdringen sie das Material – und umgekehrt: Je größer die Wellenlänge, desto detailreicher und deutlicher wird auch das Röntgenbild.

> **Die Entwicklung der Röntgenstrahlen**
> Wilhelm Conrad Röntgen (1845–1923) entdeckte im Jahr 1895 den Effekt der nach ihm benannten Strahlen durch einen Zufall. Allerdings war er nicht der erste, der diese Art von Strahlen im Labor verursacht. Bereits aus den Jahren 1887 und 1892 sind Experimente belegt, in deren Verlauf Röntgenstrahlen entstanden – wobei der durchleuchtende Effekt in den Abhandlungen allerdings nicht erwähnt wurde. Wilhelm Röntgen verzichtete auf eine Patentierung; dadurch verbreitete sich seine Erfindung außergewöhnlich schnell.

Warum sind Röntgenstrahlen schädlich?
Röntgenstrahlen wirken ionisierend, d. h. Materie wird auf atomarer Ebene verändert. Als Folge können sich atomare Verbindungen – d. h. chemische Strukturen wie Moleküle – auflösen. In den meisten Fällen kommt es zwar nach einer kurzen Bestrahlung wieder zu einer Herstellung des Ausgangszustands, allerdings lassen sich dauerhafte Veränderungen der chemischen Strukturen nicht ausschließen. Symptome dieser Strahlenschäden sind Übelkeit, Mattigkeit, Schwindel oder Kopfschmerzen, in schwereren Fällen kann es jedoch auch zu einer Beeinflussung des Erbguts, Organfunktionsstörungen, Gewebetod oder Krebserkrankungen kommen.

Was ist eine Computertomografie?
Eine Computertomografie (CT) unterscheidet sich hinsichtlich des Verfahrens nicht grundsätzlich von einer Röntgenaufnahme. Tatsächlich handelt es sich lediglich um mehrere Röntgenaufnahmen, die nach einem speziellen mathematischen Verfahren aus verschiedenen Winkeln von einem Körper gemacht werden. Mit Hilfe eines Computers kann auf diese Weise ein dreidimensionales Bild des Körperinneren erstellt werden. Der Vorteil der CT liegt darin, dass auch Veränderungen sichtbar werden, die aufgrund ihrer Lage auf Röntgenaufnahmen nur schwer zu erkennen sind.

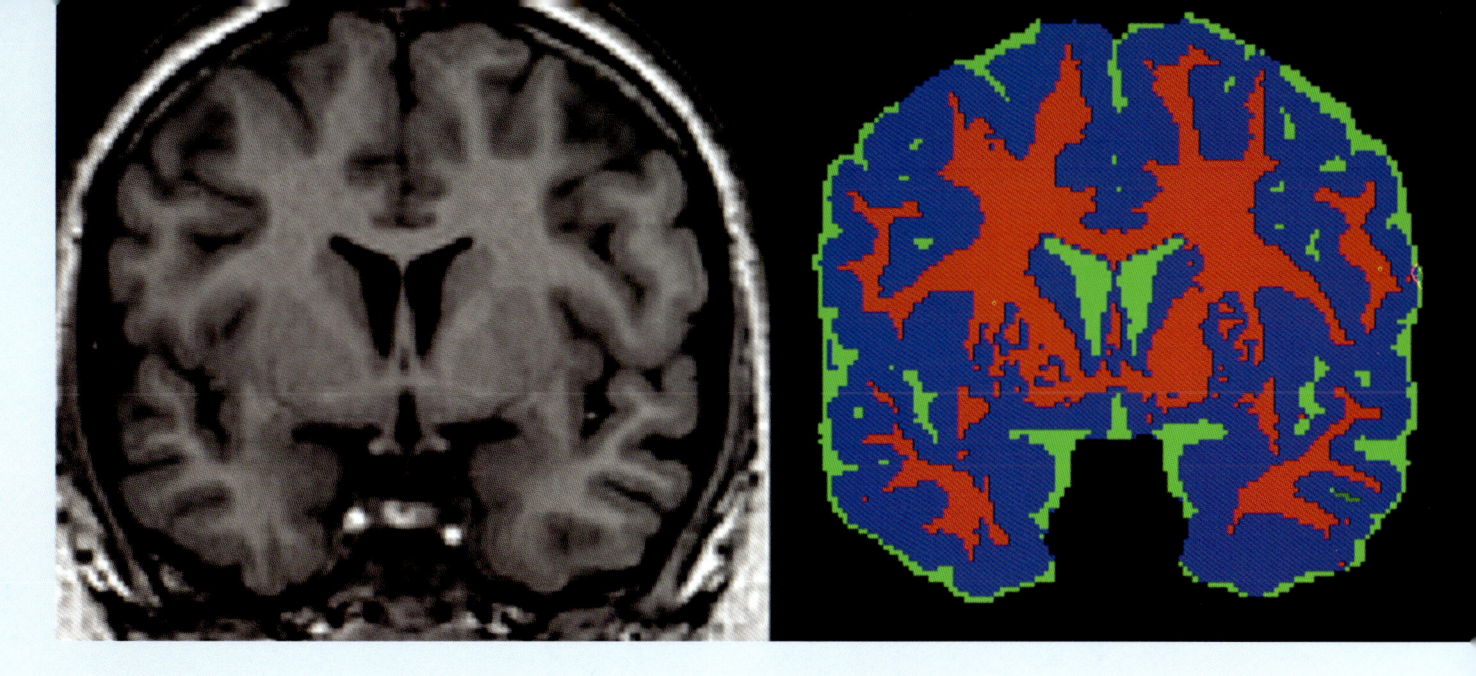

Mit Hilfe des Computers ist es möglich, die aufgezeichneten Daten so zu bearbeiten, dass die unterschiedlichen Schichten farbig erscheinen.

Was leisten Röntgen- und CT-Apparaturen bei der Diagnose?

Die von Röntgenapparat und CT ermittelten Bilder liefern Erkenntnisse vom Zustand des Körperinnern, bevorzugt des Skeletts. Knochenverletzungen, ausgekugelte Gelenke, aber auch Fremdkörper im Körper können so vor der Behandlung erkannt werden. Darüber hinaus machen sie mögliche Gefahren (z. B. Verletzungs-)quellen sichtbar – etwa einzelne Knochensplitter, die in der Nähe anderer Organe oder Muskeln liegen. Die CT bietet darüber hinaus die Möglichkeit, die Wirbelsäule, innere Organe und das Gehirn auf dreidimensionale Weise zu untersuchen und auf diese Weise weitere Erkrankungen festzustellen.

Da Röntgen auf ein Patent seiner Erfindung verzichtete, konnten andere Forscher wie D. Hurmuzescu und L. Benoist mit eigenen Apparaten die Entwicklung rasch vorantreiben.

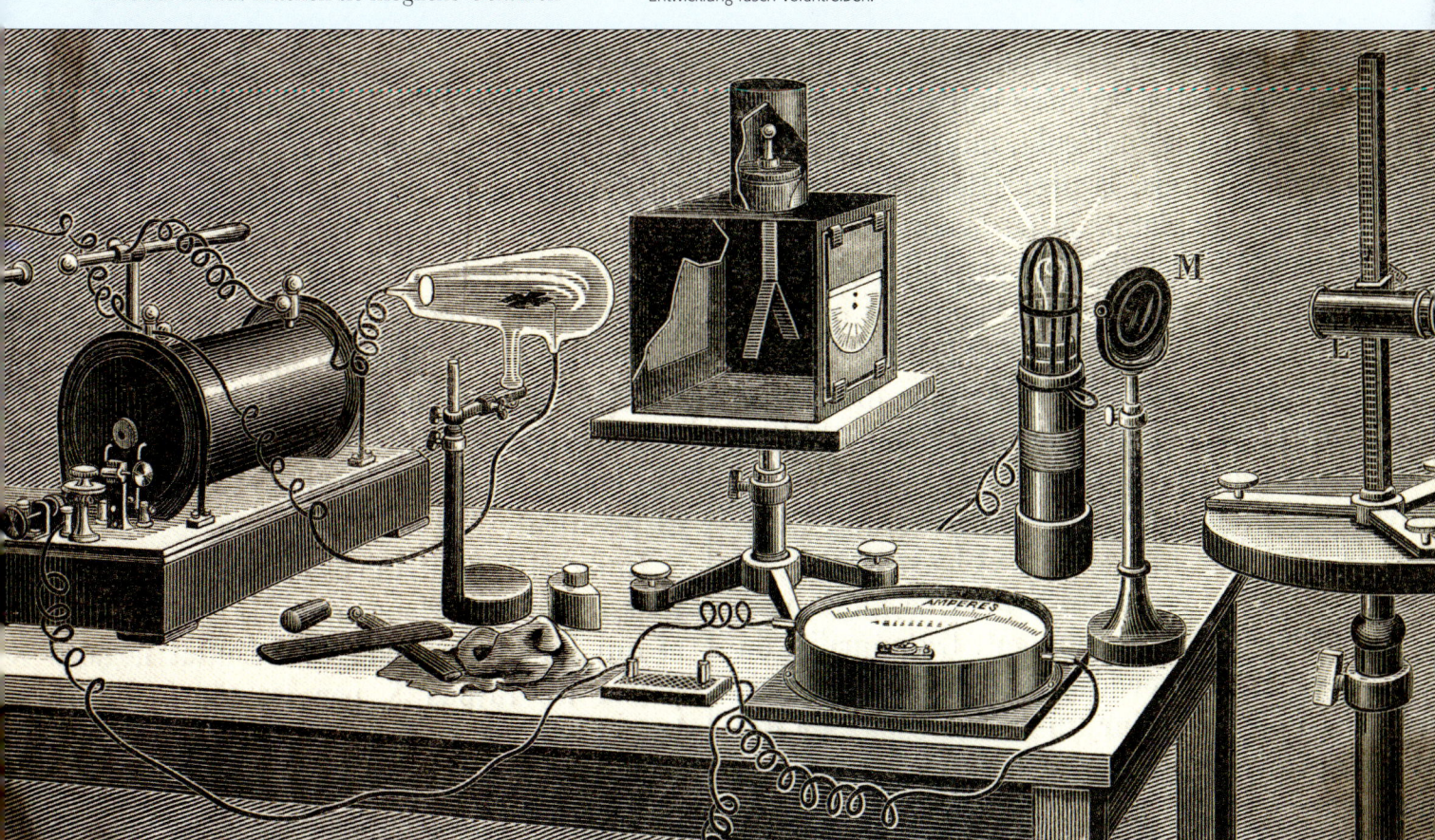

MEDIZINTECHNIK

Können Röntgenstrahlen auch heilen?

Ja; seit den 1970er Jahren werden Röntgenstrahlen bei der sog. Strahlentherapie eingesetzt. Hierbei macht man sich die ionisierende Wirkung der Strahlen zunutze: Bei gesunden Zellen ist die Wahrscheinlichkeit sehr hoch, dass von der Strahlung auf atomarer Ebene verursachte Schäden repariert werden können, während durch Krebs hervorgerufene Zellen diese Möglichkeit der Regeneration in der Regel nicht haben und somit zerstört werden. Der Körper muss jedoch zwischen einzelnen Bestrahlungen ausreichend Zeit zur Erholung erhalten. Auch besteht je nach Empfindlichkeit des bestrahlten Körperteils teils die Möglichkeit, dass ein Patient die Strahlentherapie nicht verträgt, sodass auch hier die beschriebenen Strahlenschäden auftreten können.

Werden auch andere Strahlen zur Heilung eingesetzt?

Ja; häufig werden z. B. Lichtstrahlen zu therapeutischen Zwecken eingesetzt: Ultraviolettes Licht etwa wird erfolgreich zur Behandlung von Hautkrankheiten herangezogen – so bei Schuppenflechte (Psoriasis) und Neurodermitis. Infrarot-Licht dagegen wird in der sog. IR- oder Wärmetherapie eingesetzt: bei Rückenschmerzen, Arthritis, Verstauchungen, Sportverletzungen, Stress oder Schlaflosigkeit. Auch bei Magnetstrahlen oder Magnetfeldern konnte eine heilende Wirkung nachgewiesen werden: Durch sie wird die Durchblutung gefördert, der Stoffwechsel angeregt und die Widerstandsfähigkeit gesteigert.

Was ist eine Kernspintomografie?

Eine Kernspin- oder genauer Magnetresonanztomografie (MRT) ist ein Verfahren zur Ortung der magne-

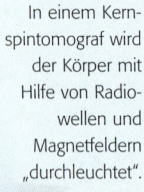

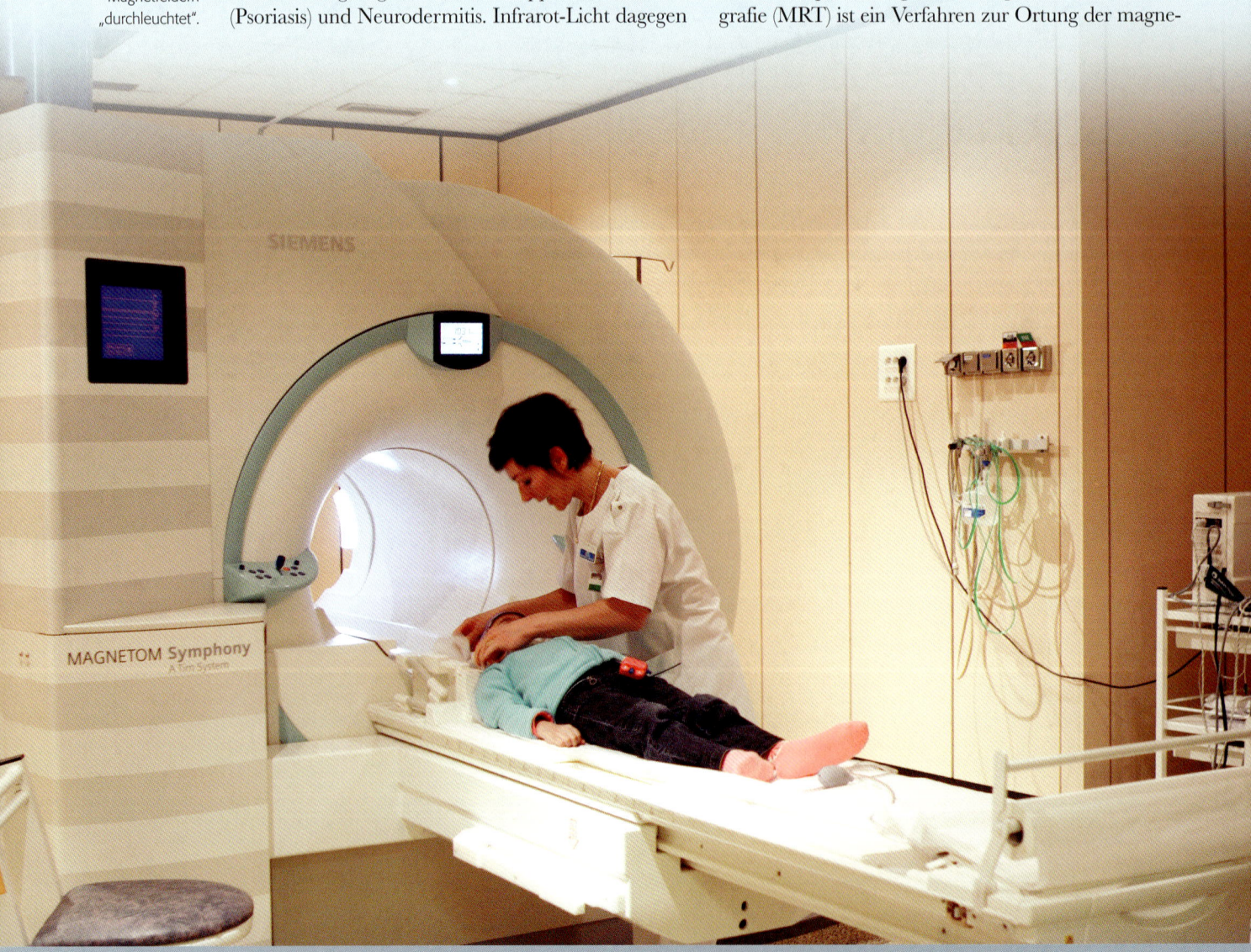

Weitere Anwendungsgebiete der Röntgenstrahlen

Neben medizinischen Anwendungen kommen Röntgenstrahlen auch in der Chemie, der Biochemie sowie der Materialphysik zum Einsatz. Dort ermöglichen sie u. a. die Untersuchung menschlichen Erbguts. In industriellen Bereichen werden Röntgenstrahlen eingesetzt, um die Struktur eines Stoffes oder Gerätes auf eventuelle Fehler hin zu untersuchen; dadurch werden Probleme wie Materialermüdung sichtbar, die bei oberflächlicher Betrachtung nicht auffallen.

In einem Kernspintomograf wird der Körper mit Hilfe von Radiowellen und Magnetfeldern „durchleuchtet".

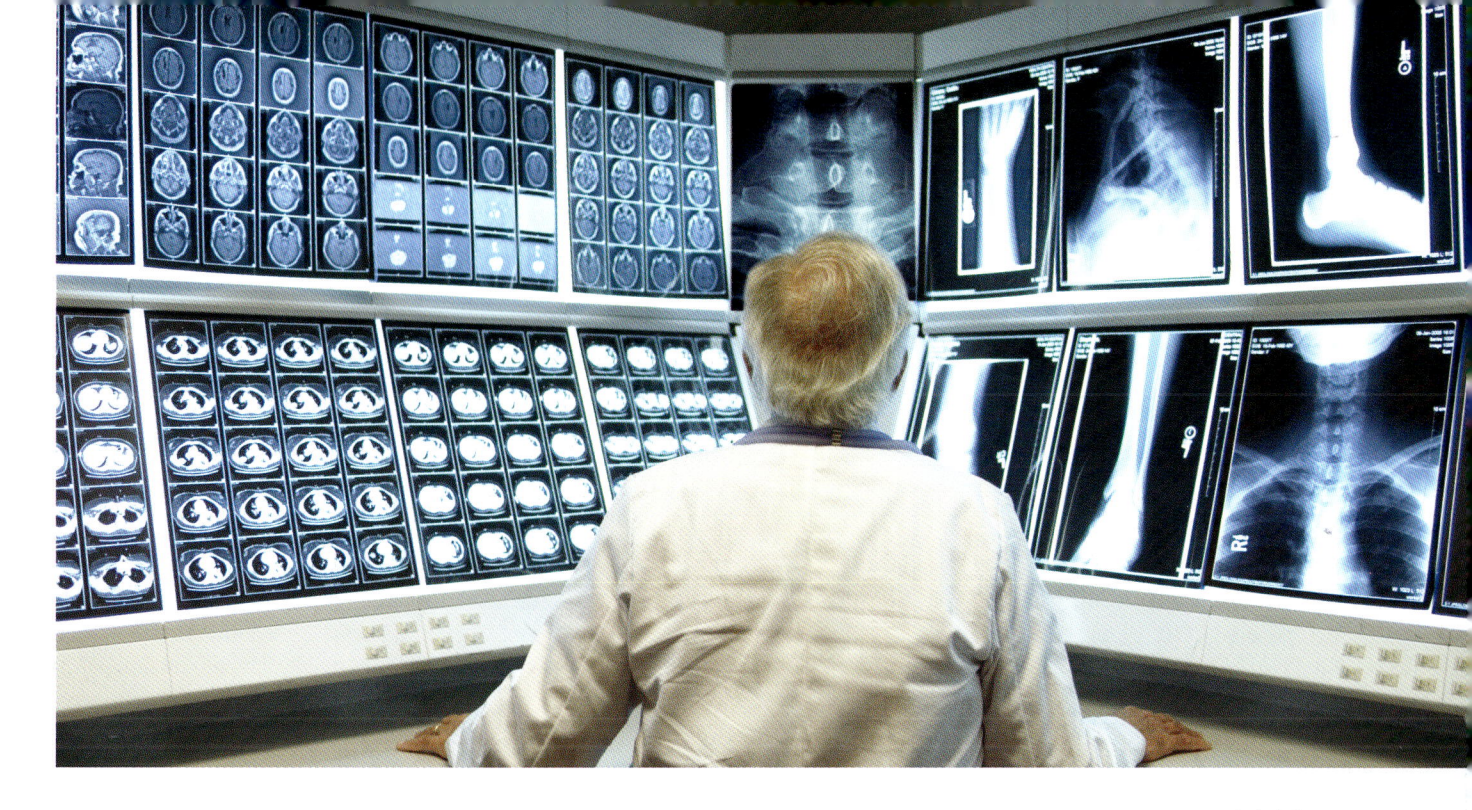

tischen Felder im Körper. Dabei wird der Körper sowohl einem Magnetfeld als auch Radiowellen einer bestimmten Frequenz ausgesetzt. Die Atomkerne, in unserem Körper vor allem die Wasserstoff-Kerne, verhalten sich wie winzigste magnetische Kreisel. Man sagt, sie haben einen Drehimpuls (engl.: spin). Bei der Untersuchung wird nun ein starkes Magnetfeld angelegt, das diesem Spin eine andere Richtung gibt.

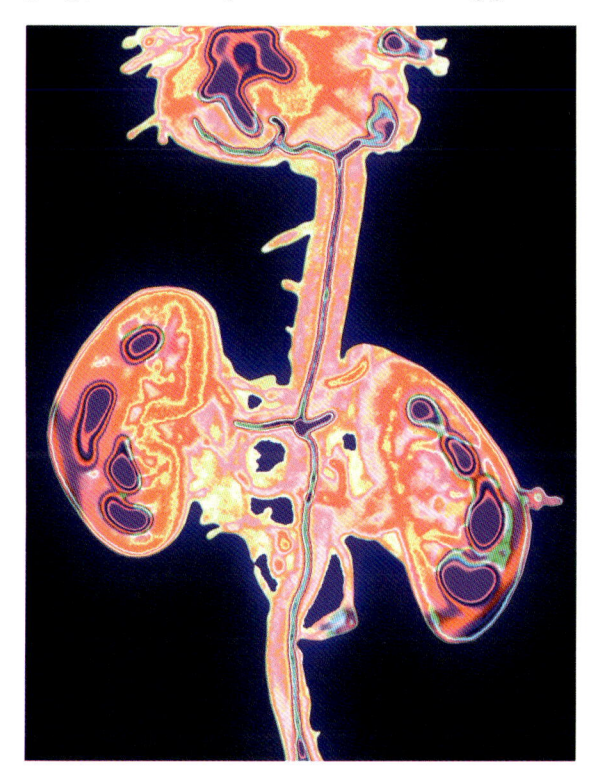

Dann werden Pulse von Radiowellen durch den Körper geschickt, wodurch die Atomkerne wieder genügend Energie haben, sich daraus zu befreien. Beim Abschalten der Radiowellen geben die Atome diese Bewegungs-Energie wieder ab. Dies erfolgt je nach Gewebe (Fett, Knochen, Muskeln) unterschiedlich schnell. Dabei werden Signale ausgesandt, die sich deutlich unterscheiden und von einem Computer als Bild zusammengesetzt werden können. Die MRT kommt ohne schädliche Röntgenstrahlen aus, ist aber bei Patienten mit Metallteilen im Körper (Prothese, Herzschrittmacher usw.) nicht zu empfehlen, da dies aufgrund der Wechselwirkungen zwischen Hochfrequenzimpulsen und Magnetfeldern stark aufgeheizt wird. Hinzu kommt, dass das Metall zusätzlich auf die Magnetfelder reagiert und somit Verletzungen hervorrufen kann.

Die bei einer Kernspintomografie gewonnenen Bilder können wertvolle Aufschlüsse über die Art der Erkrankung und die weiteren Therapiemöglichkeiten liefern.

Die Computertomografie zeigt nicht nur die Organe, sondern gibt auch Aufschluss über andere Strukturen.

Was geschieht bei einer Skelettszintigrafie?
Die Skelettszintigrafie (auch Knochenszintigrafie oder Knochen-Scan genannt) bietet die Möglichkeit, den Knochenstoffwechsel zu untersuchen. Dabei wird dem Patienten intravenös ein radioaktiv markiertes Mittel verabreicht, dessen Trägerstoff dafür sorgt, dass es sich an den Knochen ablagert. Nach einer kurzen Wartezeit kommt ein Detektor zum Einsatz, mit dem diese Markierungen im Körper geortet werden können. Aufgrund der gelieferten Bilder können Knochenschäden bereits in einem sehr frühen Stadium erkannt werden. Darüber hinaus sorgt die Skelettszintigrafie dafür, dass auch Erkrankungen des Knochenmarks, Knochen-Krebserkrankungen sowie -stoffwechselstörungen (Osteoporose) sichtbar werden.

MEDIZINTECHNIK

EEG UND EKG – HIRN UND HERZ

Was wird beim EEG gemessen?
Innerhalb des lebenden Gehirns fließt ein schwacher elektrischer Strom, der dadurch entsteht, dass Gehirnzellen ihren elektrischen Zustand permanent verändern, um Informationen zu verarbeiten. So entstehen Spannungsschwankungen, die sich sogar durch die Gehirnrinde auf die Kopfhaut übertragen können. Bei der Elektroenzephalografie (EEG) werden im Regelfall bei einer Untersuchung 21 Elektroden auf der Kopfhaut plaziert, die dort ein elektrisches Netz entstehen lassen. Wird anschließend ein elektrischer Impuls durch das Gehirn gesendet, kommt es zu Schwankungen in diesem Netz, die über ein Aufzeichnungsgerät registriert werden. Das Ergebnis – das Elektroenzophalogramm – zeigt auf, welche Gehirnregionen aktiv, d. h. mit der Informationsverarbeitung beschäftigt sind.

Was zeigen EEG-Werte an?
Das Gehirn verarbeitet in der Regel alle Arten von Informationen und steuert sämtliche Prozesse des Körpers. Wird ein Menschen vollkommener Ruhe und Dunkelheit ausgesetzt, so schlagen sich daher im EEG immer noch Prozesse wie z. B. die Atmung oder Verdauung in den Gehirnströmen nieder, als eine Art Grundrhythmus. Bei Sinnesreizen oder bei geistigen Aufgaben ist das Gehirn grundsätzlich aktiver; demzufolge verändern sich die EEG-Werte, d. h. Spannungsschwankungen werden stärker und steigen über den Grundrhythmus hinaus. Fallen die Spannungsschwankungen allerdings trotz zu erwartender höherer Gehirnaktivität unter den Grundrhythmus, kann dies ein Anzeichen für eine Gehirnschädigung sein. Das EEG wird eingesetzt, um Aufschlüsse über Epilepsie, Schlaganfälle, Gehirntumore oder Entzündungen innerhalb des Gehirns zu erhalten.

Was geschieht beim EKG?
Die Pumpfunktion des Herzens entsteht aufgrund eines schwachen Stromreizes, der im rechten Herzvorhof seinen Ursprung hat. Bei der Elektrokardiografie (EKG) werden dieser Strom und seine Auswirkungen gemessen, indem bis zu zwölf Elektroden an bestimmten Stellen auf der Haut angebracht und die dort ankommenden Signale ermittelt werden. Diese Daten liefern neben Informationen über die Häufigkeit der Herzschläge (Herzfrequenz) auch ein genaues Bild über ihre Regelmäßigkeit (Herzrhythmus) sowie die elektrische Aktivität innerhalb des Herzens und seiner Vorhöfe. Daraus lassen sich Rückschlüsse auf den allgemeinen Herzzustand ziehen.

Wozu dient ein Belastungs-EKG – und wozu ein Langzeit-EKG?
Ein EKG wird in der Regel im Ruhezustand vorgenommen, d. h. während der Datenermittlung liegt der Patient. Einige Herzleiden lassen sich jedoch auf diese Weise nicht erkennen, denn Herzbeschwerden treten vielfach erst unter größerer körperlicher Be-

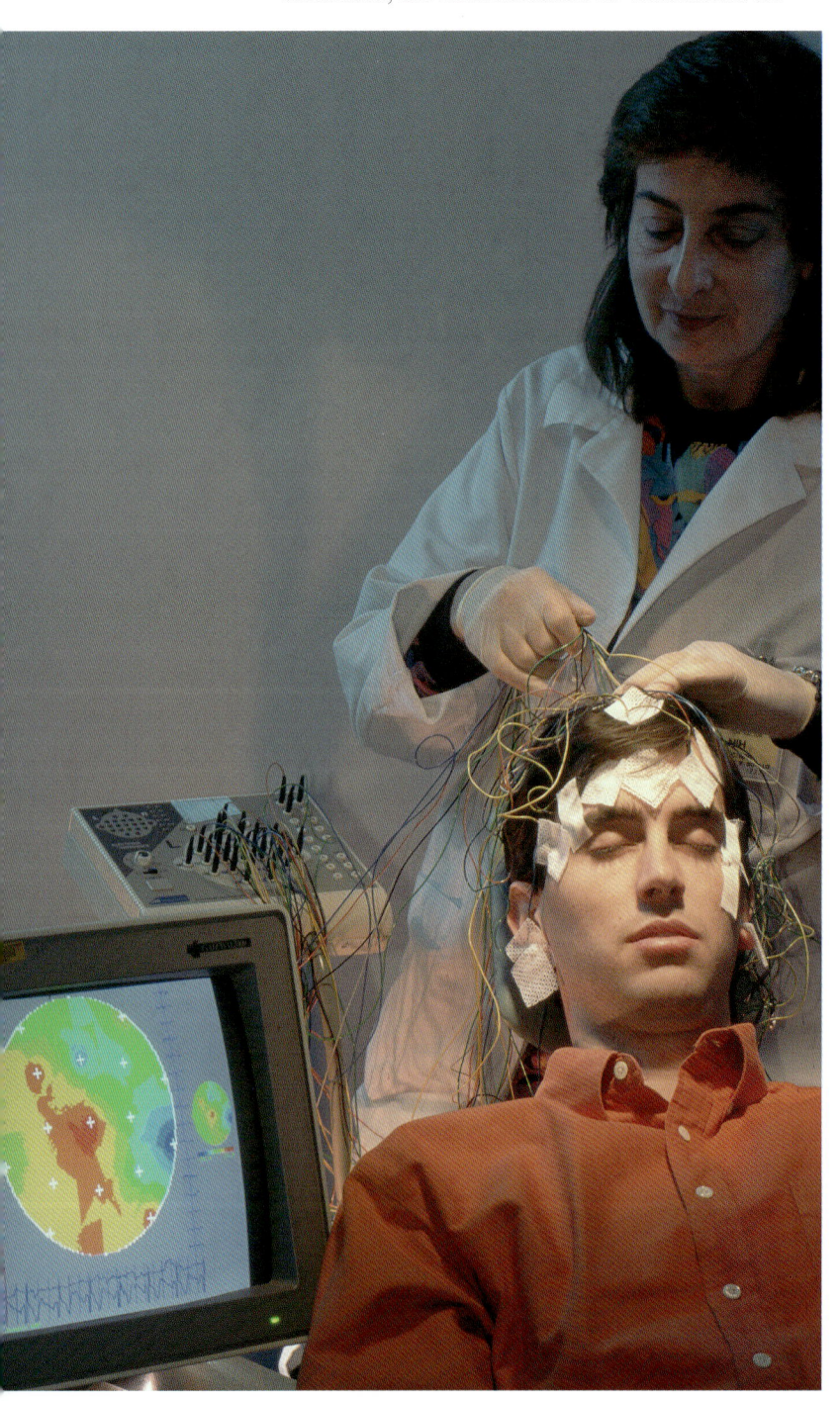

Die Untersuchung der Gehirnströme erfolgt mit Hilfe von elektrischen Feldern, die man auf der Kopfhaut entstehen lässt.

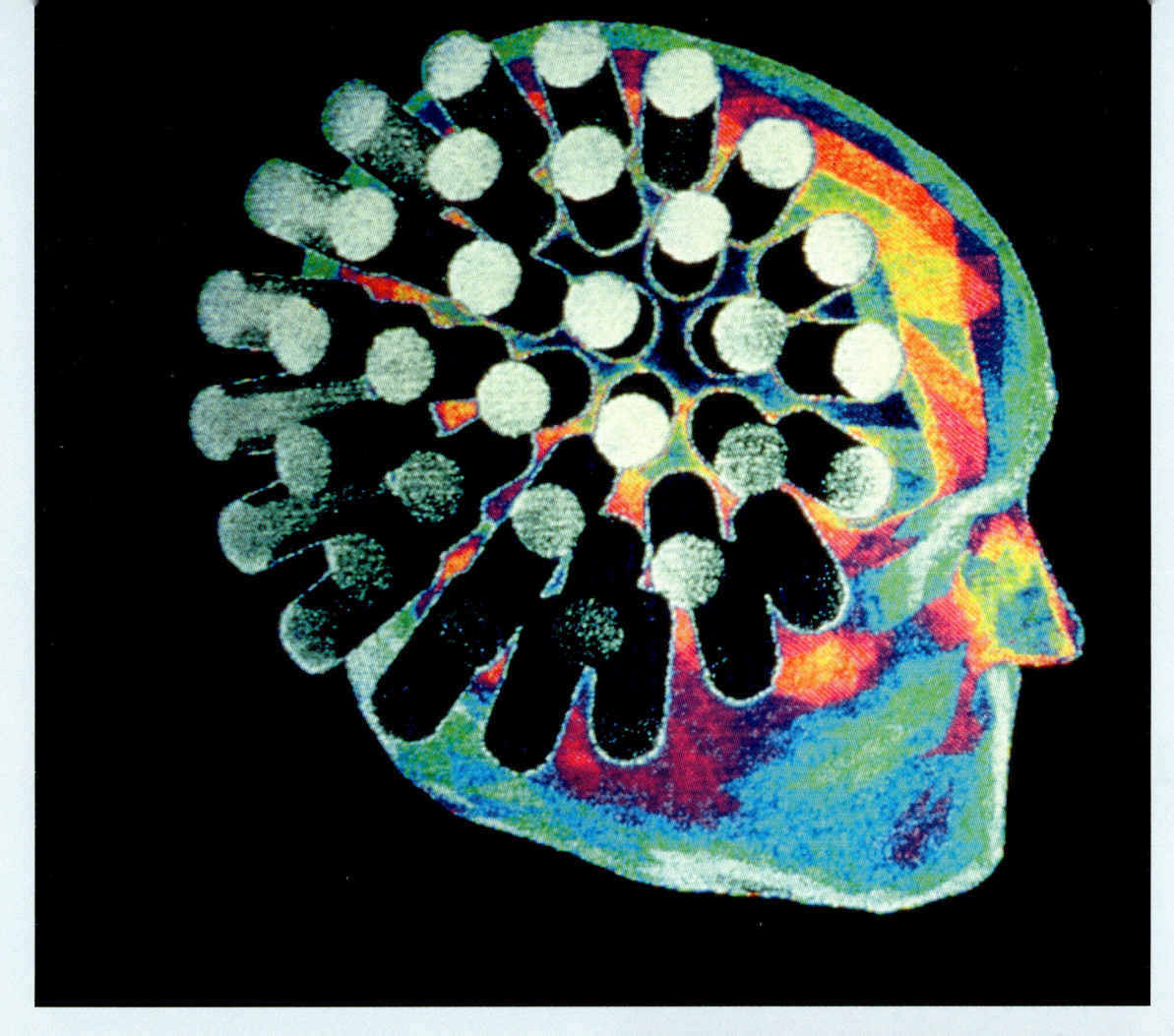

Die einzelnen Spannungsfelder, die auf der Oberfläche der Kopfhaut entstehen, verändern sich je nach Hirnaktivität.

lastung oder auch nur sporadisch auf. Über ein Ergometer-Fahrrad z. B. wird erreicht, dass der Patient während der Datenermittlung – die prinzipiell der beim Ruhe-EKG entspricht, d. h. mit bis zu zwölf Elektroden – einer größeren körperlichen Belastung ausgesetzt ist, wodurch sich die Herzfrequenz erhöht. Bei nur sporadischen Problemen hingegen erhält der Patient für mehrere Stunden oder Tage ein tragbares Gerät, auf dem die Daten für ein Langzeit-EKG gespeichert werden. Hierbei werden nur zwischen zwei und sechs Kanäle (statt zwölf) abgeleitet; damit ist die Diagnose zwar nicht so exakt, allerdings lassen sich auf diese Weise (nach Rücksprache mit dem Patienten) Häufigkeit und evtl. äußere Ursachen der Probleme wie etwa die Einnahme eines bestimmten Medikamentes oder eine bestimmte körperliche Arbeit ermitteln.

Die EKG-Kurve

An der Kurve eines EKGs lassen sich die elektrischen Vorgänge im Herzen ablesen – von der Impulsbildung im Vorhof über die Weiterleitung an die Herzkammern bis zur Erregungsrückbildung, die anzeigt, dass sich die Herzkammern entspannen. Ein EKG kann je nach Elektrodenposition leicht variieren.

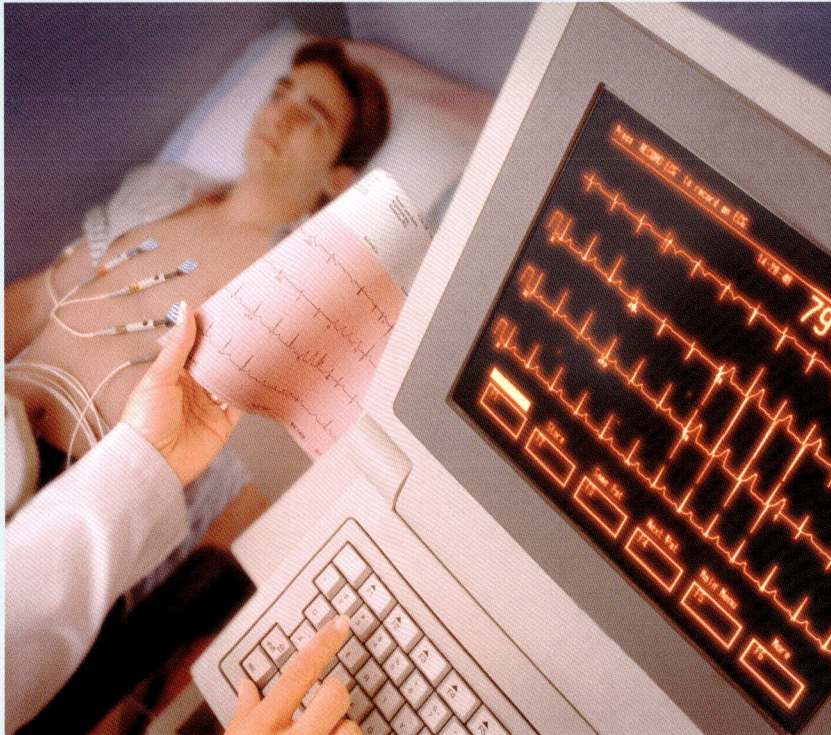

Ein EKG wird häufig zunächst im Ruhezustand vorgenommen, um danach vergeichen zu können, wie sich das Herz unter Belastung verhält.

MEDIZINTECHNIK

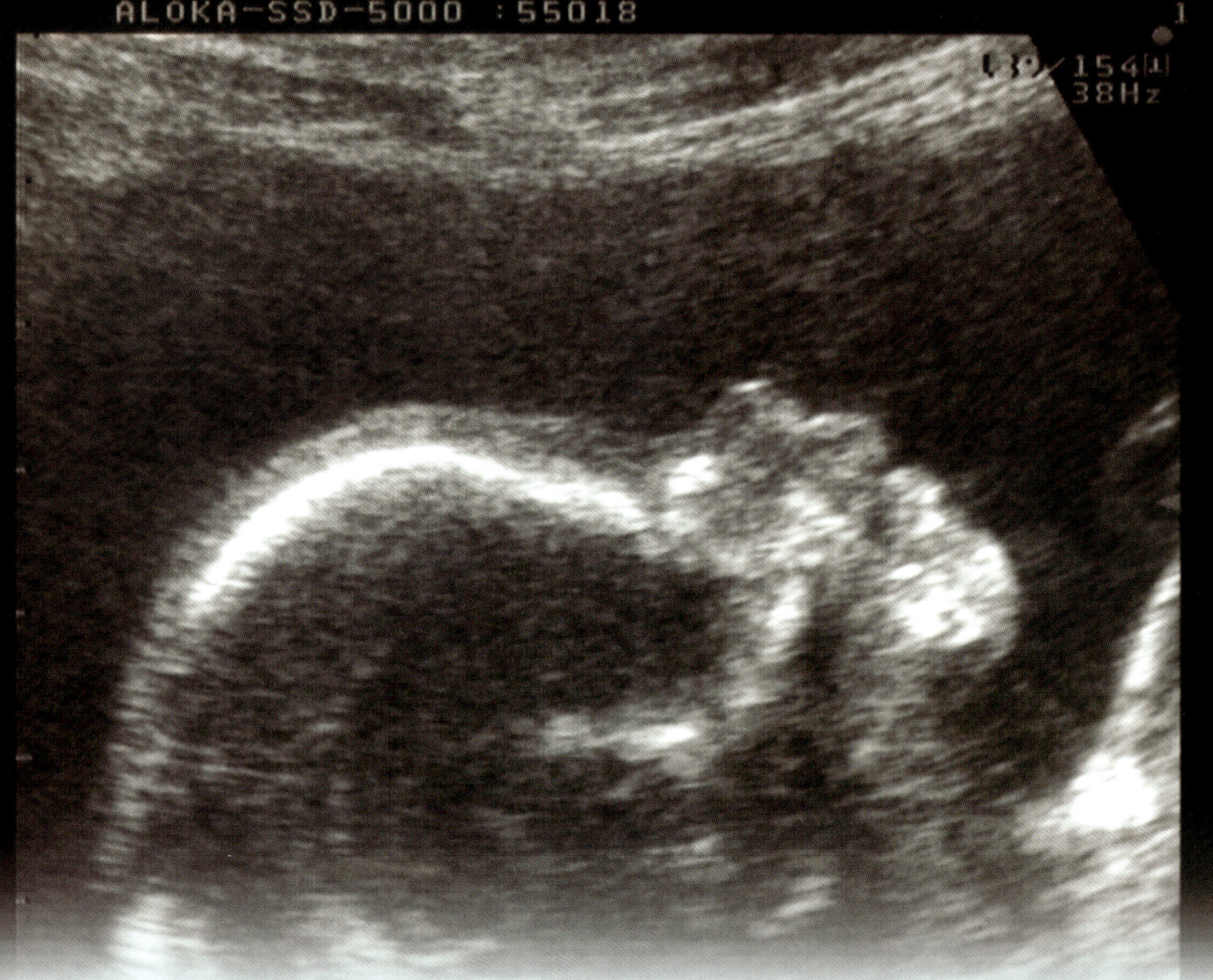

SCHALLWELLEN IN DER MEDIZIN

Ultraschallwellen werden zurückgeworfen, sobald sie auf einen Widerstand stoßen. Auf diese Weise können Umrisse erkannt werden – wie bei diesem menschlichen Fötus.

Wie funktioniert ein Ultraschallgerät?
Ein Ultraschallgerät besteht im Wesentlichen aus einem Sender und einem Empfänger; beide sind in der Regel im sog. Schallkopf eines Ultraschallgeräts zusammengefasst. Der Sender schickt Hochfrequenz-Schallwellen aus, die reflektiert werden, sobald sie auf einen Widerstand treffen. Die reflektierten Wellen werden vom Empfänger registriert und dabei in elektrische Signale umgewandelt, die auf einem Bildschirm darstellbar sind. Dieses Prinzip ist in der Nautik als Sonar oder Echolot bekannt. Die medizinische Ultraschalluntersuchung (Sonografie) macht sich diese Methode zunutze, um ein Bild von dem Zustand eines inneren Organs zu erhalten. Über Ultraschall können z. B. Zysten, Tumore, Gefäßverengungen, Organvergrößerungen bzw. -verkleinerungen sowie Steinleiden (Nieren- oder Gallensteine) diagnostiziert werden. Am häufigsten wird die Sonografie in der Schwangerschaftsvorsorge eingesetzt. In einigen Sonderfällen wird auch mit Kontrastmitteln gearbeitet, um ein genaueres Bild zu erzielen. Die Sonografie ist eine risikoarme Diagnosemethode, die bei der Beschallung bestimmter Materialien (z. B. Knochen) auf Grund der Signalstreuung aber technische Grenzen hat.

Lassen sich alle Organe beschallen?
Ja – unter der Voraussetzung, dass sie frei liegen und nicht durch Knochen verdeckt werden. Daher werden für sie in der Regel andere Methoden (CT oder MRT) angewandt. Organe, die man problemlos per Ultraschall untersuchen kann, sind das Herz (Echokardiografie), die Schilddrüse, Blutgefäße, der Bauchraum sowie die dazugehörigen Organe wie Leber, Gallenblase, Milz, Nieren usw. sowie Gebärmutter bzw. Eierstöcke. Die Lunge und einige Teile des Darms sowie Wirbelsäule oder Gelenke lassen sich nur schlecht oder gar nicht beschallen.

Wie beseitigt man Nierensteine?
Nierensteine sind Ablagerungen, die sich in der Niere selbst oder in den ableitenden Harnwegen bilden können. Der Ultraschall ermöglicht eine Diagnose und – sofern der Nierenstein nicht zu groß ist – eine besondere Form des Schalls sogar die Behandlung. Größere Nierensteine werden in der Regel operativ entfernt.

Die Steinzertrümmerung mit Hilfe von akustischen Schallwellen – etwa vergleichbar mit dem Donner, der Glas zum Vibrieren oder auch zum Zerspringen bringen kann – wird auch gegen Gallensteine eingesetzt. Darüber hinaus hat man in der Vergangenheit damit Erfolge beim Kampf gegen Myome (Geschwulste an der Gebärmutter) erzielt. Gegenwärtig werden Experimente mit dem Ziel durchgeführt, Gehirntumore auf ähnliche Weise zu behandeln; negative Begleiterscheinungen (z. B große Hitzeentwicklung an den zu behandelnden Stellen), stehen einer Einführung des Verfahrens in die medizinische Praxis allerdings bisher entgegen.

Kann man Schall in weiteren Fällen zur Heilung einsetzen?
Ja, Schall wird bereits in einer Reihe von Bereichen therapeutisch erfolgreich eingesetzt – wenn auch in anderer Form und mit anderen Zielen: Z. B. werden spezielle Klangmischungen oder Musikkompositionen als beruhigende Mittel bei psychischen Problemen wie Depression, Angstzuständen,

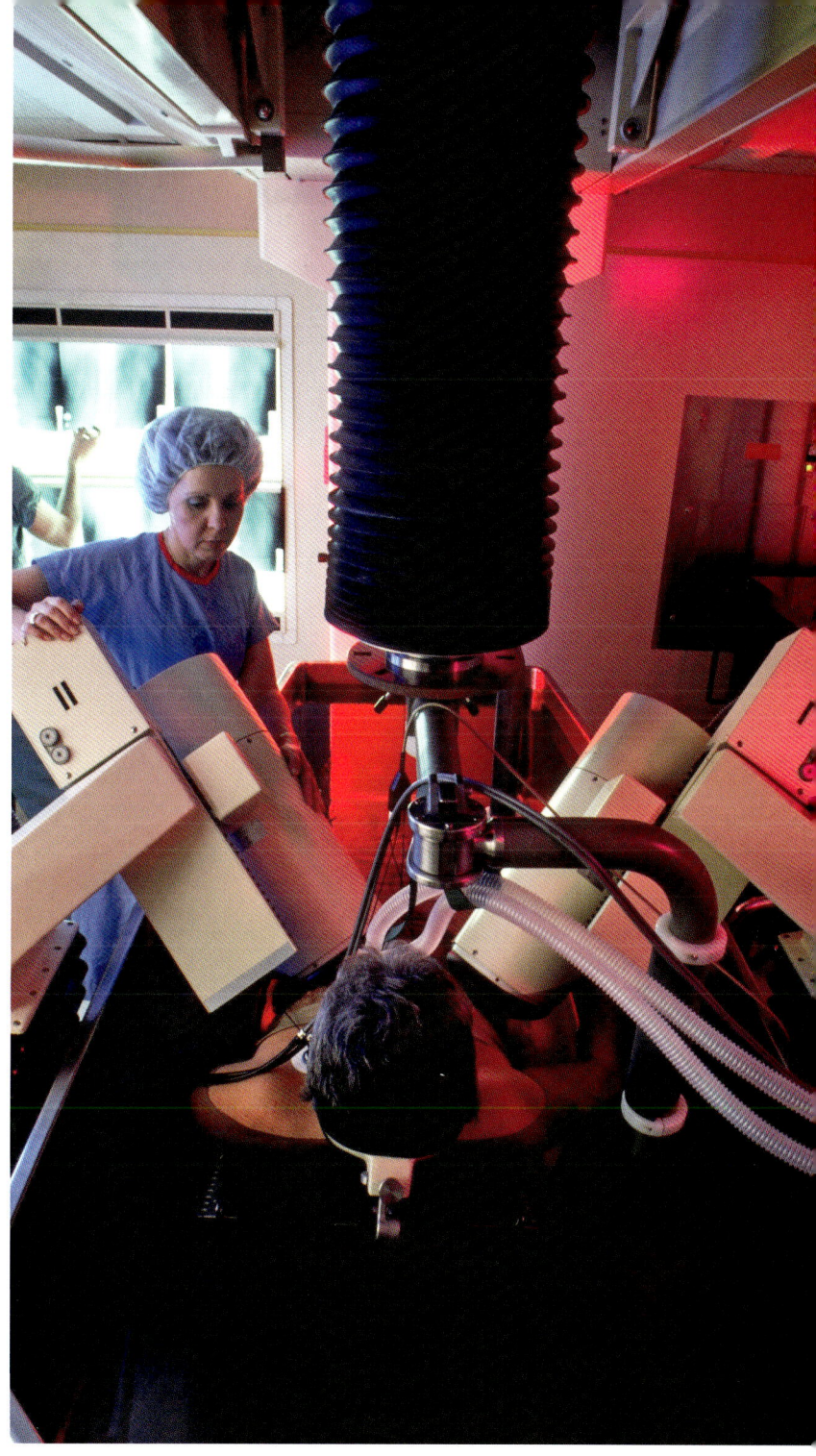

Die Zerstörung von Nierensteinen durch Schall erfolgt in einem Lithotriptor oder auch „Nierensteinzertrümmerer".

mangelndem Selbstwertgefühl, Konzentrationsschwäche oder Gedächtnisstörungen angewendet; des weiteren werden vergleichbare Therapien bei Ohrproblemen wie Tinnitus (Ohrgeräuschen), Schwerhörigkeit oder nach einem Hörsturz eingesetzt. Einige Zahnärzte setzen darüber hinaus bei ihrer Behandlung auf beruhigende Musik anstelle einer Betäubungsspritze.

Schall kann beruhigen – in einigen Therapien werden sogar Schallwellen eingesetzt, die nur noch unterbewusst wahrgenommen werden können.

MEDIZINTECHNIK

ENDOSKOPIE – OPTISCHE UNTERSUCHUNG DES KÖRPERS

Das Laserendoskop ist eine der neuesten Entwicklungen, die vor allem bei der Untersuchung von Schleimhäuten wie in Magen oder Darm eingesetzt wird.

Wie funktioniert die Endoskopie?
Als Endoskopie oder auch Spiegelung bezeichnet man die Untersuchung des Körperinnern bzw. von Körperhöhlen mit Hilfe optischer Instrumente – z. B. Spiegeln, Lupen, optischen Sensoren oder einer Kamera. Bei der Untersuchung wird das Endoskop durch eine meist natürliche Körperöffnung an den zu untersuchenden Körperraum herangeführt. Diese Methode ist für den Patienten relativ risikofrei.

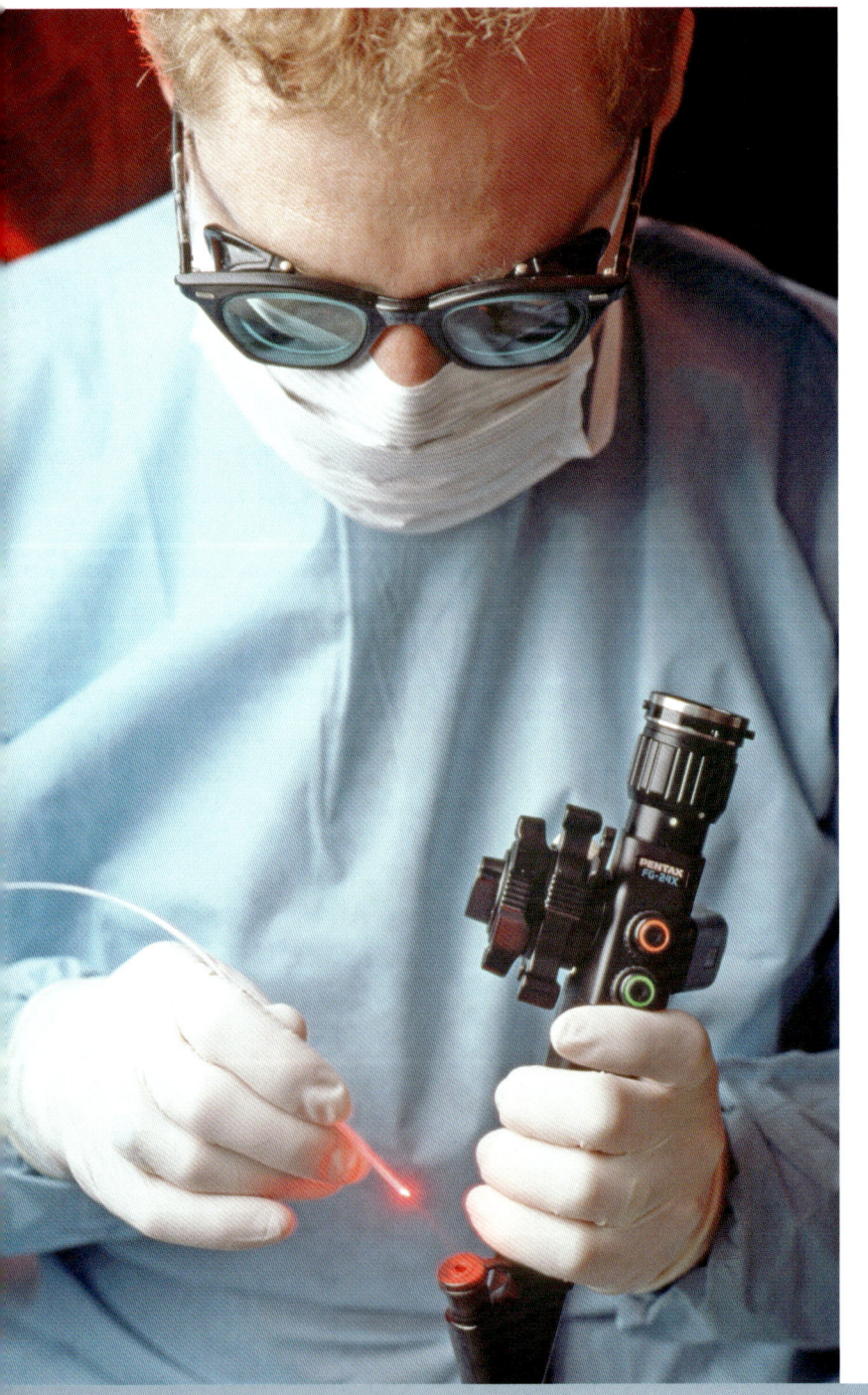

Woraus besteht ein Endoskop?
Das klassische Endoskop ist ein stabähnliches Instrument, das über eine Lichtquelle verfügt. In seinem Innern befindet sich ein Linsen- und Spiegelsystem, über das der Arzt einen Blick auf die zu untersuchenden Stellen werfen kann. In einigen Fällen werden durch besondere Linsen auch vergrößernde Effekte erzielt, die Detailuntersuchungen ermöglichen.

Modernere Endoskope sind flexibel – wie ein Schlauch. In ihrem Innern verlaufen Leitungen bzw. Glasfasern, die mit einer Lichtquelle und optischen Systemen bzw. einer Kamera (Videoendoskopie) verbunden sind. Auf diese Weise entstehen Bilder, die an einen Monitor weitergegeben werden. Neben der Flexibilität des Endoskops liegt ein weiterer Vorteil darin, dass sich mit diesem System – d. h. mit Hilfe von Bildern oder Videoaufnahmen – Krankheitsbilder und Genesungsverläufe dokumentieren und später nachvollziehen lassen.

Wo wird die Endoskopie eingesetzt?
Sie kann nur in den Bereichen vorgenommen werden, die über eine natürliche – oder durch eine ohne größeren Eingriff künstlich erzeugte – Körperöffnung erreichbar sind. Sie kommt z. B. im Magen-Darm-Trakt im Rahmen einer Magen- (Gastroskopie), Enddarm- (Proktoskopie) oder Zwölffingerdarmspiegelung (Duodenoskopie) zur Anwendung. Auch Atmungs- und Harnsystem, Bauchhöhle, Gebärmutter, Vagina und Gelenke lassen sich mit dieser Methode untersuchen. Die Endoskopie empfiehlt sich nicht, wenn Knochen oder andere Organe bei der Untersuchung mit dem Endoskop im Weg sein könnten.

Speziell geformte Geräte, die nach dem Prinzip der Endoskopie arbeiten, werden zudem bei der Untersuchung von Mund, Nase und Ohren eingesetzt.

In welchen Fällen wird eine Endoskopie vorgenommen?
Aufgrund des geringen Risikos für den Patienten bietet sich eine endoskopische Untersuchung grundsätzlich zur Diagnose o.g. Organe an. Darüber hinaus wird vielfach kurzfristig eine Endoskopie durchgeführt, wenn der Verdacht auf Verletzung eines Organs vorliegt. Sie bietet (z. B. nach einem Unfall) den Vorteil, dass sich viele Stellen im Körperinnern genauer untersuchen lassen, als das mit anderen Methoden der Fall ist: Einerseits befindet

MEDIZINTECHNIK

sich das Organ noch in einem aktiven Zustand, andererseits werden auch mögliche Veränderungen in Farbe und Struktur des Gewebes – z. B. aufgrund von Blutergüssen oder Geschwulsten – sichtbar.

Bei einigen Operationen greift man ebenfalls auf die Endoskopie zurück, um über Spiegel bzw. Kamera den Verlauf des Eingriffs zu verfolgen; vor allem bei mikrochirurgischen Eingriffen sind vergrößerte Bilder des zu operierenden Organs und seiner Umgebung unverzichtbar.

> **Endoskopie außerhalb der Medizin**
>
> Außerhalb der Medizin wird das Prinzip der Endoskopie u. a. in der Archäologie, der Denkmalpflege, der Automobilindustrie, der Luft- und Schiffahrtindustrie, beim Musikinstrumentenbau sowie beim Bautenschutz oder in Industrieanlagen angewandt – meistens zur Untersuchung oder Überprüfung von schwer erreichbaren Innenräumen oder zur sicheren Kontrolle von Gefahrenzonen und gefährlichen Gelände.

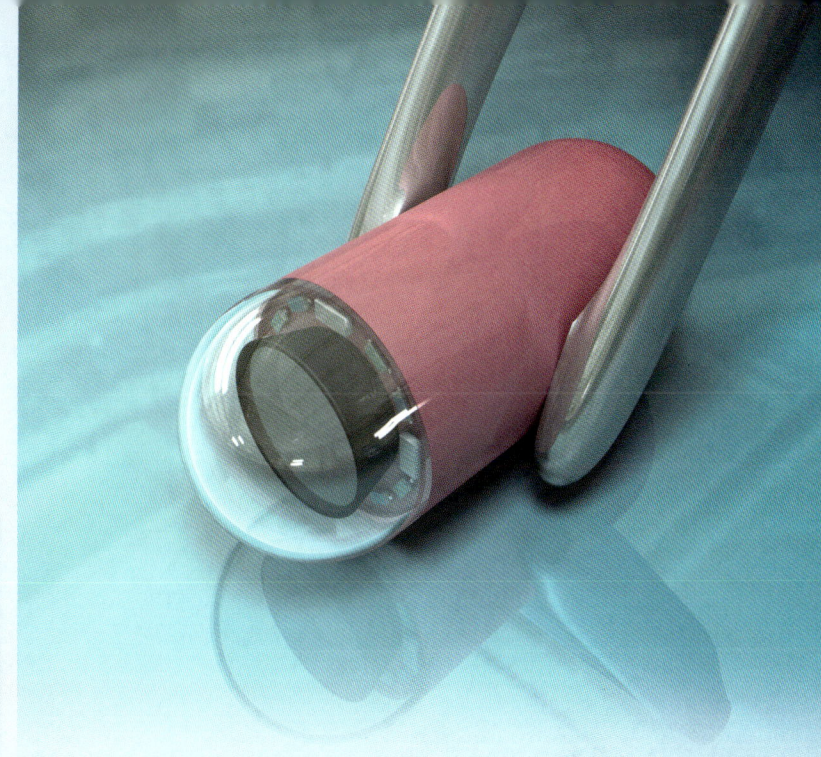

Bei vielen modernen Endoskopen befindet sich das Kamerasystem in einer speziellen Kapsel.

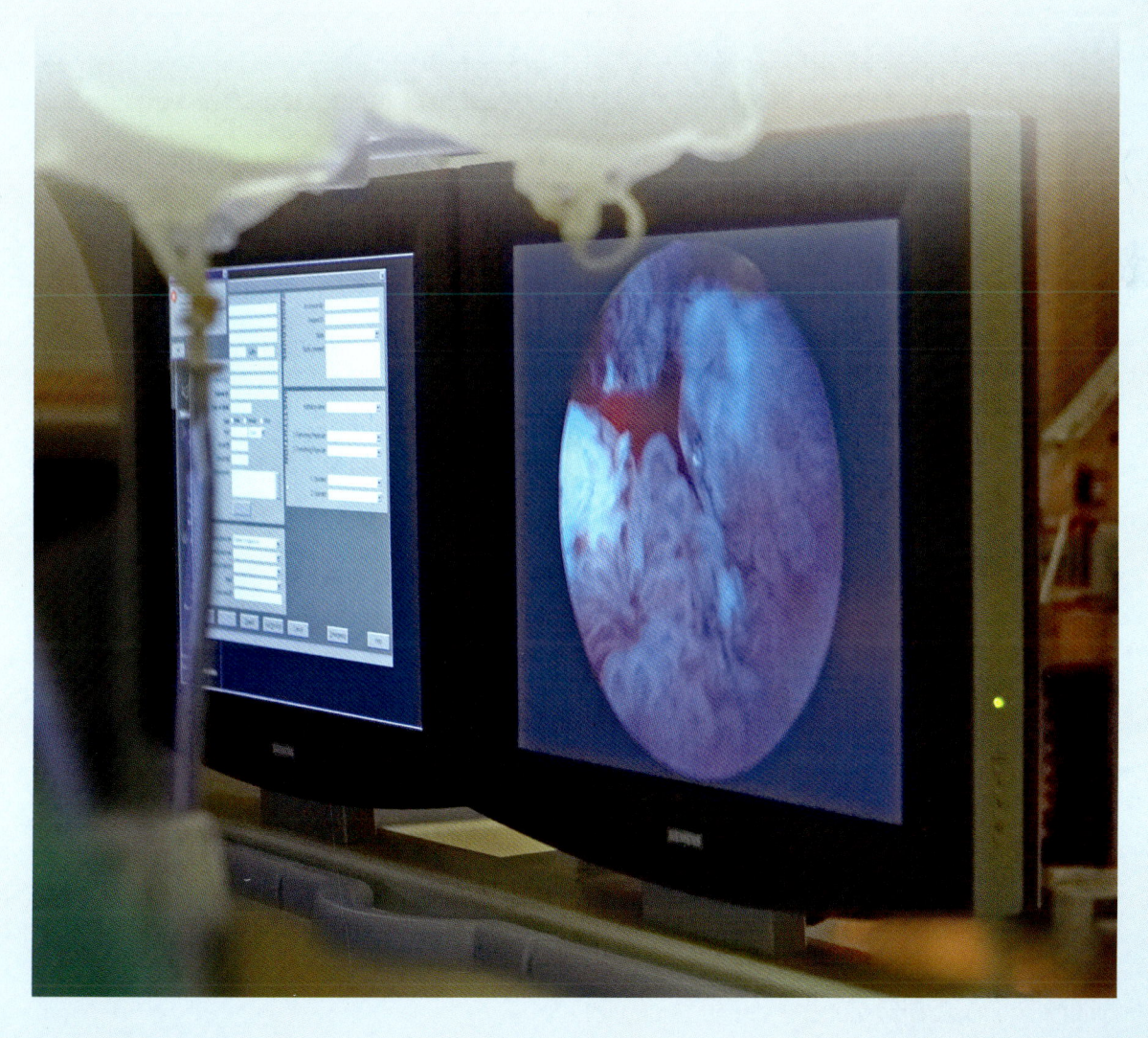

Die Bilder eines Endoskops können – wie hier bei einer Bypass-Operation – zeitnah lebenswichtige Informationen liefern.

MEDIZINTECHNIK

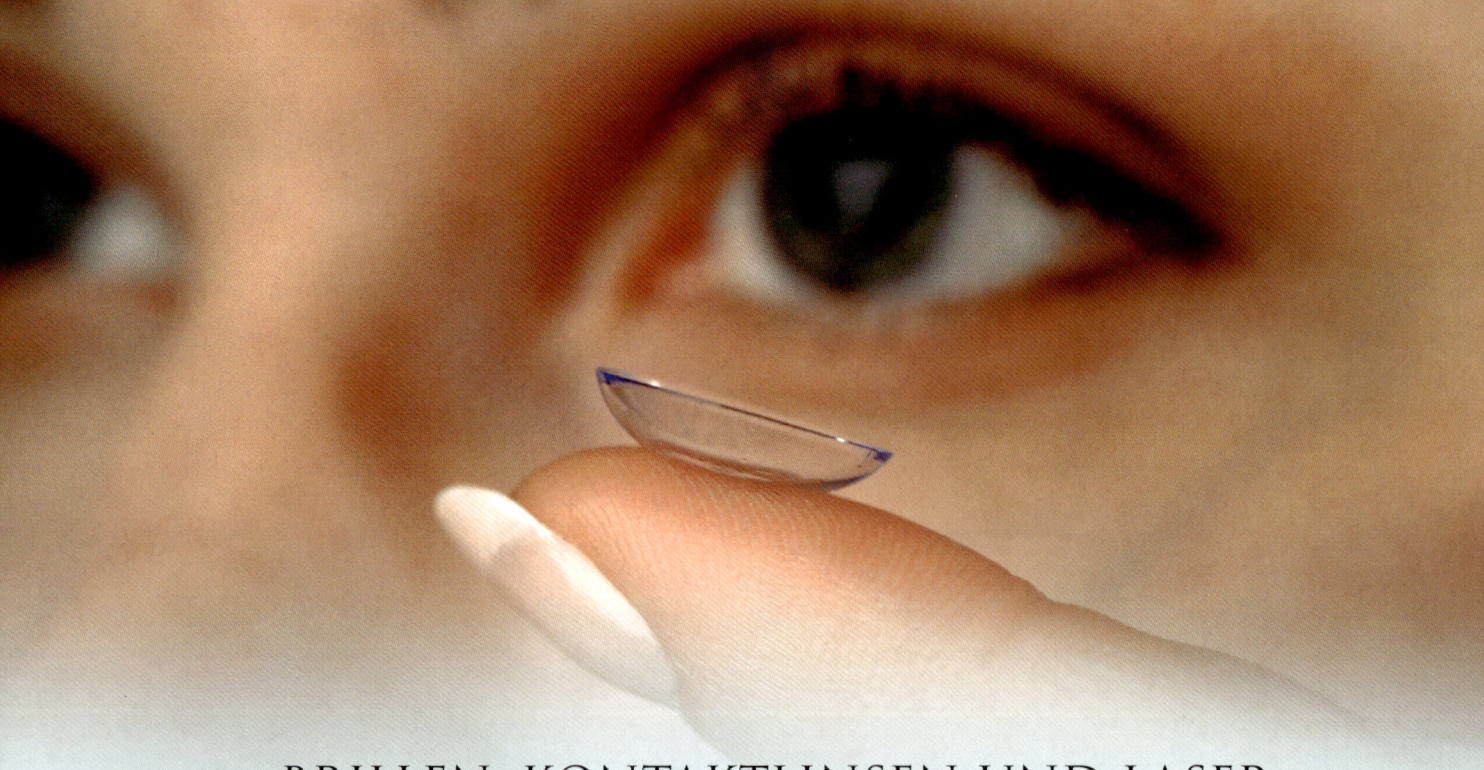

BRILLEN, KONTAKTLINSEN UND LASER – BEHANDLUNGEN DES AUGES

Aufgrund ihrer Unauffälligkeit sowie medizinischer und kosmetischer Einsatzmöglichkeiten erfreuen sich Kontaktlinsen immer größerer Beliebtheit.

Was bewirken Brillen oder Kontaktlinsen?

Sie helfen, ein scharfes Abbild auf der Netzhaut zu erzeugen, wenn dem Auge dies ohne Hilfestellung nicht gelingt – z. B. weil die Augenmuskeln nicht ausreichend reagieren oder das Licht von der Augenlinse falsch gebrochen wird. Auch eine Verformung des Glaskörpers kann dazu führen, dass der ideale Punkt auf der Netzhaut verschoben wird, so dass die Lichtstrahlen ihn nicht optimal erreichen. Brillen oder Kontaktlinsen brechen mit Hilfe einer zweiten Linse die Lichtstrahlen vor dem Eintritt ins Auge, sodass das Licht in einem neuen Winkel auf der Augenlinse auftrifft. Auf diese Weise wird der ideale Punkt auf der Netzhaut wieder getroffen – und ein scharfes Abbild entsteht.

Was ist eine Kontaktlinse?

Kontaktlinsen sind Sehhilfen, die unmittelbar auf dem Auge aufliegen und die Aufgabe einer Brille übernehmen. Hierbei unterscheidet man sog. weiche und harte Linsen: Weiche Linsen können sich der Hornhaut anpassen – wodurch sie fester am Auge sitzen und einerseits angenehmer zu tragen sind, andererseits aber gerade dadurch einen größeren Risikofaktor für das Auge darstellen, da Ablagerungen auf der Linse und Sauerstoffmangel zu Infektionen führen können. Kontaktlinsen werden sowohl bei Weit- als auch bei Kurzsichtigkeit eingesetzt und im Prinzip auf ähnliche Art geschliffen wie entsprechende Linsen einer Brille.

Was geschieht bei einer Laserbehandlung des Auges?

Ziel einer Laserbehandlung ist die Veränderung der Hornhaut, sodass sie die Aufgaben einer Brille bzw. Kontaktlinse wieder selbst übernehmen kann. Mit einem Mikromesser wird dabei die oberflächliche Hornhaut durchtrennt und zur Seite geklappt. Die dahinter liegende Hornhaut wird durch die schneidende Wirkung der energiereichen Strahlung des Lasers abgetragen. Auf diese Weise entsteht eine Wölbung, die mit der einer entsprechenden Brillen- oder Kontaktlinse vergleichbar ist. Im Anschluss wird

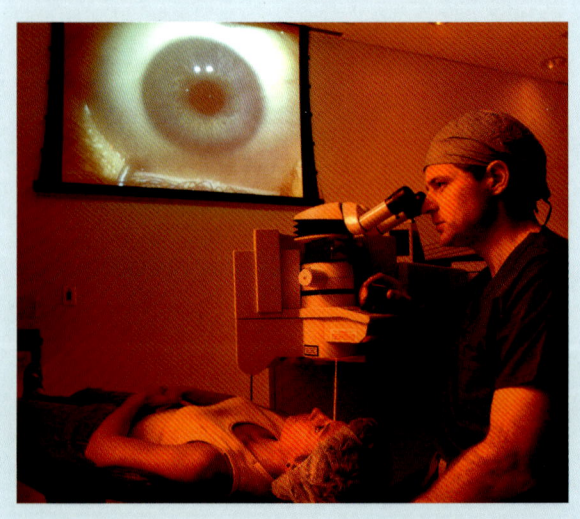

Eine Laserbehandlung des Auges dauert meistens nur wenige Minuten und ist mittlerweile vergleichsweise unkompliziert.

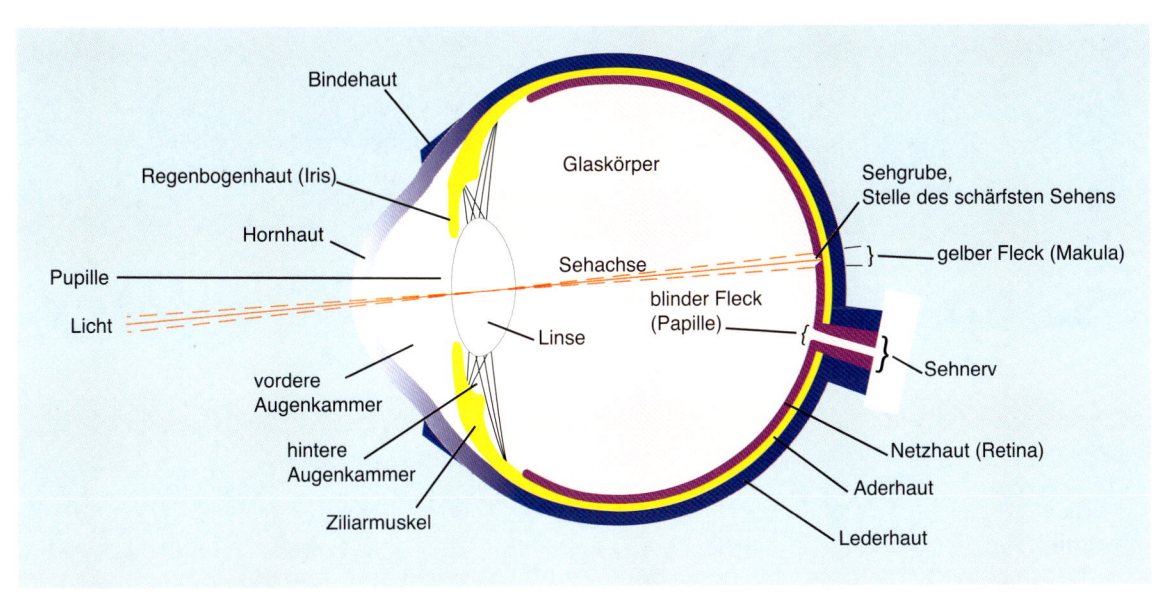

Die Lichtstrahlen werden durch Hornhaut und Linse (Pupille) so gebrochen, dass die Strahlen auf der Stelle des schärfsten Sehens ein auf dem Kopf stehendes Bild ergeben. Die Informationen werden über den Sehnerv an das Gehirn weitergeleitet.

Was geschieht beim Sehen?

Das ins Auge eindringende Licht wird durch eine durchsichtige Hornhaut und die dahinter liegende Linse so gebrochen, dass auf einer bestimmten Stelle der Netzhaut ein umgekehrtes Abbild entsteht. Die Linse muss sich dabei den Lichtstrahlen so anpassen, dass sie möglichst an der Stelle höchster Sehschärfe gebündelt werden; anderenfalls entsteht ein nur unscharfes Bild. Die Netzhaut besteht aus Sehzellen (sog. Rezeptoren), die das Erkennen von Hell-Dunkel-Kontrasten bzw. Farben ermöglichen. Diese Einzelinformationen werden über den Sehnerv an das Gehirn weitergeleitet und dort zu einem vollständigen Bild zusammengesetzt.

die obere Lamelle wieder zurückgeklappt. Aufgrund des neuen Brechungswinkels des Lichts durch die Hornhaut entsteht auf der Netzhaut wieder ein scharfes Abbild.

Die Laserbehandlung dauert nur kurze Zeit und wird meistens unter örtlicher Betäubung vorgenommen.

Wie werden Augenkrankheiten behandelt?

Technik und Pharmazie bieten zahlreiche Methoden, gegen Augenkrankheiten vorzugehen. Selbst gefürchtete Augenkrankheiten wie der sog. Grüne Star (Glaukom), der Verlust der Sehnerven oder die sog. Makula-Degeneration – das Absterben von Netzhautzellen – können heute behandelt werden. Auch hierbei spielt Laser eine bedeutende Rolle; mit seiner Hilfe z. B. wird die Ursache für den Grünen Star – ein erhöhter Augeninnendruck – behandelt, indem der natürliche Abflusskanal vergrößert oder freigelegt wird. Im Fall der Makula-Degeneration werden mit dem Laser Blutgefäße, die durch ein Einwachsen in die Sehrinde die Degeneration auslösen, verödet und so am Weiterwachsen gehindert.

Bei einigen Augenkrankheiten kann es auch angebracht sein, Wirkstoffe direkt in den Glaskörper des Auges zu injizieren (z. B. Cortison), die für eine Heilung erkrankter Stellen sorgen.

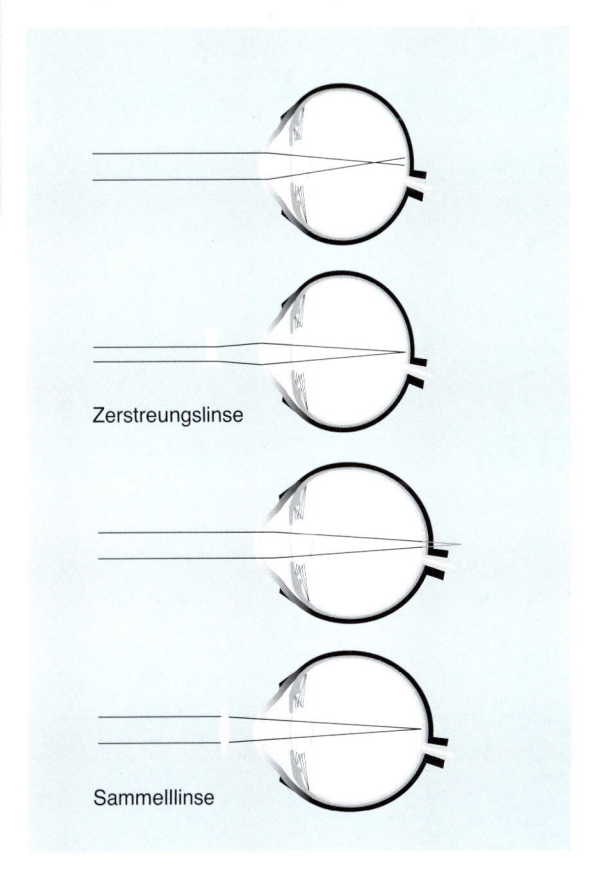

Bei der Kurzsichtigkeit werden Lichtstrahlen so gebrochen, dass das scharfe Bild vor der Stelle des schärfsten Sehens entsteht. Hier wird mit einer konkav geformten Linse dafür gesorgt, dass das Licht vor dem Eintritt ins Auge zerstreut wird, sodass der Punkt des schärfsten Sehens weiter hinten erreicht wird. Bei der Weitsichtigkeit würden die Lichtstrahlen erst hinter der Stelle des schärfsten Sehens zusammentreffen. Eine Konvexlinse (Sammellinse) schafft hier entsprechende Abhilfe.

KOMMUNIKATIONS-HILFEN IM ALLTAG

Kann man ohne Stimme sprechen?
Wenn der Kehlkopf durch Krankheit oder durch einen Unfall zerstört wird, ist die übliche Stimmbildung nicht mehr möglich. In solchen Fällen kann ggf. eine elektronische Sprechhilfe zum Einsatz kommen: Sie erzeugt einen Ton und übernimmt somit die Aufgaben des Kehlkopfs. Der Ton wird über die Halshaut in den Vokaltrakt des Rachenraums übertragen. Der Betroffene kann nun mit Hilfe von Mund- und Zungenbewegungen, die denen der natürlichen Stimmbildung vergleichbar sind, neue Laute artikulieren. Nur erfordert die Nutzung dieses Geräts eine gewisse Übung, und das Ergebnis der Spracherzeugung fällt äußerst künstlich aus – vor allem, da sich mit diesem Gerät Tonhöhen nicht verändern lassen, um dem Gesagten eine Melodie, einen Klang oder eine emotionale Färbung zu geben.

Lässt sich Schwerhörigkeit heilen?
Schwerhörigkeit und Taubheit können mehrere Ursachen haben, von denen die wenigsten so behandelt werden können, dass das natürliche Hörvermögen wiederhergestellt wird. Herkömmliche Hörgeräte sind einzig in der Lage, ankommende Schallwellen zu verstärken, was sich negativ auf das Resthörvermögen auswirken kann. Aus diesem Grund wird bei aktuellen Modellen verstärkt auf die Digitaltechnik gesetzt, die in der Lage ist, das Niveau der Verstärkung automatisch und in Sekundenbruchteilen an die Umgebung anzupassen. Ein weiterer Vorteil der Digitaltechnik liegt darin, dass über mehrere Mikrofone eine Ortung der Schallquelle erfolgen kann und so der Schall entsprechend ausgesteuert wird; dies ist bei der Schallbündelung analoger Hörgeräten nicht möglich.

Wie können Blinde lesen?
Ein Computer erleichtert Sehbehinderten das Lesen. Gedruckte Werke werden dabei über einen Scanner eingelesen, und ein spezielles Programm ist in der Lage, einzelne Teile des Textes auf dem Monitor so zu verändern (z. B. durch Kontrastverstärkung oder Vergrößerung), dass nicht vollständig Erblindete noch etwas erkennen können. Ein anderes, computerunabhängiges Hilfsmittel – das Bildschirmlesegerät – arbeitet nach demselben Prinzip. Es wird heute allerdings kaum noch – höchstens in transportabler Form als sog. elektrische Lupe – eingesetzt.

Ein weiteres Computerprogramm wandelt die auf dem Monitor angezeigten Texte wieder in Datenform um und ermöglicht über eine Sprachausgabe das Vorlesen des Bildschirminhalts. Häufiger allerdings wird über eine wiederum andere Software der Text in Blindenschrift übertragen und mit Hilfe einer separat an den Computer anschließbaren sog. Braille-Zeile mechanisch so umgesetzt, dass die Schriftzeichen ertastet werden können. Neben den traditionellen existieren hierfür spezielle Braille-Tastaturen; mit ihrer Hilfe können auch besondere Schriftsätze – z. B. Kurzschrift oder Musiknotationen – in den Rechner zu übertragen werden.

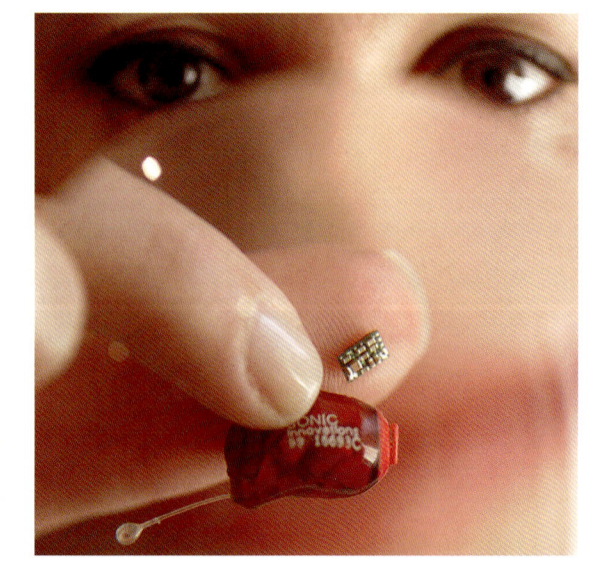

Moderne Hörgeräte sind Mini-Anlagen, die so programmiert werden können, dass sie sich den Bedürfnissen ihres Trägers anpassen.

MEDIZINTECHNIK

Die zusätzliche Braille-Leiste an der Tastatur ermöglicht Blinden das Ertasten des Bildschirminhalts.

Sind bereits verbesserte Kommunikationshilfsmittel in Sicht?

Zum Teil ja: So wird z. B. mit künstlichen Kehlköpfen weiter experimentiert. Zwar existiert noch kein Modell, das Serienreife erlangt hätte, allerdings zeigen jüngere Entwicklungen eine deutlich verbesserte Qualität als bisherige Sprechhilfen. Auch im Bereich der digitalen Hörgeräte wurden in den letzten Jahren Fortschritte erzielt; die digitale Aufbereitung der akustischen Signale erfolgt schneller und Geräusche können ebenfalls gefiltert werden, sodass es möglich ist, einzelne Geräuschquellen kontrolliert herauszuhören. Künstliche Augen sind dagegen bisher nicht möglich; allerdings existieren bereits erste Testergebnisse einer sog. Seh-Prothese, die Bildsignale über den Sehnerv an das Gehirn weitergibt.

> **High-Tech-Rollstühle**
>
> Krankheiten oder Unfälle können Menschen auf einen Rollstuhl angewiesen sein lassen, der mehr als nur die Mobilität gewährleisten muss. Bereits in der Vergangenheit wurden einzelne motorisierte Rollstuhlmodelle mit einem Computer ausgestattet, der die Kommunikation unterstützt. Der Wissenschaftler Prof. Stephen Hawking z. B. kommuniziert mit Hilfe eines solchen Computers, der sich über die Augenbewegungen des Benutzers steuern lässt.

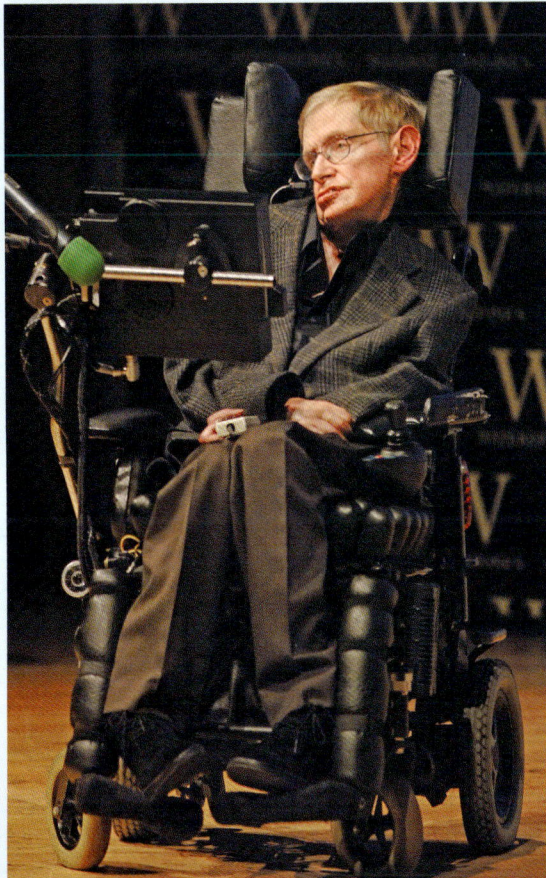

Zu Beginn seiner Krankheit war Prof. Stephen Hawking bei der Kommunikation noch auf einen Assistenten mit Stift und Alphabet angewiesen.

MEDIZINTECHNIK

ZAHNTECHNIK – AUF DEN ZAHN GEFÜHLT

Neben sämtlichen Zahnersatzteilen wie Brücken, Kronen oder Prothesen werden auch Zahnimplantate von Zahntechnikern hergestellt.

Warum werden Zähne ersetzt?
Eine Lücke im Gebiss birgt – neben dem ästhetischen Aspekt – eine Reihe medizinischer Nachteile: Der Kiefer wird dort, wo ein Zahn fehlt, nicht mehr belastet – was dazu führen kann, dass er sich zurückbildet. Wird aufgrund der Lücke nur noch die gegenüberliegende Seite zum Kauen verwendet, wird das Problem zusätzlich verstärkt. Da der Druck beim Kauen über die ansonsten direkt aneinanderliegenden Zahnseiten verteilt wird, werden im Fall einer Lücke die benachbarten Zähne zudem einer größeren Belastung ausgesetzt. In der Folge können sich diese Zähne lockern; darüber hinaus bieten sie – und auch das Zahnfleisch an dieser Stelle – Bakterien und Krankheitserregern eine größere Angriffsfläche. Damit erhöht sich das Risiko, weitere Zähne zu verlieren. Ein rechtzeitiger Zahnersatz ist daher unbedingt zu empfehlen.

Warum steht Amalgam in der Kritik?
In den von der Zahnmedizin verwendeten Amalgamen – Mischstoffen, meist aus Metallen wie Silber, Zink oder Kupfer – befindet sich auch das giftige Quecksilber. Man vermutet, dass das Quecksilber sich aus dieser Verbindung lösen kann – z. B. durch Reibungshitze beim Kauen oder durch bestimmte Getränke. Zwar konnte bisher noch kein wissenschaftlicher Beweis für diese Vermutung erbracht werden, doch die Kritik am Amalgam hält sich bereits seit mehreren Jahrzehnten. Vor allem aufgrund seiner langen Haltbarkeit, der leichten Verarbeitung und der niedrigen Kosten wird es jedoch auch heute noch als Material für Zahnfüllungen verwendet.

Wie erfolgt eine Zahnimplantation?
In jüngster Zeit hat sich die Zahnimplantation gegenüber anderen Verfahren vermehrt durchgesetzt. Dabei wird zunächst der erkrankte Zahn ge-

zogen und unter örtlicher Betäubung unter dem Zahnfleisch im Kieferkochen ein sog. Implantatbett errichtet, in welches das Implantat eingeschraubt wird. Im Prinzip stellt das Implantat eine künstliche Zahnwurzel aus Titan dar, auf die eine passende Krone aufgesetzt wird. Diese Methode hat mehrere Vorteile: Die umliegenden Zähne müssen nicht – wie z. B. beim Einsetzen einer Brücke – verändert werden; zudem verfügt ein Implantat über eine höhere Haltbarkeit und kann ebenso belastet werden wie ein natürlicher Zahn. Bei einer Brücke besteht die grundsätzliche Gefahr, dass sie sich im Laufe der Zeit lockert; bei einem Implantat ist das unter normalen Umständen eher unwahrscheinlich.

Welche Vor- und Nachteile hat eine Laserbehandlung?
Mit Hilfe des Lasers lässt sich eine exakt umgrenzte Stelle kurzzeitig mit sehr energiereichem Licht bestrahlen. Die Auswirkung dieser Energie macht sich die Zahnmedizin vielfach zunutze: Bei der Zahnimplantation z. B. dient sie vor allem zur Befestigung einer Krone bzw. Brücke auf der implantierten künstlichen Wurzel, da aufgrund der Hitze das Kronenmaterial für kurze Zeit erweicht werden kann. Aber auch Parodontitis lässt sich wirksam mit Laser behandeln, weil der Zahnschmelz durch die kurzzeitige Bestrahlung nicht angegriffen wird, wohl aber die Parodontitis-Bakterien. Zahnfleischbehandlungen wie die Beseitigung von Wucherungen lassen sich ebenfalls per Laser vornehmen. Moderne Zahnlaser sind außerdem in der Lage, über einen Sensor zu erkennen, welches Gewebe des Patienten erkrankt ist. So können ausschließlich die erkrankten Stellen mit dem Laser getroffen und behandelt werden. Bei sachgemäßem Einsatz von Laserstrahlen sind keine Nebenwirkungen zu erwarten.

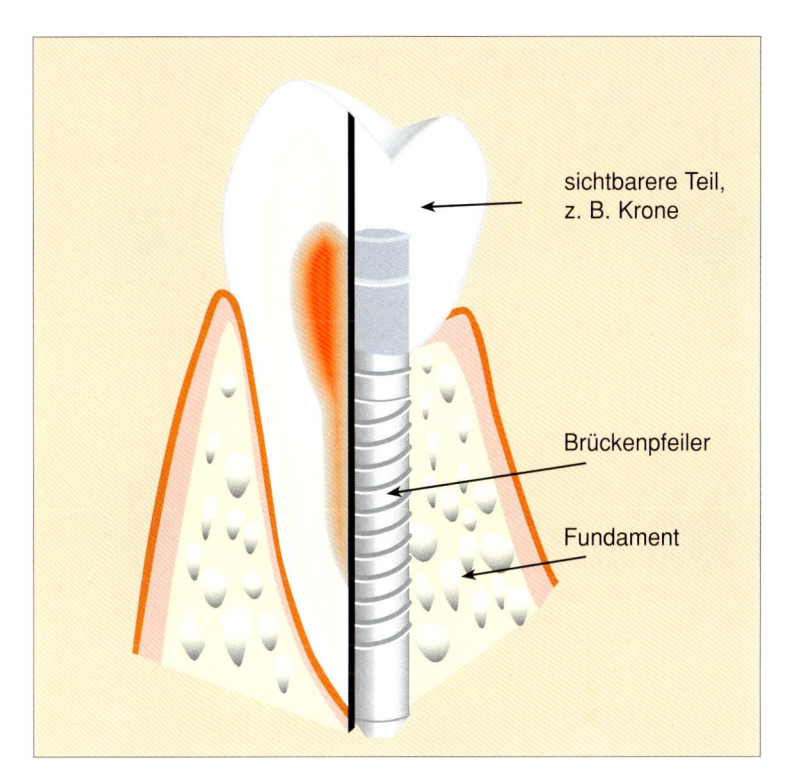

Das Implantat (rechte Hälfte) ist aufgebaut wie der natürliche Zahn (linke Hälfte) – der Pfeiler wird in das Fundament eingelassen und übernimmt damit die Rolle der Zahnwurzel. Anschließend wird der Pfeiler überkront, wodurch er aussieht wie ein natürlicher Zahn.

Trotz der modernen Entwicklungen existiert noch keine echte Alternative, die bei geschädigten Zähnen den Bohrer ersetzen kann.

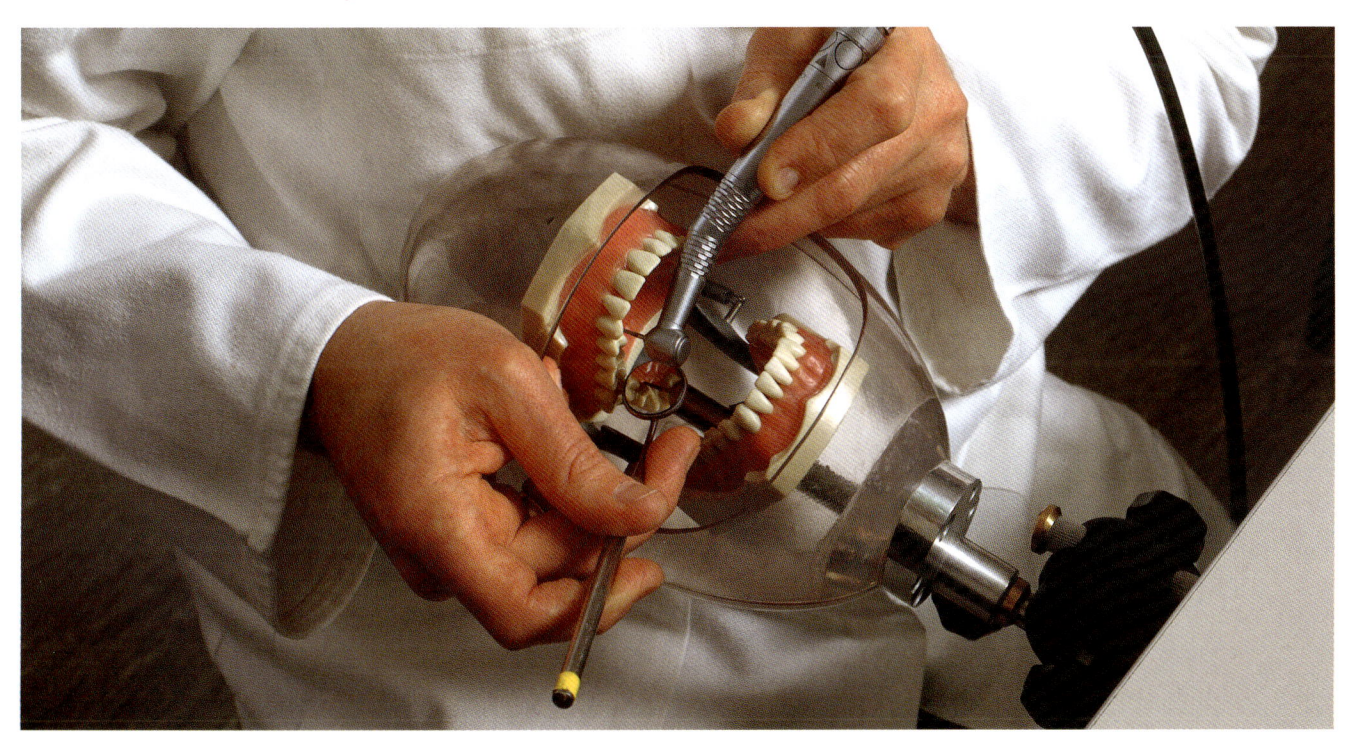

MEDIZINTECHNIK

TRANSPLANTATION UND IMPLANTATION – UNTERSTÜTZUNG FÜR DEN KÖRPER

Wie lassen sich Körperfunktionen und Körperteile unterstützen?

Die Gründe, aus denen ein Körper ggf. Unterstützung benötigt, sind vielfältig und reichen von Abnutzung über Krankheit bis hin zu Unfallfolgen. In jedem Fall sollte der Patient sich im Klaren darüber sein, dass kein Hilfsmittel die Möglichkeiten eines gesunden Körperteils vollwertig ersetzen, sondern lediglich unterstützende Funktionen bieten kann. Dies kann durch Implantate erzielt werden – also durch die Einpflanzung eines künstlichen Hilfsmittels – oder durch Transplantation, d. h. die Verpflanzung eines eigenen oder fremden Körperteils. Darüber hinaus werden zahlreiche (externe) Hilfsmittel auch ohne chirurgische Eingriffe zur Unterstützung von Körperfunktionen eingesetzt – wie Krücken, Brillen, Hörgeräte u. a.

Was ist eine Prothese?

Einige Körperteile – z. B. Gelenke oder Gliedmaßen – können durch Prothesen ersetzt werden. In einigen Fällen handelt es sich dabei um Implantate bzw. sog. Endoprothesen (griech. endo: innen) – etwa bei künstlichen Hüft- oder Kniegelenken. Derartige Prothesen verbleiben über einen längeren Zeitraum (meistens mehrere Jahre) im Körper, ehe sie ersetzt werden müssen. Andere Prothesen – sog. Exoprothesen (griech. exo: außen) – werden äußerlich angewandt; hierbei handelt es sich üblicherweise um künstliche Gliedmaßen wie Arme oder Beine. In den letzten Jahren haben sich die Prothesen zu regelrechten High-Tech-Produkten entwickelt: Über Mikroprozessoren ist es heute möglich, Nervensignale aufzunehmen und in gewünschte Bewegungen umzuwandeln. Auf diese Weise gelingt es in einigen Fällen sogar, Prothesenträgern wieder eine sportliche Betätigung zu ermöglichen.

Welche Nachteile haben diese Hilfsmittel?

Grundsätzlich besteht bei Implantaten und Transplantaten die Gefahr, dass der Körper Abwehrzellen entwickelt und die Fremdkörper „abstößt", d. h. angreift und zerstört. Empfänger eines Transplantats werden daher lebenslang mit Medikamenten versorgt, die diese Abstoßungsreaktion unterbinden sollen. In der Regel ist die Gefahr einer Abstoßung geringer, wenn es sich um ein Eigen-

Moderne Prothesen sind so konstruiert, dass sie sogar extremen Belastungen – etwa bei sportlichen Aktivitäten – standhalten.

transplantat handelt. Ein weiteres Problem ergibt sich aus den Medikamenten, mit denen die Entzündungen verhindert werden sollen: Da diese die Reaktion des körpereigenen Immunsystems tendenziell unterbinden (damit es nicht auf den Fremdkörper reagiert), bedeutet das zugleich, dass auch andere Krankheitserreger nicht wie gewohnt bekämpft werden.

Im Fall von Gelenkstransplantationen besteht allgemein die Gefahr von Knochenbrüchen, Schwellungen, Gewebe- oder Nervenverletzungen sowie Druckschäden bzw. Empfindlichkeitsstörungen, eventuell auch Hautschäden. Die Gefahr solcher Schäden ist vor allem in der Anfangszeit groß, wenn der Patient zu viel von sich bzw. seinem neuen Gelenk erwartet und der Körper sich noch nicht an das Transplantat gewöhnt hat.

Funktioniert ein künstliches Gelenk anders als ein natürliches?

Ein künstliches Gelenk ist in Aufbau und Funktionsweise zunächst einem natürlichen Gelenk nachgebildet. Allerdings ist die eigentliche Funktionsweise vom Umfang des Implantats abhängig. In einigen Fällen – etwa beim vollständigen Ersatz eines Kniegelenks – übernimmt das künstliche jedoch mehr Aufgaben als das natürliche Gelenk, da z. B. die Kreuzbänder, die dem Knie eine zusätzliche Stützfunktion bieten, ebenfalls entfernt wurden.

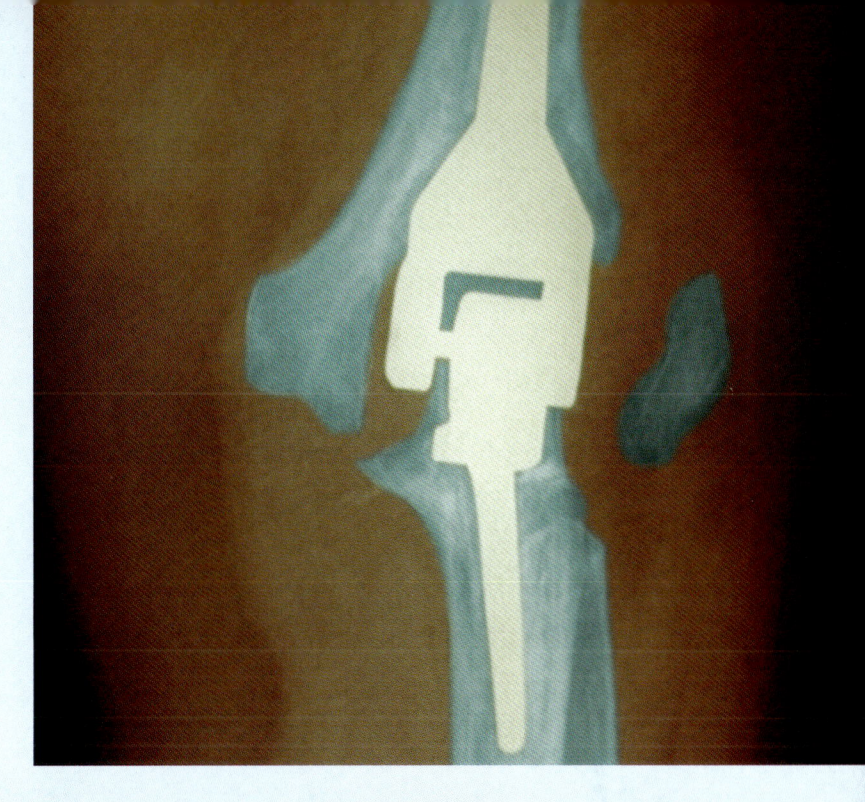

Bei Teilprothesen versucht man, möglichst viele Teile des Originalgelenks zu erhalten – mit der Einschränkung, dass keine Komplikationen bei der Zusammenarbeit mit den Implantaten entstehen dürfen. Knochenbrüche, Schwellungen oder Verletzungen der Blutgefäße können sonst die unangenehme Folge sein.

Bei beschädigten Gelenken – hier Ellenbogen – wird in der Regel darauf geachtet, die umliegenden Knochen möglichst zu erhalten.

Es finden bereits Testreihen mit sehbehinderten Menschen statt, denen mit Hilfe eines implantierten Kamerasystems zumindest ein undeutliches Sehen ermöglicht werden kann. Hier wird die Feinjustierung dieses optischen Systems per Computer vorgenommen.

MEDIZINTECHNIK

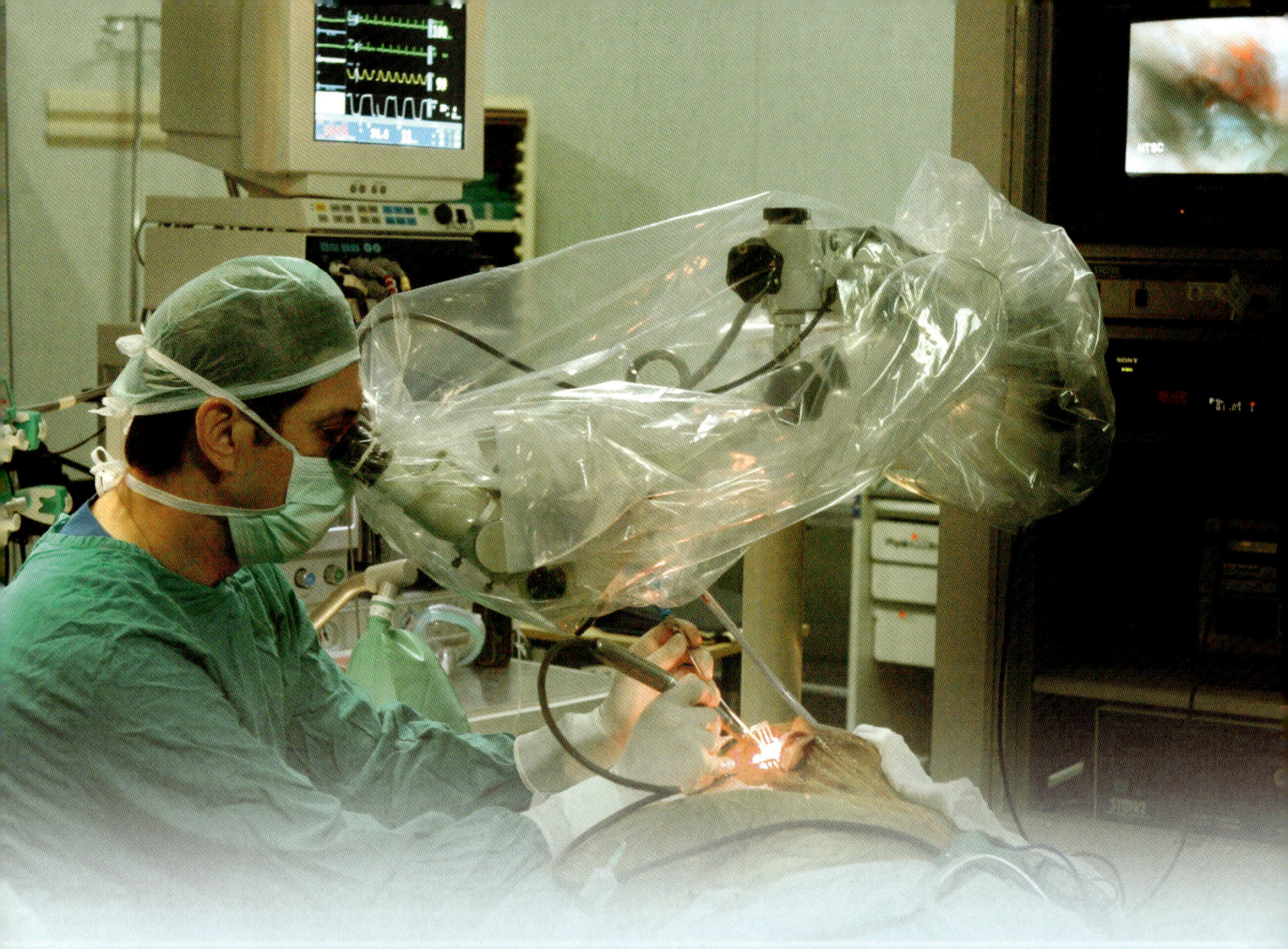

Die Mikrotechnik eröffnet auch der Chirurgie völlig neue Möglichkeiten, z. B. bei der Implantation einer künstlichen Hörschnecke (Cochlea).

Lässt sich jedes Körperteil ersetzen?

Nein. Beim Skelett etwa stößt die Medizin im Bereich der Wirbelsäule an ihre Grenzen. Bisher gibt es keine Prothese, mit der Querschnittsgelähmte die vollständige Kontrolle über ihren Körper wiedererlangen könnten. Schädigungen der Wirbelsäule oder des Rückenmarks können bisher noch nicht technisch behoben werden, wenn auch seit Jahren Untersuchungen in dieser Richtung laufen. Ähnlich sieht es in anderen Bereichen aus: So sind Gehirn und Haut Organe, die sich derzeit gar nicht oder nur unzureichend ersetzen lassen, da hier – ähnlich wie beim Rückenmark – durch ein Implantat oder Transplantat der notwendige Informationsfluss noch nicht vollkommen gewährleistet werden kann, weder in den Gehirnzellen noch in den Nervenzellen der Haut.

Welche Kriterien entscheiden über den Einsatz eines Implantats bzw. eines Transplantats?

Häufig entscheidet vor allem die Technik, im Allgemeinen jedoch werden Implantate bevorzugt, unter anderem, weil man hierbei nicht auf einen Spender angewiesen ist; doch für zahlreiche Transplantate gibt es bisher kein adäquates künstliches Gegenstück. Bei einer Herzkrankheit z. B. wird ein Patient derzeit noch auf ein Spenderorgan – d. h. auf eine Transplantation – hoffen müssen. Künstliche Herzen gibt es zwar bereits, diese sind für ein normales Leben jedoch kaum geeignet (die meisten Modelle sind eher mit einem Herzschrittmacher vergleichbar als mit einem eigenständigen Organ).

Während bei Knochen oder Gelenken Implantate heute üblich sind, wird in den meisten Fällen, in denen Organe ersetzt werden müssen, auf Transplantate zurückgegriffen.

Eigentransplantat
Wenn körpereigenes Material an eine andere Stelle des Körpers verpflanzt wird, spricht man von einem sog. Eigentransplantat. Dies wird häufig bei Gewebe praktiziert, seltener auch bei Gliedmaßen – vor allem im Spezialgebiet des sog. Tissue-Engineering (s. S. 205).

Halten künstliche oder fremde Körperteile länger als eigene?

Künstliche und fremde Organe sind generell anfälliger als körpereigene; das Risiko einer Abstoßung ist

Lebendtransplantationen

Während man bei Transplantationen in der Regel auf ein Spenderorgan angewiesen ist, das einem Hirntoten entnommen wurde, besteht in einigen Fällen die Möglichkeit der Lebendtransplantation: Hierbei wird ein Teil oder sogar ein vollständiges Organ eines Lebenden verpflanzt – z. B. bei der Transplantation von Nieren oder Teilen der Leber. Allerdings ist im Bereich der Leberlebendtransplantation zwingend, dass Spender und Empfänger in einem nahen verwandtschaftlichen Verhältnis zueinander stehen.

grundsätzlich vorhanden. Selbst Jahre nach der Operation kann ein Transplantat noch eine Abstoßungsreaktion hervorrufen. Statistiken zeigen, dass transplantierte Organe durchschnittlich 13 Jahre „halten"; künstliche Gelenke hingegen weisen heute bereits eine weitaus längere Haltbarkeit auf – auch wenn ihre Funktionsdauer ebenfalls begrenzt ist. Bei einem künstlichen Hüftgelenk z. B. liegt die durchschnittliche Haltbarkeit heutzutage schon bei etwa 15 Jahren – je nach Ausführung und Beanspruchung.

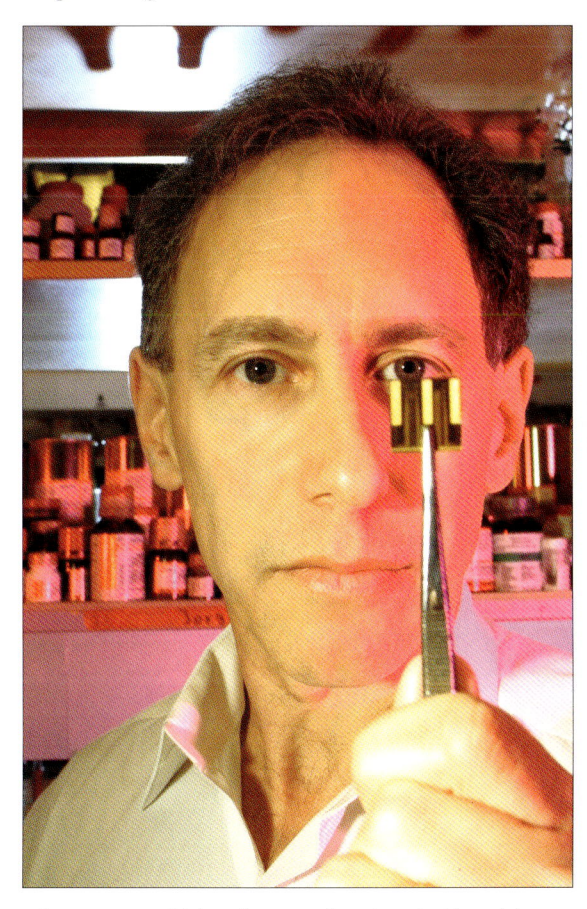

Robert Langer entwickelte Mikrogeräte, die auf Impulse hin gezielt Medikamente abgeben.

Rechts: Bei Transplantationen ist man noch immer auf Spenderorgane angewiesen, die nur kurze Zeit nach der Entnahme eingesetzt werden können.

MEDIZINTECHNIK

HERZ UND NIEREN – HILFSMITTEL FÜR INNERE ORGANE

Was ist Dialyse?
Der Begriff Dialyse (griech. dialysis: Auflösung) bezeichnet ein technisches Verfahren der Blutreinigung, das in Fällen von akutem oder dauerhaftem Nierenversagen zum Einsatz kommt.

Über Niere und Leber werden Abfallstoffe aus dem Blut gefiltert und über den Urin ausgeschieden. Wenn diese Funktion nicht mehr gewährleistet ist, vergiftet sich der Organismus auf Dauer selbst. Daher wird das Blut des Patienten in regelmäßigen Abständen in mehrstündigen Sitzungen durch ein Dialysegerät geleitet, das die Aufgabe der Niere übernimmt und die gelösten Abfallstoffe aus dem Blut entfernt bzw. das Blut mit zusätzlichen Stoffen anreichert.

Bei dauerhaftem Nierenversagen ist eine Nierentransplantation jedoch unvermeidlich. Die Dialyse kann in diesem Fall nur als Übergangslösung gewertet werden.

Eine Dialyse-Sitzung dauert mehrere Stunden und muss mehrmals wöchentlich durchgeführt werden.

> **Aufgabe der Nieren**
> Die Nieren sind im übertragenen Sinne das Klärwerk des Menschen. Hier wird das Blut von Giftstoffen befreit sowie der Wasserhaushalt und Säuregehalt des Körpers reguliert. Darüber hinaus wird der Blutzuckerspiegel und die Zusammensetzung des Blutes reguliert. Dies geschieht vor allem durch mehrfache Filterung des Bluts und das Ableiten überflüssiger Stoffe über den Harn.

Was geschieht während der Dialyse?
Das Dialysegerät übernimmt die Aufgaben der Nieren, indem über eine Salzlösung die Schadstoffe aus dem Blut herausgefiltert werden. Dies geschieht, indem die beiden Flüssigkeiten in entgegengesetzter Richtung aneinander vorbei fließen und dabei durch eine semipermeable Membran voneinander getrennt sind, d. h. die Membran kann von kleinen Molekülen oder Ionen durchdrungen werden. Die unterschiedliche Konzentration von Schadstoffen sorgt dafür, dass diese in die Salzlösung abwandern. Kurz bevor das Blut wieder in den Körper des Patienten eintritt, wird das Blut durch einen Luftfänger geleitet, damit keine Luftblasen in die Adern geraten, da dies eine Embolie auslösen kann.

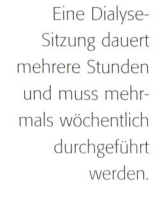

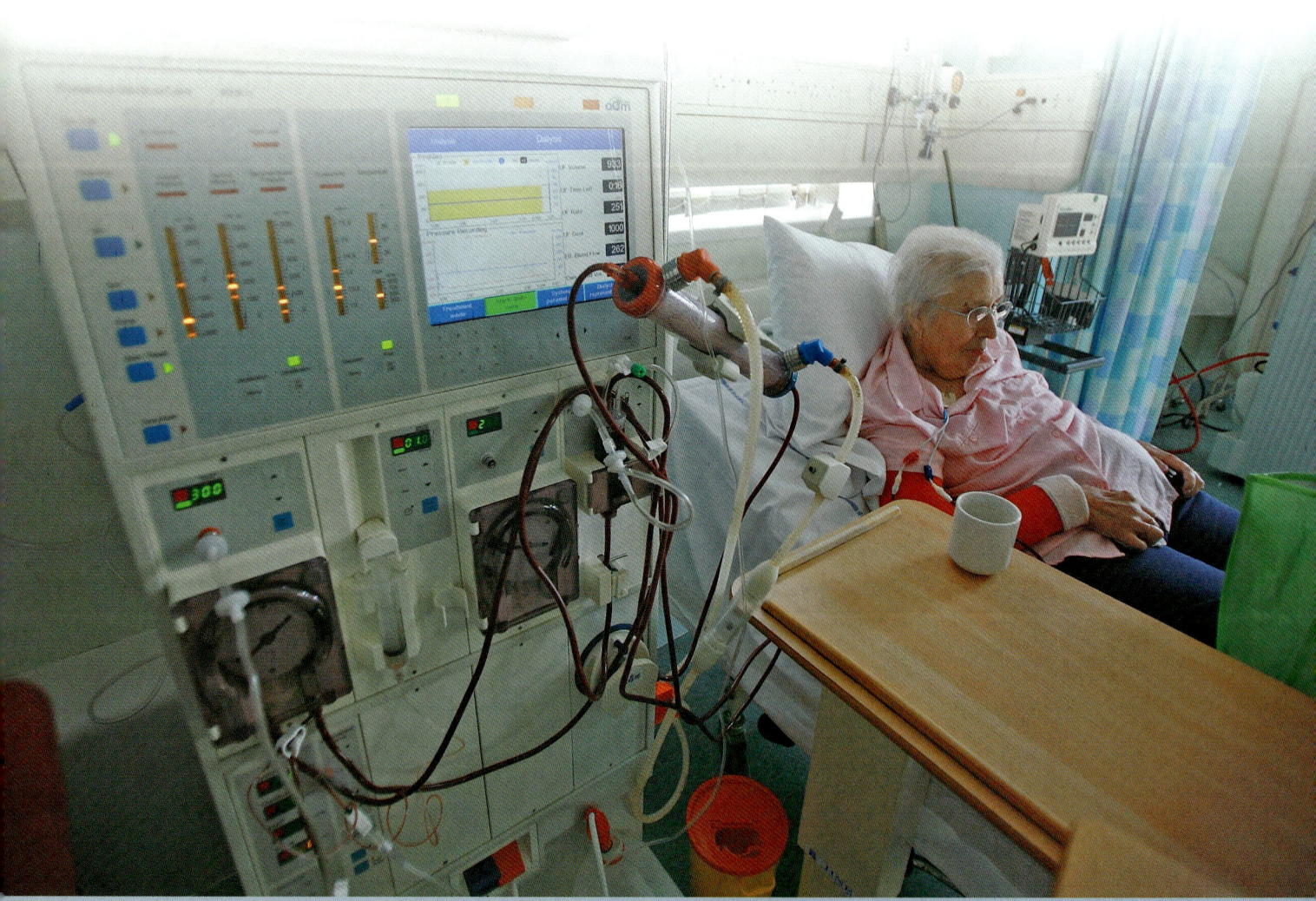

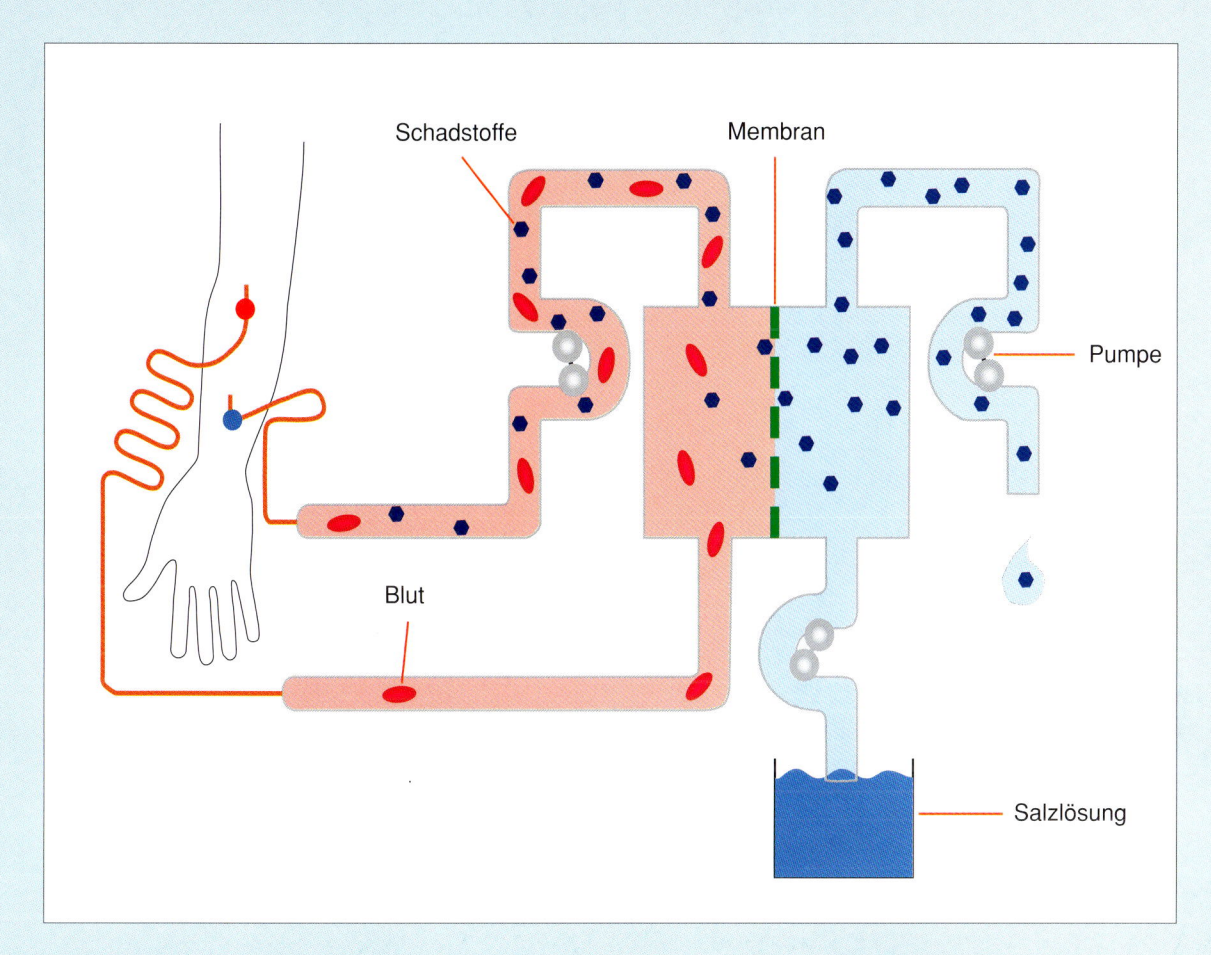

Im Dialysegerät wird eine Herausfilterung der Schadstoffe vorgenommen. Die schadstoffarme Salzlösung nimmt durch die halbdurchlässige Membran die Schadstoffe des vorbeifließenden Blutes auf und sorgt so für eine Entgiftung.

Wie funktioniert ein Defibrillator?

Vor jedem Herzschlag wird von einem der Vorhöfe ein elektrischer Impuls ausgesendet, der die Herzmuskeln dazu bringt, sich zusammenzuziehen. Wenn dieser Impuls zu stark ist oder zu unregelmäßig ausgesendet wird, kann es zum sog. Kammerflimmern bzw. zu Herzrhythmusstörungen kommen. Ein Defibrillator sorgt mit einem elektrischen Schock dafür, dass die Herzmuskelzellen für mehrere Millisekunden nicht mehr erregbar sind. Das Herz kommt auf diese Weise wieder zur Ruhe. Mit dem nächsten natürlichen Impuls sollte der reguläre Herzschlag wieder einsetzen.

Ein Defibrillator sollte möglichst früh eingesetzt werden, da das Herz während des Kammerflimmerns nicht in der Lage ist, den Körper über das Blut mit Sauerstoff zu versorgen, wodurch schon nach kurzer Zeit bleibende Schäden auftreten können. Mittlerweile gibt es ebenfalls implantierbare Defibrillatoren (ICD), die bei Patienten mit erhöhtem Rhythmusstörungsrisiko zum Einsatz kommen.

In manchen Fällen ergibt sich aus dieser Situation ein schwer zu durchbrechender Teufelskreis, da die Gefahr besteht, daß der nächste Impuls erneut zu stark ausfällt.

Ein Defibrillator zwingt das Herz durch einen elektrischen Schock zu einem Schlag und sorgt

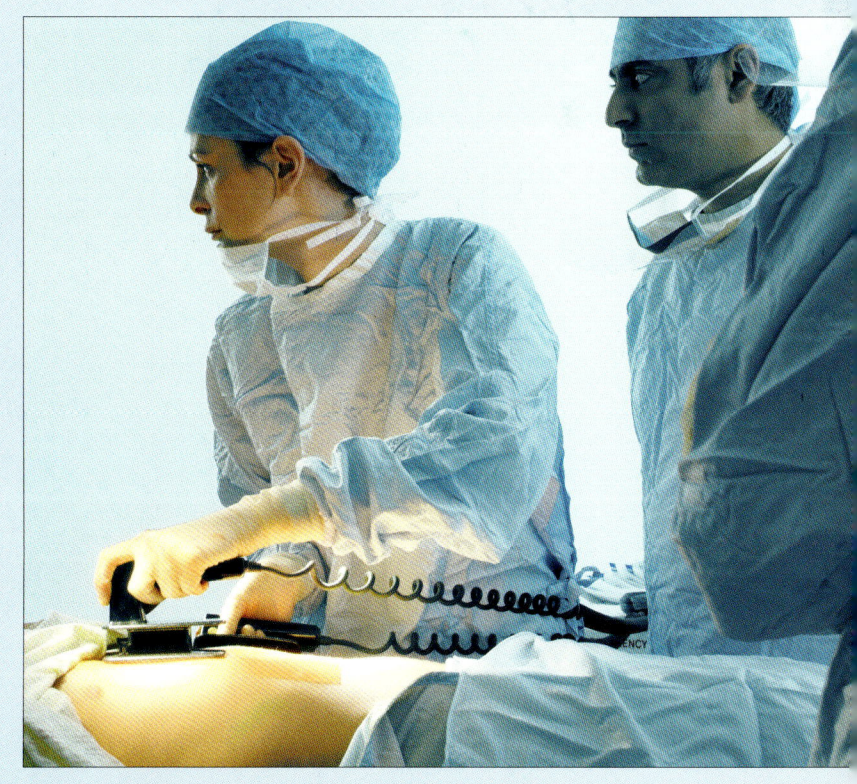

Defibrillatoren werden nicht nur in OPs eingesetzt. An vielen öffentlichen Stellen stehen Defibrillatoren zur Verfügung, die auch Laien eine Soforthilfe ermöglichen.

MEDIZINTECHNIK

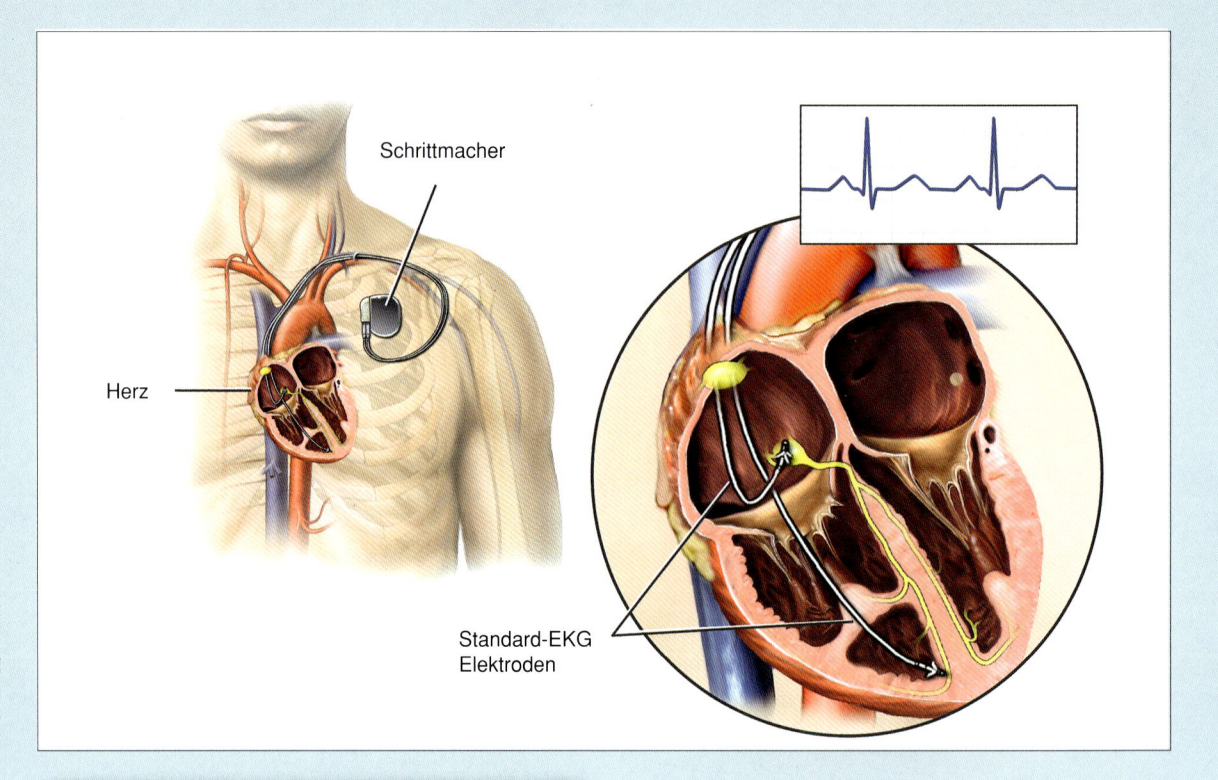

Ein Herzschrittmacher sitzt nicht direkt am Herzen; die Impulsgebung erfolgt über entsprechend positionierte Elektroden.

Herz-Kreislauf-System

Dem Herz-Kreislauf-System kommt die Aufgabe zu, den Körper über das Blut mit Sauerstoff zu versorgen und Kohlenstoffdioxid zu entsorgen. Das Herz stellt hierbei das Zentrum dar: Im Normalzustand pumpt es mit einer Geschwindigkeit von fünf bis sechs Litern pro Minute das Blut durch den Körper. In der Lunge findet ein Austausch von Gasen statt – Kohlenstoffdioxid wird abgegeben, Sauerstoff aufgenommen. Das Blut versorgt auf seinem Weg die einzelnen Organe mit Sauerstoff und anderen notwendigen Stoffen, ehe es zum Herzen zurückgeleitet wird. Bei einem höheren Sauerstoffbedarf erhöht sich die Herzfrequenz, sodass das Blut schneller durch die Adern gepumpt wird.

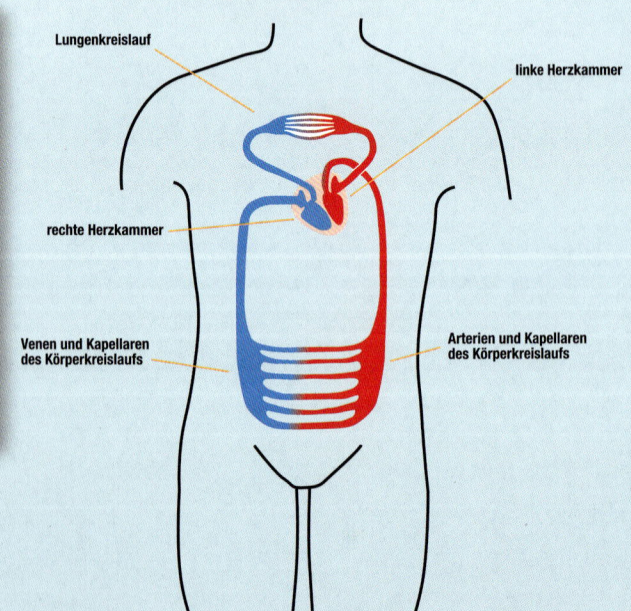

Über den Herz-Lungen-Kreislauf wird die Sauerstoffversorgung des Körpers gesteuert: Das Herz pumpt das Blut zur Lunge, dort wird ein Austausch von Gasen vorgenommen. Der Sauerstoff wird mit Hilfe des Blutes durch die Arterien an die Stellen transportiert, wo er gebraucht wird. Beim Verbrauch des Sauerstoffs entsteht CO_2, das über die Venen wieder zum Herzen zurücktransportiert wird.

gleichermaßen dafür, die Muskeln elektrisch zu überreizen, sodass für wenige Millisekunden eine Überlagerung des nächsten elektrischen Impulses stattfindet. Diese kurze Zeit reicht bereits aus, um den Teufelskreis zu durchbrechen und dem Herz wieder die Gelegenheit zu geben, seinen eigenen Rhythmus zu finden. Die Gefahr, dass mit einem der nachfolgenden Schläge das Kammerflimmern erneut ausgelöst wird, bleibt allerdings bestehen.

Was ist ein Herzschrittmacher?

Ein Herzschrittmacher ist ein künstliches Gerät, das den Herzschlag durch Impulse reguliert. Er wird in der Regel dann eingesetzt, wenn die natürlichen Impulse aus dem Vorhof des Herzens – die das Herz zum Schlagen bringen – zu langsam oder zu unregelmäßig kommen. Er übernimmt die Aufgabe des Signalgebers und sendet in bestimmten Abständen elektrische Impulse aus. Die natürlichen Impulse werden nach wie vor ausgesendet, bleiben aber in der Regel wirkungslos, da sie von den stärkeren Impulsen des Herzschrittmachers überlagert werden.

Moderne Herzschrittmacher sind mit Sensoren ausgestattet, die dafür sorgen, dass das Gerät erst dann zum Einsatz kommt, wenn der Eigenrhythmus des Herzens zu langsam wird.

Gibt es weitere Schrittmacher?

Ja – Schrittmacher können überall dort eingesetzt werden, wo durch elektrische Impulse oder Stromstöße ausbleibende, jedoch lebensnotwendige Reaktionen eines Körperorgans wieder in Gang gesetzt werden können. So helfen z. B. Blasenschrittmacher Querschnittsgelähmten bei der Kontrolle der Harnblase. In einzelnen Fällen von Körperlähmung kann ein Atemschrittmacher die Aufgabe des Zwerchfells übernehmen, und in schweren bzw. chronischen Fällen von Darmträgheit helfen Darmschrittmacher bei der Stimulierung der Darmtätigkeit.

Des weiteren dienen Hirnschrittmacher dazu, einzelne Hirnregionen mit elektrischen Impulsen zu stimulieren, um damit bestimmte Körperreaktionen auszulösen – oder auch, im Gegenteil, Reaktionen zu unterbinden. Solche Hirnschrittmacher finden z. B. in Fällen von Multipler Sklerose, Dystonie (Bewegungsstörungen) oder bei Parkinson-Patienten Anwendung.

Welche Gefahren bestehen für Schrittmacherpatienten?

Wie bei jedem Implantat besteht auch bei einem Schrittmacher eine Infektionsgefahr. Darüber hinaus ist ein Schrittmacher anfällig für magnetische bzw. elektromagnetische Wellen, wie sie z. B. von Metalldetektoren, Sicherheitsschleusen oder Transformatoren ausgehen. Modernere Modelle sind so konstruiert, dass sie auch bei elektromagnetischen Fremdfeldern – wie sie von Mobiltelefonen oder Lautsprechern ausgehen – einwandfrei funktionieren (was bei älteren Modellen nur bedingt der Fall ist). Auch eine Programmierung ist mittlerweile möglich, sodass der Herzschrittmacher auf bestimmte Bedürfnisse des Körpers entsprechend reagieren kann. Bei einem erhöhten Sauerstoffbedarf etwa – z. B. bei körperlicher Anstrengung – werden die Impulse schneller ausgesendet, wodurch das Herz schneller schlägt und das Blut den Sauerstoff schneller an die Bedarfsstellen transportieren kann.

Was bewirkt eine Herz-Lungen-Maschine?

Eine Herz-Lungen-Maschine kann für einen begrenzten Zeitraum die Funktionen von Lunge und Herz übernehmen. Sie kommt vor allem während Herz- oder Lungenoperationen zum Einsatz, um Kreislauf-, Atmungs- und Stoffwechselfunktionen im Körper aufrechtzuerhalten. Hierbei wird die Maschine an den Blutkreislauf des Patienten angeschlossen und das Blut durch die Maschine gepumpt. In der Maschine wird das Blut mit Sauerstoff angereichert, gefiltert – um das Eintreten von Fremdkörpern oder geronnenen Blutpartikeln zu vermeiden – und anschließend wieder in den Körper zurückgeleitet. Die Herz-Lungen-Maschine stellt – ebenso wenig wie die Dialyse – eine dauerhafte Lösung dar, sondern kann nur für eine kurze Übergangszeit verwendet werden.

Herz-Lungen-Maschinen werden vor allem bei Operationen eingesetzt, um den lebenswichtigen Gasaustausch auch in dieser Situation zu gewährleisten.

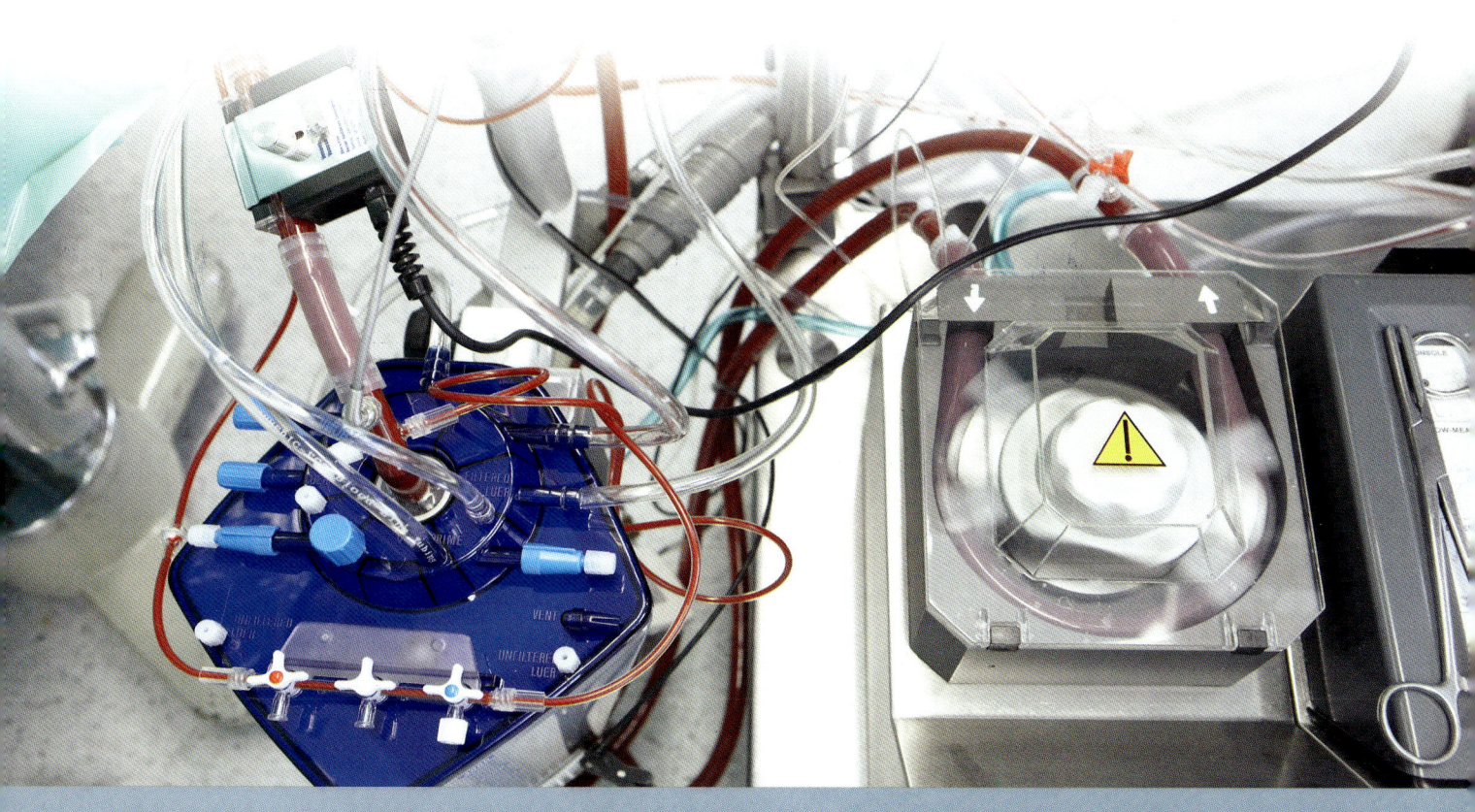

MEDIZINTECHNIK

KRANKENHAUS-TECHNIK

Die grüne Schutzkleidung im OP dient in erster Linie dem Ziel, zu verhindern, dass die offene Wunde mit Keimen oder Fremdkörpern wie Haaren in Berührung kommt.

Was ist der Unterschied zwischen Desinfektion und Sterilisation?

Desinfektion bezeichnet den Vorgang, bei dem lebende wie tote Krankheitserreger (Viren, Bakterien, Pilze usw.) unschädlich gemacht werden, sodass sie keine Infektion mehr auslösen können. Bei einer Sterilisation geht man noch einen Schritt weiter: Hierbei wird das Arbeitsmaterial von sämtlichen lebenden Mikroorganismen – einschließlich ihrer Dauerformen, der sog. Sporen – befreit. Eine 100%ige Sterilisation ist derzeit nur unter besonderen Laborverhältnissen möglich, da in unserer Umwelt Mikroorganismen allgegenwärtig sind.

Warum finden größere Operationen in sterilen Räumen statt?

Um das Infektionsrisiko für den zu operierenden Körper so gering wie möglich zu halten – denn eine große, d. h. zeitintensive und komplizierte Operation stellt für einen Organismus eine äußerst kritische und stark belastende Situation dar. Hinzu kommt, dass in der Regel die Gesundheit des Patienten bereits vor der Operation geschwächt ist und viele natürliche Schutzmechanismen des Körpers nur noch bedingt funktionieren. Folglich ist der Körper bei Operationen in erhöhtem Maße infektionsgefährdet. Desinfizierte bzw. sterile Räume – in denen die Anzahl der pathologischen Mikroorganismen weitaus geringer als in der sonstigen Umwelt ist – senken das Infektionsrisiko.

Wie werden Instrumente sterilisiert?

Operationsinstrumente werden in der Regel über einen sog. Autoklav dampfsterilisiert. Dieser Druckbehälter ist verfahrenstechnisch mit einem Schnellkochtopf vergleichbar. Darin wird das zu sterilisierende Material unter Druck im Wasserdampf erhitzt.

In Ausnahmefällen oder außerhalb des OPs wird auch auf andere Sterilisationspraktiken zurückgegriffen – z. B. die Heißluftsterilisation, bei der das Sterilisationsgut Feuer, Glut oder direkter Hitze ausgesetzt wird, oder die Antiseptik, bei der Chemikalien bzw. Gase die Sterilisation bewirken.

Warum wird der Patient bei Operationen unter Vollnarkose künstlich beatmet?

Um das Risiko auszuschalten, dem die körpereigene Atmung unter Vollnarkose unterliegt: Der künstlich erzeugte Tiefschlaf wirkt sich auch auf die Atemwege aus, und das kann dazu führen, dass die Atmung u. U. aussetzt. Darüber hinaus ist die Luft, mit der künstlich beatmet wird, bei Operationen im Regelfall mit einem Narkosegas versetzt, womit ausgeschlossen werden soll, dass der Patient während der Operation aufwacht. Die Vollnarkose ermöglicht es allerdings, den Menschen vollkommen schmerzfrei zu behandeln.

Wie begegnet man technischen Störungen im Krankenhaus?

Mit diversen Sicherungssystemenn. Ein Stromausfall kann für ein Krankenhaus eine Katastrophe bedeuten. Aus diesem Grund sind Einrichtungen, für die eine kontinuierliche Stromversorgung unabdingbar ist, heute standardisiert mit einem kompletten Energiemanagement-System ausgestattet, das Stromschwankungen oder -ausfälle innerhalb kurzer Zeit kompensiert.

Für den Fall, dass Probleme oder Ausfälle bei den technischen Steuerungsinstrumenten und Computeranlagen eines Krankenhauses eintreten (z. B. durch Programmausfälle), sind im System bereits sog. Watchdogs eingerichtet. In der Regel handelt es sich hierbei um Systemkomponenten, die von der eingesetzten Software bzw. dem dazugehörigen Mikrocontroller in regelmäßigen Abständen Signale erhalten. Bleiben diese aus, werden automatisch Gegenmaßnahmen eingeleitet: Je nach System kann ein Alarm ausgelöst oder eine parallel installierte Software zur Sicherung des Systems gestartet (bzw. das gesamte System vollständig neu geladen) werden.

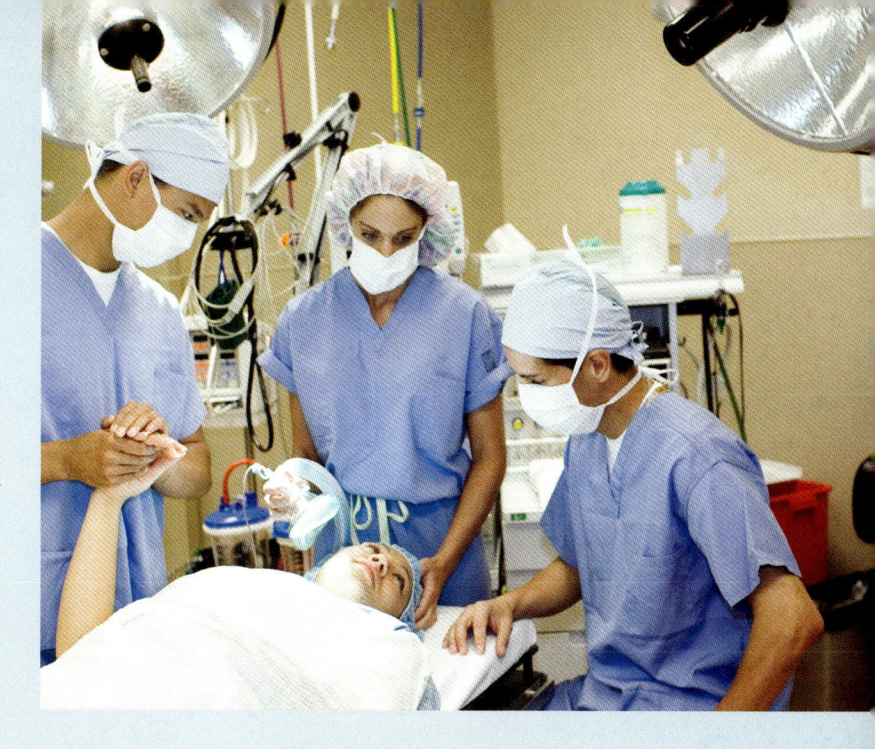

Auch die Patienten selbst müssen vor einer Operation so vorbereitet werden, dass das Infektionsrisiko möglichst gering gehalten wird.

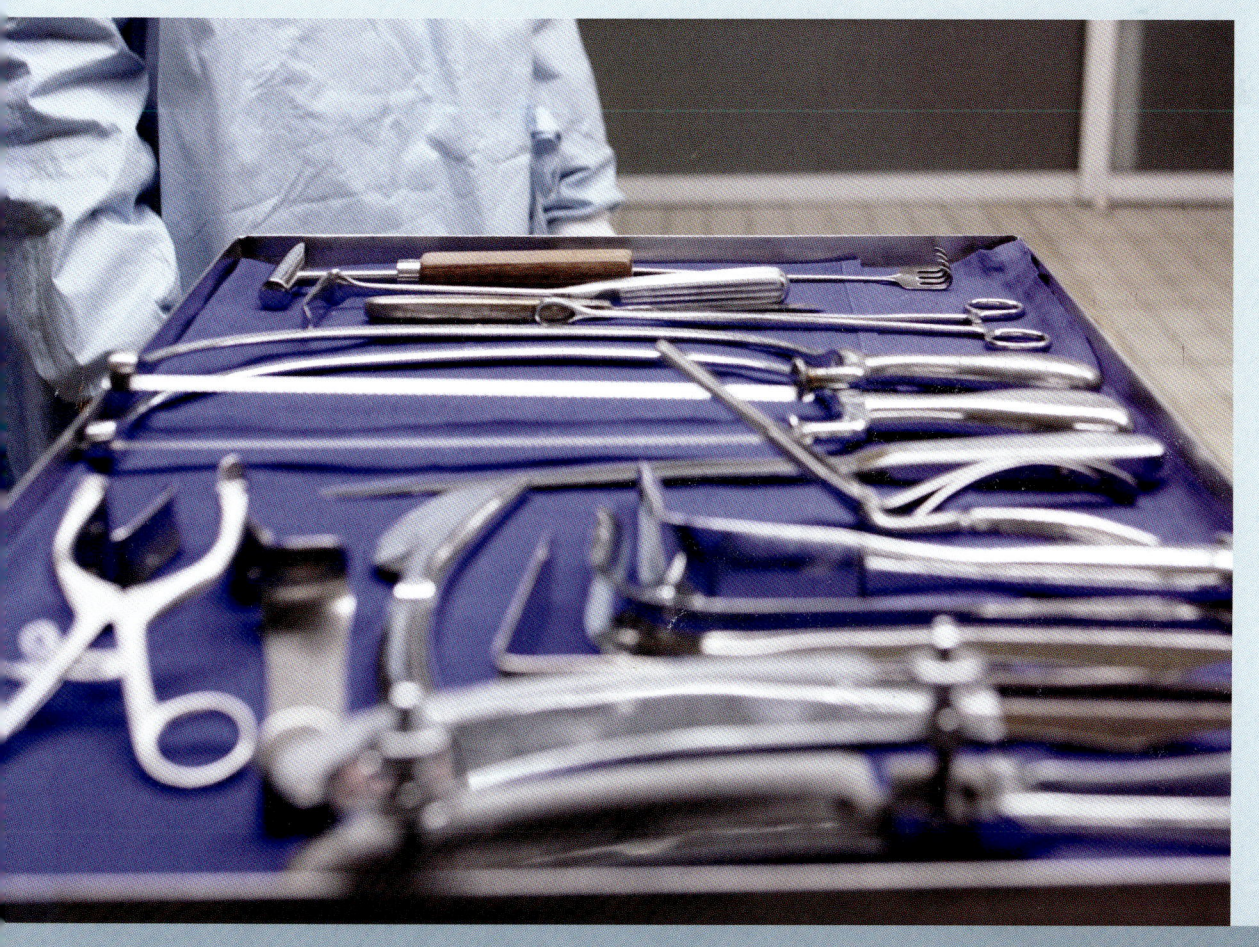

Sterilisierte Instrumente bei Operationen verringern das Infektionsrisiko deutlich.

MEDIZINTECHNIK

PLASTISCHE CHIRURGIE – WEIT MEHR ALS NUR SCHÖNHEITSOPERATIONEN

Was ist plastische Chirurgie?
Als Teilgebiet der Chirurgie umfasst sie Operationen mit dem Ziel, bei angeborenen oder verletzungsbedingten Körperschäden organische Funktionen wiederherzustellen sowie Verunstaltungen oder krankhaftes Gewebe zu beseitigen. Wichtige Teilbereiche der plastischen Chirurgie sind – neben anderen – die rekonstruktive und die ästhetische ("kosmetische") Chirurgie. Dabei handelt es sich vor allem um Schönheitsoperationen wie z. B. die Straffung der Gesichtshaut (Rhytidektomie, sog. Facelifting,) oder das Absaugen von überschüssigem Körperfett (Liposuktion).

Was leistet die rekonstruktive Chirurgie?
In der rekonstruktiven Chirurgie werden Körperfunktionen oder ganze Körperteile wiederhergestellt, die durch Krankheit, Missbildungen sowie durch Unfälle verloren gingen. Dabei können z. B. Finger, Zehen, Füße, Ohrläppchen u. a. replantiert werden; aber auch Tumorentfernungen oder die Beseitigung von Fehlbildungen sowie Fehlstellungen von Gliedmaßen fallen in diesen Bereich.

Was versteht man unter Verbrennungschirurgie?
Die Verbrennungschirurgie ist ein bedeutender Teilbereich der rekonstruktiven Chirurgie, der sich auf die Behandlung von Brandwunden größeren Ausmaßes konzentriert, insbesondere die Spuren, die Verbrennungen oder Verätzungen auf der Haut hinterlassen haben. Das reicht von der Versorgung leichter Brandwunden durch das Entfernen der toten Hautareale bis hin zur Hautverpflanzung, die notwendig wird, wenn das Gewebe aufgrund der Verbrennungen anschwillt und dadurch die Durchblutung einschränken kann. Schwere Verbrennungen führen zudem häufig dazu, dass die Haut vernarbt; mit Hilfe der plastischen Chirurgie lässt sich – zumindest teilweise – das Gewebe retten. Einen weiteren Schwerpunkt in diesem Gebiet bildet die Behandlung verbrannter Nerven: Zwar ist es derzeit noch nicht möglich, auch die feinsten Nervenleitungen zu rekonstruieren, allerdings kann die Verbrennungschirurgie bei rechtzeitigem Eingreifen dafür sorgen, dass zumindest größere Nervenstränge erhalten bleiben.

Warum wird Ultraschall bei der Fettabsaugung eingesetzt?
Es gibt mehrere Möglichkeiten der Fettabsaugung. Ultraschall wird ausschließlich bei der ultraschallunterstützten sog. Liposuktion (UAL) eingesetzt und hat dort eine vergleichbare Funktion wie bei der Entfernung von Nierensteinen (s. S. 176 f): Mit Hilfe des Ultraschalls werden vor dem Eingriff die Zellen des Fettgewebes zunächst gezielt beschädigt,

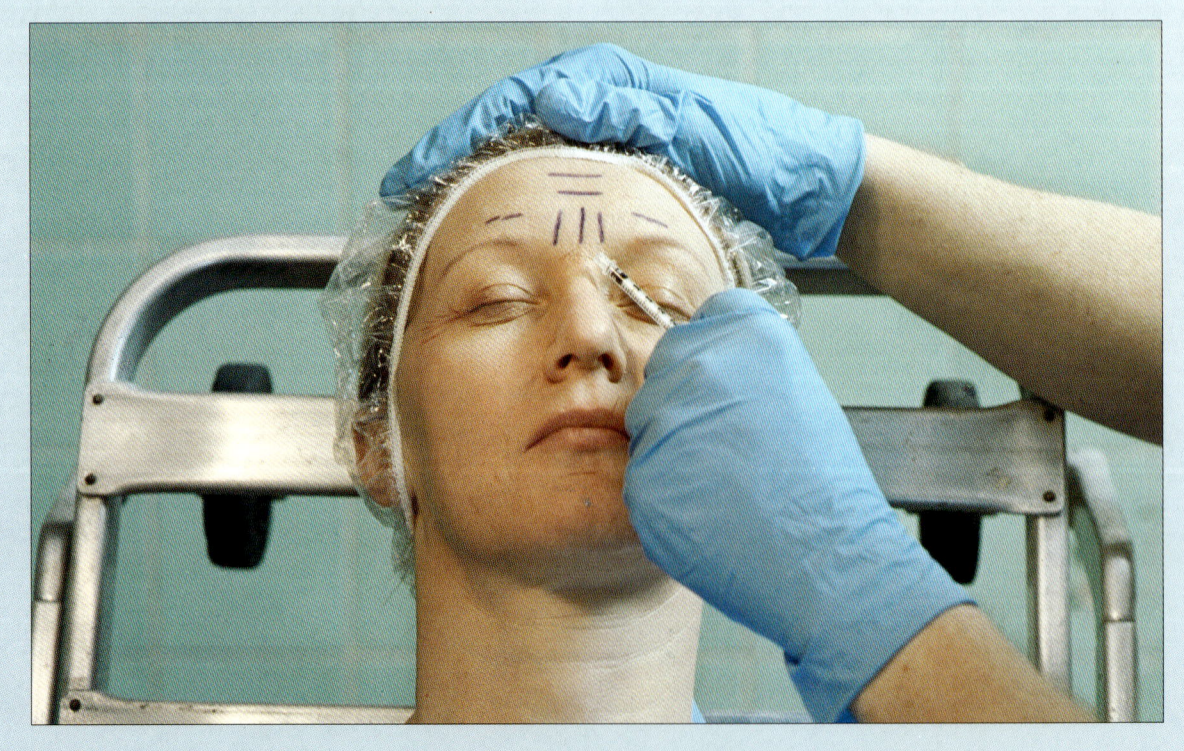

Auch die kosmetische Faltenbehandlung – häufig wird speziell aufbereitetes Fettgewebe injiziert, das für eine Glättung der Haut sorgt – wird der Plastischen Chirurgie zugerechnet.

Normale Haut

- Oberhaut (Epidermis)
- Lederhaut (Corium)
- Unterhaut (Subcutis)
- Muskel
- Nerv
- Arterien und Venen

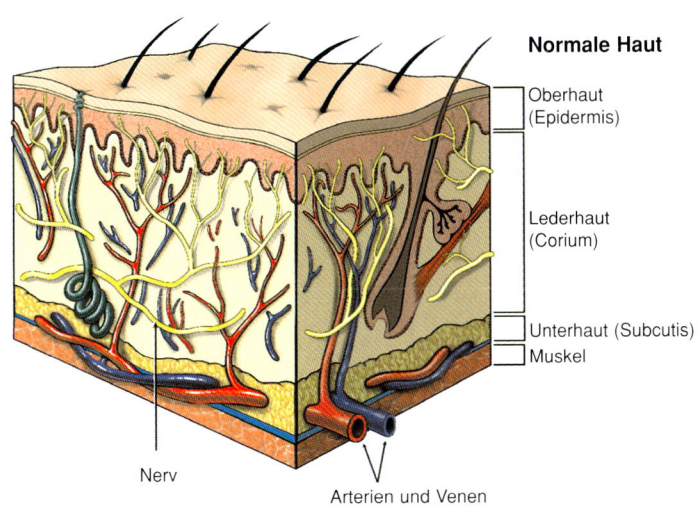

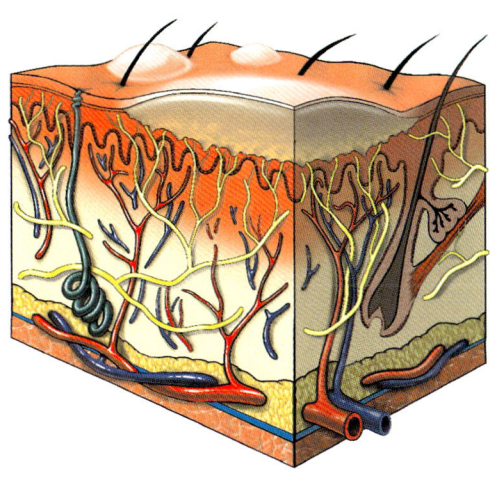

Verbrennungen zweiten Grades

- Blasenbildung
- Betroffen ist die gesamte Oberhaut sowie Teile der Lederhaut
- Kann die vollständige Lederhaut betreffen

Oben: Aufgrund der Empfindlichkeit der Haut können schon Verbrennungen zweiten Grades (z. B. durch kochendes Wasser) starke, wenn nicht sogar irreversible Schäden verursachen.

sodass anschließend lediglich die Überreste des Fetts – bestehend aus Flüssigkeit und Zellresten – abgesaugt werden müssen.

Kann die plastische Chirurgie heilen?

Die plastische Chirurgie setzt vor allem dort Heilungsprozesse in Gang, wo sie rekonstruktiv eingreift (also bei Verbrennungen, Unfallverletzungen usw.). In vielen Fällen von Schönheitschirurgie liegt der potenziell heilende Effekt des chirurgischen Eingriffs stärker auf der psychischen Ebene, da Patienten durch kosmetische Veränderungen ihres Äußeren an Selbstbewusstsein, Selbstvertrauen sowie Lebensfreude gewinnen können. Allerdings sind die psychischen Auswirkungen von Schönheitsoperationen auch stark von individuellen Faktoren abhängig, die vom Chirurgen nicht beeinflusst werden können.

Handchirurgie

Neben der Verbrennungschirurgie nimmt die Handchirurgie aufgrund der Komplexität des Gebiets eine weitere Sonderstellung innnerhalb der rekonstruktiven Chirurgie ein, da hier ebenfalls Gliedmaßen transplantiert werden können. Bei Verlust eines Daumens z. B. kann – falls ein Annähen des ursprünglichen Körperteils nicht mehr möglich ist – ein Fußzeh transplantiert werden, um wichtige Funktionen der Hand (z. B. die des Zupackens) zu erhalten.

Eine exakte Planung im Vorfeld eines Eingriffs ist unerlässlich, da die meisten Ergebnisse nicht mehr umkehrbar sind. Die Oberschenkelaußenseiten gehören – neben Bauch, Hüften und Po – zu den klassischen Problemzonen, bei deren Korrektur die Liposuktion eingesetzt wird.

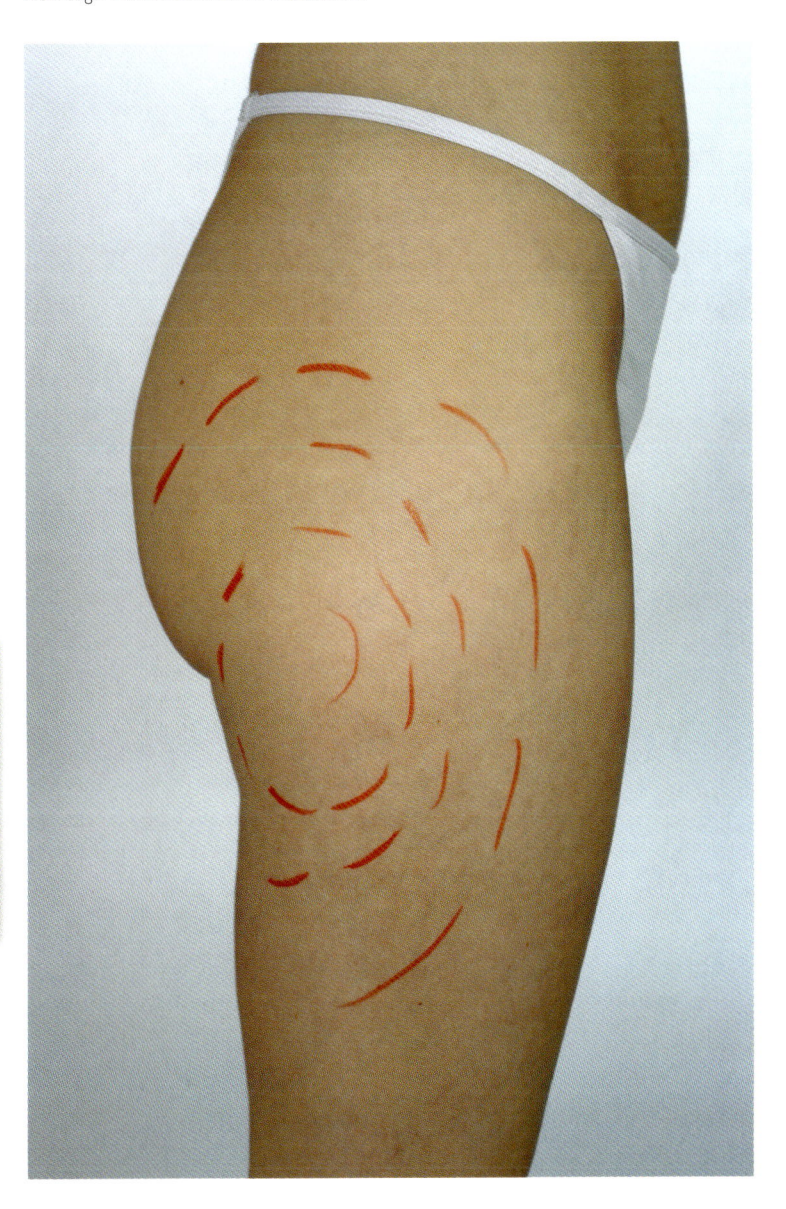

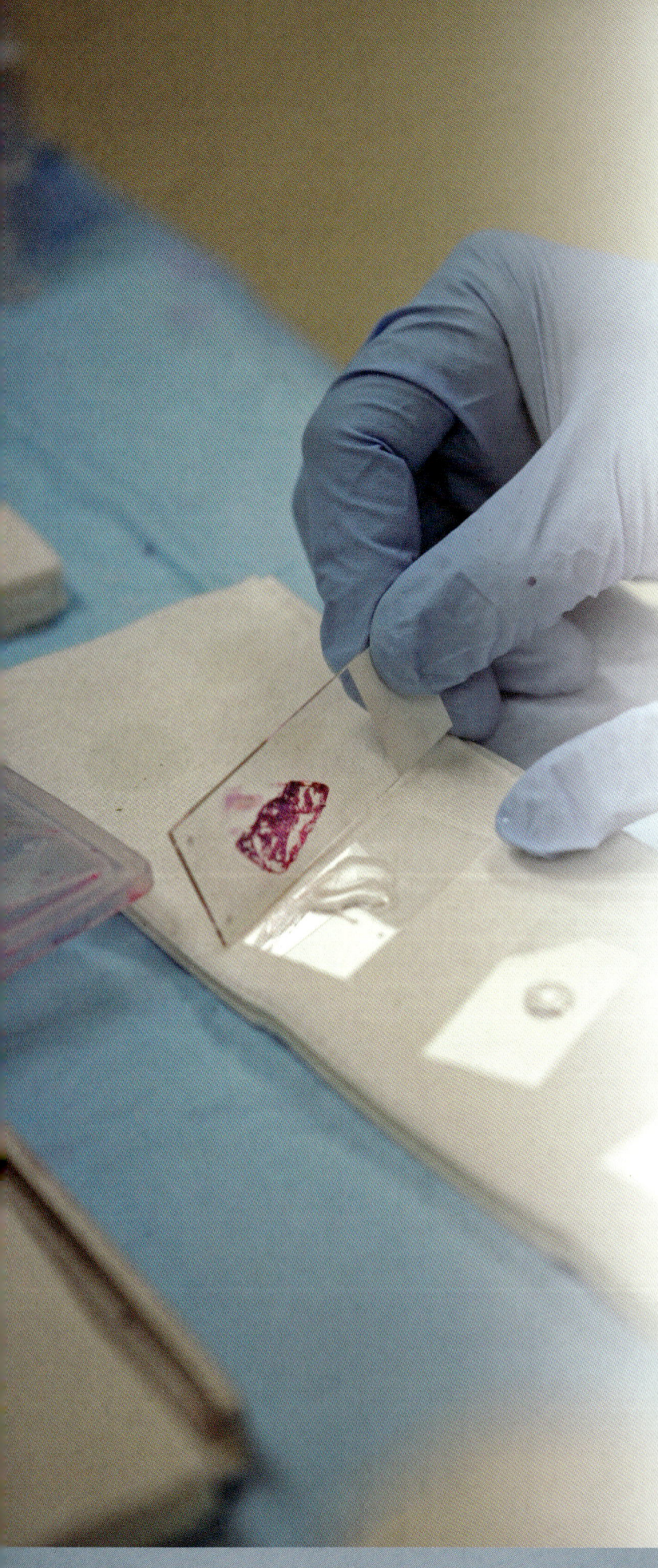

PATHOLOGIE – DIE UNTERSUCHUNG VON TOTEN

Warum wird Pathologie betrieben?
Die Wissenschaft der Pathologie (Krankheitsforschung) untersucht Krankheitsbilder sowie Krankheitsverläufe. Auch die Ursachen und Auswirkungen von Symptomen, Missbildungen und anormalen Körperfunktionen werden in diesem medizinischen Bereich erforscht. So zählen z. B. Infektionen, Kreislaufstörungen sowie die Untersuchung von Krebsgeschwüren zu den Kerngebieten der Pathologie. Darüber hinaus sammelt sie Informationen aus verschiedenen Wissensgebieten, die mit der Diagnose oder dem Verlauf von Krankheiten zusammenhängen. In diesem Bereich entwickelte sich, neben anderen, das Spezialgebiet der sog. sozialen Pathologie, die sich u. a. mit der Untersuchung der Zusammenhänge zwischen Krankheit und gesellschaftlichen Rahmenbedingungen beschäftigt.

Welche Wissensbereiche deckt die Pathologie ab?
Historisch betrachtet war die Pathologie zunächst keine eigene Wissenschaft für sich, sondern ein Gebiet, das in anderen Medizinbereichen mit abgedeckt wurde. Aus diesem Grund gibt es auch unzählige Untergruppen der Pathologie, die in den jeweiligen medizinischen Teilbereichen angesiedelt sind – etwa die Molekularpathologie (die zur Molekularbiologie gehört) oder die Gynäkopathologie (die einen Teilbereich der Gynäkologie darstellt). Die Pathologie entwickelte sich im Laufe der Zeit aus diesen unterschiedlichen Wissensgebieten, bis sich herausstellte, dass selbst zwischen verschiedenen Krankheitsverläufen Parallelen existieren. Von daher reicht die Pathologie grundsätzlich in sämtliche Wissensbereiche der Biologie, inklusive Medizin, Chemie und Physik hinein.

Was ist der Unterschied zwischen Pathologie und Rechtsmedizin?
Die Pathologie hat es sich zur Aufgabe gemacht, Krankheiten oder Symptome zu erforschen. Die Rechtsmedizin ist demgegenüber darauf ausgerichtet, zunächst möglichst viele sachdienliche Informationen zu ermitteln. Pathologen sammeln in erster Linie Erkenntnisse über Krankheitsverläufe aus zahlreichen anderen wissenschaftlichen Einzelbereichen; mit der Klärung möglicher Verbrechen sind

Die Aufbereitung der Proben erfolgt auf unterschiedliche Art, je nach Art der anstehenden pathologischen Untersuchungen.

MEDIZINTECHNIK

sie jedoch nicht befasst. Die Rechtsmedizin setzt zudem andere wissenschaftliche Schwerpunkte als die Pathologie: Die Toxikologie (die Lehre von Giften) etwa, die forensische Molekularbiologie (mit Untersuchungen des Erbguts) und die Thanatologie (die Wissenschaft vom Tod hinsichtlich seiner psychologischen und soziologischen Aspekte) gehören ebenso zum Forschungsbereich der Rechtsmedizin wie die Traumatologie (die Wissenschaft von Verletzungen) oder die Sexualmedizin.

Was geschieht bei einer Obduktion?

Der Begriff Obduktion (ebenso die Begriffe Autopsie und Sektion) bezeichnet in der Rechtsmedizin zunächst eine Leichenschau. Sie wird durchgeführt, um eine Todesursache zu klären bzw. den Sterbeverlauf eines Menschen zu rekonstruieren. Dabei wird zunächst der äußere Zustand des Leichnams genauestens untersucht und beschrieben, ehe sich dann eine innere Untersuchung anschließt: Sichtbare Veränderungen werden dokumentiert und Proben (Organe, Körperflüssigkeiten usw.) für weitere Untersuchungen entnommen. Sämtliche gewonnenen Erkenntnisse werden in einem Obduktionsbericht festgehalten.

Wann wird eine pathologische Autopsie durchgeführt?

Eine pathologische Autopsie hat andere Ziele als die rechtsmedizinische Obduktion. In einigen medizinischen Einrichtungen wird nach z. B. dem Tod eines Patienten eine Leichenöffnung vorgenommen, um weitere Aufschlüsse über seine Krankheit zu erhalten. In anderen Fällen wird eine Untersuchung des

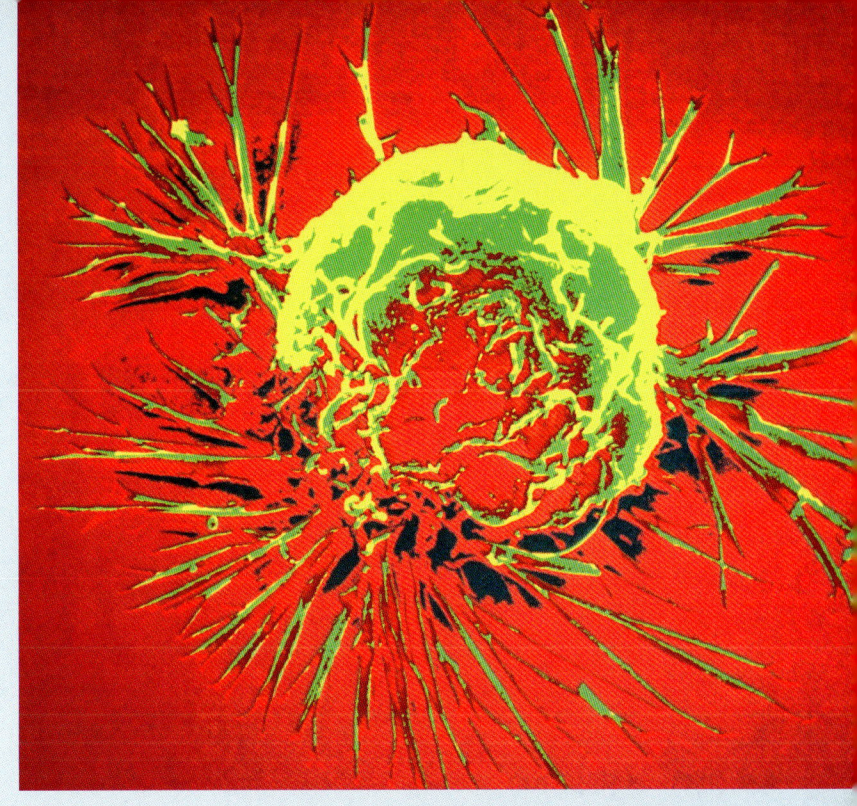

Auch bei der Krebserkennung leistet die Pathologie wertvolle Arbeit; mit Hilfe des Elektronenmikroskops lassen sich Brustkrebszellen diagnostizieren.

Unten: Eine pathologische Untersuchung muss äußerst strukturiert und sorgfältig erfolgen. Selbst kleinste Spuren können wichtige Aufschlüsse geben.

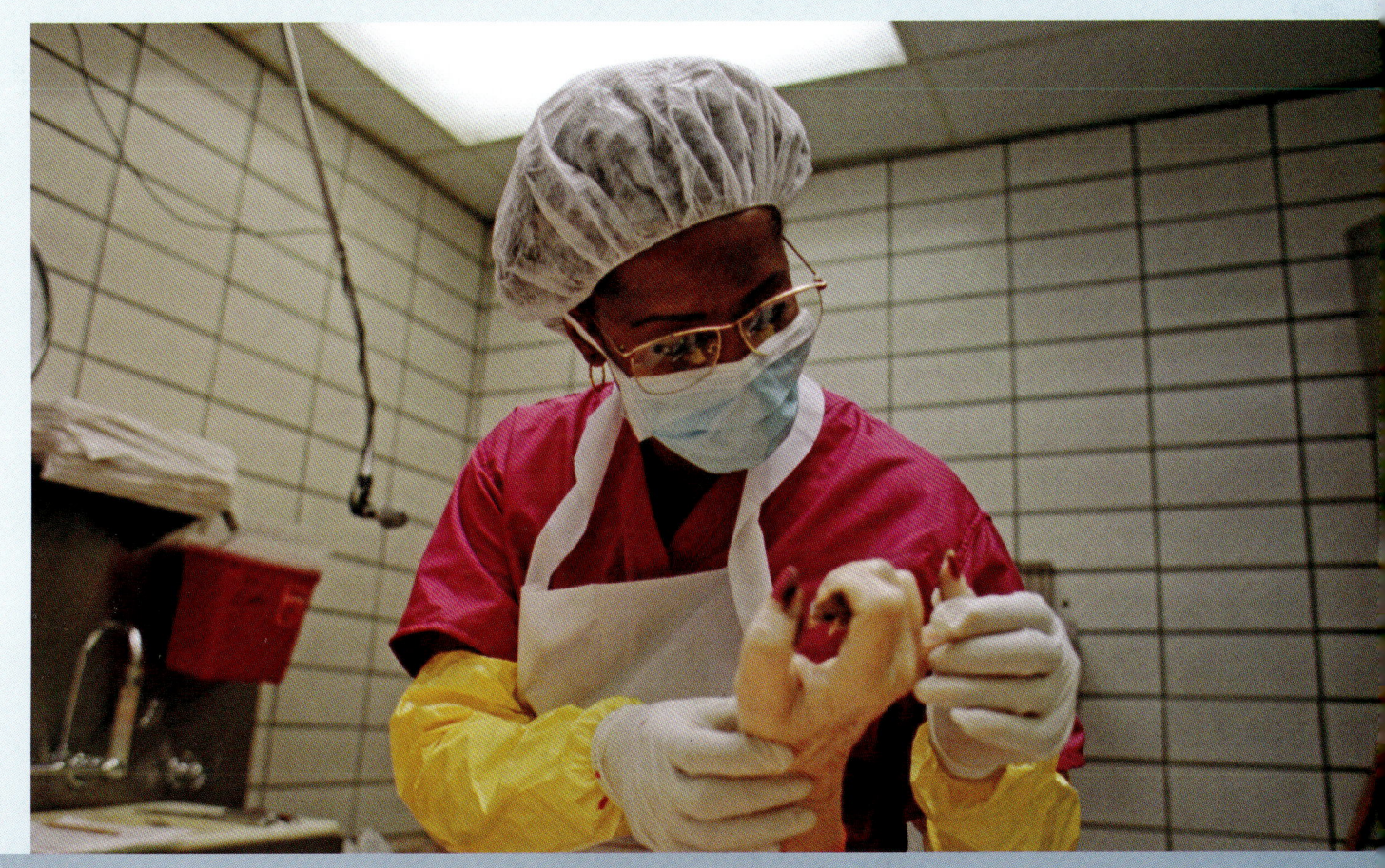

MEDIZINTECHNIK 199

toten Körpers aus Gründen der ärztlichen Qualitätssicherung vorgenommen – etwa um zu klären, ob bei Diagnose oder Behandlung des Patienten Fehler auftraten. Darüber hinaus dienen Sektionen vor allem der Aus- und Weiterbildung – von Studenten ebenso wie von Ärzten.

Welche technischen Hilfsmittel werden bei einer pathologischen oder rechtsmedizinischen Untersuchung benötigt?

Zu einem sehr wichtigen Arbeitsutensil von Pathologen und Rechtsmedizinern hat sich der Computer entwickelt. Da beide Fachgebiete bei ihren Aufgaben stets auf Erkenntnisse und Daten zahlreicher anderer Gebiete zurückgreifen, ist das Sammeln von Informationen und das Abgleichen mit eigenen Untersuchungsergebnissen zu einem zentralen Bestandteil der Pathologie geworden. Aus dem Grund entstehen seit Jahren umfassende Datenbanken, in denen Erkenntnisse bildlich und schriftlich festgehalten werden. Dies erleichtert das Abgleichen von Befunden und liefert die Basis für weitere Forschungen.

Wie kann die Rechtsmedizin zur Aufklärung von Verbrechen beitragen?

Die Auswertung der bei einer Obduktion gewonnenen Proben ist abhängig vom vorgegebenen Ziel der zuvor erfolgten Leichenuntersuchung und der dabei gewonnenen Erkenntnisse. Besteht z. B. Unklarheit über eine Todesursache, so steht eine toxikologische Untersuchung der Proben, also eine Suche nach Giftstoffen, im Vordergrund. Darüber hinaus können serologische Analysen (Antikörper-Reaktionen) Aufschluss über Krankheiten geben, an denen die Person zum Zeitpunkt ihres Todes möglicherweise litt. Falls ein Leichnam identifiziert werden muss, können an Hand der Proben molekulargenetische Verfahren das Erbgut der toten Person bestimmen und so zur Identifizierung beitragen. In Fällen, in denen der Tod bereits lange zurück liegt bzw. nur noch wenige Körperüberreste vorhanden sind, lässt sich mit Hilfe der forensischen Anthropologie das Aussehen eines Toten rekonstruieren.

Die Entwicklung der Pathologie

Bereits im Altertum wurden Untersuchungen an toten Körpern vorgenommen – vor allem zum Zweck anatomischer Studien. Die moderne Pathologie entwickelte sich dagegen erst im 18. Jh., nachdem der italienische Forscher Giovanni B. Morgagni (1682–1772) das erste Lehrbuch über den „Sitz und die Ursache von Krankheiten" veröffentlicht hatte. Im Wiener Allgemeinen Krankenhaus wurde 1796 der erste sog. Prosektor (Vorschneider) angestellt, der mit Sektionen betraut wurde. In Straßburg wurde 1819 der erste Lehrstuhl für Pathologie mit Jean-Frédéric Lobstein (1777–1835) besetzt.

Im Rahmen einer rechtsmedizinischen Untersuchung muss ebenfalls der Tatort bei der Auswertung der Ergebnisse berücksichtigt werden.

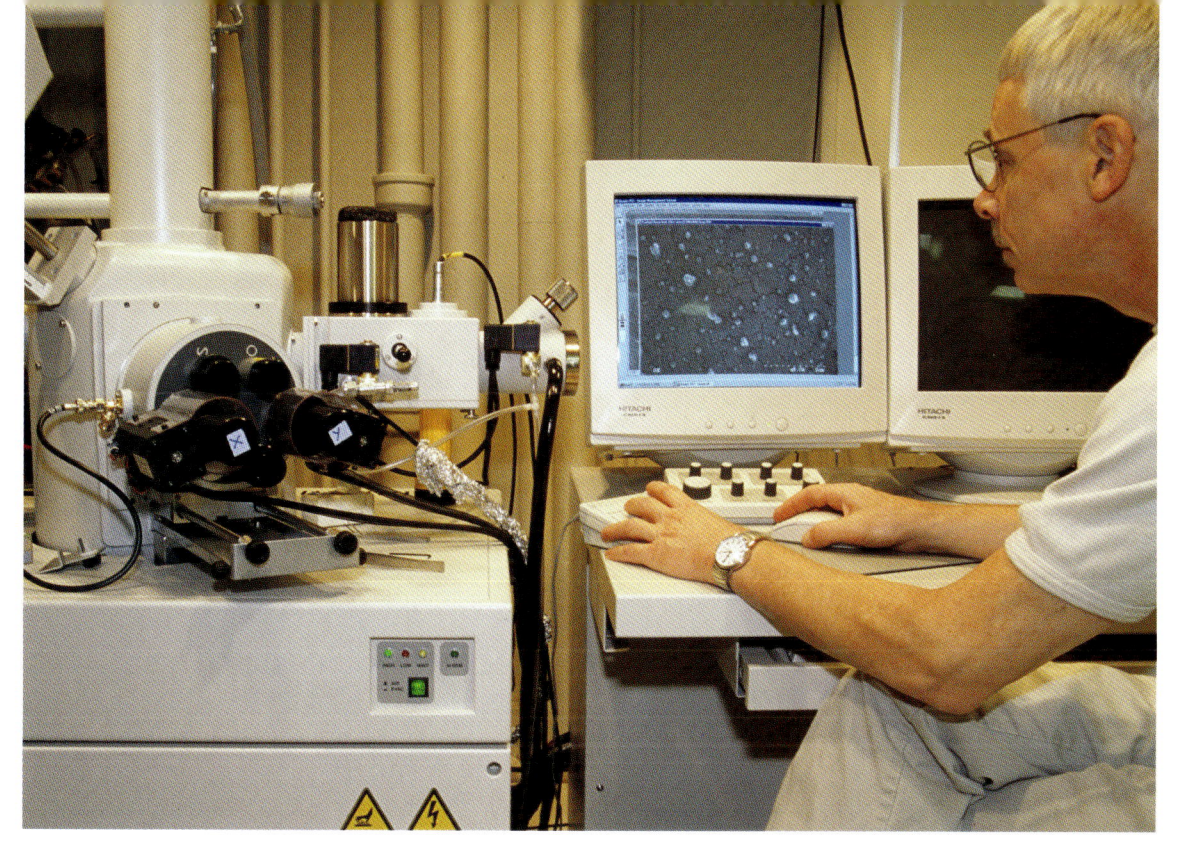

Die Ergebnisse einer elektronenmikroskopischen Untersuchung werden auf einem Bildschirm angezeigt.

In den Kriminalromanen der forensischen Anthropologin Kathy Reichs trägt ihr Fachgebiet – die Rechtsmedizin – Wesentliches zur Lösung der Fälle bei.

Wie werden Proben untersucht?

Eine Möglichkeit der Untersuchung stellt die sog. Immunfluoreszenz, eine Methode zum mikroskopischen Nachweis z. B. von Krankheitserregern, dar. Bei der direkten Variante werden farbig markierte Antikörper eingesetzt, um Bakterien oder Proteine im Blut oder Gewebe nachzuweisen.

Eine weitere Möglichkeit der Einfärbung bestimmter Stoffe stellt die Enzymhistochemie dar. Bei diesem Verfahren werden die Eigenschaften von Proteinen (Enzymen) ausgenutzt, die eine chemische Reaktion begünstigen können. Die Gewebeproben werden dabei mit einem zunächst farblosen Substrat versetzt; falls das Enzym vorliegt, wird dieses auf chemischem Weg in einen Farbstoff umgewandelt. Diese Form der Diagnose spielt bei der Erkennung von Krebserkrankungen eine wichtige Rolle.

Elektronenmikroskop

Mit einem Elektronenmikroskop erreicht man Vergrößerungen in weitaus höherem Maßstab und in einer höheren Auflösung als mit der traditionellen (Licht-)Mikroskopie. Hierbei werden Proben in einem Vakuum mit Elektronen beschossen. Die negativ geladenen Strahlelektronen werden durch die positiv geladenen Atomkerne einer Probe abgelenkt und/oder in ihrer Energie vermindert. Diese Ablenkungen und Energieminderungen werden – je nach Bauart – von einem Leuchtschirm oder Detektoren aufgefangen und in Bilder umgesetzt. Das Elektronenmikroskop wird nicht nur in der Pathologie eingesetzt, sondern auch zur Erforschung von Strukturen in anderen Wissenschaften.

MEDIZINTECHNIK

FORSCHUNG AN DEN GENEN

Schweine wurden bereits genetisch so modifiziert, dass sie menschliche Proteine produzieren.

Was sind Erbkrankheiten?
Als Erbkrankheiten bezeichnet man Erkrankungen oder Symptome, die über die Gene an die nächsten Generationen weitergegeben werden können – was jedoch keinesfalls bedeutet, dass ein Träger solcher Informationen auch zwangsläufig an entsprechenden Krankheiten erkrankt. Zahlreiche Erbkrankheiten manifestieren sich nur unter bestimmten Bedingungen – die auch dafür sorgen können, dass eine Erbkrankheit erst in der darauffolgenden Generation wieder auftritt.

Können Erbkrankheiten behandelt werden?
Erbkrankheiten sind angeboren; einige – z. B. solche mit körperlichen Missbildungen – lassen sich heute relativ gut behandeln. Bei anderen Fällen können bisher nur die Symptome behandelt werden – etwa bei der sog. Bluter-Krankheit, die verhindert, dass das Blut gerinnt, was zur Folge hat, dass schon kleine Wunden zu großen Blutverlusten führen können. Wieder andere Erbkrankheiten dagegen sind (nach derzeitigem Forschungs- und Entwicklungsstand) nicht behandelbar, z. B. die Rot-Grün-Blindheit oder der Albinismus (das erbliche Fehlen des Pigments Melanin in Augen, Haut und Haaren). Sollte ein genetischer Defekt zur Folge haben, dass bestimmte Stoffe (z. B. Hormone) nicht gebildet werden, können die fehlenden Stoffe u. U. dem Körper zugeführt werden. Auf diese Weise konnten bereits Zwergwuchs oder Anämie (Blutarmut) behandelt werden.

In welchen Bereichen kann die Gentechnik außerdem Hilfestellung leisten?
Die Gentechnik wird seit Langem im Bereich der Rechtsmedizin eingesetzt: Hier liefern genetische Untersuchungen Informationen, die bei der Identifikation eines Leichnams oder eines Täters wertvolle Dienste leisten.

Darüber hinaus ist die sog. grüne Gentechnik in der Lage, das Erbgut von Pflanzen so zu manipulieren, dass Pflanzen ohne größeren Zuchtaufwand mit neuen Eigenschaften ausgestattet werden. So ist es in der Vergangenheit bereits gelungen, die Widerstandskraft und die Ertragsrate von Pflanzen deutlich zu steigern. Allerdings scheinen dabei z. T. unerwünschte Nebenwirkungen aufzutreten, da sich einige Fremdeigenschaften auf die Lebewesen übertragen könnten, die sich von den Pflanzen ernähren. Inwieweit sich dies langfristig auf den Menschen auswirken kann, wird zum gegenwärtigen Zeitpunkt noch untersucht.

Welche Ziele verfolgt die Stammzellforschung?

Die Zellen eines komplexen Organismus sind in der Regel so ausdifferenziert, dass sie nur noch ganz bestimmte Aufgaben wahrnehmen können – Leberzellen z. B. sind auf ganz andere Funktionen ausgerichtet als Nervenzellen. Anders sieht es hingegen bei den sog. Stammzellen aus. Diese sind noch nicht ausdifferenziert, bringen aber bei der Teilung spezialisierte Tochterzellen hervor. Die komplexen Vorgänge in den Stammzellen werden gegenwärtig erforscht, um bestimmte Abläufe im Körper steuern zu können. Durch gezielten Einsatz der Stammzellen könnte es in Zukunft möglich sein, geschädigte Organe zu heilen oder sogar zu ersetzen. Darüber hinaus eröffnen auf bestimmte Weise behandelte Stammzellen die Möglichkeit, die Verbreitung von Wirkstoffen innerhalb des Körpers zu übernehmen oder sogar kranken Körperzellen (wie sie etwa bei Krebs vorkommen) entgegenzuwirken.

Was geschieht bei einer künstlichen Befruchtung?

Die künstliche Befruchtung wird zur Herbeiführung einer Schwangerschaft eingesetzt. Hierbei gibt es mehrere Möglichkeiten: Bei der sog. In-Vitro-Fertilisation (IVF, Befruchtung im Glas) werden außerhalb des weiblichen Körpers Eizellen mit Samenzellen befruchtet. Anschließend werden die befruchteten Eizellen wieder in den Genitaltrakt der Frau eingeführt, wo ihre weitere Entwicklung erfolgen kann. Bei der sog. intrauterinen Insemination (IUI) dagegen werden ausselektierte Samenzellen direkt in die Gebärmutterhöhle übertragen. Vor dem Verfahren ist (im Gegensatz zur IVF) keine Hormonbehandlung notwendig; allerdings sind die Erfolgsaussichten auch geringer.

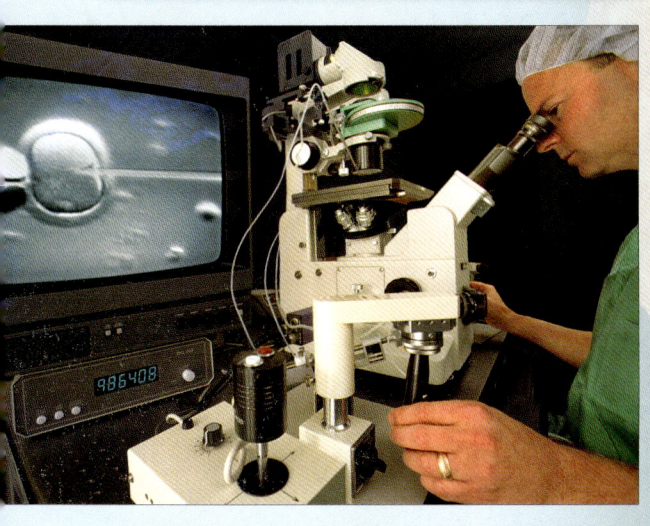

Die Befruchtung der Eizellen erfolgt bei der In-Vitro-Fertilization unter dem Mikroskop.

Rechts: Diese Stammzellen aus dem menschlichen Knochenmark sind für die Bildung von Blutzellen zuständig.

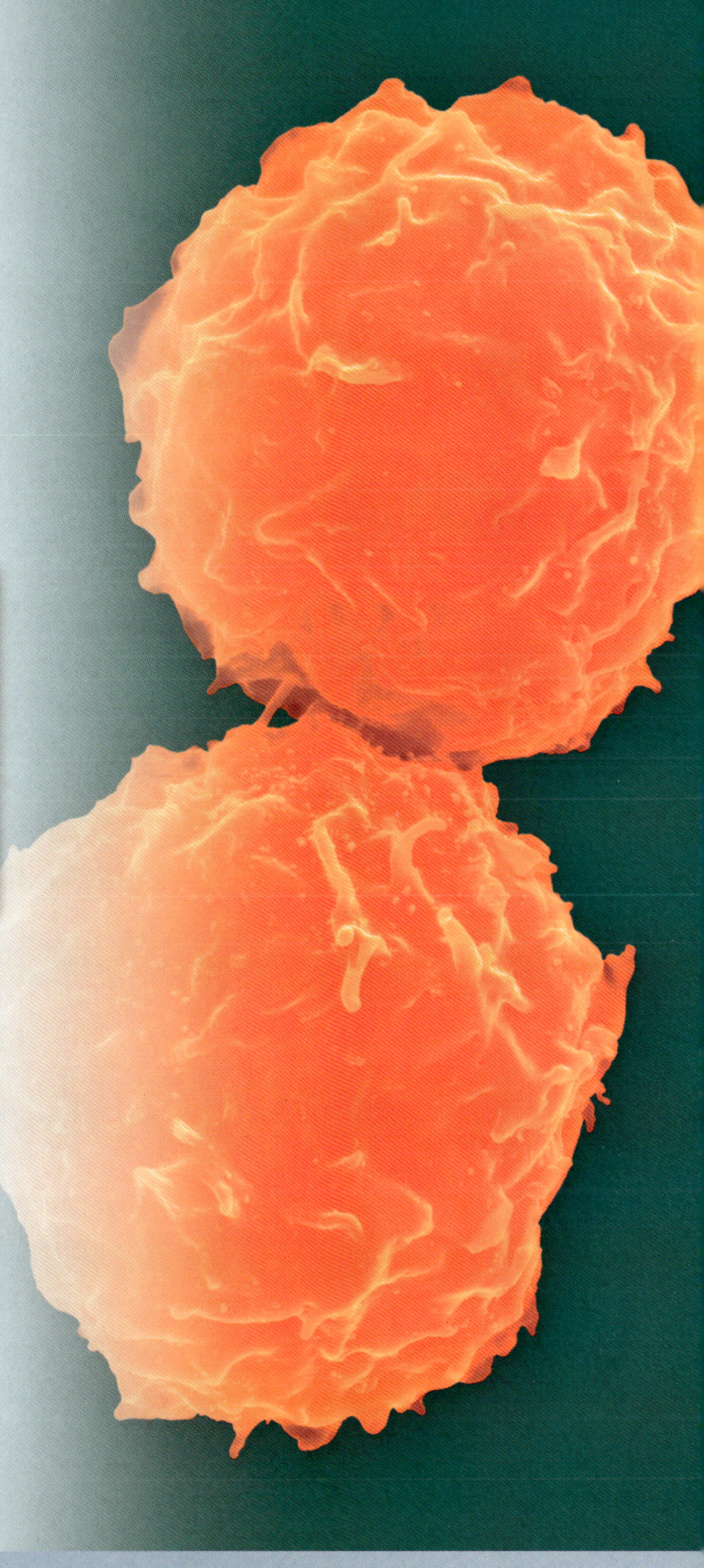

MEDIZINTECHNIK

ZUKUNFT DER MEDIZINTECHNIK

Was kann ein sog. Lab on a chip?
Das „Lab on a chip" (LOC – das Labor auf einem Mikrochip) stellt eine neue Entwicklung im Bereich der Mikrotechnik dar, genauer: der Mikrofluidik. Dabei wird der Versuch unternommen, ein vollständiges Chemielabor zur Untersuchung von Flüssigkeiten auf eine mikroskopische Größe zu reduzieren. Anstelle großer Mengen Reagenzgläser in einem Laborkomplex werden sozusagen unzählige Kapillargefäße auf wenigen Chipmillimetern zusammengebracht. Neben der problemlosen Transportierbarkeit hat dies den Vorteil, dass man schneller zu Ergebnissen kommt, da viele Untersuchungen praktisch gleichzeitig ausgeführt werden können. In den letzten Jahren des 20. Jh. wurde die Entwicklung der LOCs stark vorangetrieben. Zwar ist die Technologie noch nicht vollständig ausgereift, allerdings werden einige LOCs schon heute im Rahmen von Prozesskontrollen in analytischen Bereichen der Industrie sowie in der Forschung und Entwicklung eingesetzt. Bis zum serienmäßigen Einsatz im medizinischen Bereich ist es nur noch eine Frage der Zeit.

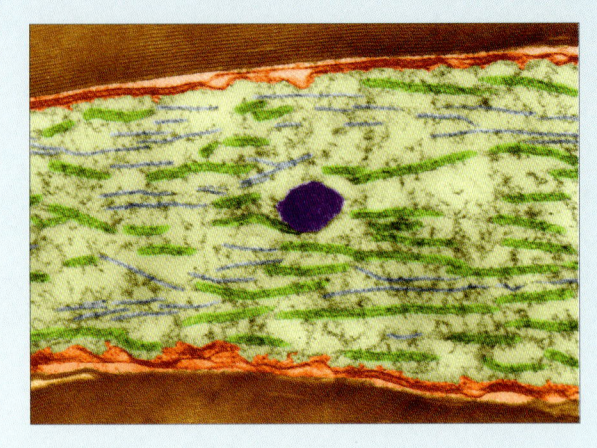

Der fein strukturierte Aufbau einer Nervenzelle und des dazu gehörigen feinen, langen Fortsatzes (Axon) stellen für die Mikrochirurgie eine große Herausforderung dar.

Können Nerven ersetzt werden?
Geschädigte Nerven können sich grundsätzlich selbst regenerieren, sofern die Schädigung nicht so stark ist wie etwa im Fall einer Querschnittslähmung oder bei starken Verbrennungen. Um Nerven wieder vollständig herstellen zu können, werden derzeit Ansätze zu Nervenprothesen erforscht. Hierbei stellt sich vor allem das Problem, mikroskopisch feine Leitungen zu bauen, die einer-

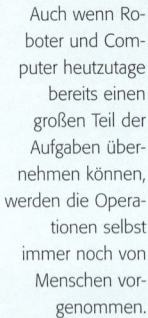

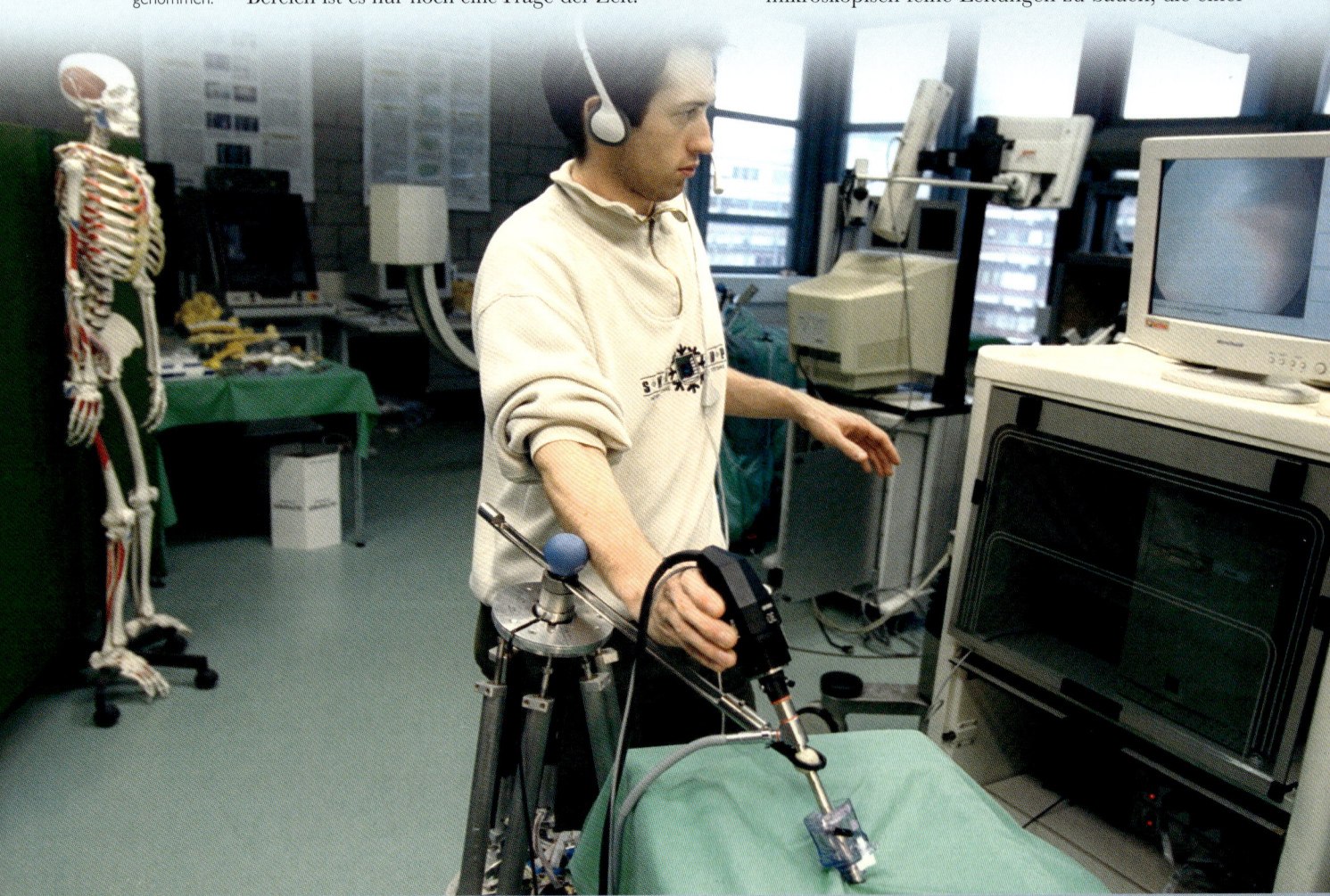

Auch wenn Roboter und Computer heutzutage bereits einen großen Teil der Aufgaben übernehmen können, werden die Operationen selbst immer noch von Menschen vorgenommen.

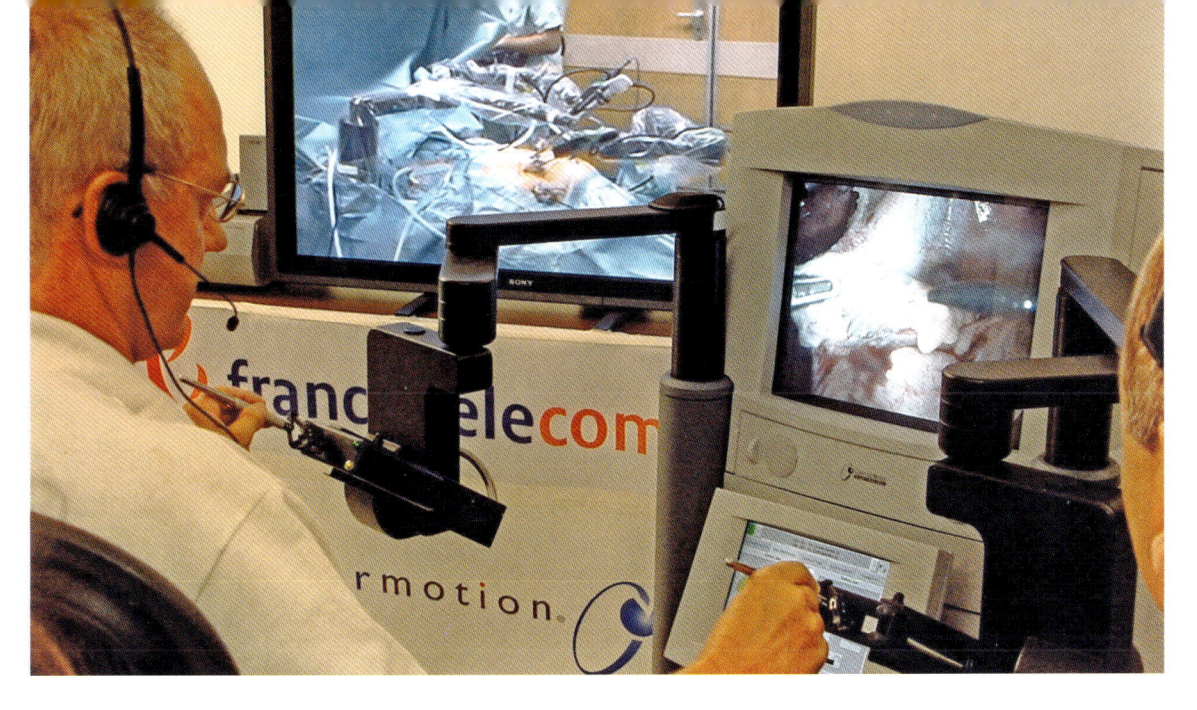

Mit Hilfe ausgeklügelter Technik ist es möglich, Operationen fernzusteuern, d. h. der Chirurg kann sich während der Operation außerhalb des OPs aufhalten.

seits die Aufgaben eines intakten Nervenstrangs übernehmen können und andererseits vom Körper nicht abgestoßen werden.

Operieren in Zukunft Maschinen?
In den letzten 20 Jahren hat auch die Chirurgie enorme Fortschritte gemacht. Operationsräume sind bereits vielfach mit modernen Robotern ausgestattet, die von einem Chirurgen gesteuert werden. Durch den Einsatz von feinsten Instrumenten und entsprechend angepasster Steuerung kann so weitaus präziser gearbeitet werden als z. B. per Hand mit dem Skalpell. Hinzu kommt, dass der Chirurg selbst sich nicht mehr unbedingt vor Ort aufhalten muss. Es fanden bereits Experimente statt, bei denen OP-Roboter über das Internet gesteuert wurden. Bis zur Umsetzung dieser Experimente in sichere Verfahren zur Anwendung in der medizinischen Praxis ist der Weg jedoch noch weit. Anders im Bereich der Diagnostik: Dort stehen der Medizin bereits heute viele Möglichkeiten der Ferndiagnose offen. Über schnelle Kommunikationswege wie das Internet ist es bereits heute üblich, mehrere Meinungen und Gutachten zu einer Diagnose einzuholen. Eine Ferndiagnose direkt am Patienten wird jedoch bis auf Weiteres noch unrealistisch bleiben.

Können in Zukunft menschliche Organe gezüchtet werden?
Die Beantwortung dieser Frage hängt von der Entwicklung der Stammzellforschung ab (s. S. 203). Die theoretischen Grundlagen zum Züchten von Organen existieren bereits, und die ersten Erfolge in der Stammzellmedizin liegen ebenfalls vor. Allerdings beschränken sich diese derzeit in erster Linie auf die Stammzellentransplantation, bei der Stammzellen von einem Spender in das Knochenmark eines Empfängers übertragen werden, die kompatibel, d. h. von ihren Gewebemerkmalen her identisch sein müssen, um eine Abstoßungsreaktion zu vermeiden. Über eine Erforschung der Entwicklung der Stammzellen erhofft man sich die Möglichkeit, gezielt differenzierte Tochterzellen zu produzieren, d. h. vollständige Organe züchten zu können. Die Stammzellforschung wird weltweit kontrovers diskutiert und ihre Ergebnisse äußerst kritisch verfolgt – wie die Diskussion über die implizierten ethischen und juristischen Aspekte bei neuen Veröffentlichungen aus diesem Gebiet zeigen. Ob und wann es zu einer praktischen Umsetzung kommen kann, lässt sich derzeit kaum voraussagen.

Tissue Engineering
Was mit vollständigen Organen noch nicht funktioniert, wird mit Gewebe bereits praktiziert: Beim sog. Tissue Engineering werden Gewebezellen außerhalb ihres Wirts (d. h. eines lebendes Organs) gezüchtet und später wieder in das Ursprungsgewebe eingefügt, um so den Heilungsprozess zu beschleunigen.

Stammzellen werden in speziellen Behältern in flüssigem Stickstoff aufbewahrt.

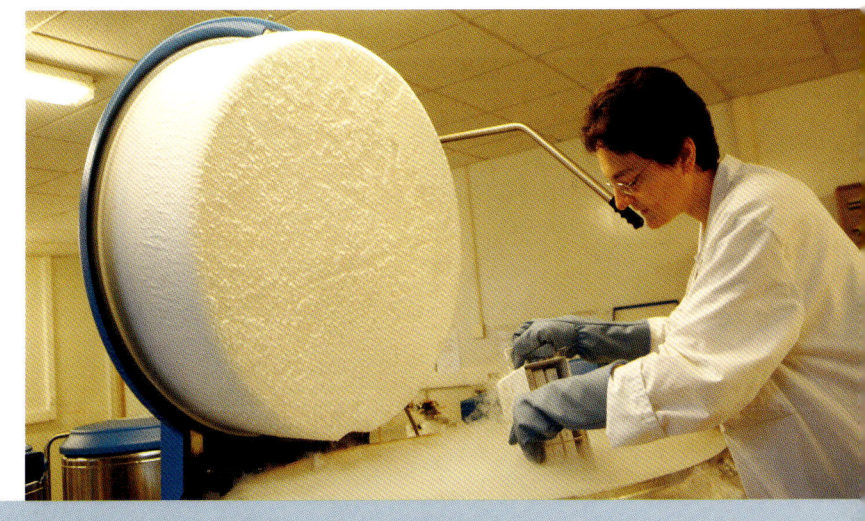

MEDIZINTECHNIK

Bodenschätze Geografie Bodenkunde

◀ Meteorologie   ▲ Ökologie

GEOWISSENSCHAFTEN

Die Geowissenschaften umfassen verschiedene Disziplinen, die sich mit der Erde als Ganzem oder mit geosphärischen Teilräumen befassen. Dazu gehören z. B. die Geologie, Geografie, Bodenkunde, Meteorologie, Ökologie. Sie tragen mit ihren Forschungsergebnissen – Stück für Stück – das Wissen um das Funktionssystem der Erde zusammen. Über die Zusammenhänge zwischen den einzelnen Teilsystemen wissen die Forscher heutzutage bereits vieles mehr als noch vor 200 Jahren, doch noch längst nicht alles.

Klimatologie   Geologie

ERDGESCHICHTE UND GEOLOGIE – WIE DIE ERDE ENTSTAND

Wie alt ist die Erde?

Ein genaues Entstehungsjahr der Erde zu benennen ist nicht möglich. Geologen gehen davon aus, dass sich vor ungefähr 4,6 Mrd. Jahren eine „Urerde" aus Materie des sog. Sonnennebels gebildet hat. Sie glich einem heißen, geschmolzenen und unförmigen Klumpen, in den häufig Meteoriten einschlugen. In dieser frühesten Phase, dem sog. Hadaikum, die bis etwa 3,8 Mrd. Jahre vor der heutigen Zeit dauerte, wurde die Erde größer, formte sich und kühlte langsam ab. Im folgenden Archaikum (bis vor ungefähr 2,5 Mrd. Jahren) konnte sich an der Oberfläche eine Erdkruste verfestigen, weil die Temperaturen auf unter 100 °C fielen: Unser Planet erhielt seine Gestalt; erst danach konnte sich im sog. Proterozoikum Leben entwickeln.

Kann es wieder zu Meteoriteneinschlägen kommen?

Meteoriteneinschläge sind immer seltener geworden, weil im Laufe der Entwicklung unseres Sonnensystems immer weniger Brocken durchs All fliegen. Sie sind inzwischen größtenteils in den Massen der Planeten gebunden. Dennoch besteht jederzeit die Möglichkeit, dass ein Meteorit die Bahn der Erde kreuzt, was – je nach Größe – verheerende Folgen für das Leben hätte. Häufig wird das Aussterben der Dinosaurier im Paläozän vor ca. 60 Mio. Jahren auf den Einschlag eines oder mehrerer Meteoriten zurückgeführt, was aber nicht erwiesen ist.

Wie lassen sich Gesteine unterscheiden?

Die Erdkruste besteht aus verschiedenen Gesteinen, die meist nach der Art ihrer Entstehung und Herkunft in vier Gruppen unterschieden werden. Als Magmatite werden alle Gesteine bezeichnet, die aus erkaltetem Magma entstanden sind. Hierzu zählen z. B. der Granit – der im Erdinnern erkaltet ist – und der Basalt, der infolge von austretendem Magma – etwa bei Vulkanausbrüchen – an der Erdoberfläche erstarrt. Die zweite Gruppe umfasst Sedimentgesteine: Sie entstehen durch Ablagerung und Verdichtung von Feststoffen, z. B. bei Sandsteinen, oder von organischem Material, wie bei Kalkstein. Die Gesteine der dritten Gruppe werden Metamorphite genannt; sie sind aus den anderen Gesteinen hervorgegangen. So verwandeln sich z. B.

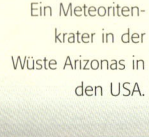

Ein Meteoritenkrater in der Wüste Arizonas in den USA.

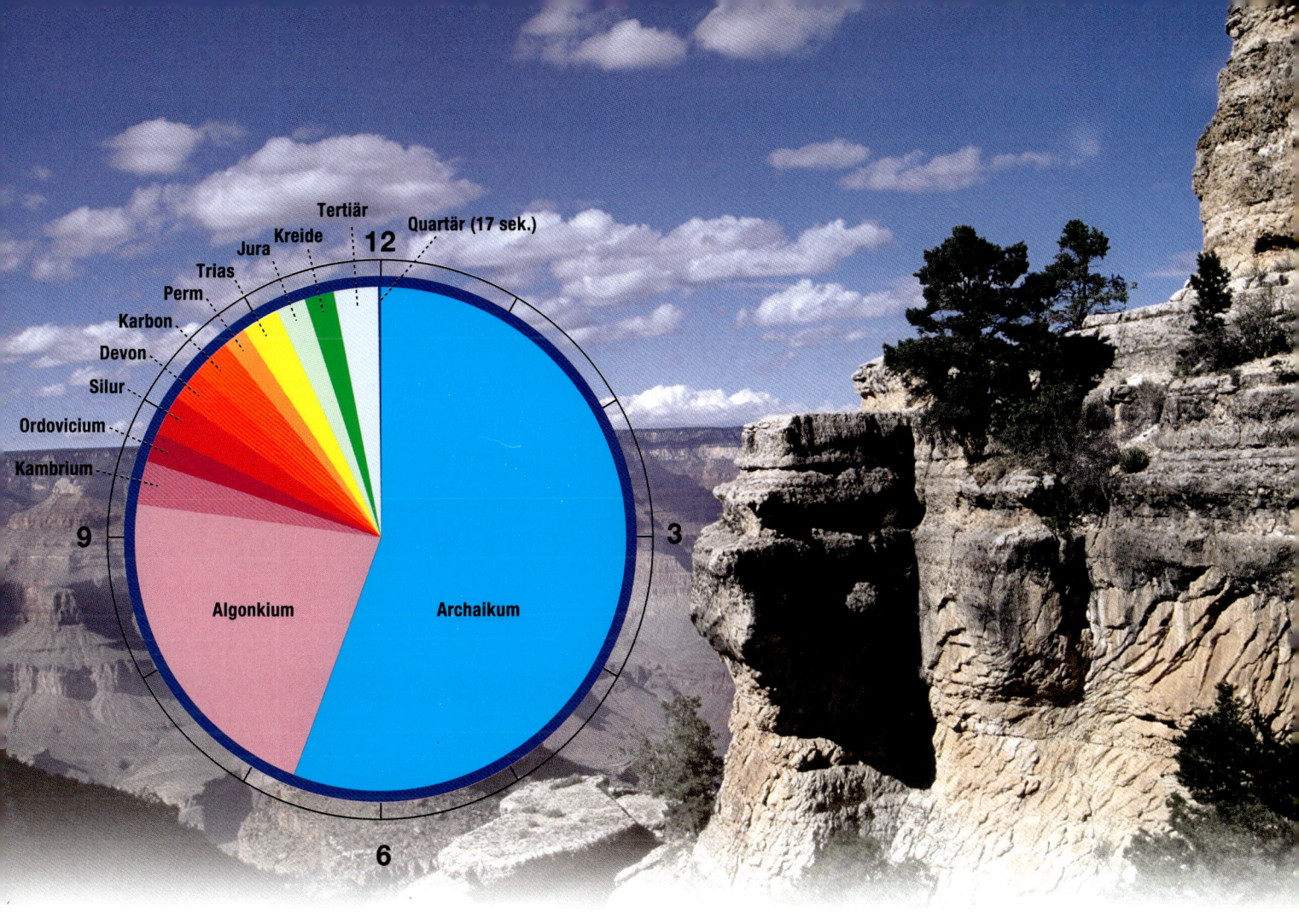

Die Entstehung der Erde „in zwölf Stunden". Das Zeitalter, in dem wir leben, ist das erst zwei Millionen Jahre alte Quartär und macht nur 17 Sekunden aus.

Im Grand Canyon im US-amerikanischen Bundesstaat Arizona lassen sich Millionen Jahre Erdgeschichte Schicht für Schicht studieren.

Sedimente unter bestimmten Bedingungen in Schiefergestein. Da für die Umwandlung des Ausgangsgesteins hohe Temperaturen und hoher Druck notwendig sind, läuft die Metamorphose meist tief im Innern der Erde ab. Bei der vierten Gruppe handelt es sich um Meteoritengestein, das nur selten vorkommt.

Wie sieht es im Innern der Erde aus?

Das Erdinnere, das unter der nur 40 km dicken Erdkruste beginnt, lässt sich in einen Erdmantel (40 bis 2900 km) und einen Erdkern (2900 bis 6371 km) unterteilen. Der Erdmantel besteht, wie die Erdkruste, aus festem Gestein. Obwohl die Temperatur an der Untergrenze des Mantels über 3500 °C betragen kann, schmilzt das Gestein aufgrund des hohen Druckes nicht. Der Erdkern besteht hauptsächlich (fast 80 %) aus Eisen und anderen Metallen, die in seinem äußeren Bereich geschmolzen vorliegen. Im innersten Kern befindet sich eine heiße Eisenkugel. Wegen der extremen Druckbedingungen fällt das Metall wieder aus und wird fest, obwohl es hier mit 6700 °C heißer als auf der Sonnenoberfläche ist.

Wie tief kann man bohren?

Die bisher tiefste Bohrung wurde auf der russischen Halbinsel Kola (zwischen Weißem Meer und Barentssee) durchgeführt. Dort erreichte der Bohrkopf eine Tiefe von 12 km. Bezogen auf die gesamte Dimension der Erdkugel bedeutet diese Tiefe jedoch allenfalls ein winziges Einritzen. Auch im Rahmen des sog. Kontinentalen Tiefenbohrprogramms (KTB) in Deutschland war eine Tiefe von 12 km geplant. Erreicht wurden jedoch nur 9,1 km (1994). Probleme bereiten in der Tiefe vor allem die hohen Temperaturen, die eine ausreichende Kühlung des Bohrkopfes nicht mehr zulassen, sowie der gewaltige Druck, dem der Bohrmeißel ausgesetzt ist. Eine Bohrung von mehr als 14 km ist nach heutigem Stand der Technik kaum vorstellbar.

GEOWISSENSCHAFTEN

DIE EISZEITEN – WIE HABEN SIE DIE ERDE GEPRÄGT?

Die norwegischen Fjorde wurden einst von riesigen Gletschermassen ausgehöhlt. Nach deren Abschmelzen füllen sich die Täler mit Meerwasser.

Wodurch entstehen Eiszeiten?
Für das Absinken der Temperaturen gibt die Wissenschaft verschiedene Erklärungen. In Frage kommt eine Abkühlung infolge größerer Meteoriteneinschläge, die Staub in die Atmosphäre wirbelten, sodass die Sonnenstrahlen nicht mehr bis zur Erde durchdringen konnten. Auch Schwankungen in der Sonnenaktivität selbst könnten zum Wechsel zwischen kälteren und wärmeren Zeiten geführt haben. Eine weitere Theorie besagt, die Kontinentaldrift habe das System der Meeresströmungen beeinflusst und sich so auf das Klima ausgewirkt. Auch eine Verschiebung des Neigungswinkels der Erde gegenüber der Sonne oder eine veränderte Umlaufbahn der Erde um die Sonne werden als Ursachen diskutiert.

Gibt es heute noch Zeugnisse der Eiszeiten?
Ja. Die mehrere Kilometer hohen Gletscher haben die Erdoberfläche abgehobelt, Schuttmassen vor sich her geschoben, Täler und Becken ausgeschürft.

Welche Eiszeiten gab es?
Am besten erforscht sind die letzten vier Kaltzeiten, die regional unterschiedliche Namen erhielten: In Europa werden sie nach Flüssen benannt, bis zu denen die Eisschilde reichten. Die letzte Kaltzeit (Weichsel- oder Würm-Kaltzeit genannt) begann vor 120 000 und endete erst vor 10 000 Jahren. Davor belegt sind die Saale- bzw. Riß-Eiszeit (vor 240 000–180 000 Jahren), die Elster- bzw. Mindel-Kaltzeit (vor 480 000–430 000 Jahren) sowie die Elbe- oder Günz-Kaltzeit (vor 640 000–540 000 Jahren).

Eindrucksvolle Zeugnisse davon sind die norwegischen Fjorde oder die amerikanischen Zungenbeckenseen (z. B. Michigan- oder Eriesee), die das Eis einst aushöhlte. Auch die Ostsee und viele Seen im europäischen Alpenraum (Comer See, Bodensee u. a.) sind Relikte der Eiszeiten. Markante Überreste sind außerdem die Grund-, Seiten- und Endmoränen. Moränen sind Wälle aus Schutt, Steinen, Geröll usw., die das Eis während seiner Ausbreitung vor sich her schob. Nach dem Abschmelzen blieben sie an Ort und Stelle liegen und sind noch heute als kleinere Höhenzüge an vielen Orten zu sehen.

Wie entstehen und bewegen sich Gletscher?

Für das Entstehen von Gletschern müssen zunächst bei tiefen Temperaturen erhebliche Niederschläge fallen. Erfolgt dies über längere Zeiträume, so türmen sich gewaltige Eis- und Schneemassen auf, die Druck auf die Erdoberfläche ausüben. Wie bei Skiern oder Kufen führt der Druck dazu, dass sich ein Wasserfilm bildet, auf dem Gletscher „fließen" können. Die Fließgeschwindigkeit hängt von der Eismasse und somit von den Niederschlägen ab, die den Gletscher speisen. Die größten Fließgeschwindigkeiten wurden beim Kutiah-Gletscher im Himalaja gemessen, der sich 1953 in nur drei Monaten um zwölf Kilometer ausdehnte.

Kann es wieder eine Eiszeit geben?

Ja. Auch ist nicht klar, ob das Eiszeitalter überhaupt zu Ende ist, oder ob wir nur in einer Zwischeneiszeit, einem sog. Interglazial leben. Zu solchen Wärmezeiten kam es zwischen den Kälteeinbrüchen immer wieder. Auch wenn derzeit die vom Menschen verursachte Erderwärmung in aller Munde ist, spricht vieles dafür, dass wir uns weiterhin im Eiszeitalter befinden. Vor 7500 bis 5000 Jahren war es deutlich wärmer als heute. In der Folge wurde es im langfristigen Durchschnitt immer kühler, allerdings unter stetigen Schwankungen. In der Antike etwa konnte Hannibal die Alpen nur bezwingen, weil sie weitgehend eisfrei waren. Im 17. Jh. war es während der sog. Kleinen Eiszeit gut ein Grad Celsius kälter als heute. Einige Forscher denken, dass es langfristig eher kälter wird und dass es in etwa 80 000 Jahren wieder zu weitreichenden Vergletscherungen kommen könnte.

Wie weit dehnten sich die Eismassen aus?

Während der größten Ausdehnung im Pleistozän waren weltweit etwa 32 % der Landoberfläche von Eis bedeckt. Heute sind es noch 10 %, konzentriert auf die Polregionen sowie in den Hochgebirgen. Auf der Nordhalbkugel konnte sich das Eis stärker ausdehnen als in der Südhemisphäre. Weite Teile Nordamerikas, der Norden Europas – bis nach England, den Niederlanden, Deutschland und Polen reichend – sowie Nordasien und die Räume rund um die Hochgebirge (Himalaja, Rocky Mountains, Alpen) waren unter teilweise kilometerdicken Gletschern begraben. Auf der Südhalbkugel wuchsen vor allem der Eisschild der Antarktis und die Gletscher der Anden und Patagoniens in Südamerika sowie Neuseelands und Australiens.

Die Karte zeigt die globale Eisbedeckung während der Riss-Eiszeit vor gut 100 000 Jahren. Der Meeresspiegel lag deutlich tiefer als heute und gab eine Landbrücke zwischen Asien und Nordamerika frei.

GEOWISSENSCHAFTEN

Die Gletscher haben enorme Geröllmassen über große Entfernungen transportiert. Sog. Findlinge blieben nach dem Abschmelzen des Eises liegen.

> **Was sind Urstromtäler?**
> Eiszeitliche Urstromtäler im nördlichen Mitteleuropa bilden die Grundlage von Flussnetzen. Sie sind vor den Gletscherrändern entstanden, indem dort Schmelzwassermassen austraten, die sich sammelten und schließlich abgeleitet wurden. Heute fließen z. B. die deutschen Flüsse Elbe und Spree in Urstromtälern. In Nordamerika und Asien bildeten sich keine Urstromtäler, da hier aufgrund der Nord-Süd-Abdachung bereits bestehende Flusstäler (Mississippi, Wolga) für den Abtransport des Wassers sorgten.

gepresst wird, immer wieder auftaut und wieder gefriert. Wird dieser Vorgang oft genug wiederholt und kommt immer mehr Schnee hinzu, dann entsteht zuerst Firn, der nur noch 50 % Luft enthält. Nach weiterer Verdichtung wird der Firn im Laufe von Jahrtausenden zum typischen blau oder grünlich schimmernden Gletschereis, das nur noch 2 % Luftanteile enthält.

Das Gletschereis lag z. T. mehrere Kilometer mächtig auf dem Erdboden und übte so einen enormen Druck auf diesen aus.

Was ist der Unterschied zwischen Gletschereis und normalem Eis?

Der Unterschied besteht im Luftanteil. Eiswürfel im Kühlfach entstehen einfach durch Gefrieren, sodass auch Luft eingeschlossen wird. Gletschereis dagegen entsteht aus Schnee, der über lange Zeiträume

SEISMOLOGIE UND VULKANOLOGIE – DIE MESSUNG VON NATURGEWALTEN

Warum gibt es Erdbeben?

Die Erdkruste ist keine geschlossene, stabile Masse, sondern setzt sich aus sieben großen und vielen kleineren Platten zusammen, die auf dem zähflüssigen Erdinnern schwimmen. Diese Platten sind ständig in Bewegung: Sie driften aufeinander zu, reiben sich aneinander oder reißen auseinander. Dabei bauen sich im Innern gewaltige mechanische Druckspannungen auf, die sich ruckartig entladen können. Die Herde von Erdbeben können nur wenige bis einige 100 km unter der Oberfläche liegen. Pro Jahr gibt es weltweit etwa 10 000 Erdbeben, wovon aber nur der geringste Teil für uns zu spüren ist.

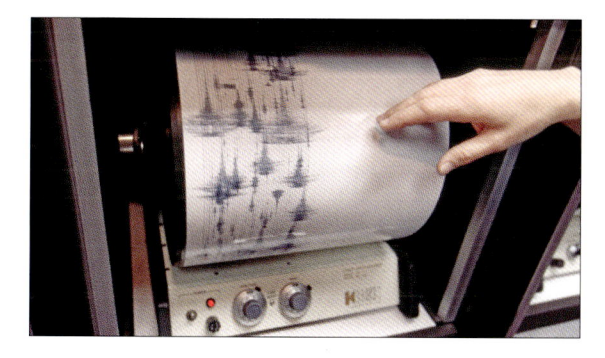

Mit Hilfe von Seismographen können selbst leichteste Schwingungen der Erdkruste aufgezeichnet werden.

Welche waren die schwersten Erdbeben?

Die höchsten Werte wurden im Jahr 1960 in Chile gemessen – mit 9,5 auf der sog. Richter-Skala – sowie am 26.12.2004 im Indischen Ozean mit 9,4. Dieses Seebeben löste eine gigantische Flutwelle (Tsunami) aus, der viele Tausend Menschen zum Opfer fielen. Generell bestehen die Gefahren eines Erdbebens weniger in dem Beben selbst als vielmehr in den resultierenden Katastrophen, ob in Form einer Flutwelle, als Erdrutsch, infolge von Bränden oder einstürzenden Gebäuden.

Lassen sich Erdbeben vorhersagen?

Nur schwer. Eine exakte Vorhersage, wann und wo genau ein Erdbeben stattfindet, ist nicht möglich. Es lassen sich aber Wahrscheinlichkeiten bestimmen und die in Frage kommenden Regionen eingrenzen. Forscher versuchen, die Anzeichen mit Hilfe eines weltweiten Netzes von Seismographen, mit denen die Bewegungen in der Erde gemessen werden, und statistischer Berechnungen zu erkennen und zu deuten. Verhält sich z. B. eine gefährdete Region über einen längeren Zeitraum sehr ruhig, deutet dies auf die steigende Wahrscheinlichkeit eines großen Bebens hin. Häufig wird im Vorfeld von Beben auch von ungewöhnlichem Verhalten

Einstürzende Gebäude, wie hier in San Francisco im Jahr 1989, zählen zu den größten Gefahren eines Erdbebens.

GEOWISSENSCHAFTEN

Gefährlichkeit des Vesuvs

Der Vesuv, ein Schichtvulkan, ist wohl einer der berühmtesten Vulkane der Welt. Seine Gefährlichkeit besteht darin, dass er längere Ruhepausen einlegt, um dann plötzlich und gewaltig auszubrechen. Seinem Ausbruch im Jahr 79 fielen die Bewohner der römischen Ortschaften Pompeji und Herculaneum zum Opfer. Auch im Jahr 1631 forderte der Vesuv etwa 4000 Menschenleben. Der letzte größere Ausbruch fand 1944 am Ende des 2. Weltkrigs statt. Seit dieser Eruption ruht der Vulkan, und statistisch gesehen ist ein Ausbruch heute überfällig. Trotz der ständigen Gefahr leben im Großraum Neapel ungefähr drei Millionen Menschen am Fuß des Vesuvs.

bei Tieren berichtet. Leider trifft dies nicht auf alle beobachteten Erdbeben zu, sodass Tiere kein zuverlässiges Warnsystem abgeben.

Wie sind Berge und Gebirge entstanden?

Treffen zwei Kontinentalplatten aufeinander, dann schiebt sich eine Platte langsam unter eine andere und faltet deren Oberfläche auf. So gräbt sich der indische Subkontinent immer weiter unter die eurasische Platte und schiebt das Himalaja-Gebirge auf. Entsprechendes geschieht bei den Alpen und den Anden bzw. den Rocky Mountains. Übrigens gibt die Höhe der Gebirge oft auch Auskunft über ihr Alter: Je höher die Berge, desto jünger oder aktiver ist der Vorgang der Gebirgsbildung. Die ältesten Gebirge der sog. kaledonischen Gebirgsbildung finden wir in den schottischen Highlands, in Irland und Skandinavien. Hier wurden die Berge über Jahrmillionen durch Witterung und Gletscher „bearbeitet" und bereits deutlich umgeformt.

Die gewaltige Flutwelle, der im Dezember 2004 mehr als 200 000 Menschen in Südostasien zum Opfer fielen, trifft bei Ao Nang auf die Küste Thailands.

Links: Der Vesuv während seines letzten großen Ausbruchs im Jahr 1944.

214 GEOWISSENSCHAFTEN

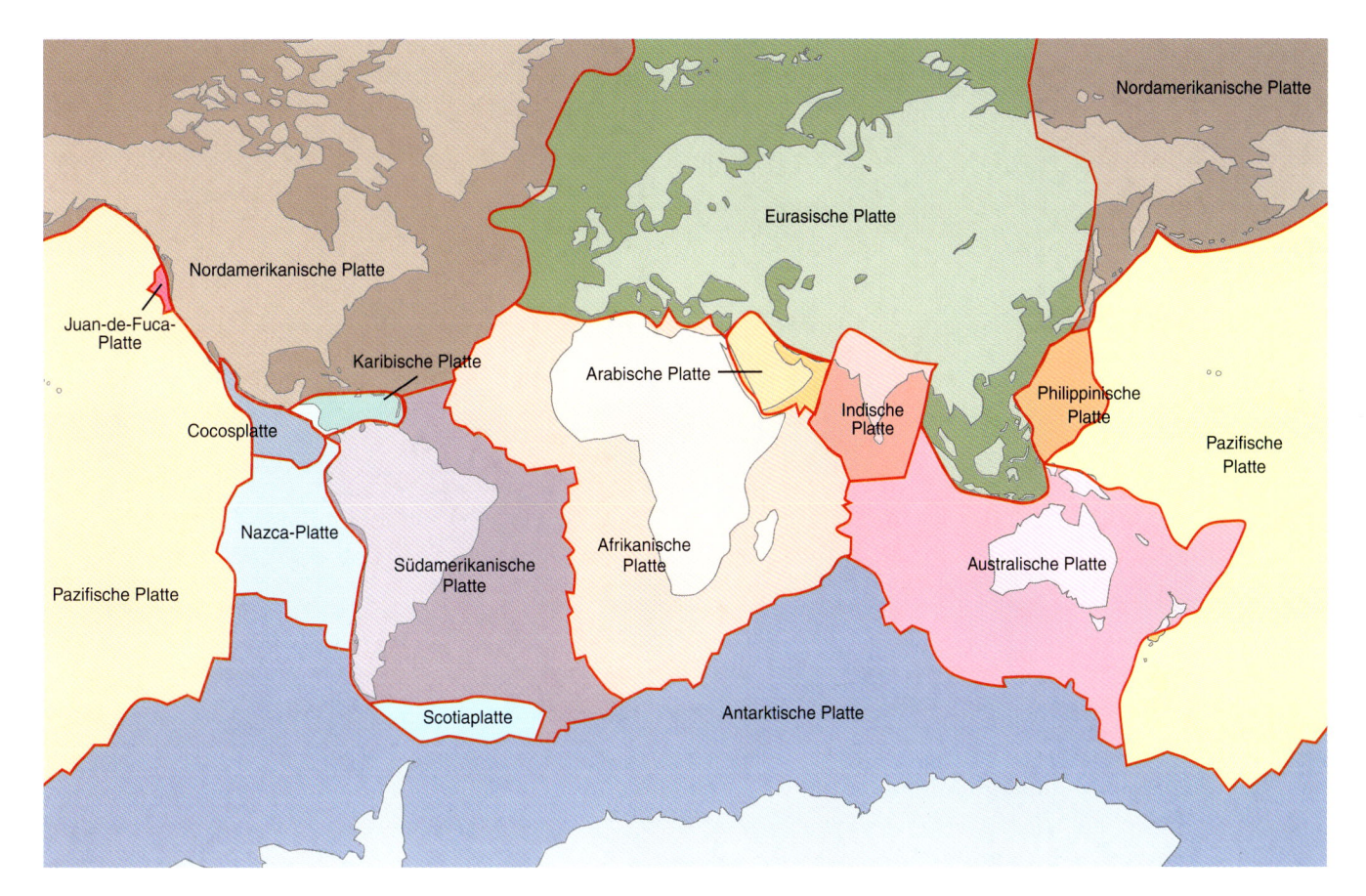

In der Karte sind die wesentlichen Kontinentalplatten stark vereinfacht dargestellt. Vor allem an den Plattenrändern kommt es häufig zu Erdbeben und Vulkanausbrüchen.

Sind alle Vulkane gleich?

Nein. Zwar dringt aus allen Vulkanen gleichermaßen Material aus dem Erdinnern an die Oberfläche; in ihrer charakteristischen Form und ihrem Aufbau jedoch unterscheiden sich Vulkane erheblich. Aschenvulkane, wie der Sunset Crater in Arizona, bestehen nur aus lockerem Sediment, das leicht abgetragen werden kann. Deshalb lassen sich hier markante Erosionsformen beobachten. Bei einem Schildvulkan hingegen tritt dünnflüssige Lava aus und verbreitet sich langsam kreisrund um den Schlot. Beispiele sind der Mauna Loa auf Hawaii oder der Vogelsberg in Deutschland. Die bekanntesten und häufigsten Vulkane stellen Schicht- oder Stratovulkane dar (z. B. der Vesuv in Italien, der Fujisan in Japan und der Mount St. Helens in den USA). Ihre Hänge sind steil und sie weisen die typische spitze Kegelform auf. Auch können Vulkane nach ihrer Aktivität unterschieden werden: Einige sind bereits seit Millionen Jahren erloschen und werden auch nicht mehr aktiv; andere wiederum können jederzeit ausbrechen, auch wenn sie über längere Zeiträume inaktiv waren.

> **Kontinentaldrift**
>
> Anfang des 20. Jh. vermutete der Geophysiker Alfred Wegener als erster Wissenschaftler, dass die Erdkruste in Bewegung ist. Er stellte fest, dass der südamerikanische und der afrikanische Kontinent wie zwei Puzzleteile zueinander passen würden. Seine These galt bei Zeitgenossen noch als verwegen. Immer mehr Fossilienfunde an den Küsten Afrikas und Südamerikas – die erstaunliche Ähnlichkeiten aufwiesen – bestätigten jedoch Wegeners Theorie. Inzwischen kennt man alle Kontinentalplatten und weiß mit Hilfe von Satellitenmessungen, mit welcher Geschwindigkeit sie sich in welche Richtung bewegen.

Warum gibt es auf Island heiße Quellen?

Island liegt genau auf dem mittelatlantischen Rücken und damit auf der Grenze zwischen der amerikanischen und der eurasischen Platte. Diese Platten entfernen sich voneinander, d. h. sie reißen auf. An dieser Bruchlinie quillt Material aus dem Erdinnern an die Oberfläche. So entstand inmitten des Atlantiks ein lang gezogener Gebirgszug unter dem Meeresspiegel, dessen höchste Erhebungen aus dem Meer herausragen. So zeugen Vulkanismus und heiße Quellen auf Island von der direkten Verbindung der Insel mit dem Erdinnern.

GEOWISSENSCHAFTEN

HYDROLOGIE – LEBENSGRUNDLAGE WASSER

Das Tote Meer ist wegen der hohen Verdunstung sehr salzhaltig. Die Ablagerungen des Salzes sind im Bild deutlich zu erkennen.

Warum gibt es salziges und „süßes" Wasser?
Das Wasser auf der Erde befindet sich in einem fortwährenden Kreislauf. Über 97 % der Wassermenge ist als Salzwasser in den Meeren zu finden und damit nicht genießbar. Jeden Tag verdunstet jedoch eine so große Menge Wasser, dass fast 13 000 km^3 als Dampf in der Atmosphäre vorkommen. Die gelösten Salze bleiben in den Ozeanen zurück. Der nahezu salzfreie Wasserdampf in der Atmosphäre kondensiert, bildet Wolken, und fällt als Niederschlag wieder zurück auf die Meere oder auf das Festland. Dort dringt das Wasser in den Boden ein, wäscht z. B. Natriumchlorid aus und fördert dieses über Bäche und Flüsse wieder zurück zum Meer, wo sich das Salz anreichern kann. Das Süßwasser enthält also auch Anteile von gelösten Salzen, jedoch nur in so geringem Maße, dass es trinkbar ist und als „süß" erscheint.

Gibt es ausreichend Trinkwasser für alle Menschen?
Prinzipiell ja. Etwa 2,6 % allen Wassers auf der Erde ist Süßwasser. Davon ist der weitaus größte Teil (77%) in Gletschern und polarem Eis gebunden. Die übrigen 23 % verteilen sich auf Grundwasser, Flüsse und Seen, woraus letztlich Trinkwasser gewonnen wird. Trotzdem wäre diese Menge ausreichend, um alle Menschen zu versorgen, da durch den Kreislauf des Wassers ständig für Nachschub gesorgt ist. Probleme bereiten jedoch die Schadstoffe, die in immer größeren Mengen in die Gewässer gelangen.

Wie gelangen Schadstoffe ins Trinkwasser?
Nähr- und Schadstoffe gelangen z. B. über Dünger oder Waschmittel in den Wasserkreislauf und somit auch in das Grundwasser. Ein Problem bereiten auch Rückstände aus Arzneimitteln. Über die menschlichen Ausscheidungen gelangen Restanteile von Medikamenten in Flüsse und Meere. Weltweit

> **Das Tote Meer**
> Beim Toten Meer handelt es sich um einen See, der über keine Abflüsse verfügt, da er fast 400 m unterhalb des Meeresspiegels liegt. Gespeist wird der See vom Jordan. Ähnlich wie bei Meerwasser haben sich über einen langen Zeitraum bei hohen Temperaturen infolge der Verdunstung Salzrückstände gebildet, die so hoch sind, dass sich ein Mensch auf der Seeoberfläche treiben lassen kann. Da dem Jordan immer mehr Wasser für landwirtschaftliche und andere Zwecke entnommen wird, sinkt der Wasserspiegel des Toten Meeres stetig ab, und der See droht über kurz oder lang auszutrocknen.

Überschwemmungen

Überschwemmungen von Flüssen werden durch heftige Regenfälle oder Schmelzwässer verursacht. Sie können in Ausnahmefällen große Katastrophen verursachen, jedoch auch positiv für den Menschen sein, da sie oft fruchtbaren Boden hinterlassen. Daher werden Überschwemmungsgebiete seit Beginn des Ackerbaus als bevorzugte Standorte für Landwirtschaft genutzt. Den Nachteilen der Fluten wird versucht, mit Deichen und Dämmen entgegenzuwirken. In den letzten Jahren scheinen Überflutungen häufiger und intensiver aufzutreten. Ursachen sind klimatische Veränderungen und die flächenhafte Bodenversiegelung, die ein Versickern des Wassers verhindert.

werden immer größere Teile des Trinkwassers verunreinigt und auf diese Weise ungenießbar.

Wie lassen sich Abwässer wieder aufbereiten?

In Kläranlagen werden Schadstoffe aus den Abwässern beseitigt. Zunächst erfolgt eine mechanische Reinigung, d. h. mit Hilfe großer Rechen werden grobe Verschmutzungen (Papier, Plastik usw.) herausgefiltert und entfernt. Feinere Partikel bleiben in den Sandfängern hängen, und in Absetzbecken können sich Schwebstoffe ablagern. Durch die mechanische Reinigung werden aber gelöste Stoffe nicht entfernt, sodass als nächste Stufe die biologische Klärung erfolgt. Dabei wird die Fähigkeit von Mikroorganismen genutzt, organische Substanzen zu verdauen und in weniger schädliche Stoffe umzusetzen.

In Kläranlagen werden verschmutzte Abwässer wieder aufbereitet und dem natürlichen Wasserkreislauf zugeführt.

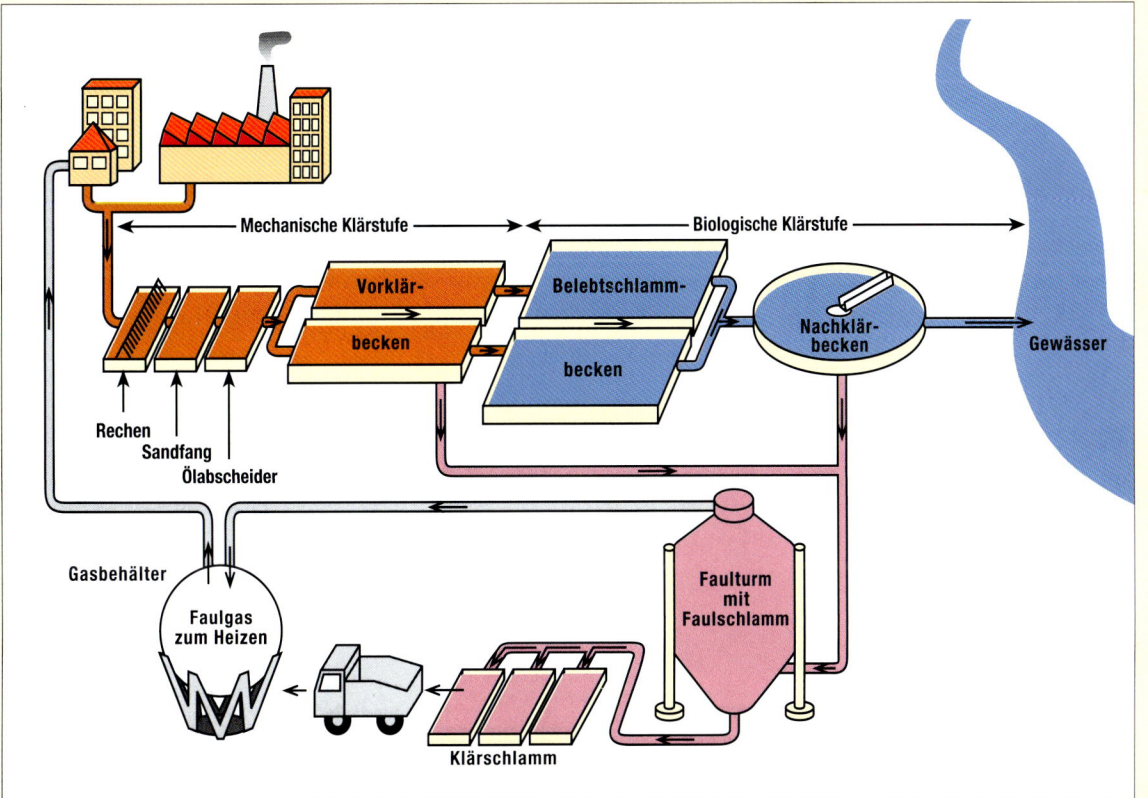

Die Grafik zeigt, wie Abwässer zunächst mechanisch und anschließend biologisch gereinigt werden. Der anfallende Klärschlamm kann wiederum über die Produktion von Faulgas zur Erzeugung von Wärme genutzt werden.

GEOWISSENSCHAFTEN

DIE ATMOSPHÄRE – SCHUTZHÜLLE DER ERDE

Woraus besteht die Erdatmosphäre?

Die Atmosphäre der Erde ist eine mehrere Hundert km mächtige Gashülle, die unseren Planeten umgibt. Bis in eine Höhe von 20 km kommt jenes Gasgemisch vor, das für ein Überleben auf der Erde unverzichtbar ist: die Luft. Die reine, trockene Luft besteht zu mehr als drei Vierteln aus Stickstoffmolekülen (N_2). Der lebenswichtige Sauerstoff (O_2), ohne den wir nicht atmen könnten, macht etwa 21 % der Luft aus. Knapp ein Prozent wird von dem Edelgas Argon (Ar) eingenommen. Der Kohlenstoffdioxid (CO_2)-Anteil beträgt 0,04 %. Der verbleibende Anteil der Luft besteht aus Gasen, die nur noch in Spuren vorkommen. Außer den Gasen der reinen Luft befinden sich noch Wasserdampf und Schwebstoffe in der Atmosphäre. Ihr Gehalt kann sich zeitlich und räumlich deutlich unterscheiden.

Warum ist eine Atmosphäre Voraussetzung für die Aufrechterhaltung von Leben?

Sie liefert nicht nur Sauerstoff, sondern schützt unseren Planeten in zweierlei Hinsicht: Zum einen wäre es ohne diesen Schutzmantel auf der Erde ungefähr genauso kalt wie im All und somit kein Leben möglich; außerdem ist ein Teil der Sonnenstrahlung für Lebewesen schädlich. Auch hier filtert die Atmosphäre – vor allem der Ozonanteil – den gefährlichen Teil der Strahlung heraus.

Die Atmosphäre ist eine Gashülle, ohne deren Schutz ein Leben auf unserem Planeten nicht möglich wäre.

> **Die Stockwerke der Atmosphäre**
>
> In der Atmosphäre unterscheidet man in Anlehnung an die Temperaturentwicklung verschiedene Stockwerke. Die bodennahe Troposphäre – die wetterbestimmende Schicht – reicht bis in eine Höhe von gut 10 km. Hier nimmt die Temperatur mit zunehmender Höhe ab. Die folgende Stratosphäre bis in eine Höhe von 50 km zeichnet sich dadurch aus, dass die Temperatur etwa gleich bleibt und in den höheren Schichten sogar wieder ansteigt. Hier befindet sich auch die Ozonschicht. In der Mesosphäre zwischen 50 und 80 km über dem Boden sinkt die Temperatur wieder. Darüber folgen die Ionosphäre bis etwa 300 km und die Exosphäre, die den Übergang zum Weltall darstellt.

Was sind Schwebstoffe?

Schwebstoffe wie Staub oder Rauch können durch starke Höhenwinde über große Entfernungen mitgeführt und über Jahre in der Atmosphäre nachgewiesen werden. So gingen im März 1901 Millionen von Tonnen Saharastaub über Dänemark nieder. Die Aschepartikel, die beim Ausbruch des indonesischen Krakatau-Vulkans im Jahr 1883 bis in eine Höhe von 80 km in die Atmosphäre geschleudert wurden, verteilten sich nahezu um den gesamten Globus. Sie sorgten im Folgejahr in Europa für das Absinken der Durchschnittstemperatur und führten so auch zu Missernten.

Warum ist der Himmel blau?

Ein Sonnenstrahl ist ein Bündel elektromagnetischer Wellen. Es besteht aus kurzwelliger Strahlung (im ultravioletten Bereich), aus Wellen im sichtbaren Bereich (von blau bis rot) und aus langwelliger infraroter Strahlung. Lenkt man einen Sonnenstrahl durch ein geeignetes Prisma, dann lässt sich das Licht wie bei einem Regenbogen in seine Spektralfarben zerlegen. Fällt ein Sonnenlichtbündel auf die Atmosphäre, dann wird es von einzelnen Teilchen – wie Luftmolekülen, Wassertröpfchen, Eiskristallen usw. – unterschiedlich stark gestreut. Blaues Licht wird etwa 16 Mal so stark gestreut wie die roten Anteile. An einem wolkenlosen Tag wird daher viel mehr blaues Licht zwischen den Luftmolekülen hin- und herreflektiert, sodass uns der Himmel blau erscheint.

Warum wird es auf der Erde wärmer?

Die Atmosphäre der Erde wirkt sich auf die Temperatur der Erdoberfläche ähnlich aus wie ein Glas- oder Treibhaus. Glas lässt die kurzwellige Sonnenenergie fast ungehindert in das Haus eindringen, sodass sich der Boden erwärmt. Gleichzeitig ist es aber weitgehend undurchlässig für die langwellige Wärmestrahlung, die vom Boden ausgeht. Daher steigt die Temperatur im Glashaus an. In der Atmosphäre sind es vor allem Kohlenstoffdioxid (CO_2), Methan und Wasserdampf, welche die Rolle des Glasdachs spielen. CO_2 entsteht bei jeder Verbrennung fossiler Rohstoffe – durch Rodungsbrände, in Industrie, Verkehr oder Haushalten. Jährlich werden mehr als 30 Milliarden Tonnen des Gases durch den Menschen erzeugt. Der CO_2-Gehalt stieg von 280 ppm (Teile pro Million) vor der Industrialisierung auf heute 380 ppm. Das freigesetzte Gas verschließt zunehmend ein sog. Infrarotfenster, durch das die Wärmeenergie von der Erde abgestrahlt werden kann. Der Treibhauseffekt setzt ein.

Oben: Abgase aus Verkehr, Industrie usw. führen bei bestimmten Wetterlagen zu Smog, wie hier in Mexiko Stadt.

Das Ozonloch hatte seine bislang größte Ausdehnung von 29 Millionen km² im September 2006 über der Antarktis.

GEOWISSENSCHAFTEN

Kurzwellige Sonnenstrahlen dringen in die Atmosphäre ein.

Die Wärmestrahlung kann nicht aus der Atmosphäre austreten.

Atmosphäre

CO2 gelangt in die Atmosphäre.

Der erwärmte Boden gibt die langwellige Strahlung wieder an die Atmosphäre ab.

Der Boden absorbiert die Strahlung.

Die Atmosphäre erwärmt sich.

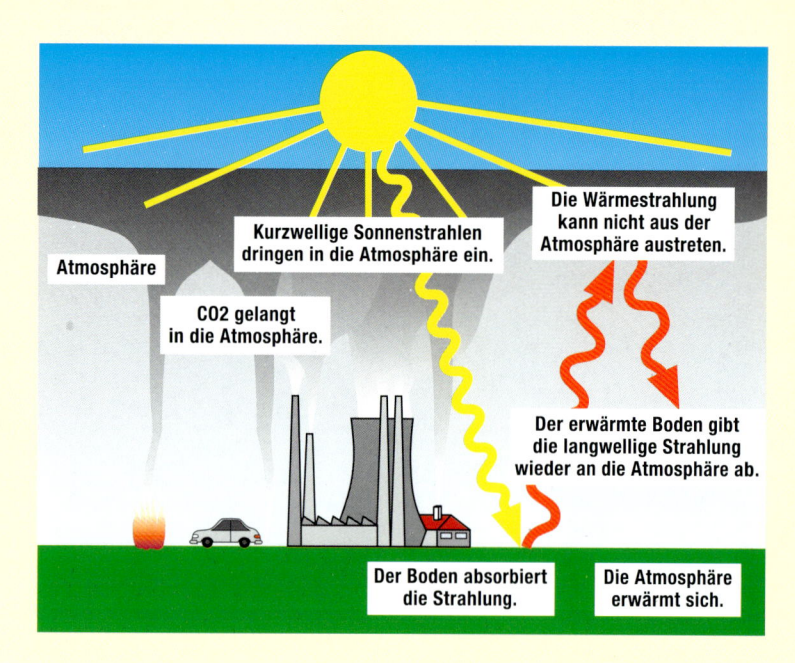

Treibhausgase, z. B. CO_2, entstehen bei der Verbrennung in Industrie, Haushalten und Verkehr. Sie lassen zwar die kurzwellige Sonnenstrahlung ungehindert in die Atmosphäre eindringen, blockieren aber die langwellige Abstrahlung von der Erdoberfläche, sodass die Temperatur auf unserem Planeten wie im Innern eines Glashauses ansteigt.

Bei der Verbrennung fossiler Rohstoffe entstehen nicht nur Treibhausgase, sondern auch viele weitere Schadstoffe, wie Schwefel- oder Stickstoffoxide.

Wie wirkt sich der Anstieg der Temperatur aus?

Die genauen Auswirkungen sind unklar. Es wird vermutet, dass extreme Wetterphänomene wie Stürme, Dürren oder Fluten in Zukunft häufiger auftreten. Sichtbare Folgen der Erwärmung sind das Abschmelzen von Gletschern – z. B. der Alpen und der Polkappen; das lässt den Meeresspiegel ansteigen. Außerdem gelangt mehr Wasserdampf in die Atmosphäre, was wiederum zu einer Verstärkung des Effekts führt.

Lässt sich das Ozonloch wieder schließen?

In den frühen 1980er Jahren entdeckten Forscher ein Gebiet über der Antarktis, das besonders niedrige Ozonkonzentrationen aufwies, das sog. Ozonloch. Als Ursache wurden die langlebigen Fluorchlorkohlenwasserstoffe (FCKW) identifiziert, die seit Jahren als Kältemittel in Kühlschränken und als Treibgase in Spraydosen Verwendung fanden. Das darin enthaltene Chlor spaltet die Ozonmoleküle auf und zerstört die Schicht. Im Montrealer Protokoll verpflichteten sich 1987 zahlreiche Staaten, die betreffenden Schadstoffe abzuschaffen, was auch gelungen ist. Weil die Stoffe aber sehr langlebig sind, wird sich die Ozonschicht in den nächsten 20 Jahren nur unwesentlich erholen. Erst Mitte des 21. Jh. ist damit zu rechnen, dass der Zustand von vor 1980 wieder erreicht wird.

Die Atacama-Wüste in Chile gilt als eine der trockensten Regionen der Welt.

KLIMA UND WETTER

Wie entstehen Hoch- und Tiefdruckgebiete?

Aufgrund der Schwerkraft übt das Gewicht der Atmosphäre einen Druck auf die Erde aus. Der mittlere Luftdruck einer Luftsäule, die vom Boden bis zur oberen Schicht der Atmosphäre reicht, beträgt ca. 1013 Hektopascal. Luftdruckunterschiede können z. B. durch Sonneneinstrahlung entstehen: Scheint die Sonne über einer Küstenlandschaft, dann erwärmt sich die Luft über dem Festland stärker als über dem Wasser. Die warme Luft steigt über dem Festland in die Höhe. Entsprechend steigt der Luftdruck in der Höhe, sinkt jedoch am Boden, weil hier Luft entweicht. In der Folge kommt es zu einem Ausgleichseffekt, d. h. der tiefe Druck am Boden des Festlands wirkt wie ein Staubsauger und zieht Luft aus der Umgebung an. Über dem Meer sinken dagegen die Luftmassen ab, und es entsteht hoher Druck. Großräumige Luftdrucksysteme entstehen dynamisch unter Einfluss des sog. Jetstreams und der Erdrotation.

Warum gibt es Wüsten?

Binnenwüsten wie die zentralasiatische Gobi liegen weit von Meeren entfernt und/oder im Regenschatten hoher Gebirge. Feuchte Luft regnet aufgrund der großen Entfernung zum Meer schon vorher in anderen Regionen ab, oder sie bleibt an Bergen hängen. Der Monsun z. B. nähert sich Asien aus südlicher Richtung, wird vom Himalaja gestaut und regnet im Süden ab. Nördlich des Gebirges

> **Wie bewegt sich die Luft in Hochs und Tiefs?**
>
> Die Luft in einem Hochdruckgebiet (auch Antizyklone genannt) sinkt ab, erwärmt sich dabei und führt in der Regel zur Auflösung von Wolken. In Tiefdruckgebieten (Zyklonen) dagegen steigen die Luftmassen auf, kühlen ab und kondensieren. Die Luft bewegt sich übrigens in einem Hoch auf der Nordhalbkugel mit dem Uhrzeigersinn, auf der Südhalbkugel ihm jedoch entgegen (bei Tiefs entsprechend umgekehrt). Der gleiche Effekt tritt beim Abfließen von Wasser aus dem Waschbecken ein. Verursacht wird dies von der Kraft der Erdrotation, die alle bewegten Massen ablenkt; nach ihrem Entdecker wird sie auch als Coriolis-Kraft bezeichnet.

Der Hurrikan Wilma war bereits der dritte Wirbelsturm der höchsten Kategorie 5 im Jahr 2005, der über die USA fegte; das gab es bis dato noch nie.

bleibt es trocken. Subtropische Wüsten befinden sich entlang der Wendekreise nördlich und südlich des Äquators – so die Sahara im nördlichen und die Kalahari-Wüste im südlichen Afrika. Hier kommt es aufgrund von Strahlungsverhältnissen und der sog. Passatwinde zu ausgeprägten stabilen Hochdruckgürteln mit absteigenden, sich erwärmenden Luftmassen. Solche Wüsten können – wie die Sahara zeigt – auch direkt bis an die Küsten der Meere reichen.

Welchen Einfluss haben Meeresströmungen auf das Klima?

Meeresströmungen haben weitreichende Auswirkungen auf das Klima. Die Meere speichern enorme Mengen an Wärmeenergie und tragen daher zum Ausgleich größerer Temperaturschwankungen bei. Dabei findet über alle Weltmeere hinweg ein ständiger Austausch von kalten und warmen Wassermassen über ein Netz von Strömungen statt. Der Golfstrom befördert z. B. warmes Wasser aus dem Golf von Mexiko quer über den Atlantik in Richtung Nordeuropa, sodass an den Küsten im nördlichen Norwegen selbst im Winter noch relativ

Tornados können bei bestimmten Witterungsbedingungen prinzipiell überall entstehen. Besonders häufig treten sie aber in den USA auf.

> **Wo liegen die kältesten und heißesten Orte der Welt?**
>
> An der russischen Forschungsstation Wostok in der Antarktis wurde mit −89,2 °C die bislang tiefste Temperatur gemessen. Als kältester von Menschen bewohnter Ort der Welt gilt das sibirische Dorf Oimjakon. Im Jahr 1926 wurden hier −71,2 °C erreicht. Am höchsten kletterte das Thermometer mit 58 °C während eines Sandsturms im Jahr 1922 bei El Azizia in Libyen. Ähnlich heiß war es 1913 mit 56,7 °C im kalifornischen Death Valley (Tal des Todes).

GEOWISSENSCHAFTEN

milde Temperaturen herrschen. Der Humboldtstrom führt dagegen kaltes Wasser aus der Antarktis an der Westküste Südamerikas entlang nach Norden. Weil das Oberflächenwasser kalt ist, verdunstet es kaum, auch wenn die Sonne scheint. Die Luft ist daher heiß, aber trocken. Als Ergebnis entstand die Atacama-Wüste in Chile, eines der trockensten Gebiete der Erde.

Wodurch werden die Wettervorhersagen immer genauer?
Durch immer mehr Wetterstationen, die weltweit errichtet werden und so das Beobachtungsnetz auf der Erde verdichten. Auch gibt es neue technische Möglichkeiten zur Auswertung von Wetterdaten – z. B. mit Hilfe von hochleistungsfähigen Computern. Je mehr Rechnerkapazitäten zur Verfügung stehen, desto mehr Faktoren können bei der Berechnung von Wetterszenarien berücksichtigt werden. Außerdem liefern Wettersatelliten zunehmend genauere Daten, die wiederum mit besseren Programmen ausgewertet werden können. In der Summe führen diese Entwicklungen zu einer wachsenden Prognosegenauigkeit.

Was ist das El-Niño-Phänomen?
Das El-Niño-Phänomen (El Niño: Christkind) ist eine klimatische Besonderheit, die häufig um die Weihnachtszeit im Pazifikraum auftritt. In normalen Jahren liegt ein Tiefdrucksystem über Südostasien und Hochdruck vor der Küste Südamerikas. Da ein Tief Luftmassen anzieht, weht ein konstanter Wind von Südamerika in Richtung Westen. Gleichzeitig treibt der Wind das kühle Oberflächenwasser, das der Humboldtstrom vor die Küste Südamerikas befördert, vor sich her und erwärmt es. Der Meeresspiegel vor Indonesien ist daher um etwa 60 cm höher als vor Peru, das Wasser um 10 °C wärmer. Das warme Wasser führt zu heftigen Niederschlägen und Wirbelstürmen in Südostasien. In El-Niño-Jahren kehrt sich das System um. Aufgrund von Luftdruckschwankungen bleiben die Winde aus, das warme Wasser schwappt zurück nach Südamerika und der Humboldtstrom wird verdrängt. Die Folgen: verheerende Unwetter in Südamerika, begleitet von Erdrutschen oder Überschwemmungen. Das Phänomen hat zwar natürliche Ursachen, es gilt aber als wahrscheinlich, dass infolge der Erderwärmung El Niño häufiger und intensiver auftritt.

Das Tal des Todes liegt bis zu 85 m unter dem Meeresspiegel und die Lufttemperatur kann dort auf über 50 °C steigen.

GEOWISSENSCHAFTEN

FERNERKUNDUNG – VOM SATELLITENBILD ZUM GPS

Wie werden Satellitenbilder gemacht?
Im Prinzip nicht anders als herkömmliche Fotografien. Erdbeobachtungssatelliten, die mit optischen Sensoren arbeiten, gleichen fliegenden Fotokameras; allerdings sind sie mit hervorragender da hoch auflösender Optik ausgestattet. Moderne Spionagesatelliten können Gegenstände detailliert erfassen, die nur wenige Zentimeter groß sind. Wettersatelliten haben dagegen oft eine Auflösung von mehreren Hundert Metern. Dafür können sie aber auch Aufnahmen im Infrarotbereich machen, d. h. hier werden Teile des Lichtspektrums erfasst, die das menschliche Auge nicht sehen kann. Je nach Aufgabe variiert also die Ausstattung von Satelliten mit speziellen Kameras und Sensoren.

Welche Arten von Satelliten gibt es?
Satelliten werden nach der Art ihrer Umlaufbahn um die Erde, der verwendeten Sensoren sowie ihrer Auflösungskapazität unterschieden. Einige Satelliten befinden sich auf einer geostationären Bahn in etwa 35 000 km Höhe. Sie drehen sich genauso schnell wie die Erde und schweben daher immer über demselben Punkt der Erdoberfläche. Dies ist für Kommunikationssatelliten (z. B. SAT-TV) von Bedeutung, und auch die Bilder, die wir aus der Wettervorhersage kennen, werden so gemacht. Andere Satelliten sollten dagegen möglichst große Teile der Erdoberfläche beobachten können. Sie fliegen weniger als 1000 km hoch über den Polen, sodass sich die Erde unter ihnen ständig wegdreht. Auf diese Weise können sie fast die gesamte Erdoberfläche untersuchen. Außerdem ist aufgrund der geringen Höhe eine bessere Auflösung möglich.

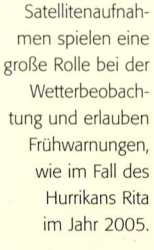

> **Radaraufnahmen**
> Meistens werden in Satelliten optische Sensoren eingesetzt. Aber auch im All gibt es Radargeräte, die Strahlen aussenden und ihre Reflexionen einfangen und abbilden. Die Erkundung der Erdoberfläche mit Radarstrahlen ist deshalb von Bedeutung, weil diese Bilder besonders detaillierte Werte über die Oberflächenstruktur der Erde liefern. So können nur wenige Zentimeter große Verschiebungen von Kontinentalplatten gemessen werden. Für die Erarbeitung eines Erdbeben-Frühwarnsystems werden heute daher verstärkt Radarbilder genutzt und man versucht, ihre Auflösung weiter zu optimieren.

Satellitenaufnahmen spielen eine große Rolle bei der Wetterbeobachtung und erlauben Frühwarnungen, wie im Fall des Hurrikans Rita im Jahr 2005.

GEOWISSENSCHAFTEN

Ein Wettersatellit (GOES I) zur Messung von Klimadaten. Er befindet sich auf einer geostationären Umlaufbahn – d. h. stets über dem selben Punkt des Äquators stehend und mit der Erde rotierend.

Welche Anwendungen bestehen für die Fernerkundung?

Die Fernerkundung – das berührungsfreie Erkunden der Erdoberfläche per Flugzeug oder Satellit – erlaubt vielfältige Anwendungen. Am bekanntesten ist wohl die Wettervorhersage und -überwachung. Fernerkundungsdaten geben aber auch Auskunft über weitere physikalische und chemische Zusammenhänge in der Atmosphäre – z. B. über den Schadstoffgehalt. Außerdem dienen die Beobachtungen dem vorbeugenden Katastrophenschutz, indem sie Erkenntnisse über das Ausmaß von Bränden und Fluten liefern oder Vorhersagen zu Erdbeben und Vulkanausbrüchen ermöglichen. Eine breite Anwendung finden Fernerkundungsdaten im Bereich der Kartografie und Geodäsie (Vermessungswesen): Bei der Kartierung von Anbaugebieten oder von Waldschäden, bei der Verkehrswegeplanung oder Siedlungsentwicklung können durch Luft- und Satellitenbilder hilfreiche Informationen gewonnen werden. Und nicht zuletzt dient Fernerkundung auch der Spionage und militärischen Zwecken bei der Kriegsführung.

Was ist GPS?

Die Abkürzung bezeichnet das 1995 in Betrieb genommene Globale Positionsbestimmungssystem – ein satellitengestütztes Navigationssystem. Zunächst für militärische Anwendungen entwickelt, findet sich das GPS heute in vielen PKWs, auf See wie in der Luftfahrt und dient der Orientierung bei Landvermessungen. Seine Funktion beruht auf vier Satelliten, die jeweils die Position eines Empfängers auf der Erdoberfläche und die Geschwindigkeit seiner Fortbewegung ermitteln können. Um eine flächendeckende und immerwährende Erreichbarkeit von vier Satelliten zu gewährleisten, sind jedoch insgesamt 24 Satelliten im Orbit notwendig.

Das Bild ist aus zahlreichen Nachtaufnahmen von Europa zusammengesetzt, die im Rahmen des DMSP (Defense Meteorological Satellite Program) gemacht wurden.

GEOWISSENSCHAFTEN

BODENKUNDE – DIE LEBENDIGE ERDOBERFLÄCHE

Der Badlands Nationalpark in South Dakota. Die fortgeschrittene Bodenerosion hat ein eindrucksvolles Relief hinterlassen.

Wie sind Böden aufgebaut?
Böden sind eine mit Luft, Wasser und Lebewesen durchsetzte Verwitterungsschicht, die unter dem Einfluss verschiedener Umweltfaktoren – wie Klima, Relief, Vegetation – entstanden sind. Ein Boden weist von oben nach unten mehrere Schichten, sog. Bodenhorizonte auf. Die oberste Schicht wird als A-Horizont bezeichnet: Er umfasst den Humus, der sich als Gemisch von mineralischen und abgestorbenen organischen Substanzen hervorragend als Wasser- und Nährstoffspeicher eignet. Ihm folgt der mächtigere mineralische B-Horizont: Hier reichern sich die Stoffe an, die durch die verschiedenen Verwitterungsvorgänge in die Tiefe gelangen. Es bilden sich Tonminerale, und Eisen- und Aluminiumoxide werden freigesetzt. Der C-Horizont bildet die Grenze zum Ausgangsgestein, auf dem der Boden aufliegt: Er umfasst einen bereits angewitterten, lockeren Bereich sowie das unveränderte Gestein.

Wo gibt es die fruchtbarsten Böden?
Zu den fruchtbarsten Böden zählt die Schwarzerde. Sie kommt vor allem in Regionen auf der Nordhalbkugel vor, die während der Eiszeit am Rande der Gletscher lagen. Auf diesen Böden haben sich die bedeutendsten landwirtschaftlichen Anbaugebiete der Welt entwickelt, wie die „Great Plains" der amerikanischen Prärie, die Kornkammern der russischen, kasachischen und der chinesischen Steppe oder die Bördenlandschaften Mitteleuropas.

Was ist Löss?
Unter Löss versteht man eigentlich Flugstaub, der insbesondere während der Eiszeiten aus den Moränen- und Schotterfeldern ausgeweht wurde und sich vor den Gletschern absetzte. Löss ist mineralreich und kalkhaltig. Seine Porosität lässt eine

---

Was sind Permafrostböden?

Mit Permafrost werden Böden bezeichnet, die dauerhaft gefroren sind. Sie tauen im Sommer nur kurz und nur wenige Zentimeter tief auf. Wegen der stauenden Wirkung des Bodeneises sind sie stark durchnässt. Sie haben eine breiige Konsistenz und geraten bei geringster Hangneigung ins Fließen.

gute Wasserspeicherung und Durchlüftung zu. Damit spielt Löss eine große Rolle bei der Entstehung von fruchtbaren Schwarz- und Braunerdeböden. Die mächtigsten Lössvorkommen findet man in China entlang des Huang He.

Wann kommt es zur Bodenerosion?
Erosion ist ein natürlicher Vorgang der mechanischen Abtragung von Böden durch Wind oder Wasser. Sie führt zur Verarmung oder gar Zerstörung von Böden. Bei Starkregen spült abfließendes Wasser Rinnen in den Boden. Besteht erst einmal eine solche Schadstelle, greift das Wasser immer wieder dort an und trägt langsam den Boden ab. Der Erosion beugt im Allgemeinen Pflanzenbewuchs vor, da das Wurzelwerk ein Abtragen von Boden verhindert. Häufig stellt die Überweidung von Grasflächen durch Viehwirtschaft eine Ursache für einsetzende Erosion dar, weil Pflanzen und ihr Wurzelwerk geschädigt werden. Die Abtragung des Bodens entwertet diesen immer stärker, sodass er für eine Nutzung eines Tages nicht mehr in Frage kommt und daher neue Weidegründe erschlossen werden müssen: Damit setzt der Teufelskreis neu ein.

Im Mittleren Westen der USA ist es zwar relativ trocken, aber die Böden sind bei entsprechender Bewässerung fruchtbar.

Um die Fruchtbarkeit von Böden zu erhöhen, werden ihnen durch Düngung Nährstoffe zugeführt.

> **Was sind Badlands?**
> Als Badlands bezeichnet man eine Landschaftsform, die deutlich von Erosion geprägt ist. Aufgrund von Wasserarmut und der lehmigen Bodenbeschaffenheit ist hier kaum Vegetation zu finden. Zudem bieten sich in diesen Gebieten, sollte es zu Regenfällen kommen, ideale Voraussetzungen für das Angreifen des Wassers am Boden. Badlands zeichnen sich durch karge, schroffe Bodenformen aus und weisen Rinnen, Furchen, Canyons und Schluchten auf. Ausgedehnte Badlands sind im US-Bundesstaat South Dakota sowie im kanadischen Bundesstaat Alberta zu finden.

GEOWISSENSCHAFTEN

VEGETATION – WAS PFLANZEN ÜBER DIE UMWELT SAGEN

Gibt es Urwälder nur in den Tropen?

Nein. Häufig ist unser Bild von Urwäldern identisch mit dem eines tropischen Regenwalds. Mit Urwald bezeichnet man jedoch generell einen Wald, der in seiner Ursprünglichkeit naturnah erhalten geblieben ist und nicht vom Menschen angepflanzt, gerodet oder verändert wurde. Neben den tropischen Regenwäldern gibt es noch Urwälder in vielen fern der Zivilisation gelegenen Regionen, z. B. in Sibirien, oder auch in den Nationalparks Nordamerikas. Die meisten Wälder aber – wie wir sie etwa in den Mittelgebirgsregionen Europas finden – sind menschlich überprägt und das Ergebnis gezielter Forstwirtschaft.

Was sind Kulturpflanzen?

Als die Menschen sesshaft wurden, begannen sie, aus wild wachsenden Pflanzen neue, ertragreichere Arten zu kultivieren. Zu den Kulturpflanzen zählt man sowohl Nutz- wie auch Zierpflanzen. Heute angebaute Getreidesorten haben nur noch wenig mit ihren Urahnen gemein. Sie tragen deutlich mehr Ähren und Körner pro Pflanze. Unterschieden werden Kulturpflanzen häufig nach ihrem Anbaugebiet. In den Tropen werden z. B. Kaffee, Kakao und Bananen angebaut, in den gemäßigten Breiten dagegen eher Baumwolle, Getreide, Obst und Wein bis hin zu Kartoffeln in kaltgemäßigten Regionen. Die meisten Kulturpflanzen, die der Mensch im Verlauf der Geschichte züchten konnte, sind wieder verschwunden, da eine Konzentration auf Hochleistungssorten erfolgte.

> **Welche Pflanzen sind typisch für die Hochgebirgsvegetation?**
>
> Hochgebirge weisen sehr widrige Klimabedingungen mit kräftigen Winden, niedrigen Temperaturen und hohen Niederschlägen auf. Daneben ist aufgrund der Steilheit des Geländes oft nur ein sehr flacher Boden ausgeprägt. Dies stellt besondere Anforderungen an die Flora. Wie sich die Arten zusammensetzen, hängt von der Höhe, vom Klima und vom Gestein ab. Oberhalb der Baumgrenze wird die Vegetation in der Regel lückenhaft und die Pflanzen werden kleiner. Hier dominiert das Grasland – mit meist dicht behaarten Pflanzen sowie Moosen und Flechten.

Mammutbäume – wie hier ein Chandelier-Tree, einer der berühmten Drive-Thru-Trees, in California, USA – können über 100 m hoch wachsen und einen Stammumfang von mehr als 10 m ausbilden.

GEOWISSENSCHAFTEN

Wie passen sich Pflanzen an ihre Umwelt an?

Pflanzen bildeten im Laufe der Evolution unterschiedlichste Fähigkeiten aus, um sich an die Gegebenheiten ihrer Standorte anzupassen. Sukkulenten z. B. – zu denen die Kakteen zählen – haben Methoden entwickelt, in niederschlagsarmen Regionen mit wenig Wasser zu überleben. Sie zeichnen sich durch zurückgebildete Blätter aus, die häufig mit einer Wachsschicht überzogen sind, um möglichst wenig Feuchtigkeit zu verdunsten. Die Photosynthese erfolgt bei ihnen nicht – wie bei den meisten Pflanzen – über die Blätter, sondern über den Stamm. Andere Pflanzen haben sich in Gebiete zurückgezogen, die nährstoffarm und weitgehend frei von Konkurrenzpflanzen sind. Fleischfressende Pflanzen findet man z. B. oft in Moorgebieten. Um genügend Nährstoffe zu erhalten, die der Boden nicht liefert, haben sie sich auf das Fangen von Insekten bis zu kleinen Nagetieren spezialisiert.

Warum sind Mammutbäume so groß und dick?

Es dient zum Schutz gegen Feuer. Brände spielen nämlich bei der Entwicklung von Mammutbäumen eine wichtige Rolle: Erst durch die Hitze des Feuers öffnen sich die Zapfen der Nadelbäume, um eine Fortpflanzung zu ermöglichen. Dabei dürfen die Bäume aber nicht verbrennen. Deshalb haben Mammutbäume dicke, schützende Rinden, und ihre Baumkrone befindet sich so hoch, dass das Feuer sie nicht erreichen kann.

Kakteen kommen natürlicherweise nur auf dem amerikanischen Kontinent vor; sie wachsen an Standorten, an denen Wasser nur unregelmäßig zur Verfügung steht wie hier am Salzsee Salar de Uyuni, Bolivien

Was sind Zeigerpflanzen?

Zeigerpflanzen sind Pflanzen, die auf etwas hinweisen. Meist handelt es sich um Pflanzen, die eine enge Bindung an bestimmte Eigenschaften des Ökosystems aufweisen und sensibel auf Veränderungen in ihrer Umwelt reagieren. Ihr Vorkommen (oder auch ihr Nichtauftreten) gibt wichtige Hinweise auf klimatische Bedingungen, auf Luftschadstoffe oder auf die Beschaffenheit des Bodens, auf dem sie wachsen. Daher werden sie auch zu den Bioindikatoren gezählt. Brennnesseln weisen z. B. auf einen hohen Stickstoffgehalt des Bodens hin, Sauerampfer auf sauren Böden.

Weil fleischfressende Pflanzen wie der Sonnentau langsam wachsen, können sie nur in Gegenden überleben, in denen sie keiner harten Konkurrenz ausgesetzt sind.

GEOWISSENSCHAFTEN

LANDWIRTSCHAFT – DEN BODEN NUTZBAR MACHEN

Wie ein Flickenteppich erstrecken sich die Felder über die Berghänge in der Region Tungurahua in Ecuador.

Seit wann betreiben Menschen Ackerbau?
Am Ende der letzten Eiszeit, vor etwa 10 000 bis 13 000 Jahren, begannen Menschen mit dem gezielten Anbau von Pflanzen. Die Phase des Übergangs vom Jäger und Sammler zum sesshaften Ackerbauern (und Viehzüchtern) wird als neolithische Revolution bezeichnet. Warum die Menschheit gerade in dieser Zeit mit dem Ackerbau begann, ist nicht ganz klar; gewiss spielte die Veränderung des Klimas eine Rolle. Außerdem mussten aufgrund des einsetzenden Bevölkerungswachstums neue Nahrungsquellen erschlossen werden. Der Ackerbau begünstigte dabei eine Sesshaftwerdung, indem sich die Menschen nun über längere Zeiträume dem Boden und den Früchten widmen mussten.

Wo wurde zuerst Landwirtschaft betrieben?
Es gilt als sicher, dass sich der Ackerbau nicht an einem Ort, sondern weltweit an mehreren Orten gleichzeitig entwickelt hat. Als älteste Anbauregion der Welt kommt die sog. Levante in Frage, ein Gebiet im Nahen Osten östlich des Mittelmeeres. Hier erstreckt sich am Oberlauf von Euphrat und Tigris der sog. Fruchtbare Halbmond – ein Gebiet, das im Wesentlichen die heutigen Staaten Syrien, Türkei und den Irak umfasst. Er bot beste Voraussetzungen für die Landwirtschaft. Forscher sehen die Entwicklung gleichzeitig auch in China bzw. Ostasien einsetzen. Hier ist eine lange Geschichte des Reis- und Sojaanbaus nachgewiesen. In Mittel- und Südamerika hat sich die Landwirtschaft vermutlich erst später entwickelt.

Warum werden Böden gedüngt?
Die Fruchtbarkeit von Böden hängt wesentlich vom Nährstoffreichtum ab. Pflanzen entziehen während des Wachstums den Böden Nährstoffe – z. B. Stickstoff (N), Kalium (K) oder Phosphor (P). Diese werden, um das Wachstum zu beschleunigen und zu verbessern, künstlich in den Boden eingebracht. Dabei können sowohl mineralische wie organische Substanzen (Gülle, Jauche) zur Anwendung kommen. Schnelleres Wachstum, größere Erträge pro Flächeneinheit sowie die Mechanisierung der Landwirtschaft führten zur Ausweitung des Ernährungsangebots. Dabei besteht jedoch auch die Gefahr des Überdüngens. So kann das ökologische Gleichgewicht des Bodens nachhaltig geschädigt werden, wenn z. B. Mikroorganismen absterben oder die Qualität des Grundwassers beeinträchtigt wird.

Ein Plantagenarbeiter aus Guatemala beim Umladen der für den Export bestimmten Kaffeeernte. Ihm verbleibt nur der geringste Teil des Handelspreises.

Was sind Cash Crops?
Als „Cash Crops" (Geld-Früchte) werden solche Agrargüter bezeichnet, die – häufig in Entwicklungsländern – allein zu Zwecken des Exports angebaut werden. Solche Güter – wie Kaffee, Zuckerrohr, Südfrüchte oder Schnittblumen – sind von „Food Crops" zu unterscheiden – etwa Bohnen und Mais, die als Nahrungsmittel für die einheimische Bevölkerung dienen. In Südamerika und Afrika haben sich Staaten bzw. Plantagenbesitzer und transnationale Agrarkonzerne vielfach auf den Anbau von Cash Crops konzentriert. Als Folge fehlt es häufig – insbesondere nach Ernteausfällen – an Grundnahrungsmitteln für die Bevölkerung. Je mehr Cash Crops angebaut werden, desto stärker versuchen die Hersteller sich im Preis zu unterbieten – ein Prozess, der noch dadurch vorangetrieben wird, dass die großen Abnehmermärkte in Europa und den USA ihre eigenen Produkte hoch subventionieren.

Was bedeutet „Fruchtfolgewirtschaft"?
Damit sich der Ackerboden erholen und wieder mit Nährstoffen anreichern kann, benötigt er Ruhephasen, in denen kein Anbau erfolgt. Schon in der Antike wurde die sog. Zweifelderwirtschaft betrieben; dabei wurde ein Acker in zwei Teile geteilt, wobei abwechselnd eine Hälfte mit Getreide bestellt wurde, während die andere brach lag. Später entwickelte sich die effizientere Dreifelderwirtschaft. Hierbei wurde z. B. zwischen Winter- und Sommergetreide sowie der Brache abgewechselt. Damit blieb nur jeweils ein Drittel des Ackers ungenutzt, was zu höheren Erträgen führte. Auch lässt sich die Qualität des Bodens langfristig erhalten, wenn verschiedene Pflanzen abwechselnd angebaut werden, sodass die Nährstoffe im Boden unterschiedlich stark beansprucht wurden.

In vielen Regionen der Welt fehlt es Landwirten an moderner Agrartechnik. Ein kubanischer Bauer bestellt mit Hilfe eines Ochsen das Land.

GEOWISSENSCHAFTEN

BODENSCHÄTZE UND BERGBAU – WERTVOLLES AUS DER ERDE

Welche Bodenschätze gibt es?
Fossile Bodenschätze – wie Erdöl, Erdgas und Kohle – werden mit dem Ziel der Energiegewinnung oder als Rohstoff für die chemische Industrie gefördert. Erze – z. B. Eisen, Kupfer und Zinn – werden abgebaut, um sie entsprechend bearbeitet als Grundstoff für Maschinen- und Werkzeugbau oder in der Elektronik und Halbleiterherstellung zu verwenden. Gesteine werden als Tone, Sande und Kiese vorwiegend für bauliche Zwecke benötigt. Außerdem dienen Steine (Edelsteine) und Metalle (Edelmetalle) zur Schmuckherstellung. Radioaktive Elemente wie Uran oder Plutonium sind für atomare Energieerzeugung nutzbar.

Wie entstehen Edelsteine?
Edelsteine sind selten vorkommende Minerale mit unterschiedlicher Zusammensetzung, die unter bestimmten Druck- und Temperaturbedingungen aus verschiedenen Elementen hervorgegangen sind. Diamanten z. B. bestehen aus Kohlenstoff; sie entstehen in einer Tiefe von mehr als 100 km bei über 1000 °C im Erdmantel und werden durch vulkanische Vorgänge in höhere Erdschichten befördert, wo sie abgebaut werden können. Der Rote Korund – besser bekannt als Rubin – besteht dagegen aus Aluminiumoxid und Chrom; er kommt in guter Qualität nur sehr selten vor, weil das farbgebende Chrom zu Rissen und Sprüngen führt. Ebenso ist der Smaragd häufig unrein und durch Einschlüsse anderer Mineralien gekennzeichnet; seine grüne Farbe erhält der Stein durch Chrom und Vanadium.

Was ist der „Große Stern von Afrika"?
Im Jahr 1905 wurde in Südafrika der größte jemals entdeckte Rohdiamant „Cullinau" mit einem Gewicht von 3100 Kt (Karat) gefunden. Er wurde in insgesamt 105 Schmucksteine aufgespalten und geschliffen. Den mit 530 Kt größten und schwersten Diamanten – den „Großen Stern von Afrika" – erhielt der damalige englische König Edward VII. zu seinem 66. Geburtstag als Geschenk. Er wurde in das königliche Zepter eingearbeitet und ist heute als Teil der englischen Kronjuwelen zu bewundern.

Arbeiter auf Madagaskar suchen nach Saphiren, die aus dem Sand ausgewaschen werden.

Mehr als die Hälfte aller Rohdiamanten weltweit werden in Antwerpen umgeschlagen; über 1500 Firmen sind dort vom Diamantenhandel abhängig.

Seit wann werden Bodenschätze abgebaut?

Eine der ältesten Abbauhalden wurde im Ngwenya-Gebirge im südlichen Afrika entdeckt. Bereits vor etwa 40 000 Jahren haben Menschen dort Hämatit – ein Eisenglimmer – abgebaut. Ähnlich wie Ocker dienten solche frühzeitlich gewonnenen Bodenschätze vornehmlich der Farbgewinnung bzw. kosmetischen Zwecken. Der Abbau von Eisen und Kupfer für die Herstellung von Werkstoffen wurde schon 2000 v. Chr., vor allem von den Ägyptern, betrieben: Sie verfügten bereits über ausgewiesene Bergbaufähigkeiten. Hauptsächlich suchten sie aber nach Edelsteinen und Gold, was durch über 700 Abraumstätten nachgewiesen ist. Legendär sind die Smaragdgruben der Königin Kleopatra VII. (69–30 v. Chr.) im Wadi Sikait.

Was macht Edelmetalle wertvoll?

Der Begriff „Edelmetalle" bezieht sich nicht so sehr auf ihren Wert als vielmehr auf eine chemische Besonderheit dieser Elemente. Als „edel" werden demnach solche Metalle bezeichnet, die nicht mit Wasser reagieren; dazu zählen z. B. Gold, Silber und Platin, aber auch Quecksilber oder Osmium. Wie bei allen Gütern hängt ihr Wert sowohl von der Menge ihres Vorkommens sowie von der Nachfrage

Drei Goldsucher bei der Goldwäsche im Jahr 1889. Die Gewinner des Goldrausches waren vor allem die Minenbesitzer und Händler.

GEOWISSENSCHAFTEN

Die begehrtesten und teuersten Rubine kommen aus Asien, v. a. aus Myanmar, Thailand und Sri Lanka.

ab. Kupfer zählt z. B. chemisch zu den Edelmetallen, wird aber meist nicht dazu gezählt, weil es vergleichsweise häufig vorkommt. Die Nachfrage nach Kupfer ist – vor allem infolge des chinesischen Rohstoffhungers – in den letzten Jahren so stark angestiegen, dass die weltweiten Lagerstätten beinahe erschöpft sind. Dementsprechend hat sich sein Wert seit 2001 mehr als verdoppelt.

Was sind Goldgräberstädte?

Im 19. Jh. wurden in Nordamerika zahlreiche Goldfunde gemacht, die zum sog. Goldrausch führten. In rasender Geschwindigkeit entstanden in der Nähe der Fundstätten sog. Goldgräberstädte, in denen Goldsucher sich versorgen und wohnen konnten. Diese Orte galten als ruppig und gesetzlos. Zu Geld kamen vor allem Händler (wie Levi Strauss, der seine Jeans an Goldsucher verkaufte) und Minenbesitzer. Im Goldrausch Mitte des 19. Jh. entwickelte sich auf diese Weise die heutige Hauptstadt des US-Bundesstaats Kalifornien: Sacramento. Auch San Francisco wuchs mit seinen Goldfunden; die meisten Orte schrumpften jedoch nach dem Abebben des Fiebers wieder zu kleinen Ortschaften oder wurden gar vollkommen verlassen – wie die „Geisterstadt Bodie" in der Sierra Nevada, die 1880 immerhin 10 000 Einwohner zählte.

Wo liegt das El Dorado?

Wahrscheinlich nirgendwo; die spanischen Eroberer Südamerikas waren einst fasziniert von der Legende eines sagenhaften Goldschatzes, die unter dem einheimischen Indianerstamm der Muisca kursierte. Schließlich lag – neben der Missionierung – eines der Hauptanliegen der Invasoren darin, wertvolle Rohstoffe für das spanische Königreich zu sichern. Zunächst vermuteten die Spanier den Schatz im Guatavita-See im heutigen Kolumbien. Noch bis ins 20. Jh. gab es mehrfach Versuche, den See trocken zu legen. Gefunden wurden tatsächlich einige wertvolle Gegenstände aus Gold, sowie Münzen und Edelsteine – jedoch viel zu wenige, um von einem Schatz zu sprechen.

Warum wurde Antwerpen zur Hauptstadt der Diamanten?

Antwerpen stieg im 16. Jh. zum wichtigsten Handelszentrum der Welt auf. Technische Innovationen und der blühende Handel mit Rohdiamanten führten zur Ansiedelung zahlreicher Diamantenschleifereien. In der Folge erfuhr die Branche mit der Gründung von Diamantenbörsen, Ausbildungszentren usw. eine Spezialisierung, sodass der Handel gesichert und der wachsende Bedarf an Fachkräften gedeckt werden konnte. Zu einem weiteren Aufschwung kam es, als Ende des 19. Jh. Diamanten in Südafrika gefunden wurden. Die belgische Minengesellschaft De Beers wurde zu einem der wichtigsten Lieferanten des Rohstoffes, der nun in so großen Mengen zur Verfügung stand, dass Tausende neue Facharbeiter benötigt wurden.

Der größte jemals gefundene Rohdiamant Cullinan wurde in 105 Diamanten aufgespalten. Die neun größten Steine wurden in den britischen Kronjuwelen verarbeitet.

GEOWISSENSCHAFTEN

ÖL, GAS UND KOHLE – FOSSILE BRENNSTOFFE

Wann sind die Erdölvorkommen erschöpft?

Die Erdölmenge ist endlich und wird daher eines Tages erschöpft sein. Wann genau ist jedoch außerordentlich umstritten. Wissenschaftler wie der britische Geologe Colin Campbell gehen davon aus, dass der „Peak of Oil" in Kürze bevor steht: Damit ist der Zeitpunkt gemeint, an dem die maximale Fördermenge erreicht und die Hälfte der weltweiten Vorräte verbraucht sein wird. Dieser Vorstellung widersprechen hingegen Fachleute der Ölkonzerne. Sie geben an, die Fördermenge könne noch über mehrere Jahre gleich hoch gehalten werden. So sei durch die Entwicklung neuer Techniken in Zukunft die Erschließung sog. unkonventioneller Ölvorkommen möglich, deren Ausbeutung bislang nicht wirtschaftlich betrieben werden konnte. Hierzu zählen z. B. Ölsand oder Tiefsee- sowie polares Öl. Letztlich bleibt also unklar, wie groß die Erdölreserven tatsächlich sind und welcher Anteil davon gefördert werden kann. Dass Erdöl in den nächsten Jahrzehnten knapper und teurer wird, gilt jedoch als sicher.

Warum gibt es auch im Meer Ölfelder?

Ursprünglich lagen alle Öllagerstätten einmal unter dem Meeresboden, denn dort wurden sie gebildet. Gemäß der gängigsten Theorie ist Erdöl aus abgestorbenen organischen Meeresorganismen entstanden. Dieses Material wurde am Meeresboden von Sedimenten bedeckt und über Jahrmillionen unter Druck und hohen Temperaturen zu Rohöl umgewandelt. Da aufgrund der Plattentektonik die Erdkruste in ständiger Bewegung ist, gelangten einige Ölfelder mitsamt den sie umgebenden Gesteinen in Regionen, die nicht mehr von Wasser bedeckt sind. Andere sind noch immer tief unter den Meeresböden zu finden und können mit Hilfe von Ölplattformen ausgebeutet werden.

Wo gibt es Erdgasvorkommen?

Meistens dort, wo auch Erdöl gefunden wird. Erdgas entsteht durch denselben Prozess und tritt daher fast immer zusammen mit Erdöl auf. Die wichtigsten Förderländer von Erdgas sind Russland und die USA, die zusammen über 40 % der weltweiten Menge gewinnen. Auch einige der traditionell Erdöl fördernden Staaten im Mittleren Osten – wie Saudi Arabien, die Vereinigten Arabischen Emirate oder der Iran – fördern Erdgas, wenngleich zu geringeren Anteilen. Wenig bekannt ist, dass die Niederlande über größere Felder von Gasvorkommen (vor allem

Braunkohle liegt weniger tief unter der Erde als Steinkohle und wird daher oft im Tagebauverfahren abgebaut.

GEOWISSENSCHAFTEN

> **Wie kommt es zu Kohlebränden?**
>
> Kohlebrände entstehen durch chemische Reaktionen, wenn Kohleflöze mit dem Luftsauerstoff in Berührung kommen. Sie können sowohl unter Tage vorkommen als auch an der Erdoberfläche – wenn etwa die Flöze aufgrund tektonischer Bewegungen nach oben gelangten. Hat ein Feuer erst einmal begonnen, frisst sich der schwelende Brand immer weiter in den Flöz hinein. Je weiter der Brand voranschreitet, desto geringer wird die Chance, ihn zu löschen. Kohlebrände lassen sich weltweit beobachten; sie stellen insbesondere in China ein großes Problem dar. Bereits Marco Polo wusste von brennender Kohle entlang der Seidenstraße zu berichten. Nach vorsichtigen Schätzungen brennen allein in Nordchina jährlich 10–20 Mio. t Kohle ungenutzt ab.

in der Nordsee) verfügen und in der Fördermenge weltweit den fünften Rang einnehmen.

Wie sicher ist der Transport über Pipelines?

Neben herkömmlichen Transportmitteln werden Öl und Gas über Pipelines transportiert. Diese Rohrleitungsnetze können – Tausende Kilometer weit – über mehrere Ländergrenzen und gar Kontinente hinaus reichen. Sie werden meist nur weniger als zwei Meter unter der Erdoberfläche verlegt, sodass sie zahlreichen Widrigkeiten ausgesetzt sind: Sie müssen z. B. Temperaturschwankungen, Korrosion aber auch Erdbewegungen standhalten. Obwohl Pipelines einen vergleichsweise sicheren Transport gewähren, kommt es immer wieder zu Unfällen, die zu Explosionen und/oder zu einem Ausfließen der Rohstoffe führen. Einen weiteren Problembereich stellt die Einwirkung Dritter dar – durch Personen, die versuchen, die Leitungen anzuzapfen. Im Zuge dessen kamen 2006 in Nigeria etwa 300 Menschen bei einer Explosion ums Leben – nachdem sie eine Ölpipeline angebohrt hatten.

Was ist der Unterschied zwischen Steinkohle und Braunkohle?

Braunkohle und Steinkohle entstanden zunächst durch denselben Prozess, aber zu verschiedenen Zeiten. Dort, wo heute Steinkohle lagert, befanden sich vor etwa 300–350 Mio. Jahren – im Zeitalter des Karbons – ausgedehnte Urwälder. Die abgestorbenen Pflanzenteile fielen in einen Sumpf, wo sie unter Luftabschluss zu Torf wurden. Diese Torfschichten wurden zunehmend stärker von Sedimentschichten bedeckt. Das Gewicht der Deckschichten wirkte wie eine Presse, die das Wasser langsam aus

Vietnamesische Arbeiterinnen sortieren Kohlestücke per Hand. Zum Schutz vor dem Kohlestaub tragen sie Hüte und Schals.

dem Grundstoff herausdrückte, und es entsteht zunächst Braunkohle. Je länger dieser Prozess andauert und je höher der Druck wird, desto weniger Wasser befindet sich in der Kohle. Aus der Braunkohle wird auf diese Weise die höherwertige, schwarze Steinkohle. Sie verwandelt sich bei noch höherem Druck in Anthrazit.

Was sind Kohlereviere?

Mit einem Kohlerevier wird eine Region beschrieben, die vom Kohleabbau und – häufig ergänzend – von der Montanindustrie geprägt ist. Im Rahmen der Industrialisierung während des 19. Jh. wurde Kohle zunächst zum wesentlichen Rohstoff für die Energieerzeugung. An ihren Fundstätten wurden Tausende Arbeitskräfte benötigt – nicht nur im Bergbau selbst, sondern auch in Stahlwerken und anderen Manufakturen, die sich in der Nähe der Kohlelagerstätten ansiedelten. Es entwickelten sich ausgedehnte Verdichtungsräume – etwa im deutschen Ruhrgebiet, im mittelenglischen Raum oder im Nordosten der USA. Diese Regionen zählten lange zu den Wachstumsmotoren ihrer Länder. Heute stellen die Reviere häufig Problemgebiete dar – geprägt von Deindustrialisierung, Arbeitslosigkeit und hohen Umweltbelastungen. Begriffe wie „Altindustrieregion" oder das englische „Rust Belt" (Rostgürtel) verweisen auf die geschwundene Bedeutung dieser Regionen.

In Alaska werden Pipelines über dem Erdboden verlegt, weil das Frieren und Auftauen des Bodens die Leitung schädigen würde.

Mit Hilfe riesiger Ölplattformen können in Zukunft möglicherweise auch Tiefseeölreservoire erschlossen werden.

GEOWISSENSCHAFTEN

KRAFTWERKE – DIE PUMPEN DES STROMNETZES

Welche Arten von Kraftwerken gibt es?

Da elektrische Energie auf verschiedene Arten gewonnen werden kann, gibt es dementsprechend unterschiedliche Kraftwerkstypen: Windenergieanlagen und Wasserkraftwerke wandeln Bewegungsenergie in Strom um. Bei Wasserkraftwerken können Laufwasser-, Speicher- und Pumpspeicherkraftwerke sowie Meereskraftwerke – die Wellengang oder Tidenhub nutzen – unterschieden werden. Weit verbreitet sind Wärmekraftwerke; dabei wird der Dampf genutzt, der beim Verbrennen von Stoffen entsteht – z. B. Kohle, Gas, Öl, Biomasse, Müll oder Klärschlamm; auch Kernkraftwerke zählen zum thermischen Typ. In Solaranlagen wird Sonnenenergie zur Stromerzeugung genutzt.

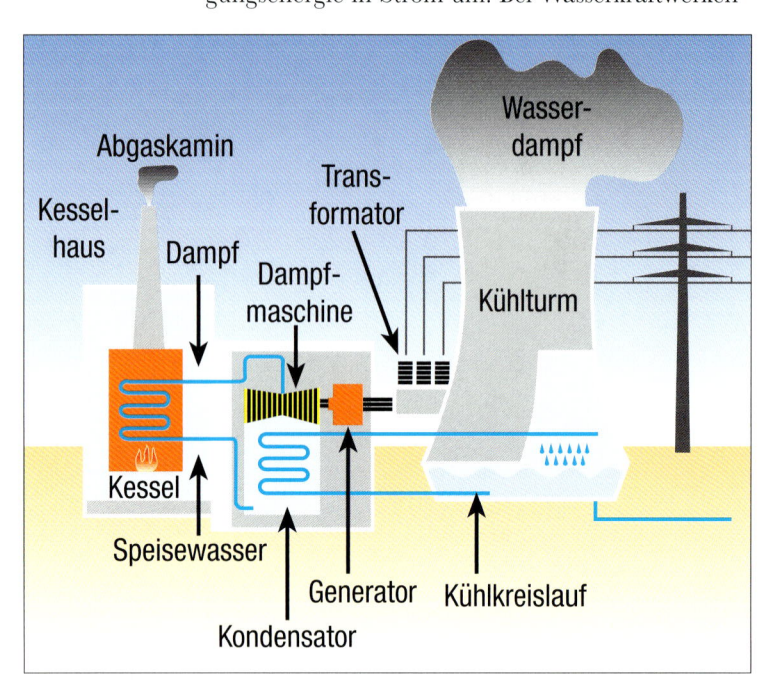

Wie funktioniert ein Wärmekraftwerk?

Die prinzipielle Funktionsweise ist – unabhängig von der Energiequelle – in den meisten Wärmekraftwerken ähnlich: Zuerst werden die zerkleinerten Rohstoffe bei hohen Temperaturen verbrannt, um Dampf zu erzeugen. Der Dampf entsteht jedoch nicht direkt durch die Verbrennung, sondern durch erwärmtes Wasser, das in Rohren durch den Verdampfer bzw. Brennraum läuft. Der nun heiße, unter hohem Druck stehende Wasserdampf wird anschließend an Turbinen vorbeigeleitet, die über größere und kleinere Schaufeln verfügen. Einem Wind- oder Wasserrad ähnlich werden die Turbinen

Egal, welche Rohstoffe verbrannt werden: Die Verbrennung dient in einem thermischen Kraftwerk allein dem Erhitzen von Wasser und der Erzeugung von Wasserdampf. Dieser Dampf treibt über Turbinen den Generator an, der letztlich die Dampfenergie in Strom umwandelt.

Unten: Kohlekraftwerke, wie hier im englischen Cheshire, zählen zu den verbreitetsten Kraftwerkstypen.

nun vom Dampfdruck angetrieben. Am Ende wird dem Dampf durch Kühlung die restliche Wärme entzogen: Er kondensiert dann an den Außenseiten der Rohre, tropft als Wasser ab, wird aufgefangen und zurück zum Verdampfer geführt.

Wie lässt sich Luftverschmutzung vermeiden?
Beim Verbrennen von Energieträgern entstehen luftschädliche Gase sowie Ruß, Rauch und Staub. Aufgrund enormer Rohstoffmengen, die in Kraftwerken verbraucht werden, sind die Verschmutzungen hier besonders groß. Gelangten früher fast alle flüchtigen Abfallstoffe durch die Schornsteine in die Atmosphäre, so konnte ihr Ausstoß in den letzten Jahrzehnten deutlich verringert werden: Moderne Filtersysteme entziehen dem Rauch Staubpartikel; austretende Stickoxide werden mit Ammoniak „unschädlich" gemacht, indem sie zu Stickstoff und Wasser umgewandelt werden. Auch der Schwefel, der als Schwefelsäure u. a. zum sog. Sauren Regen beiträgt, wird mittels Calciumcarbonaten zu Gips verarbeitet. Trotz der großen Fortschritte bei der Luftreinhaltung gelangen immer noch täglich große Mengen an Giftstoffen in die Luft, zumal der Energiebedarf auf der Welt stetig wächst und längst nicht alle Staaten die modernsten Techniken anwenden. Ein weiteres Problem stellt das bei der Verbrennung entstehende CO_2 dar, das maßgeblich zum Klimawandel beiträgt.

Was besagen Wirkungsgrade?
Sie geben Auskunft darüber, wie viel nutzbare Energie aus einem Rohstoff technisch herauszuholen ist. Wenn z. B. Wärmeenergie in Elektrizität umgewandelt wird, geht immer ein Teil der Ausgangsenergie durch Abwärme verloren; ein Wirkungsgrad von 100 % kann daher nie erreicht werden. Aber er lässt sich durch technische Innovationen durchaus steigern. So galt bei Braunkohlekraftwerken lange ein Wirkungsgrad von unter 40 % als typisch; moderne Anlagen können heute bereits 43 % erzielen, und eine weitere Steigerung scheint in Zukunft möglich.

> **Was ist ein Blockheizkraftwerk?**
> Blockheizkraftwerke sind kleine Gasturbinen- oder Motorheizkraftwerke, die Wohngebiete oder kleinere Gewerbegebiete mit Strom versorgen. Angetrieben werden sie meist von einem Diesel-, Gas- oder Biogasmotor. Ihr Vorteil gegenüber Großkraftwerken besteht darin, dass die Abwärme, die z. B. im Kühlwasser steckt, nicht ungenutzt verpufft, sondern gleichzeitig als Heizwärme genutzt wird. Durch das Prinzip der Kraft-Wärme-Kopplung lässt sich der Nutzungsgrad der Energie im gesamten Kraftwerksprozess deutlich erhöhen. Damit möglichst wenig Energie verschwendet wird, sollten Blockheizkraftwerke ihren Standort in unmittelbarer Nähe der Verbraucher haben.

Die Turbinenhalle ist gewissermaßen das Herz eines Kohlekraftwerks. Hier wird der elektrische Strom gewonnen.

GEOWISSENSCHAFTEN

KERNKRAFTWERKE – FLUCH ODER SEGEN?

Warum ist die Kernkraft so umstritten?
Weil den unbestreitbaren Vorteilen der Kernkraftwerke ebenso viele Nachteile gegenüberstehen. Im Prinzip funktioniert ein Kernkraftwerk nicht anders als ein Wärmekraftwerk, nur entsteht die Wärme nicht durch Verbrennung fossiler Rohstoffe, sondern durch atomare Kernspaltung. So lässt sich sehr viel Strom erzeugen, und es entweichen keine Luftschadstoffe, wie CO_2, Schwefeloxide usw. Allerdings entstehen andere Abfälle: die verbrauchten Brennstäbe. In diesen Brennstäben befindet sich radioaktives Material (Uran, Plutonium), das noch Tausende Jahre nach seinem Gebrauch radioaktive Strahlung aussendet. Außerdem muss auch während des Betriebs sichergestellt sein, dass keine Strahlung austritt. Kommt es zum sog. GAU (Größter Anzunehmender Unfall), sind verheerende Folgen unvermeidlich. Katastrophen wie 1986 in Tschernobyl tragen dazu bei, dass Kernkraftwerke als höchst gefährlich angesehen werden.

Gibt es überall auf der Erde Kernkraftwerke?
Nein. Die Nutzung der Kernkrafttechnologie ist bislang nur wenigen Staaten vorbehalten. Von den heute gemäß Internationaler Atomenergiebehörde 435 aktiven Reaktoren stehen allein 103 in den USA, weitere 59 in Frankreich und 55 in Japan. Auf der gesamten südlichen Erdhalbkugel gibt es gegenwärtig nur je zwei Reaktoren in Brasilien, Argentinien und Südafrika. Einige Staaten, wie der Iran, bereiten eine zukünftige Nutzung der Kernenergie vor; andere wiederum haben ihre Kraftwerke wieder stillgelegt oder planen einen Ausstieg aus der Kernenergie – z. B. Italien und Deutschland.

Wo werden radioaktive Abfälle gelagert?
Bei der Zwischen- oder Endlagerung radioaktiver Abfälle dürfen in keinem Fall radioaktive Strahlen austreten. Die Stoffe strahlen aber noch Tausende Jahre, sodass ihre Lagerstätten einen entsprechend langen Schutz bieten müssen. Daher werden solche Lager meist in tiefen geologischen Schichten ausgewählt. Wie tief sich die Abfälle unter der Erdoberfläche befinden müssen, richtet sich nach der Stärke ihrer Strahlung und ihrer Halbwertszeit. Auch das umgebende Gestein spielt bei der Auswahl eine Rolle. Es sollte kein Wasser in die Kammern ein-

Das blaue „Tscherenkow-Licht" – hier in der Wiederaufbereitungsanlage La Hague – entsteht beim radioaktiven Zerfall, wenn schnelle Freie Elektronen das Wasser in den Abklingbecken passierten.

dringen können, denn dann könnten zum einen die Behälter Schaden nehmen und zum anderen radioaktives Material in das Grundwasser gelangen. Neben Granit- und Tongesteinen erscheinen auch Salzstöcke als geeignet. Alternativ zur unterirdischen Lagerung wurde vorgeschlagen, den Müll im Weltall zu entsorgen; das jedoch wäre ebenso teuer wie gefährlich.

Die Anlage von Sellafield in England ist aufgrund mehrerer Störfälle sowie des Einleitens radioaktiver Abwässer in die angrenzende Irische See umstritten.

Was geschah in Tschernobyl?

Die Stadt Tschernobyl in der heutigen Ukraine steht wie keine andere synonym für den atomaren Super-GAU: Am 26. April 1986 explodierte der Block IV des dortigen Kernreaktors. Ursache für die Katastrophe waren sowohl technische Mängel wie Bedienungsfehler des Personals. Eigentlich sollte ein Experiment zur Stromversorgung bei abgeschaltetem Reaktor durchgeführt werden. Dazu musste seine Leistung zunächst gedrosselt und das automatische Sicherheitssystem abgestellt werden. Ob durch Bedienungsfehler oder aufgrund eines technischen Defekts: Dabei fiel die Leistung weit unter ein zulässiges Niveau. Der Test wurde dennoch fortgesetzt – und die Notabschaltung erst eine Stunde später, zu spät, manuell ausgelöst. Sie führte (aufgrund baulicher Besonderheiten des Reaktors) jedoch nicht zur Beendigung der Kettenreaktion, sondern kurzfristig zu ihrer Beschleunigung. Die Explosion war nicht mehr zu verhindern. Neben dem betroffenen Personal wurden vor allem die Bewohner der Umgebung und Hunderttausende von Aufräumarbeitern belastet. 15 000 dieser sog. Liquidatoren sind bislang gestorben. Über die Langzeitwirkungen und die Reichweite der Kontamination herrscht bis heute Unklarheit. Tausende Menschen in Nachbarregionen sind jedoch seither an verschiedenen Krebsarten (vor allem Schilddrüsenkrebs und Leukämie) erkrankt. Heute ist das Gebiet weitläufig als Sperrgebiet eingestuft.

Im Inneren des havarierten Tschernobyl-Reaktors wurde die Katastrophe konserviert. Ein „Sarkophag" soll das Austreten von Strahlung verhindern.

GEOWISSENSCHAFTEN

WASSER, SONNE UND WIND – ERNEUERBARE ENERGIEN

Windräder allein können den wachsenden Energiehunger nur zum kleinen Teil decken.

Was unterscheidet erneuerbare von fossilen Energieträgern?

Der Hauptunterschied besteht in der Dauerhaftigkeit ihrer Vorkommen. Fossile Energieträger sind nur begrenzt vorhanden und eines Tages aufgebraucht. Erneuerbare (regenerative) Energiequellen stehen dagegen im Prinzip unbegrenzt zur Verfügung. So wird es Sonnenstrahlung, Wind- und Wasserkraft oder Erdwärme nach menschlichem Ermessen immer geben. Außerdem entstehen bei ihrer Nutzung keine Luftschadstoffe. Holz zählt ebenfalls zu den regenerativen Energieträgern, obwohl sein Vorkommen durchaus begrenzt ist. Es wächst aber in relativ kurzer Zeit wieder nach – sein Bestand regeneriert sich also –, sofern nicht mehr verbraucht wird als nachwächst. Erneuerbare Energien werden vom Menschen genutzt, seit er in der Lage ist, Feuer zu entzünden – fossile Rohstoffe hingegen erst seit wenigen Hundert Jahren.

Lässt sich der Energiebedarf allein aus erneuerbaren Quellen decken?

Wahrscheinlich ja, aber nicht sofort. Die Internationale Energieagentur (IEA) hat prognostiziert, dass der Energieverbrauch bis 2030 weltweit um 50 % steigen wird. Ursachen sind die wachsende Weltbevölkerung und der zunehmende Rohstoffhunger vor allem in Schwellenländern wie China und

> **Was ist ein Gezeitenkraftwerk?**
> Bei einem Gezeitenkraftwerk wird die Kraft des Tidenhubs, also des Wechsels zwischen Ebbe und Flut genutzt. Solche Kraftwerke werden in Meeresbuchten angesiedelt, die durch einen Damm vom offenen Meer abgeschlossen sind. Der Damm zwingt das Wasser, durch die im Damminnern befindlichen Turbinen zu strömen. Will man Gezeitenkraftwerke wirtschaftlich betreiben, kommen auf der Erde nur etwa 50 Buchten in Frage, die über einen ausreichend hohen Tidenhub von mindestens fünf Metern verfügen. Es erscheint daher nicht sinnvoll, die Technik auszubauen, um andere Kraftwerke zu ersetzen. Außerdem haben Gezeitenkraftwerke erhebliche Auswirkungen auf die Ökosysteme der betreffenden Meeresareale, indem sie eine unüberwindbare Barriere für die Meeresbewohner darstellen.

Im Gezeitenkraftwerk La Rance in Frankreich wird die Bewegungsenergie des Tidenhubs zur Stromerzeugung genutzt.

Indien. Alle erneuerbaren Energiequellen zusammengenommen könnten sicher einen großen Teil des Bedarfs abdecken. Probleme stellen aber Wirtschaftlichkeit und Flächenverbrauch dar: So ist es nicht möglich, z. B. unbegrenzt viele Windräder aufzustellen, weil es häufig zu Konflikten z. B. mit der Landwirtschaft oder dem Naturschutz (Vogelschutz) kommt. Außerdem müssen die Stromproduzenten jederzeit Spitzenwerte im Verbrauch abdecken können. Je nach natürlichen Voraussetzungen können einige Länder – z. B. Norwegen – ihren gesamten Bedarf oder einen großen Teil durch erneuerbare Energiequellen abdecken. Weltweit müssen jedoch alternative Energieanlagen zunächst leistungsfähiger und damit im Vergleich billiger werden. Insgesamt kann der steigende Weltenergiebedarf daher nur Schritt für Schritt aus regenerativen Quellen gedeckt werden.

Staudämme wie der Glen-Canyon-Damm in Arizona ermöglichen eine schadstoffarme Energieerzeugung.

GEOWISSENSCHAFTEN

Was leisten Offshore-Windparks?

Windenergieanlagen werden in Zukunft verstärkt auf dem Meer – "off shore" (engl.) – errichtet. Die Vorteile liegen darin, dass der Wind über dem Meer konstanter weht und so die Auslastung der Windräder gesteigert werden kann. Außerdem lassen sich auf dem Meer deutlich größere Anlagen als Parks mit vielen Windrädern aufbauen. Menschen fühlen sich nicht von der Lärmerzeugung oder vom optischen Eindruck gestört, sofern die Windparks in genügend großer Entfernung von der Küste platziert werden. Andererseits geraten ausgedehnte Windparks in Konflikt mit Maßgaben des Naturschutzes und der Fischerei. Insgesamt aber kann die Stromproduktion per Windrad auf dem Meer noch weitaus wirtschaftlicher als bisher erfolgen.

Wie wird Wasserkraft genutzt?

Von den erneuerbaren Energiequellen ist die Wasserkraft von größter Bedeutung. Weltweit werden etwa 20 % des gesamten Stroms mit Hilfe von Wasserkraft gewonnen. Dabei wird die Energie des Wassers auf unterschiedliche Weise genutzt, z. B. in Laufwasser-, Speicher- oder Gezeitenkraftwerken. Allen Typen ist gleich, dass Wasser durch Turbinen strömt und dabei Generatoren antreibt, die wiederum Strom erzeugen. Ein großer Vorteil der Wasserkraft besteht darin, dass ihre Energie einfach und fast verlustfrei zu speichern ist. In Speicherkraftwerken kann das Wasser bei Bedarf rasch und in großen Mengen aus den Speichern wieder abgelassen werden. Kurzfristig können so sehr hohe Leistungen erzielt werden. Daher dient der Strom aus Speicherkraftwerken häufig der Abdeckung von sog. Spitzenlasten.

Können durch Windräder Kohlekraftwerke ersetzt werden?

Nur bedingt – da die für Windräder in Frage kommenden Standorte begrenzt sind. Dabei spielt nicht nur die Windmenge eine Rolle, sondern auch die Beeinträchtigung des Landschaftsbildes sowie Belange des Naturschutzes (z. B. Vogelschutz). Außerdem gibt es auch an den besten Standorten windstille oder zu stürmische Tage, sodass die Anlagen abgestellt werden müssen und keinen Strom liefern. Für solche Fälle müssen die Stromversorger Reservekapazitäten vorhalten. Diese müssen wiederum durch andere regenerative Energiequellen oder durch herkömmliche Kraftwerke abgedeckt werden. Daher kann nur eine Kombination aus verschiedenen erneuerbaren Energien langfristig den Anteil von Kohle- und Kernkraft verringern, sie aber nicht kurzfristig komplett ersetzen.

Die Wasserräder im syrischen Hama wurden von den Römern errichtet, die bereits über ausgefeilte Techniken in der Nutzung regenerativer Energien verfügten.

Nicht wenige Häuser sind inzwischen mit Solarzellen ausgestattet. Manche Gemeinden honorieren die umweltfreundliche Stromgewinnung inzwischen sogar mit barem Geld.

Wie lässt sich Sonnenenergie nutzen?

Die Sonnenstrahlung wird auf zwei verschiedene Arten genutzt. Ihre Lichtenergie kann mithilfe von Solarzellen im sog. Fotovoltaik-Verfahren direkt in elektrische Energie umgewandelt werden. Diese Technik zielt also allein auf die Stromerzeugung. Davon zu unterscheiden sind solarthermische Systeme, bei denen die Wärmeenergie über Sonnenkollektoren nutzbar gemacht wird. Das Prinzip findet sowohl in einzelnen Gebäuden zur Erwärmung von Wasser Anwendung, als auch in größerem Maßstab in Form von thermischen Solarkraftwerken. In solchen Großanlagen werden die Sonnenstrahlen konzentriert auf einen sog. Absorber gelenkt, in dem Temperaturen bis über 1000 °C entstehen können. Diese Wärme kann anschließend wieder als solche genutzt oder über Generatoren in elektrische Energie umgewandelt werden.

Was besagt das Kyoto-Protokoll?

Zentrales Thema des Kyoto-Protokolls ist der Klimaschutz. 1997 einigten sich verschiedene Staaten auf die Unterzeichnung eines Abkommens, das den Ausstoß von Treibhausgasen beschränken soll. Allerdings wurden keine Vorgaben gemacht, auf welche Weise die einzelnen Länder ihre Ziele erreichen sollen. Einige Staaten setzen daher auf den Ausbau der Kernkraft. Andere versuchen herkömmliche Wärmekraftwerke effizienter zu machen und so den Schadstoffausstoß zu mindern. Die dritte Möglichkeit, den CO_2-Anteil zu reduzieren, besteht in der verstärkten Nutzung erneuerbarer Energien. Meist werden mehrere Strategien gleichzeitig verfolgt, um den Kyoto-Zielen gerecht zu werden. Bislang ist es aber nur wenigen Staaten (z. B. Großbritannien, Deutschland und einigen osteuropäischen Ländern) gelungen, ihre Emissionen tatsächlich zu verringern.

Die Energie der Sonne lässt sich nicht nur im Kleinen für Privathaushalte nutzen, sondern kann auch in größeren Anlagen zur Stromgewinnung eingesetzt werden – wie hier wie am Chicago Center for Green Technology.

GEOWISSENSCHAFTEN

WASSERSTOFF UND BIOMASSE – ENERGIELIEFERANTEN DER ZUKUNFT?

Wie funktioniert die Wasserstofftechnik?
Die chemische Energie, die bei einer kontrollierten Reaktion von Wasserstoff und Sauerstoff frei wird, kann in einer Brennstoffzelle direkt in elektrische Energie umgewandelt werden. Zunächst wurde die Brennstoffzelle für die Raumfahrt entwickelt, wird heute aber auch als Antriebssystem für Fahrzeuge eingesetzt. Der Vorteil gegenüber Verbrennungsmotoren besteht in einem höheren Wirkungsgrad. Zudem entstehen kaum Schadstoffe, sondern hauptsächlich Wasserdampf. Die Nachteile bestehen bisher in den hohen Kosten des Verfahrens und in der Speicherung des flüchtigen Wasserstoffs.

> **Woher kommt der Wasserstoff?**
> Wasserstoff (H_2) kommt in reinem Zustand auf der Erde nur selten vor. Spuren finden sich in der Atmosphäre oder in vulkanischen Gasen. Dennoch ist das Element als Molekülbestandteil in fast allen organischen Materialien, in Wasser, Säuren und Basen zu finden. H_2 kann durch verschiedene Verfahren gewonnen werden, so z. B. durch Elektrolyse, bei der Strom Wasser in Sauerstoff und Wasserstoff aufspaltet. Das gebräuchlichste Verfahren ist die Dampfreformierung, bei dem Wasserdampf und Kohlenwasserstoff unter großer Hitze und hohem Druck zusammengebracht werden und miteinander reagieren.

Was zählt zur Biomasse?
Unter Biomasse versteht man die gesamte organische Substanz, die durch Pflanzen und Tiere anfällt und von diesen erzeugt wird. Im Fall von Energiegewinnung wird zwischen Energiepflanzen und organischen Abfällen unterschieden. Als Brennstoffe werden meist schnell wachsende Hölzer und Energiepflanzen mit einem hohen Anteil an Trockenmasse eingesetzt. Für die Gewinnung von Treibstoffen werden hingegen Ölfrüchte (z. B. Raps) in Biodiesel umgewandelt oder stärkehaltige Pflanzen (z. B. Zuckerrohr) in Form von Ethanol genutzt. Zu den nutzbaren organischen Abfällen, die in Land- und Forstwirtschaft, in der Industrie, aber auch in privaten Haushalten anfallen, zählen Gras, Stroh, Holzreste, Laub, Dung, organischer Hausmüll sowie Klärschlamm.

Wie kann Biomasse genutzt werden?
Auf sehr unterschiedliche Weise. In der Biomasse ist Sonnenenergie gespeichert, die durch Photosynthese

Der gelb blühende Raps prägt immer stärker das Bild von Agrarflächen in Deutschland, nicht zuletzt weil er auch der Kraftstoffgewinnung dient.

in biochemische Energie umgewandelt wurde. Diese gilt es wieder freizusetzen. Zum einen kann Biomasse in Form von Brennholz, Hackschnitzeln usw. als Heizstoff genutzt werden. Auch Stroh lässt sich in Briketts pressen und verheizen. In Biomasseheizkraftwerken kann sowohl thermische als auch elektrische Energie gewonnen werden. Das beim Verfaulen von Biomasse entstehende Biogas wird ebenfalls als Energieträger eingesetzt. Schließlich lassen sich Pflanzen in Kraftstoffe umwandeln: In Brasilien z. B. fahren zahlreiche Autos mit Ethanol, der aus Zuckerrohr gewonnen wird. Sogar aus Stroh lässt sich heute Kraftstoff entwickeln.

Gibt es verschiedene Arten von Biodiesel?
Ja, denn Biodiesel ist ein Sammelbegriff für alle Kraftstoffe, die aus Pflanzenölen oder tierischen Fetten gewonnen werden. Beim Biodiesel handelt es sich aber nicht um die reinen Öle oder Fette, sondern um daraus erzeugte sog. Fettsäuremethylester. Die zähflüssigeren Öle können zwar auch in Motoren verbrannt werden, sie werden aber nicht als Biodiesel bezeichnet; ihr Einsatz ist aufgrund der hohen Viskosität (Zähigkeit) mit Problemen behaftet. Am häufigsten wird Rapsölmethylester als Biodiesel eingesetzt. Als Grundstoff eignen sich auch Sojaöl, Sonnenblumenöl und Palmöl sowie Altfette.

Kleinere Biodieselanlagen dienen der Selbstversorgung von landwirtschaftlichen Betrieben mit Biokraftstoffen.

Warum Raps?
Als regenerativer Rohstoff weist Raps eine deutlich bessere CO_2-Bilanz auf als fossile Energieträger. Bei der Verbrennung entsteht wesentlich weniger Ruß als bei herkömmlichen Dieselkraftstoffen. Gegenüber anderen Pflanzenölen erweist sich zudem die Verwendung von Rapsöl als effizienter. Der Siegeszug des Rapsöls hängt aber auch mit seinen zahlreichen anderen Verwendungsmöglichkeiten zusammen – z. B. als Schmierstoff, Reinigungsmittel oder als Bestandteil in Kosmetika.

Die Verwendung von Brennstoffzellen als Antriebssystem ist umweltfreundlich, aber (bislang) recht teuer.

GEOWISSENSCHAFTEN

| Verkehrswege | Automobil | Schifffahrt |

◀ Raumfahrt ▲ Luftfahrt

VERKEHR UND RAUMFAHRT

Umwälzende Fortschritte auf dem Gebiet der Verkehrswege und -mittel brachte vor allem das 19. Jahrhundert. Die Dampflokomotive wurde erfunden, die Eisenbahn erschloss Europa und Nordamerika, und mit dem Automobil wurde das erste individuelle Verkehrsmittel konstruiert. Heute durchziehen Straßen, Schienen und Kanäle selbst entlegene Regionen, Brücken überspannen große Täler und Ströme, Tunnel durchbrechen hohe Gebirge und unterqueren Meeresarme. Flugzeuge verbinden die Kontinente. Der Mensch erkundet die Tiefsee und lebt in Raumstationen des Weltalls.

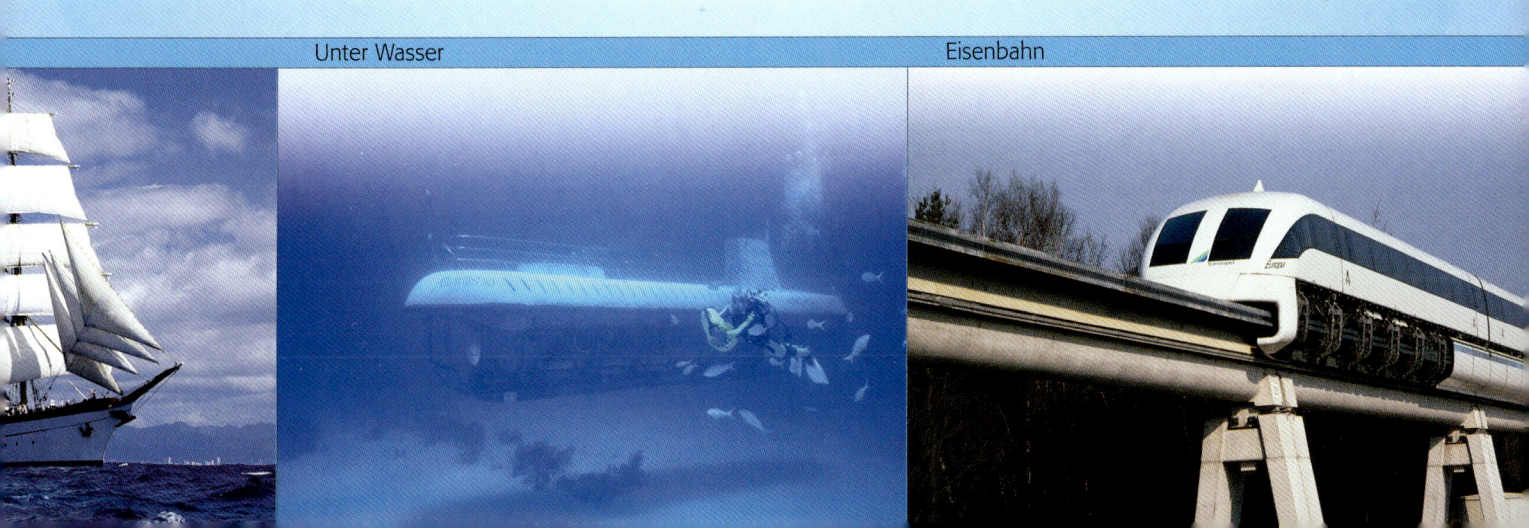

Unter Wasser　　　　　Eisenbahn

ZWEIRÄDER – BALANCE UND BEWEGUNG

Wann und wie wurde das Fahrrad entwickelt?
Das Fahrrad gilt als erstes mechanisches Individualverkehrsmittel. 1817 als Laufrad entworfen, vergingen an die 50 Jahre, bis dank einer Pedalkurbel am Vorderrad das erste wirkliche Fahrrad entstand. Schnell folgten dann Kettenantrieb (der durch Zahnräder von der Pedalkurbel auf die Hinterradachse wirkte), Luftbereifung, Freilauf und Gangschaltung.

Zur Grundausstattung des Fahrrads gehört ein Rahmen mit Rädern, Sattel und Tretlager. Allgemein wird zwischen drei Rahmentypen unterschieden: Diamantrahmen (er verdankt den Namen seiner Rautenform), Damenräder mit tiefer liegendem Oberrohr und sog. y-Rahmen für gefederte Fahrräder – z. B. moderne Mountainbikes.

Als Hauptverkehrsmittel dient das Fahrrad heute nur noch in China und einigen afrikanischen Ländern.

Warum können sich Zweiräder stabil und sicher fortbewegen?
Zweiräder sind einspurige Fahrzeuge, die durch Muskelkraft bzw. Motor angetrieben werden. Im Gleichgewicht gehalten werden sie durch die stabilisierenden Kreiselkräfte der Räder sowie durch die Gewichtsverlagerung und Lenkbewegungen des Fahrers.

Was sind Ketten- oder Nabenschaltungen?
Beide verbessern das Umdrehungsverhältnis von Hinterrad und Tretkurbel, sodass der Radfahrer seine Trittgeschwindigkeit unterschiedlichen Streckenbedingungen anpassen kann.

Bei der Kettenschaltung wird die Fahrradkette über Kettenblätter an Tretlager und Hinterradritzel geführt. Je nach Anzahl der Kettenblätter und Ritzel

> **Warum erfand Karl Drais das Zweirad?**
> Mit der nach ihm benannten „Draisine" konstruierte der badische Forstmeister Karl Freiherr von Drais 1817 eine Laufmaschine. Ihr Vorderrad war lenkbar, der Fahrer saß zwischen den Rädern und stieß sich mit den Füßen vom Boden ab.
> Als Auslöser dieser Erfindung gelten die Ausbrüche des Vulkans Tambora 1815–1817 in Indonesien. Diese Katastrophe verursachte eine Aschewolke, deren Staub 1816/17 Europa erreichte. Die darauffolgende Klimaverschlechterung („Schneesommer") führte zu Ernteausfällen, Hungersnöten und einem großen Pferdesterben. In dieser Notlage suchte Drais einen vom Haferpreis unabhängigen Pferdeersatz: Das war die Geburtsstunde seiner Laufmaschine.

VERKEHR UND RAUMFAHRT

> **Der „Reitwagen"**
> Ob dieses Fahrzeug als Automobil oder Motorrad einzustufen ist, darüber wird bisweilen gestritten. Zweifelsfrei war es das erste sich aus eigener Kraft fortbewegende Vehikel. Dass es „nur" zwei Räder erhielt, erklärt sich dadurch, dass Daimler und Maybach es lediglich als Versuchsträger für ihren 0,5-PS-Motor nutzten. Den ersten, rund fünf Kilometer langen „Ritt" absolvierte Daimlers Sohn Adolf am 10. November 1885.

sind allgemein sieben bis 30 Gänge verfügbar. Die Nabenschaltung enthält ein sog. Sonnenrad, das von Planetenrädern und -trägern umgeben ist. Wird geschaltet, so sperrt sich die Verbindung zwischen zweien der drei Zahnräder. Eine Nabenschaltung kann bis zu 14 Gänge aufweisen.

Bei der Draisine, 1817 von Karl von Drais konstruiert, saßen die Fahrer zwischen den Rädern und stießen sich mit den Füßen vom Boden ab.

Welche Vorteile bietet das Fahrrad?
Nach wie vor ist das Fahrrad das preiswerteste Individualverkehrsmittel. Wurde es in Europa seit Ende der 1950er Jahre durch den wachsenden Wohlstand auch zurückgedrängt, so erlangt es dank zunehmendem ökologischen Bewusstsein seit der Jahrtausendwende wieder größere Bedeutung als Nahverkehrsmittel.

> **Was ist ein Powerbike?**
> Das Powerbike ist ein Mix aus Fahrrad und Motorrad und darf ohne Führerschein gefahren werden. Sein Elektromotor gibt nur dann Energie, wenn auch in die Pedale getreten wird.

Welche Rolle spielt das Motorrad als Verkehrsmittel?
Wie das Fahrrad beruht auch das Motorrad auf dem Zweiradprinzip. Galt es früher als Arme-Leute-Verkehrsmittel, so schrumpfte der Markt drastisch seit Ende der 1950er Jahre, als Autos immer preiswerter wurden. Inzwischen ist das Motorrad ein Fortbewegungsmittel für Freizeit und Sport, und daran wird sich wohl auch in Zukunft wenig ändern.

Früher als preiswertes Verkehrsmittel geschätzt, steht das Motorrad heute als Fortbewegungsmittel für Freizeit und Freiheit, Sport und Jugendlichkeit.

VERKEHR UND RAUMFAHRT

Gottlieb Daimler 1886 auf dem Rücksitz seines motorgetriebenen Kutschenwagens, am Steuer sein Sohn Adolf. Die Pferde hatten ausgedient!

DAS AUTOMOBIL – SELBSTBEWEGER

Wer waren die Väter des Automobils?
Gottlieb Daimler und Carl Benz erfanden fast gleichzeitig das Automobil. Gottlieb Daimler (1834–1900) studierte Maschinenbau und konstruierte – gemeinsam mit Wilhelm Maybach (1846–1929) – einen 1,5 PS starken Benzinmotor. Im August 1886 baute Daimler diesen Motor in eine Kutsche ein.

Als Vater des Automobils gilt jedoch der Maschinenbauingenieur Carl Benz (1844–1929). Er beantragte 1886 als erster ein Patent für ein Fahrzeug mit integriertem 1-Zylinder-Verbrennungsmotor mit 1,1 PS.

Benz' dreirädriger „Patent-Motorwagen" basierte nicht auf einer umgebauten Pferdekutsche, sondern war das erste ganzheitlich konzipierte Automobil.

Österreichs Automobile der Marke „Austro Daimler" – hier ein ADR8 Alpine Sedan, Baujahr 1932 – waren weltberühmt.

VERKEHR UND RAUMFAHRT

Gibt es neuartige Antriebskonzepte in Kraftfahrzeugen?

Globale Umweltfragen stellen eine zentrale Herausforderung für den Menschen des 21. Jahrhunderts dar. Ökobilanzen zeigen, dass mehr als 80 Prozent der Umweltbelastung eines Automobils aus dem Betrieb des Fahrzeugs und nicht aus seiner Herstellung resultieren.

Hauptziel der Automobilindustrie muss es deshalb sein, die Emissionen des Fahrzeugs – vor allem die des CO_2 – zu verringern. Dabei konzentriert sie sich einerseits auf die Weiterentwicklung heutiger Techniken und mit Blick auf die Zukunft zugleich darauf, zukünftige Fahrzeuge mit Energieträgern anzutreiben, die aus erneuerbaren Energiequellen gewonnen werden. In den Entwicklungsabteilungen wimmelt es deshalb von „zukunftweisenden" Konzepten, die von Biogas bis Alkohol reichen. Als hoffnungsvolle Alternativen gelten der Wasserstoffantrieb und Brennstoffzellen. Wasserstoff verbrennt ohne giftige Schadstoffe und wäre als Bestandteil des Wassers in genügenden Mengen vorhanden. So lange allerdings nicht genügend Sonnenenergie nutzbar ist, ist eine umweltfreundliche Wasserstoffherstellung allein deshalb unmöglich, weil zur Spaltung von Wasser in Wasserstoff viel elektrische Energie benötigt wird. Noch sind auch Antriebe mit Brennstoffzellen zur Umwandlung von chemischer in elektrische Energie zu kostspielig und reine Zukunftsmusik. Im Gegensatz zur Elektrobatterie kann sich die Brennstoffzelle nicht entladen, weil ihr als Brennstoff andauernd Wasserstoff zugeführt wird. Den zur Reaktion nötigen Sauerstoff entzieht die Zelle der Umgebungsluft.

Wie arbeitet ein Verbrennungsmotor?

Nikolaus August Otto konstruierte 1876 den ersten Verbrennungsmotor. Dabei wird Kraftstoff verbrannt und die Wärme in Bewegung umgewandelt. Die Kolben des Motors bewegen sich in Zylindern (Metallrohren) auf und ab, und zwar in vier, bei laufendem Motor ständig wiederkehrenden Takten.

Beim 1. Takt gleitet der Kolben abwärts und saugt durch ein geöffnetes Ventil ein Benzin-Luft-Gemisch an; beim 2. Takt schließt sich das Ventil,

Was sind ABS und ESP?

ABS: Das Antiblockiersystem gewährleistet selbst bei einer Vollbremsung die Lenkbarkeit des Fahrzeugs. Dabei wird die Bremskraft automatisch für Sekundenbruchteile unterbrochen, wenn die Räder zu blockieren drohen.

ESP: Das Elektronische Stabilisierungsprogramm sorgt durch gezieltes Abbremsen einzelner Räder und Eingriff in das Motormanagement für die Stabilität des Fahrzeugs. Die notwendigen Informationen erhält das ESP durch Sensoren an den Rädern, den Positionssensor des Gaspedals sowie einen Winkelsensor am Lenkrad. Es reagiert sowohl auf ein Untersteuern als auch auf ein Übersteuern bei Kurvenfahrten. Wird das Fahrzeug übersteuert, nimmt das ESP die Motorleistung zurück, bremst das vordere kurvenäußere Rad und bringt so das Fahrzeug in die Spur zurück.

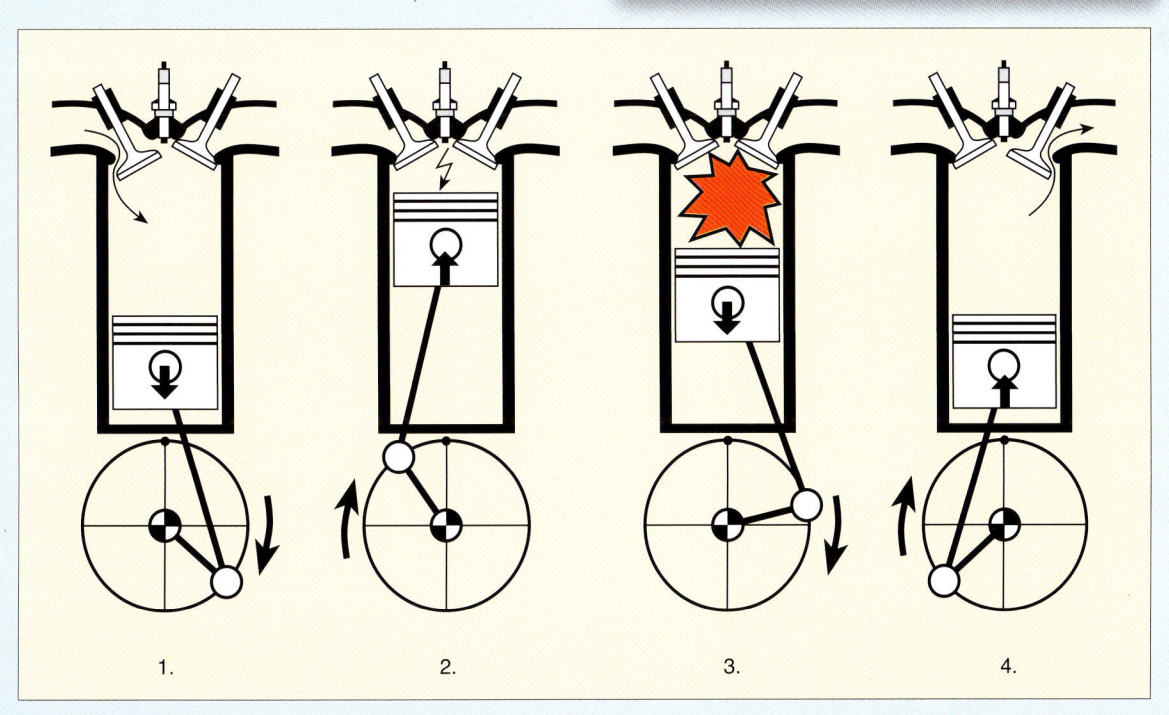

Die vier Zylinder eines Viertaktmotors arbeiten nach folgendem Prinzip:
1. Takt: Ansaugen des Benzin-Luft-Gemischs
2. Takt: Verdichten des Gemischs
3. Takt: Entzündung des hochverdichteten Gemischs durch elektrischen Funken
4. Takt: Ausschiebung der verbrannten Gase

VERKEHR UND RAUMFAHRT

Nachdem ihre Alltagstauglichkeit erprobt war, brachte Nissan ultrakompakte zweisitzige Elektrofahrzeuge vom Typ „Hypermini" auf den Markt.

Wie funktioniert ein Airbag?

Airbags reduzieren das Risiko schwerer Kopf- und Brustkorbverletzungen. Sobald ihre Crashsensoren einen Aufprall registrieren, zündet das Airbagsteuergerät einen Gasgenerator. Er füllt die Airbags, die im Lenkrad bzw. auf der Beifahrerseite in der Armaturentafel eingebaut sind, innerhalb von 30 bis 40 Millisekunden. Die aktivierten Airbags fangen Kopf sowie Oberkörper ab und verteilen die Belastungen auf eine große Fläche. Optimaler Schutz ist aber nur gegeben, wenn die Insassen gleichzeitig richtig angeschnallt sind. Neben den Front-Airbags werden auch Seiten- und Kopf-Airbags angeboten.

und der aufsteigende Kolben presst das Gemisch zusammen; beim 3. Takt lässt ein elektrischer Funken das brennbare Gemisch explodieren, die Gase dehnen sich aus und drücken den Kolben wieder nach unten. Beim 4. Takt werden die verbrannten Gase durch ein zweites geöffnetes Ventil zum Auspuff gedrückt.

Wie funktioniert ein Elektroauto?

Bei Elektroautos (Elektromobilen) wird die Energie entweder mitgeführt oder im Fahrzeug erzeugt. Wird sie mitgeführt, dient als mobiler Energiespeicher eine wieder aufladbare Batterie. Elektrische Energie kann aber auch in einer im Fahrzeug mitgeführten Anlage direkt erzeugt werden – z. B. in einem Verbrennungsmotor und/oder in einer Brennstoffzelle. Zum Betrieb der Brennstoffzelle muss jedoch der Wasserstoff stationär erzeugt oder – in Druckbehältern abgefüllt – mitgeführt werden.

Was ist ein Katalysator?

Katalysatoren kennt man nicht erst, seit es Autos gibt. In Lebewesen laufen fast alle lebensnotwendigen chemischen Reaktionen katalysiert ab (z. B. bei der Photo-Synthese oder der Energiegewinnung aus der Nahrung). Als Katalysatoren dienen in der Natur Enzyme (spezielle Eiweiße). Aufgabe des Automobil-Katalysators ist die chemische Umsetzung der Verbrennungsschadstoffe durch Oxidation bzw. Reduktion. Er dient in Fahrzeugen mit Verbrennungsmotor der Nachbehandlung von Abgasen. Durch den Katalysator werden die Schadstoffemissionen im Abgas drastisch reduziert.

3-Wege-Katalysator:
Im Katalysatortopf (Edelstahlgehäuse) des Katalysators befindet sich ein so genannter Monolith = ein von Tausenden Kanälen durchzogener Keramikkörper. Dieser Monolith ist gewöhnlich mit Edelmetall (meist Platin) beschichtet. Die nicht gänzlich verbrannten Schadstoffe (z. B. Kohlenwasserstoffe und –monoxid) der Abgase (rot) lagern sich im Monolith ab, zersetzen sich und werden „sauber" (grün) wieder ausgestoßen.

> **Was ist AWAKE?**
> Dieses bisher noch in der Entwicklung begriffene Müdigkeitswarnsystem soll den Autofahrer vor dem gefährlichen Sekundenschlaf bewahren und wie folgt funktionieren: Bevor ihm die Augen zufallen, erklingt ein akustisches Signal, der Sitzgurt vibriert, im Rückspiegel erscheint ein Warnhinweis und eine Computerstimme fordert zum Halt bei der nächsten Rastmöglichkeit auf.

Besonders umweltfreundlich ist das Elektroauto allerdings nicht. Es produziert zwar beim Fahren keine Abgase, belastet die Umwelt dafür aber indirekt, weil der benötigte Strom zum Aufladen in zumeist umweltschädlichen Kohlekraftwerken erzeugt wird.

Was sind Hybridfahrzeuge?

Hybridfahrzeuge (griech. „hybrid": gemischt, von zweierlei Herkunft) kombinieren entweder einen Otto-Motor oder einen Dieselmotor mit einem Elektromotor. So kann auf langen Strecken der Verbrennungsmotor, im dichten Stadtverkehr dagegen der saubere Elektroantrieb genutzt werden.

Wodurch zeichnet sich ein Brennstoffzellen-Antrieb aus?

Brennstoffzellen-Fahrzeuge werden mit Wasserstoff oder Methanol betankt. Ihre Brennstoffzellen wandeln chemisch gebundene Energie direkt in elektrische Energie um und können – oft ohne Getriebe – direkt an den Rädern montiert in Bewegungsenergie umgewandelt werden. Die Brennstoffzellentechnologie wird heutzutage von fast allen Automobilherstellern als sehr aussichtsreich für den mobilen Einsatz angesehen.

Wie helfen Navigationsgeräte?

Dank dieser elektronischen Wegweiser behalten Autofahrer auch in unbekannten Städten und Regionen den Durchblick. Gestützt auf die Signale des Global Position Systems (GPS) errechnen die „Navigatoren" mittels digitaler Landkarten die kürzeste oder schnellste Route zum Ziel. Sie melden Staus und empfehlen Ausweichmöglichkeiten, leiten aber auch zum Krankenhaus, zu touristischen Zielen und Hotels. Fest im Fahrzeug installierte Navigationsgeräte nutzen auch Fahrzeugdaten wie die Geschwindigkeit zur Positionsbestimmung und Routenplanung.

Kann es „intelligente Autos" geben?

Theoretisch ja. Obwohl seit Jahren an Automobilen experimentiert wird, in denen Sensoren die Fahrbahn abtasten und mit gespeicherten Streckendaten vergleichen, wird es „führerlose" Autos so bald nicht geben. Sie wären im Straßenverkehr viel zu gefährlich; in Forschung und Entwicklung dienen sie heute aber z. B. zur Entwicklung komfortabler Unterstützungssysteme für den Autofahrer wie Abstandswarner zum sicheren Einparken.

Brennstoffzelle eines Elektroautos. Mit Wasserstoff oder Methanol betankt, wandeln Brennstoffzellen chemisch gebundene Energie in elektrische Energie um.

VERKEHR UND RAUMFAHRT

VERKEHRSWEGE: STRASSEN – TUNNEL – BRÜCKEN

Technische Wunderwerke überbrücken weite Täler, Schluchten und Gewässer. Die weltweit berühmteste Hängebrücke ist die Golden Gate Bridge in San Francisco.

Was bedeutet „Bauwesen"?

Der Begriff „Bauwesen" bezeichnet allgemein das Errichten von Bauwerken. Dies kann im Hochbau oder auch im Tiefbau geschehen.

Während sich der Hochbau mit der Planung und Errichtung oberirdischer Bauwerke und Gebäude beschäftigt, hat der Tiefbau ebenerdige und unterirdische Bauten zum Ziel. Dazu gehören z. B. Tunnel und Straßen.

Panamericana – Die längste Straße der Welt

Von Prudhoe Bay im US-Bundesstaat Alaska führt die Panamericana nach Ushuaia, dem südlichsten Zipfel Argentiniens. Rund 30 000 km lang, durchquert diese Straße siebzehn Staaten, vier Klima- und sechs Zeitzonen. Obwohl bereits 1925 mit dem ersten Streckenabschnitt begonnen wurde, ist die Panamericana bis heute noch kein durchgehender Asphaltstreifen. Vor allem in Mittel- und Südamerika wird der Highway vielfach durch verschlammtes Gelände und Schotterpisten unterbrochen.

Welche ist die beste Fahrbahndecke?

Fahrbahndecken, früher Straßenbelag genannt, werden aus Asphalt, Beton, Pflaster oder unbefestigtem Material (z. B. Schotter) hergestellt. Seit gummibereifte schnelle Motorfahrzeuge die Straßen beherrschen, ist Asphalt die beste und am häufigsten verwendete Wahl.

Asphaltdecken bestehen aus einem abgestuften Mineralgemisch und Bitumen als Bindemittel. Zusammen mit der Binderschicht bildet die Deckschicht die Straßendecke. Während diese Deckschicht nur wenige Zentimeter stark ist, beträgt die Dicke der gesamten Fahrbahnkonstruktion (Oberbau) ohne Gründung (Unterbau) insgesamt 50 cm. Asphaltdecken weisen eine durchschnittliche Haltbarkeit von 12–18 Jahren auf.

Welche Arten von Tunnel gibt es?

Tunnel führen durch Gebirge oder unter Flüssen und Kanälen hindurch, und dienen U-Bahnen und Fußgängern als Unterführungen. Trotz modernster Technik ist der Tunnelbau heute noch kompliziert und aufwändig.

Grundsätzlich wird zwischen geschlossener und offener Tunnelbauweise unterschieden. Bei der traditionellen geschlossenen Bauweise nutzt der Mensch Bergbaumethoden und berücksichtigt die geologische Beschaffenheit. Im Gebirge erfolgt der Ausbruch meist durch Sprengungen.

Ist eine nach oben offene Baugrube möglich, wird bei geringer Überdeckung (z. B. bei innerstädtischen U-Bahnbauten) in offener Bauweise gebaut. Sofern eine offene Baugrube unmöglich und der Untergrund nur locker ist, wird meist in der sog. Schildvortriebsweise gearbeitet: Dabei fräsen sich Erdbohrmaschinen mit riesigen Meißelköpfen durch den Untergrund und ermöglichen den Abtransport des Abraums sowie die Sicherung der Tunnelröhre.

Was ist der Eurotunnel?

Als 1994 der Eurotunnel in Betrieb genommen wurde, war damit erstmalig eine direkte Landverbindung zwischen England und Frankreich hergestellt. Mit insgesamt 50,45 km Länge ist er der längste Unterwassertunnel der Welt.

Aus sicherheitstechnischen Gründen folgt der Tunnel einer Kalkstein- und Tonschicht und verläuft deshalb durchschnittlich 40 m unter dem Meeresspiegel.

Sieben Jahre lang wurde der Tunnel mittels großer Tunnelbohrmaschinen (TBM) von beiden Seiten vorangetrieben. Diese TBM waren regelrechte Aushöhlungsfabriken. Sie übernahmen das Bohren, den Abtransport des Abraums (stündlich rund 2400 t), das Abstützen und Auskleiden der Tunnelröhre und verlegten außerdem noch die Eisenbahnschienen. Dank Laservermessung trafen sich die beiden Tunnelbohrmaschinen mit Abweichungen von 35 cm in der Horizontalen und 6 cm in der Vertikalen.

Der Eurotunnel besteht aus drei parallelen Tunneln: zwei Haupttunneln (Durchmesser jeweils

Als fast lückenloses Schnellstraßensystem verbindet die Panamericana – hier in der Atacama-Wüste im Norden Chiles – Alaska mit Feuerland.

> **Wozu dienen Betonklötze am Eingang zum Gotthard-Basistunnel?**
>
> Am Eingang zum Gotthard-Basistunnel – der nach seiner für 2017 geplanten Fertigstellung mit einer Länge von 57,091 km den japanischen Seikan-Tunnel als längsten Tunnel der Welt ablösen wird – sind Betonklötze im Boden verankert; sie markieren auf dem Bergkamm den mit Hilfe von GPS errechneten idealen Verlauf des Tunnels. Die Koordinaten dieser Punkte wurden rechnerisch nach unten (auf das Niveau des Tunnels) übertragen. Nach Fertigstellung des Tunnels werden die Betonklötze wieder entfernt. Den Gotthard-Basistunnel sollen einmal 200–250 Güterzüge täglich passieren.

7,60 m) für die nach Norden bzw. Süden fahrenden Eisenbahnzüge sowie einem Servicetunnel (Durchmesser 4,80 m). Die Baukosten waren mit fast 12,5 Mrd. Euro doppelt so hoch wie geplant. Rund 7 000 000 Passagiere nutzen den Eurotunnel jährlich. Die Fahrt dauert 35 Minuten.

Arbeiten im nach Norden führenden Haupttunnel des Eurotunnels. Ein parallel verlaufender zweiter Tunnel wurde für die nach Süden fahrenden Eisenbahnzüge gebaut.

VERKEHR UND RAUMFAHRT

Taktschieben →

Fertigung | Takt 1 | Vorbauschnabel | Gleitlager

Vorschubanlage

Fertigung | 6 | 5 | 4 | 3 | 2 | 1

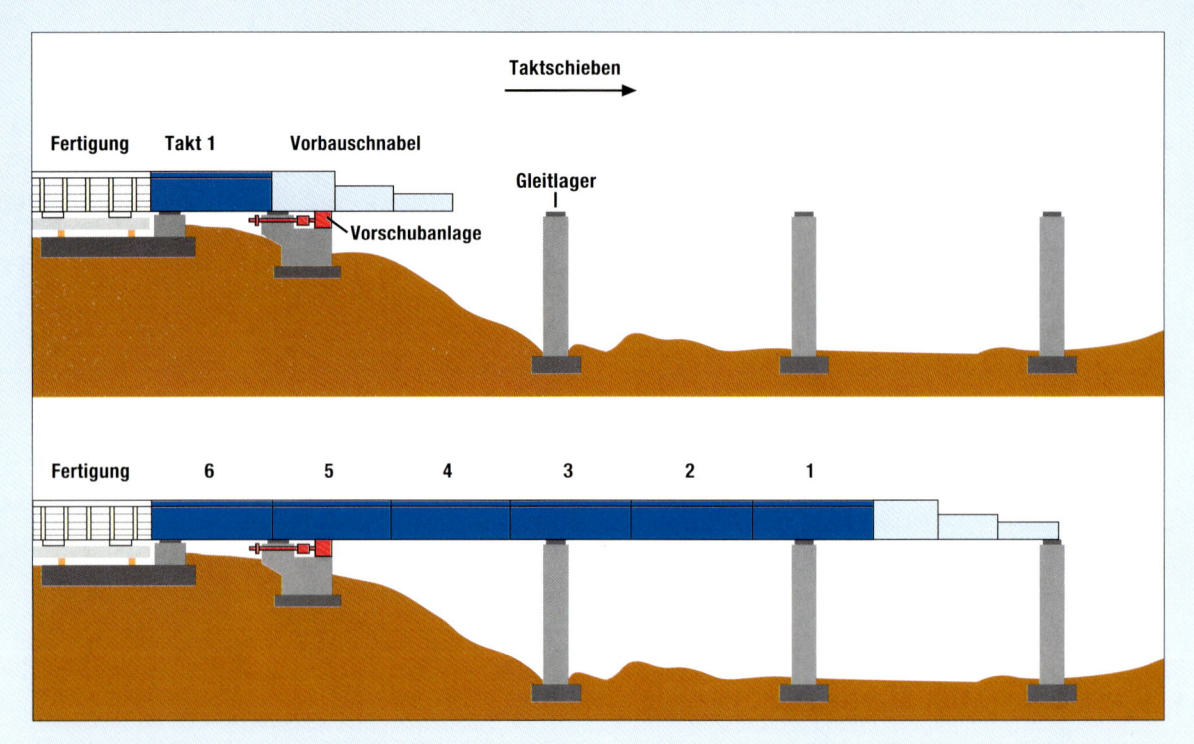

Beim Taktschiebeverfahren erfolgt der Bau des zusammenhängenden Brückenüberbaus in sich wiederholenden Abschnitten (Takten). Jeder neue Abschnitt wird nach Erhärtung des Betons zusammen mit den bereits fertigen Takten über den Brückepfeilern vorwärts „eingeschoben" und dann der nächste Abschnitt in der Fertigungsstätte („Taktkeller") in der gleichen Betonschalung hergestellt. Als Stütze von Pfeiler zu Pfeiler dient der stählerne Vorbauschnabel.

Welche Bauformen von Brücken gibt es?
Vor Urzeiten überschritten Menschen Bäche und Schluchten auf primitiven Stegen, bevor sie im Laufe der Jahrtausende mit immer kühneren Konstruktionen aus Holz, Stein, Stahl, Beton und Stahlbeton Ströme, Meeresarme und Täler überbrückten.

Mit Blick auf ihre Konstruktionsweise unterscheidet man zwischen Balkenbrücken – mit sehr begrenzter Spannweite und Belastung –, durch einen Bogen getragene Bogenbrücken sowie Hänge- bzw. Schrägkabelbrücken.

Was ist für Hängebrücken charakteristisch?
Getragen von Stahlseilen, dienen Hängebrücken zur Überbrückung breiterer schiffbarer Gewässer über Entfernungen von mehr als 800 m. Aufgrund dieser enormen Stützweiten sind sie durch Windschwingungen gefährdet und neigen zu größerer Verformung; daher werden sie selten als Eisenbahnbrücken (die starre Schienentrassen benötigen!) gebaut. Berühmtes Beispiel einer Hängebrücke ist die 1937 fertiggestellte Golden Gate Bridge in San Francisco, die vielen als schönste Brücke der Welt gilt. Ihr Hauptteil ist 1,28 km lang und hängt an zwei, aus zahllosen Kabeln gedrehten Seilen mit einem Durchmesser von 90 cm. Insgesamt ist die Golden Gate Bridge 2,7 km lang.

Wie werden heute Brücken gebaut?
Hauptsächlich im sog. Taktschiebe- oder im Quereinschiebeverfahren:
Beim Taktschiebeverfahren werden zuerst Pfeiler errichtet; anschließend wird von beiden Seiten mit dem Bau begonnen, wobei zunächst ein stähler-

> **Welche ist die längste Brücke der Welt?**
> „Lake Pontchartrain Causeway" – mit 38,4 km! Sie überspannt bei New Orleans im US-Bundesstaat Louisiana den Pontchartrain-See. Diese Balkenbrücke aus Betonfertigteilen mit Feldweiten (Breite oder Öffnung zwischen den Pfeilern von 17 m steht auf insgesamt 9000 Beton-Pfeilern und kann für den Schiffsverkehr wie eine Klappbrücke geöffnet werden.

Gestützt auf Brückenpfeiler und winzige Koralleninseln führt der US Highway No 1 über rund 150 km von Floridas Festland nach Key West.

VERKEHR UND RAUMFAHRT

Wer entwarf die höchste Autobahnbrücke der Welt?

Mit der „Le Viaduc de Millau" entwarf der britische Star-Architekt Sir Norman Foster (*1935) nicht nur die höchste Autobahnbrücke, sondern auch die längste Multischrägkabel-Brücke der Welt. Sie liegt an der südfranzösischen Route von Clermont-Ferrand nach Perpignan und ist 2460 m lang. Ihre Fahrbahn schwebt 270 m über dem Fluss Tarn, und ihre Pfeiler sind mit Höhen von bis zu 245 m die höchsten Brückenpfeiler der Welt.

„Le Viaduc de Millau" ist die höchste Autobahnbrücke der Welt. Bis zu ihrer Inbetriebnahme gab es zu der stauträchtigen Strecke durch das Tarntal auf der Nord-Südroute von und nach Barcelona keine Alternative.

ner Balken zum ersten Pfeiler hinübergeschoben wird. Auf diesem Balken fährt der Vorbauträger mit den Verschalungen, in denen die Betonteile gegossen, verspannt und schließlich vorgeschoben werden. Dieses „Taktschieben" der neuen Brückenabschnitte wiederholt sich so lange, bis die Brücke geschlossen ist.

Beim Quereinschieben dagegen wird die Brücke neben ihrem zukünftigen Standort fertiggestellt und erst dann in ihre Position geschoben.

375 Meter lange eiserne Ketten tragen den Körper der Budapester Kettenbrücke. Sie ist als Hängebrücke konstruiert und wurde 1849 eingeweiht.

VERKEHR UND RAUMFAHRT

DIE EISENBAHN – WELTWEIT AUF SCHIENEN

Welcher ist der größte Bahnhof der Welt?
Der Grand Central Terminal – er liegt im Zentrum Manhattans, im Herzen von New York City. 1913 als Kopfbahnhof eingeweiht, verfügt der „Grand Central" über 44 Bahnsteige, an denen 67 Gleise enden. Der Etagenbahnhof liegt auf zwei Ebenen: 41 Gleise enden auf der oberen, 26 auf der unteren Ebene. Rund eine halbe Million Pendler frequentieren den Bahnhof pro Tag.

Wie kam die Eisenbahn zu ihrem Namen?
Die Eisenbahn ist ein schienengebundenes Verkehrsmittel, das auf einem eigenen Bahnkörper Personen und Güter transportiert. Vor mehr als 200 Jahren erfunden, veränderte sie das Verkehrswesen wie kaum ein anderes Transportmittel zuvor.

Ihren Namen verdankt sie der Verknüpfung von der Rad-und-Schiene-Technik mit maschinellen Antrieben und eisernen Schienen: So entstand die „eiserne Bahn". Schnell bürgerte sich der Begriff „Eisenbahn" für das komplette Verkehrsmittel (Fahrweg und Fahrzeug) ein.

Wer waren die Erfinder der Eisenbahn?
Richard Trevithick (1771–1833), als Sohn eines Bergwerkingenieurs geboren, beobachtete schon als Kind, wie Dampfmaschinen Wasser aus Zinn- und Kupferminen pumpten. Als Erwachsener befasste er sich mit Verbesserungen der Dampfmaschinen und schuf 1804 die erste auf Schienen fahrende Dampflokomotive der Welt. Die erste öffentliche Eisenbahn war die 1825 eröffnete „Stockton and Darlington Railway" in England, die neben Gütern auch Fahrgäste beförderte.

Der erfolgreiche technische Durchbruch gelang aber erst 1829, als George Stephenson (1781–1848) mit seiner ersten Dampflok „Rocket" als Sieger aus einem Wettrennen gegen vier weitere Lokomotivkonstruktionen hervorging. Seine „Rocket" (Rakete) erreichte ohne Anhänger 46,5 km/h.

Warum wurde die Eisenbahn für Nordamerika so wichtig?
Während die Europäer mit Hilfe der Eisenbahn zwar ein gänzlich neues, aber sich zunächst langsam entwickelndes Verkehrswesen schufen, stellten die USA mit der Eisenbahn buchstäblich die Weichen für ihre Zukunft.

Mitte des 19. Jh. war das Zentrum des amerikanischen Kontinents noch weitgehend unbekannt

Heute fahren Dampfloks nur noch dort, wo Kohle preiswert ist, oder sie ziehen Nostalgiezüge wie die Semmeringbahn, die erste Normalspur-Gebirgsbahn Europas.

260 VERKEHR UND RAUMFAHRT

Manhattans Grand Central Terminal wurde 1913 in Betrieb genommen; die insgesamt 67 Gleise liegen auf zwei Etagen.

und der Weg zum Pazifik beschwerlich und lebensgefährlich. So beschloss der US-Kongress 1862 den Bau einer 2480 km langen Eisenbahnlinie von Omaha am Missouri über Sacramento nach San Francisco am Pazifik.

Zwei Eisenbahngesellschaften erhielten den Auftrag – eine begann im Osten, die andere im Westen –, und am 9. Mai 1869 trafen sich ihre Bautrupps in Ogden (Utah). Am folgenden Tag wurde die letzte Schwelle symbolisch mit zwei goldenen Nägeln befestigt. Damit war die erste transkontinentale Eisenbahnverbindung fertiggestellt und der Weg offen für Güter und Einwanderer.

Erst 1885 folgte die Kanadische Transkontinentalbahn, die mit 4658 km eine beinahe doppelt so lange Strecke – von Montreal bis Vancouver – umfasste.

Wann und wo begann der Siegeszug der elektrischen Lokomotive?

Auf der Berliner Gewerbeausstellung 1879 präsentierte Werner Siemens ein seltsames Gefährt: Eine rund ein Meter hohe, mit Gleichstrom gespeiste Maschine zog drei Wagen und beförderte während der viermonatigen Ausstellung 90 000 Fahrgäste.

In Berlin noch verspottet, verdrängte die Elektrolok später nicht nur ihre dampf-, sondern überflügelte auch ihre dieselgetriebenen Kon-

kurrenten. Spitzengeschwindigkeiten von 400 km/h und mehr sind in Deutschland, Frankreich und Japan heute an der Tagesordnung. Anfang April 2007 raste der französische TGV mit 574,8 km/h über die Schienen und stellte damit einen neuen Weltrekord für Schienenfahrzeuge auf.

Was ist ein „Triebfahrzeug"?

Schienenfahrzeuge werden als Züge geführt, die aus einem oder mehreren hintereinander gekuppelten Eisenbahnwagen bestehen und von einer oder mehreren Lokomotiven gezogen oder geschoben werden. Ein Triebzug hat eine eigene Antriebsanlage, die sich entweder im Kopf- oder Endwagen (Triebkopf) befindet oder über die Wagen verteilt ist (Triebwagenzug).

Lokomotiven, Triebköpfe und -wagen werden unter dem Begriff „Triebfahrzeug" zusammengefasst. Man spricht heute deshalb offiziell nicht mehr vom Lokführer, sondern vom Triebfahrzeugführer.

Von Robert Stephenson gebaut, eröffnete die Dampflok „Invicta" am 3. Mai 1830 den ersten fahrplanmäßigen Personenverkehr.

Wo liegt die höchste Bahnstrecke der Welt?

Seit Juli 2006 verbindet eine 1142 km lange Bahnstrecke die chinesische Stadt Golmud mit der tibetischen Hauptstadt Lhasa. Sie führt über 5000 m hohe Pässe, und fast 1000 km der Strecke liegen höher als 4000 m über dem Meeresspiegel. Bei der Station Tanggula erreicht der Reisende in 5068 m Höhe den höchsten Bahnhof der Welt.

VERKEHR UND RAUMFAHRT

Der französische Hochgeschwindigkeitszug TGV im Bahnhof von Lyon.

Gibt es unterschiedliche Spurweiten?
Ja. Die Eisenbahngesellschaften der verschiedenen Länder unterhalten verschiedene Spurweiten, d. h. Abstände zwischen den Innenkanten der Schienenköpfe beider Gleise. Oft hatte die Entscheidung für eine andere Spurweite militärische Gründe: Damit wollte man verhindern, dass ein ins Land einfallender Feind das eigene Eisenbahnnetz nutzen konnte.

Die 1435 mm breite Normalspur wird hauptsächlich in Europa verwendet, die 1676-mm-Spur vor allem in Argentinien und Indien, im südlichen Afrika die sog. Kapspur (1067 mm).

Heute machen Spurweiten unter 1435 mm ca. 13 %, über 1435 mm 12 % und die europäische Regelspur (1435 mm) 75 % des weltweiten Bahnnetzes aus.

Hat die Magnetschwebebahn Zukunft?
Seit der Deutsche Hermann Kemper sich in den 1920er-Jahren mit der Entwicklung elektromagnetischer Schwebebahnen zu beschäftigen begann, ist diese Idee kaum den Kinderschuhen entwachsen. Theoretisch zumindest bietet die Magnetschwebebahn zahlreiche Vorteile, sie ist u. a. sehr schnell, sicher und umweltfreundlich.

In der Praxis bietet sich allerdings ein anderes Bild: Da bestehende konventionelle Gleissysteme und Bahnhöfe nicht genutzt und völlig neue Trassen und Haltepunkte gebaut werden müssten, ist eine flächendeckende Verwendung der Magnetschwebebahn unvorstellbar. Das Vertrauen in ihre Sicherheit wurde zudem erheblich erschüttert, als sich am 22. September 2006 auf der Transrapid-Versuchsanlage Emsland ein schwerer Unfall mit 23 Toten und zehn Verletzten ereignete.

> **Was ist „The Indian Pacific"?**
> Diese Eisenbahnlinie durchquert auf einer Strecke von 4352 km Australien von Sydney nach Perth und verbindet den Indischen Ozean mit dem Pazifik. Höhepunkt der etwa 65-stündigen Fahrt ist die 478 km lange Strecke durch die Nullarbor-Wüste: die längste schnurgerade Eisenbahnstrecke der Welt – keine Straße, kein Fluss, keine Menschen.

Besucher der Gewerbeausstellung in Berlin 1879 genießen eine Fahrt mit der von Werner Siemens konstruierten ersten Elektrolok.

Wo fährt der Transrapid?

Nachdem das Münchner Unternehmen Krauss-Maffei Anfang der 1970er-Jahre ein Transrapid-Versuchsfahrzeug demonstriert hatte, wurde 1979 auf der Internationalen Verkehrsausstellung in Hamburg die weltweit erste für den Personenverkehr zugelassene Magnetbahn vorgestellt.

Seit den 1980er-Jahren existiert im Landkreis Emsland (Niedersachsen) die derzeit längste Transrapid-Versuchsanlage: mit einer insgesamt 31,8 km langen Trasse.

Die erste und bisher einzige kommerzielle Nutzung des Transrapids wurde am 31. Dezember 2002 im chinesischen Schanghai gestartet; dort fuhr er während der Testphase mit 501 km/h neuen Rekord als schnellste kommerzielle Bahn der Welt. Mit dem fahrplanmäßigen Verkehr wurde 2004 begonnen. Offiziell nur als Teststrecke entworfen, dient der Transrapid über eine 30 km lange Strecke seither als Zubringerdienst zum Flughafen Pudong. Wie im März 2007 inoffiziell bekannt wurde, plant die Stadt Schanghai eine Verlängerung der Transrapidstrecke zum Gelände der Weltausstellung 2010.

Wie kann ein Zug schweben?

Anders als ein normaler Eisenbahnzug hat die Magnetschwebebahn keine Räder, sondern besitzt ein elektromagnetisches Trage- und Antriebssystem. Sie fährt über einen auf meterhohen Stelzen verlaufenden Fahrweg, hat aber keinen Kontakt zur Erde: Von Magneten angehoben, schwebt der Zug über dem Fahrweg. Im Fahrweg installierte Stromspulen erzeugen dazu bewegliche elektromagnetische Kraftfelder, die – nacheinander eingeschaltet – den Transrapid berührungsfrei mitziehen. Je schneller sich diese elektromagnetischen Kraftfelder vorwärts bewegen, desto stärker beschleunigt der Zug. Rechts bzw. links am Zug angebrachte Führungsmagneten halten den Transrapid in der Mitte des Fahrwegs.

Der Transrapid auf der Versuchsanlage Emsland. Kommerziell genutzt, wird die Magnetschwebebahn derzeit als Flughafenzubringerdienst in Schanghai.

VERKEHR UND RAUMFAHRT

Ein riesiges Containerschiff passiert eine Schleuse auf dem Panama-Kanal.

SCHIFFFAHRT UND SCHIFFFAHRTSWEGE

Wie navigiert ein Kapitän?
Menschen haben seit jeher den Wunsch, Flüsse und Meere zu überqueren. Navigation ist die Kunst der Ortsbestimmung und der Festlegung eines sicheren Kurses. Wurde früher auf hoher See vornehmlich astronomisch und in Küstennähe terrestrisch navigiert, so stützt sich die moderne Navigation hauptsächlich auf Radar und GPS.

Wie groß ist das größte Passagierschiff der Welt?
Seit April 2006 gilt die „Freedom of the Seas" als größtes Passagierschiff der Welt. Ihr Rauminhalt beträgt 154 407 BRZ (Bruttoraumzahl), sie verdrängt 105 000 t, ist 338,75 m lang, 56 m breit, 72 m hoch und hat 8,80 m Tiefgang. Ihre Antriebsanlage leistet 75 600 kW (102 815 PS).
Mit 1817 Passagierkabinen löste die „Freedom of the Seas" die „Queen Mary 2" (148 528 BRZ, 1200 Kabinen) als bis dato größtes Passagierschiff der Welt ab; mit 6 m Vorsprung bleibt diese allerdings das längste Passagierschiff der Welt.

Was ist ein Supertanker?
Von einem Supertanker spricht man, wenn das Schiff über 250 000 t Gesamtgewicht aufweist. Tanker ab 300 000 t werden als ULCC (Ultra Large Crude Oil Carrier) bezeichnet. Die Größe bringt allerdings nicht nur Vorteile, da durch den großen Tiefgang nur eine eingeschränkte Anzahl von Häfen angelaufen werden kann und das Passieren bestimmter Schiffswege, etwa des Panamakanals, nicht mehr möglich ist.

> **Was bedeutet „Knoten"?**
> Abgekürzt als „kn" ist Knoten die Maßeinheit für die Schiffsgeschwindigkeit und bedeutet „Seemeilen pro Stunde". Eine Seemeile – auch nautische Meile genannt – beträgt 1852 m.

Können Schiffe Treppen steigen?

Zahlreiche Schifffahrtswege müssen beträchtliche Höhenunterschiede überwinden. Ohne Schiffsschleusen und Schiffshebewerke hätte der St.-Lorenz-Seeweg nicht ins Herz Nordamerikas geführt, und der Panamakanal hätte unmöglich Atlantik und Pazifik verbinden können.

Eine Schleuse ist im Prinzip ein auf beiden Seiten mit Toren verschlossenes Becken. Durch Füllung bzw. Entleerung des Beckens steigt oder fällt der Wasserspiegel, und das Schiff wird gehoben bzw. abgesenkt. Mit Schleusen sind Hubhöhen von maximal 30 m möglich.

Schiffshebewerke werden dort gebaut, wo ein großer Höhenunterschied überwunden werden muss und oft auch, weil sie wirtschaftlicher sind als mehrere hintereinander angeordnete Schleusen.

Beim Hebewerk wird das Schiff in einem großen Trog gehoben oder gesenkt. Ist das Schiff eingefahren, schließen sich die Tore, und der Trog hebt bzw. senkt sich samt Schiff und Wasser. Auf der Höhe des oberen bzw. unteren Kanals angelangt, öffnen sich die Tore, und das Schiff setzt seine Fahrt fort.

Die größte Schleuse der Welt ist die Berendrecht-Schleuse (Belgien). Sie ist 500 m lang, 68 m breit und fasst bis zu vier See- und mehrere Binnenschiffe.

Mit einer Hubhöhe von 150 m entsteht derzeit am Drei-Schluchten-Damm des Jangtse in China ein Schiffshebewerk der Superlative: Sein Trog wird 120 m lang und 18 m breit.

Welches ist das größte Containerschiff?

Nach Angaben ihrer dänischen Reederei ist die „Emma Mærsk" das größte Containerschiff der Welt. Sie ist 397 m lang, 56,40 m breit, hat 16 m Tiefgang, verdrängt 190 400 T und fährt ca. 26 Knoten. Offiziell kann die „Emma Mærsk" 11 000 20-Fuß-Standardcontainer laden. Ihr Antrieb leistet 80 080 kW (108 908 PS).

Wo liegt die größte Binnenwasserstraße der Welt?

Mit einem jährlichen Transportaufkommen von 800 Mio. T ist der chinesische Jangtse die größte Binnenwasserstraße. Der mit 6380 km längste Fluss Asiens ist auf 2800 km schiffbar. Wie der chinesische Staatsrat Anfang 2007 meldete, soll der Jangtse bis 2010 weiter ausgebaut werden. Bis 2008 soll ein 120 m langes Schiffshebewerk fertiggestellt sein, das Schiffe von bis zu 3000 t befördern kann.

Am Drei-Schluchten-Damm des Jangtse (China) entsteht das größte Schiffshebewerk der Welt.

Die „Freedom of the Seas", das größte Passagierschiff der Welt, auf ihrer Fahrt den Hudson aufwärts – zu ihrer Taufe in Cape Liberty, New Jersey.

VERKEHR UND RAUMFAHRT

UNTER WASSER – JENSEITS DER KONTINENTE

Warum heißt es immer noch „geheimnisvolle See"?
Alles Leben auf der Erde hat sich einst in den Meeren der Urzeit entwickelt. Bis heute sind nahezu drei Viertel der Erdoberfläche von Wasser bedeckt. Riesige Wasserflächen – die Ozeane – trennen die Kontinente.

Lange Zeit war die Menschheit überzeugt, dass es in den Tiefen der Ozeane kaum etwas zu finden gebe und wandte ihre Aufmerksamkeit – auch aus politischen Überlegungen – dem Weltall zu. Erst in jüngster Zeit erkannte man, dass schier unerschöpfliche ökonomische Schätze auf dem Meeresgrund schlummern.

Aber: Ohne Atem- und Tauchgeräte kann der Mensch unmöglich in große Wassertiefen vordringen. Ein enormer Wasserdruck verhindert das ungeschützte Vordringen in große Tiefen, denn etwa alle zehn Meter erhöht sich der Druck der sog. Wassersäule um ein Bar (1 Bar = 10 t/m²). In rund 1000 m Tiefe ist der Druck bereits 100 Mal größer als an Land. Um in solche Tiefen vorzudringen, müsste sich der Mensch mit einer stählernen Hülle schützen. So verwundert es nicht, dass bisher mehr Menschen einen Fuß auf den Mond als auf den Grund der Ozeane gesetzt haben.

Mit dem Tiefseetauchgerät Bathyscaph „Trieste" tauchten Jacques Piccard und Don Walsh im Marianengraben bis in eine Tiefe von 10 912 m.

Wer steckte hinter OMI?
OMI steht für „Ocean Management Inc.", ein internationales Konsortium. Ziel des Konsortiums war es, von Februar bis Mai 1978 im Zentralpazifik mehrere Hundert Tonnen Manganknollen aus über 5000 m Tiefe zu fördern. Diese kartoffelgroßen Erzknollen enthalten in hoher Konzentration Mangan und andere wertvolle Metalle. Das Unternehmen glückte, und OMI bewies, dass sowohl das Konzept der hydraulischen Vertikalförderung mittels Pumpen als auch das Lufthebeverfahren für den Abbau

Zwei Taucher begleiten die „Atlantis XI". An Bord dieses Tauchbootes können bis zu 48 Passagiere die Unterwasser-Wunderwelt der Cayman Islands genießen.

266   VERKEHR UND RAUMFAHRT

Im Innern eines U-Boots der United States Navy: der mit modernsten Geräten ausgestattete Kontrollraum.

Wer hält den Tiefsee-Tauchrekord?

Jacques Piccard, ein Schweizer Tiefseeforscher, und Don Walsh, Leutnant der US Navy, tauchten am 23. Januar 1960 mit dem Tiefseetauchgerät „Trieste" auf den Grund des Challengertiefs im Marianengraben (Westpazifik). Sie erreichten eine Tiefe von 10 912 m (nach anderen Messungen 11 340 m). Nach diesem Tauchrekord wurde das Challengertief in „Triestetief" umbenannt.

Die „Trieste" war ein freischwimmendes, elektrisch getriebenes Bathyscaph („bathy" und „scaph" – griechisch für „Tiefenboot"). Sein spindelförmiger, etwa 15 m langer Tragkörper war mit Benzin gefüllt, das ihm die erforderliche Tragfähigkeit gab. Dieser Tragkörper trug die Tauchkugel für die Besatzung. Nach Beendigung der Tauchfahrt warf die Besatzung wassergefüllte Ballasttanks ab und – Benzin ist leichter als Wasser! – das Bathyscaph trieb an die Oberfläche.

von Manganknollenfeldern realisierbar ist. Beide Systeme ähneln riesigen Staubsaugern, welche die Manganknollen in die Frachtschiffe hinaufsaugen. Eine Förderung unter wirtschaftlichen Gesichtspunkten erfolgte bis heute aber nicht.

Was sind U-Boote?

Unterseeboote können wie normale Schiffe fahren, aber auch unter die Wasseroberfläche tauchen und bei Tauchfahrt im Wasser schweben. U-Boote dienen zwar primär militärischen Zwecken, werden aber auch zur Erforschung der Ozeane verwendet. Atomgetriebene U-Boote können monatelang unter Wasser bleiben und sind häufig mit Kernwaffen und im Allgemeinen mit Torpedos bestückt.

Um auf Tauchfahrt zu gehen, muss Ballast aufgenommen werden. U-Boote besitzen deshalb einen doppelten Rumpf, zwischen dessen inneren und äußeren Sektionen sich Ballasttanks befinden. An der Wasseroberfläche sind diese Tanks mit Luft gefüllt. Sobald jedoch die Tauchventile geöffnet werden, verdrängt einströmendes Wasser die Luft, und das Boot wird schwerer und sinkt. Zum Auftauchen drückt Pressluft das Wasser aus den Tanks, und das nun leichtere Boot steigt auf. Bei Tauchfahrt werden U-Boote durch Tiefenruder gesteuert.

Voraussetzung für lange Tauchfahrten war der dieselelektrische Antrieb. Über Wasser fuhren U-Boote mit Dieselmotor, auf Tauchfahrt mit Elektromotoren. In den 1950er Jahren wurden Atom-U-Boote konstruiert. Dabei dient Meerwasser zur Dampferzeugung, der Dampf speist Turbinen und treibt das Boot an. Theoretisch könnten Atom-U-Boote unbegrenzt lange auf Tauchfahrt bleiben, wenn sie nicht gelegentlich zur Versorgung auftauchen müssten. Moderne Atom-U-Boote erreichen Höchstgeschwindigkeiten von rund 100 km/h.

Die amerikanische „Nautilus" unterfuhr 1958 als erstes Atom-U-Boot das Nordpoleis.

VERKEHR UND RAUMFAHRT

DIE LUFTFAHRT – WIRKLICHKEIT EINES TRAUMS:

Ein typischer Doppeldecker, wie er auch von Orville und Wilbur Wright beim ersten gesteuerten Motorflug am 17.12.1903 eingesetzt wurde.

Warum fliegt ein Flugzeug?
Da schwerer als die umgebende Luft, benötigt ein Flugzeug zum Fliegen eine der Erdanziehung entgegengerichtete Kraft. Diese Kraft kommt durch den Auftrieb der Tragflächen (Flügel) zustande. Die Flügel sind an der Oberseite stark nach oben gewölbt, während die Unterseite flach ist. Durch die anströmende Luft muss die Luft oben einen längeren Weg zurücklegen und schneller strömen. So entsteht auf der Oberseite ein Unterdruck, der das Flugzeug sogartig hebt. Hingegen sinkt der Druck auf der flachen und kürzeren Unterseite, weil die Luft dort langsamer vorbeiströmt.

Voraussetzung dieser Gesetzmäßigkeit ist allerdings, dass die Flügel angeströmt werden, also ein bestimmter Vortrieb vorhanden ist. Je schneller das Flugzeug fliegt, desto höher die Anströmgeschwindigkeit und desto stärker der Auftrieb.

Welches ist das größte Verkehrsflugzeug der Welt?
Als „Superjumbo" und „Megaliner" (werksinterne Bezeichnung: Macro-Body) wurde er lange vor seinem Jungfernflug am 27. April 2005 weltberühmt: der A380.

Es handelt sich um das erste Großraumflugzeug mit zwei durchgängigen Passagierdecks und einer maximal zulässigen Sitzplatzkapazität von 853 Passagieren. Nicht nur die hohe Passagierzahl war für seine Entwicklung entscheidend, sondern auch die effektive Senkung der Betriebskosten um rund 15 %. Diese Ziele konnten jedoch nur durch vielfältigen Einsatz modernster Werkstoffe und Bauweisen zur Gewichtseinsparung erreicht werden.

Angetrieben wird der A380 von vier Triebwerken vom Typ Rolls-Royce-Trent-900 oder Engine-Alliance-GP7270/7277 mit einer Schubleistung von je 311 kN (ca. 31 100 kg) bzw. 363 kN (ca. 26 260 kg). Sie ermöglichen eine maximale Reisegeschwindigkeit von 1037 km/h, bei 16 200 km Reichweite und 13 100 m Dienstgipfelhöhe. Das Kürzel „kN" steht für „Kilonewton" und hat im modernen Internationalen Einheitssystems SI (Système international d'unités) bei modernen Triebwerken die alten PS-Angaben ersetzt.

Ist die Schallgeschwindigkeit konstant?
Nein, sondern von der Temperatur bzw. dem Druck, der Dichte und dem Medium abhängig, in dem sie sich ausbreitet. Ist z. B. die Temperatur niedriger, ist auch die tatsächliche Geschwindigkeit kleiner. Bewegt sich z. B. ein Flugzeug in 2000 m Höhe bei rund 2 °C mit Mach 2 (doppelte Schallgeschwindigkeit), so entspricht dies 665 m/s oder 2393 km/h. In 15 000 m Höhe bei −56 °C entspricht Mach 2 aber nur 591 m/s bzw. 2126 km/h.

VERKEHR UND RAUMFAHRT

Da die Luft schneller über die Oberseite eines Flugzeugflügels strömt als über die Unterseite, ist der Luftdruck oberhalb des Flügels geringer. Der so entstehende Sog gewährt den notwendigen Auftrieb, damit das Flugzeug in der Luft bleibt.

Welches ist das stärkste Strahltriebwerk?

Das General Electric GE90-115B hält mit 568 kN den Schubweltrekord. Markenzeichen des GE90-115B sind seine aus Verbundwerkstoffen bestehenden Bläserschaufeln (Durchmesser 3,25 m), die pro Sekunde 1,6 t Luft in das Triebwerk befördern. Das GE90-115B ist 7,29 m lang und hat 8272 kg Trockenmasse. Wie das „B" in der Typenbezeichnung verrät, wird das GE90 in Boeing-Flugzeugen (777-200LR und 777-300ER) angewendet.

Warum scheiterte der Überschall-Luftverkehr?

Überschallschnelle Interkontinental-Verkehrsflugzeuge und Passagiere ohne Druckanzug an Bord: eine faszinierende Vorstellung. So bauten Briten und Franzosen Mitte der 1950er-Jahre ein 2190 km/h schnelles Passagierflugzeug.

Im Januar 1976 eröffnete die Concorde den Linienverkehr (London/Paris – New York: gut 3 Stunden). Inzwischen jedoch hatte sich die öffentliche Meinung gewandelt. Jetzt sah man in der Concorde nur noch ein Objekt britischer und französischer Arroganz, aber auch Umweltverschmutzung. Erst nach langwierigen Verhandlungen durfte die Concorde in New York landen. Schließlich standen jeweils sieben Concorde-Maschinen in britischen und französischen Diensten und flogen dank

> #### „Konkordski"
> Wenige Monate vor der Concorde startete das sowjetische Überschallverkehrsflugzeug Tupolew Tu-144 am 31. Dezember 1968 zum Erstflug. Aufgrund seiner frappierenden Ähnlichkeit mit der Concorde und zumal der Termin ihres Jungfernflugs unbewiesen blieb, verstummten Gerüchte über eine Industriespionage nie vollständig und bescherten der Maschine den Spitznamen „Konkordski".

Concorde, die Überschall-Königin! Obwohl technologisch beeindruckend, blieb dem schnellsten Passagierflugzeug der Welt ein kommerzieller Erfolg versagt.

VERKEHR UND RAUMFAHRT

Airbus A300-600ST (Super Transporter) „Beluga". Diese Sonderausführung der A300-600R befördert besonders großvolumige Lasten.

internationalen Jetset-Verkehrs sogar profitabel. Doch ihr Ende kam am 25. Juli 2000: Ein auf der Startbahn in Paris liegendes Metallstück zerfetzte einen Reifen, die Druckwelle setzte die Concorde in Brand, und 113 Menschen starben. Zwar wurde der Flugbetrieb nach New York 2001 noch einmal aufgenommen, 2003 aber endgültig eingestellt. Heute steht die Überschall-Königin im Museum.

Das Unterdeck eines A380 mit zahllosen Kabelsträngen und Elektroleitungen. Neue Technologien und Materialien machen diesen Megaliner zum modernsten Passagierjet.

Warum werden Flugzeuge immer größer?
Als die NASA in den 1960er-Jahren immer sperrigere Güter auf dem Luftweg transportieren musste, ließen Jack Conroy und Lee Mansdorf sog. Stratocruiser zu riesigen Frachtern umbauen. Da die monströsen Umbauten dem Aquarienfisch Guppy ähnelten, eroberten sie als „Guppy", „Pregnant Guppy" (schwangerer Guppy) oder „Super Guppy" den neuen Markt. Airbus Industrie griff diese Idee auf, um zwischen seinen Fertigungsstätten Flugzeugteile hin und her transportieren zu können.

Als die „Super Guppy" für den Transport von Rumpfsektionen des Airbus A340 zu klein wurden, entstand der Airbus A300-600ST, besser bekannt als „Beluga". In seinem Laderaum (Nutzlastvolumen mehr als 1400 m³) transportierte die „Beluga" rund 47 t Nutzlast.

Inzwischen schreibt Boeing die Erfolgsstory fort und hat mit dem 747LCF „Dreamlifter" einen Spezialtransporter für Baugruppen der Boeing 787 Dreamliner konstruiert. Größer als die Beluga, beförderte ein Dreamlifter im Januar 2007 erstmals 787-Bauteile von Japan in die USA. Zwei Dreamlifter reichen aus, um Boeings Transportbedarf der 787-Endmontagelinie zu decken.

Haben Luftschiffe eine Zukunft?
Da immer größeres Gewicht auf Wirtschaftlichkeit und Frachtkapazität gelegt wird, könnten Luftschiffe eine Renaissance erleben: Sie sind schneller als Schiffe und kostengünstiger als Flugzeuge. Man schätzt den Wert dieses Markts allein in den USA auf rund eine Milliarde Dollar. Ein Beispiel für moderne Luftschiffe ist die SkyCat-Familie der Advanced Technology Group (ATG); u. a. bietet ATG die SkyFerry als Personen- und Autofähre an.

Gibt es einen TÜV für Flugzeuge?
Im Laufe seines Lebens fliegt ein Verkehrsflugzeug fast 200-mal die Strecke Erde–Mond–Erde. Zur Gewährleistung einer optimalen Flugsicherheit sind regelmäßige Überholungen unverzichtbar. Diese Checks beruhen im Wesentlichen auf so genannten Halterauflagen (z. B. der Firma Boeing) sowie firmeninternen Maßnahmen (z. B. Lufthansa-Technik) und reichen vom Pre-Flight-Check vor jedem Flug (Dauer 30–60 Min.) bis zum vier- bis sechswöchigen und 300 000–50 000 Arbeitsstunden umfassenden sog. D-Check. Der D-Check, in dessen Verlauf z. B. die komplette Kabine bis hin zur technischen Ausstattung saniert wird, gilt als „Herzstück der Wartung" bzw. „Königsdisziplin" der Flugzeuginstandhaltung.

Mit doppelstöckigem Rumpf, High-Tech-Triebwerken und modernster Cockpitgeneration bedeutet der A380 den Vorstoß in eine neue Dimension.

> **Bodeneffektgeräte**
>
> Der Bodeneffekt entsteht bei der Bewegung einer Tragfläche in Bodennähe (aber auch in der Nähe von Wasserflächen). Durch Kanalisierung des Luftstroms und die daraus resultierende Druckerhöhung wird der Auftrieb verstärkt und der Vortriebswiderstand gesenkt, sodass Bodeneffektgeräte wie auf einem Kissen aus komprimierter und zugleich wirbelnder Luft fliegen. Obwohl deutsche Flugboote dieses Phänomen (z. B. über See unterwegs nach Südamerika) bereits vor dem Zweiten Weltkrieg nutzten, erkannten die Sowjets erst in den 1960er-Jahren militärisches Potential. Bodeneffektgeräte wurden von den Sowjets „Ekranoplan" (Gleitflugzeug) genannt.
>
> Auf dem zivilen Markt konnten Bodeneffektfahrzeuge nur geringe Anteile des Frachtmarkts erobern. Neue Konstruktionen eröffnen auch im Personenverkehr neue Möglichkeiten – denn: Verglichen mit Schiffen bieten sie eine ruhigere und schnellere Reise und sind zudem kostengünstiger und umweltfreundlicher als Flugzeuge.

VERKEHR UND RAUMFAHRT

FLUGNAVIGATION UND FLUGHÄFEN

Was bedeutet Flugnavigation und welche Aufgaben haben Fluglotsen?
Navigation bedeutet allgemein, sich in einem geografischen Raum zu orientiren. Fluglotsen überwachen den Luftverkehr und lenken Piloten vom Start- zum Zielort. Über Funk und Sichtkontakt koordinieren sie den Verkehr in unmittelbarer Umgebung „ihres" Flughafens und erteilen die Start- und Landeerlaubnis. Anfluglotsen weisen Luftfahrzeuge zur Landung ein, während Radarlotsen den weiteren Flug koordinieren.

Was ist der „Tower"?
„Tower" ist die im Flugverkehr vorherrschende Bezeichnung für den Kontrollturm eines Flughafens. Von ihm aus überwachen und leiten Fluglotsen die Luftfahrzeuge durch Radar und Funksprechverkehr.

Was sind Luftstraßen?
Luftstraßen sind von Flugsicherungsbehörden festgelegte und kontrollierte Lufträume, die vom Luftverkehr hoch frequentiert werden. Diese Lufträume sind – mit allen in ihrem Bereich befindlichen Bodennavigationshilfen – auf entsprechenden Luftstraßenkarten dargestellt.

Was ist TCAS?
In absehbarer Zeit wird dieses Kollisionswarnsystem (Traffic Alert and Collision Avoidance System) Zusammenstöße verhindern und den Piloten erlauben, ihren Weg am Himmel eigenständiger zu finden. Jede mit TCAS ausgestattete Maschine sendet Funksignale aus, die von anderen Flugzeugen aufgefangen werden. Gestützt auf diese Signale zeigt ein Bordcomputer die aktuelle Luftverkehrslage und warnt die Piloten bei Annäherung zweier oder mehrer Flugzeuge.

Was ist GNSS?
Die Navigationssysteme GPS und GLONAS erfüllen nur in begrenztem Maße die Anforderungen der Zivilluftfahrt an Genauigkeit, Verfügbarkeit, Integrität und Kontinuität. Mit GNSS (Global Navigation Satellite System) entwickelt die ICAO (International Civil Aviation Organization) deshalb seit den 1980er-Jahren ein Konzept zur weltweiten Satellitennavigation mit dem Ziel einer optimaleren Flugsicherheit. Die EU, USA, Japan und Indien haben bei eigenen GNSS-Systemen bereits große Fortschritte gemacht, während in anderen Ländern erst geplant und aufgebaut wird. Eine weltweite Nutzung eines zivil kontrollierten GNSS-Systems ist folglich nur langfristig zu erwarten.

Was gehört zu einem Flughafen?
Ein Flughafen besteht nicht nur aus Pisten, Hangars und Tower. Unmittelbar nach der Landung werden

---

Was ist ICAO?
ICAO ist die Internationale Zivilluftfahrt-Organisation. Als Spezialorganisation der UNO ist sie verantwortlich für die Förderung der internationalen Zivilluftfahrt sowie für die Entwicklung internationaler Luftverkehrstandards für Sicherheit, Zuverlässigkeit und Regelmäßigkeit.

Die Fluglotsen im Tower eines Flughafens erhalten eine anspruchsvolle Ausbildung, beherrschen modernste Instrumente und sind höchsten psychischen Belastungen ausgesetzt.

Blick in eine Wartungshalle von Lufthansa Technik. Eine Boeing 737-500 beim vier- bis sechswöchigen D-Check, der bis zu 50 000 Arbeitsstunden erfordert.

Gepäck bzw. Fracht entladen, die Flugzeuge aufgetankt, Passagiermaschinen mit Speisen und Getränken ausgestattet, gesäubert und einem kurzen Sicherheitscheck unterzogen. In den Terminals befinden sich die Check-in-Schalter für Passagiere und Gepäck. Computergesteuert werden Gepäck bzw. Fracht dem richtigen Flugzeug zugeleitet. Trotz ausgeklügelter Sicherheitskontrollen für Besucher, Fluggäste und Handgepäck ist gewährleistet, dass abfliegende Passagiere pünktlich ihren Flugsteig erreichen bzw. gelandete Passagiere unverzüglich ihr Gepäck erhalten.

Wozu dient die Flughafensicherheit?
Die Flughafensicherheit ist ein Teilbereich der Luftsicherheit, bei dem es allgemein um die Verhinderung terroristischer oder anderer krimineller Angriffe auf den Luftverkehr geht. Auf dem Weg zum Flugsteig werden Fluggäste und Crews mit Metalldetektoren auf gefährliche Gegenstände hin untersucht und Gepäckstücke auf der Suche nach Waffen oder Sprengstoff geröntgt.

Welcher ist der größte Flughafen der Welt?
Den Superlativ-Titel teilen sich derzeit vier Flughäfen: Der Flughafen mit den meisten (sieben!) Start- bzw. Landebahnen ist Dallas-Fort Worth (US-Bundesstaat Texas); das größte Passagieraufkommen wies 2004 mit 84 Mio. Fluggästen Hartsfield-Jackson Atlanta im US-Bundesstaat Georgia auf. Die meisten internationalen Anschlüsse bietet Frankfurt am Main; London-Heathrow zeigt die meisten internationalen Flugbewegungen und Fluggastzahlen.

Was ist ein Veri-Port?
Ein Veri-Port ist ein im Stadtzentrum gelegener Flugplatz für Hubschrauber und andere senkrecht startende und landende Luftfahrzeuge.

Was bedeutet Hub-and-Spoke-System?
Es ist dies die nach dem Nabe- und Speichen-System gestaltete Konzentration des Luftverkehrs auf Großflughäfen. Wie bei einem Rad veranschaulicht dieses System die Grundstruktur kommerzieller Luftverkehrsnetze, die Umsteigen bzw. Umladen am „Hub" (Nabe) und Zubringerdienste über „Spokes" (Speichen) vorsehen.

Der Londoner Flughafen Heathrow hat weltweit die meisten internationalen Flugverbindungen und das höchste Passagieraufkommen.

VERKEHR UND RAUMFAHRT

Zur Inspektion der beim Start verursachten Schäden nähert sich die Raumfähre vor dem Andocken der ISS mit geöffneter Nutzlastbucht.

DIE RAUMFAHRT – AUF DEM WEG INS ALL

Wie werden Raumfahrer ausgewählt und auf ihre Aufgaben vorbereitet?

Kaum ein Gebiet in Wissenschaft und Technik ist so sehr im Bewusstsein der Öffentlichkeit wie die Weltraumfahrt und ihre rasante Entwicklung in den vergangenen 50 Jahren. Flogen die ersten Astronauten noch allein und hielten sich nur wenige Stunden im Weltraum auf, so leben und arbeiten heute stets mehrere Personen an Bord der Weltraumstation ISS und bleiben dort bisweilen monatelang.

Neben einem sehr guten Gesundheitszustand sind eine wissenschaftlich-technische Hochschulausbildung auf Gebieten wie z. B. Werkstoffkunde, Atmosphärenforschung, Life Sciences, Erdbeobachtung- und -erkundung, Astronomie und Sonnenphysik Grundvoraussetzung für jeden Astronauten. Das Europäische Astronautenzentrum (EAC) befindet sich in Köln.

Welche Aufgaben erfüllen NASA und ESA?

NASA (National Aeronautics and Space Administration) und ESA (European Space Agency) bezeichnen die US-amerikanische bzw. europäische Weltraumorganisation. Während die ESA ausschließlich der zivilen Weltraumforschung dient, sind militärische und zivile Luftfahrtforschung bei der NASA

Weltraumspaziergang. Mit „körpereigenem" Triebwerk schwebt US-Astronaut Bruce McCandless zu einem Außenbordeinsatz im All.

nicht vollständig voneinander getrennt. Vision und Ziele der NASA sind erklärtermaßen, „das Leben hier zu verbessern, das Leben nach draußen auszu-

274 VERKEHR UND RAUMFAHRT

dehnen und Leben da draußen zu finden". Daraus ergibt sich die Mission, „unseren Heimatplaneten zu verstehen, das Universum zu erforschen, nach Leben zu suchen und die nächste Generation von Forschern zu begeistern" (Mission Statement der NASA).

Wozu dienen Raumfähren?
Eine Raumfähre (Orbiter) ist ein wiederverwendbares Transportfahrzeug, das wie ein Flugzeug landend zur Erde zurückkehrt.

Nur amerikanische Space Shuttles werden zu bemannten Weltraummissionen eingesetzt und befördern Astronauten und Material zur Internationalen Raumstation (ISS).

Wozu dient die Internationale Raumstation (ISS)?
Die ISS ist in internationaler Kooperation entstanden, noch nicht ganz fertiggestellt, aber seit November 2000 bewohnt. Die Planung reicht bis in die 1980er-Jahre zurück, aber erst 1998 wurde mit dem Bau begonnen. Schon heute ist die ISS das größte von Menschen geschaffene Objekt im Erdorbit. In etwa 350 km Höhe stationiert, umkreist sie alle 92 Minuten den Globus. Sie soll im Jahr 2010 fertiggestellt und viermal größer sein als die 2001 kontrolliert zum Absturz gebrachte russische Raumstation Mir. Die ISS wird über 470 t wiegen – mit einer Spannweite von 10,50 m, einer Länge von 79,90 m und einer Tiefe von 88 m.

Die ISS ist praktisch ein Raumlabor: Geplant sind Langzeitexperimente an biologischen Systemen unter Schwerelosigkeit; auch eine Zentrifuge soll installiert werden, um Anziehungskräfte von verschiedenen Planeten simulieren zu können. Neben den Langzeitaufenthalten der Besatzung werden diese Forschungen dazu beitragen, die menschliche Überlebensfähigkeit über größere Zeiträume im All oder auf anderen Planeten zu testen und die Erforschung des Weltraums insgesamt voranzutreiben.

> **Gibt es Weltraumtourismus?**
> Nach dem Auseinanderbrechen der Sowjetunion suchte die russische Raumfahrtindustrie händeringend Geldquellen. Erster Interessent für einen Flug ins All war Dennis Tito, ein amerikanischer Multimillionär. Er kaufte im April 2001 für 20 Mio. Dollar ein Ticket zur ISS und wurde der 1. Weltraumtourist.
> Ein Jahr später folgte der Südafrikaner Mark Shuttleworth, im Oktober 2005 mit Gregory Olsen ein weiterer US-Amerikaner, und im September 2006 flog Anousheh Ansari, eine US-Amerikanerin iranischer Herkunft, als erste Frau zur ISS. Am 7. April 2007 startete der US-Millionär Charles Simonyi zu einem 12-tägigen ISS-Aufenthalt.

Die Verantwortung für die ISS teilen sich mehrere Länder. Die USA bauen Wohnbereich, Zentrifugen-Modul, Energieversorgung, lebenserhaltende Anlagen, Kommunikations- und Navigationssysteme. Aus Kanada kommt ein 16 m langer Robotergreifarm. Die ESA wird – wie die Japaner – ein Labor bauen und Russland zwei Forschungsmodule, Wohnbereiche und Sonnenkollektoren bereitstellen. Weitere Bestandteile liefern Brasilien und Italien.

Was ist „Progress"?
So heißen unbemannte russische Raumtransporter, die seit August 2000 die Grundversorgung der ISS mit Ausrüstungsgütern und Treibstoff sichern. Im Gegensatz zum Space Shuttle sind sie nicht wieder

Start der Raumfähre „Discovery" vom Weltraumbahnhof Kennedy Space Center auf Cape Canaveral zur Internationalen Raumstation (ISS).

VERKEHR UND RAUMFAHRT

Kosmodrom Baikonur. Eine Raumkapsel und ein unbemannter Progress-Raumtransporter werden auf Russlands Weltraumbahnhof startklar gemacht.

verwendbar; ihre Fracht wird nach dem Andocken an der ISS entladen und in der Station verstaut. In den folgenden Monaten wird ein Progress mit Müll gefüllt, dann abgedockt und in der Erdatmosphäre kontrolliert zum Verglühen gebracht.

Üblicherweise liefert ein Progress insgesamt rund 2,5 t Fracht, darunter Nahrungsmittel (266 kg), Treibstoff (1120 kg), Sauerstoff (51 kg) sowie private Pakete und medizinische Ausrüstung für die Astronauten – und zwar für die gegenwärtige Besatzung und auch für zukünftige. Der Treibstoff kann umgepumpt werden, alle anderen Nachschubgüter müssen von Hand durch den engen Kopplungsring in die ISS hinübergetragen werden. Zum Nachschub für die ISS gehören auch technische Instrumente der verschiedensten Art.

Macht die Schwerelosigkeit krank?

Nein. Der menschliche Körper reagiert auf Schwerelosigkeit allerdings vielfach mit der Raumkrankheit, die durch eine Verwirrung des Gleichgewichtssinns hervorgerufen wird. Mit fortschreiten-

Seit 1998 im Bau, ist die ISS das größte von Menschenhand geschaffene Objekt im Erdorbit. Das ISS-Budget der NASA beträgt für 2007 1,8 Mrd. Dollar.

Arbeiten in der Schwerelosigkeit. Täglich gehören mehrere Stunden physisches Training zum Programm wie hier an Bord des Space Shuttles Endeavor.

der Gewöhnung an den schwerelosen Zustand verschwinden die typischen Symptome (Schwindelgefühl, Übelkeit bis zum Erbrechen). Lang andauernde Schwerelosigkeit (zwei Monate und länger) führt zu einer Anpassung des menschlichen Körpers (vor allem im Wirbelsäulen- und Beinbereich) an die Entlastung: Knochen- und Muskelmasse sowie das Blutvolumen werden reduziert. All dies bereitet vielen Raumfahrern bei der Rückkehr aus dem All gesundheitliche Probleme, wie zahlreiche TV- und Filmberichte nach der Landung zeigen.

Warum ist der Wiedereintritt in die Erdatmosphäre gefährlich?
Damit Raumfähren auf dem Rückweg zur Erde beim Wiedereintritt in die Erdatmosphäre nicht verglühen, werden sie durch einen Hitzeschild gegen die enorme Reibungswärme bei der aerodynamischen Bremsung isoliert. Immerhin wird die Außenhaut der Raumfähre in dieser Abstiegsphase auf Temperaturen zwischen 370 und 1260 °C aufgeheizt, der Nasenkonus und die vorderen Tragflächenkanten sogar noch stärker.

Um diesen Belastungen zu begegnen, sind die gefährdeten Stellen mit passgenauen Hitzeschildplatten geschützt. Sie sind 15 x 15 cm groß, einige Zentimeter dick und aus imprägniertem Graphit mit pigmentiertem Borosilikat-

Gibt es Weltraumbahnhöfe?
Amerikaner, Europäer und Russen unterhalten Raumfahrtzentren, sog. Weltraumbahnhöfe: die NASA das John F. Kennedy Space Center am Cape Canaveral in Florida, die Europäer das Centre Spatial Guyanais bei Kourou in Französisch-Guyana und die Russen das Kosmodrom Baikonur in Kasachstan.

überzug gefertigt. Damit garantieren sie das richtige Verhältnis von Wärmeaufnahme und -abstrahlung. Mit ähnlichem Belag versehene Kacheln isolieren auch die weniger belasteten Zonen.

Vermutlich wegen eines beschädigten Hitzeschilds brach die Raumfähre Columbia am 1. Februar 2003 beim Wiedereintritt in die Erdatmosphäre auseinander und riss ihre Besatzung in den Tod.

Werden Roboter im All eingesetzt?
Es gibt immer wieder Arbeiten, die für Astronauten zu gefährlich oder zu schwer sind. Deshalb flog schon 1981 ein Space Shuttle mit einem „Canadarm" ins All. Dieser Greifarm – Kanadas Beitrag zum Shuttle-Programm – hat eine Reichweite von mehr als 15 Metern und kann bis zu 266 Tonnen bewegen. Ohne „Canadarm" wäre der Bau der ISS unmöglich.

DSLComputertechnikInternet

◀ Funk　　　　　　　　　　　　　　　　　　　　　　　▲ Fernsehtechnik

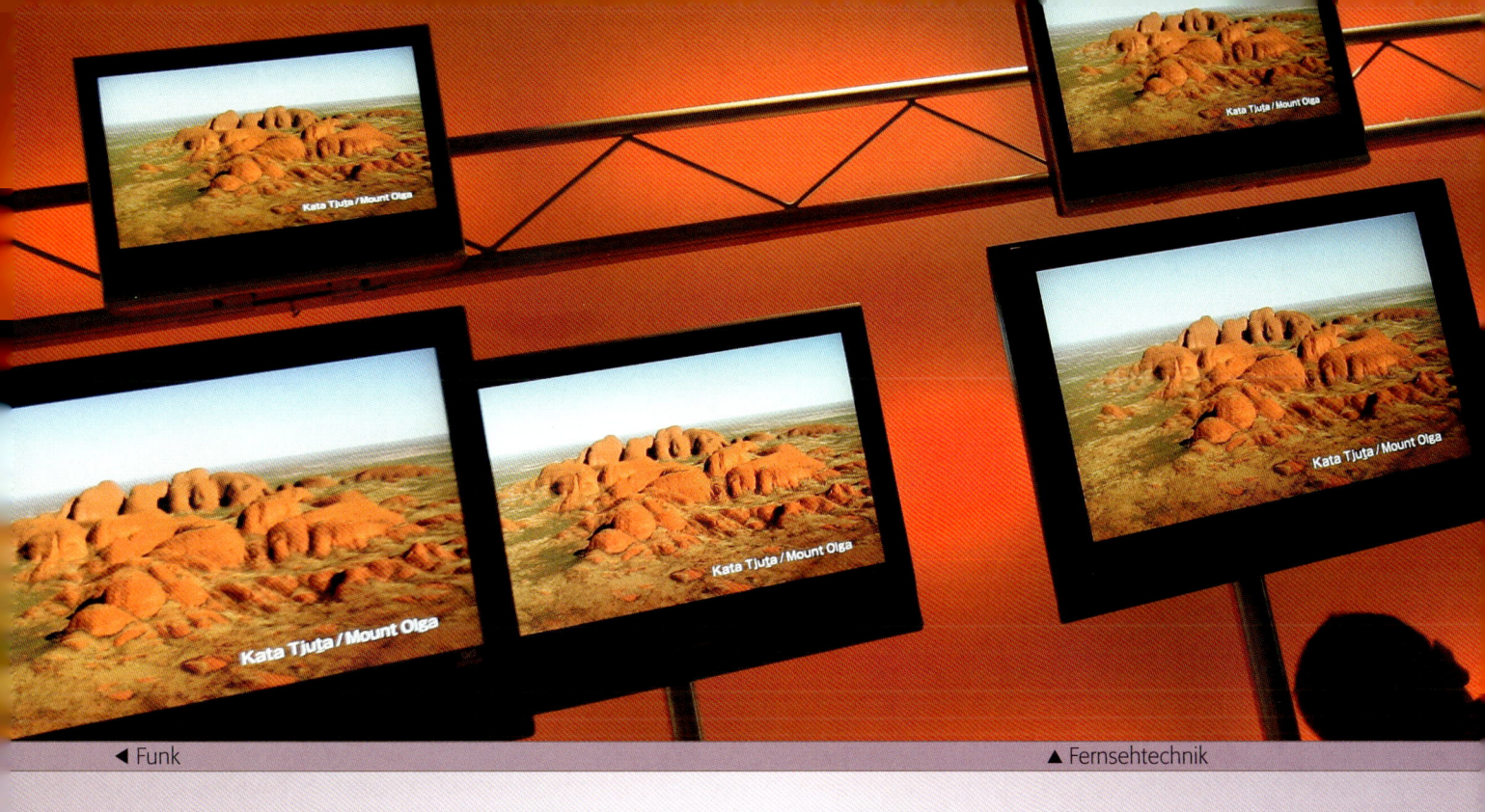

INFORMATIONSTECHNIK

Die Informationstechnologie ist zu einem zentralen Element moderner Industriegesellschaften geworden. Musik, Texte und Bilder werden heute mühelos weltweit verbreitet – in einer Geschwindigkeit, die in vor nicht allzu langer Zeit noch als utopisch galt. Der Mobilfunk erreicht auch den letzten Winkel der Erde – und Internet und E-Mailes vernetzen die ganze Welt. Doch das Fundament der grenzenlosen Kommunikation wurde bereits vor über 120 Jahren gelegt: Elektromagnetische Wellen – 1886 von Heinrich Hertz entdeckt – sind für Funk, Radio, Fernsehen, Telefon und Computer unverzichtbar. Ohne sie gäbe es keine globale Telekommunikation.

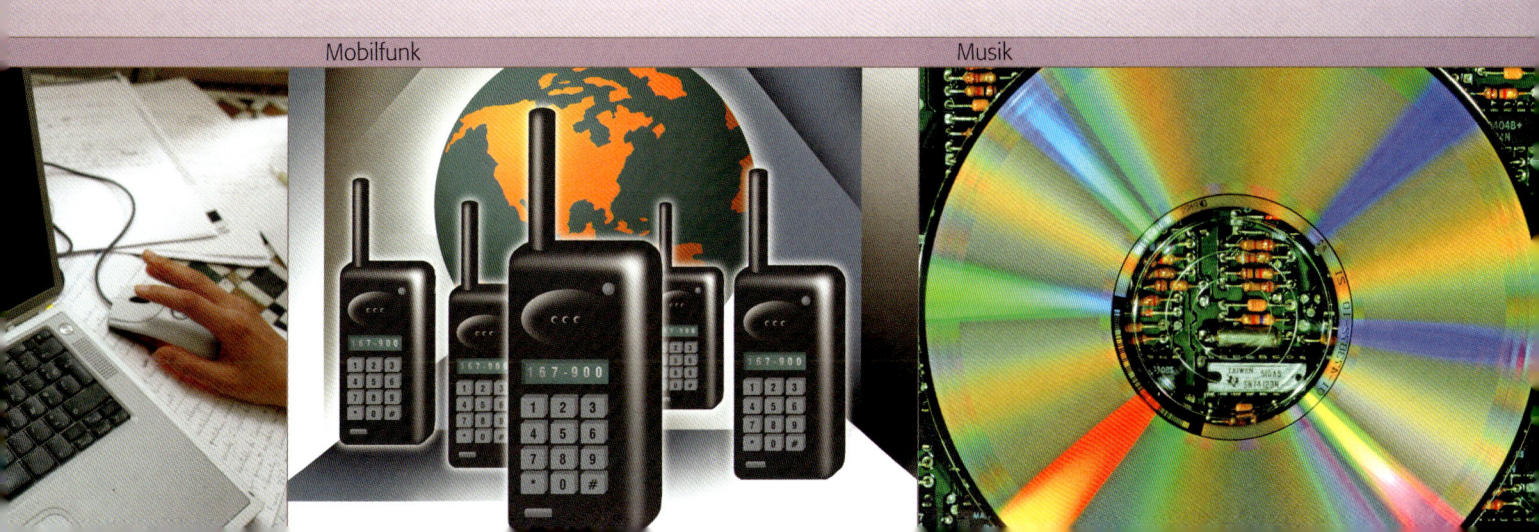

Mobilfunk　　　　　　　　　　　　　　　　　　　　　Musik

FUNK – DIE BASIS DER MODERNEN TELEKOMMUNIKATION

Was ist eine Funkwelle?
Funkwellen sind elektromagnetische Wellen, d. h. gleichzeitige Schwingungen eines elektrischen und magnetischen Feldes, die sich gemeinsam ausbreiten. Diese Wellen sind nicht an ein Medium gebunden; anders als beim Schall breiten sich elektromagnetische Wellen auch im Vakuum aus (im All sogar mit Lichtgeschwindigkeit). Elektrisch leitende Materialien (Luft, Metalle u. ä.) können die Wellen jedoch bis hin zur völligen Abschirmung verlangsamen.

Die Wellenlänge gibt den Abstand zwischen zwei gleichen Punkten (z. B. Wellental oder -berg) auf der Welle an. Eine andere Größe – die Frequenz – gibt den Takt der rhythmischen Wellenwiederholung pro Sekunde an – in der Einheit Hertz. Ein Hertz entspricht einer Schwingung pro Sekunde.

Die Datenübertragung über Funkwellen ist heute wichtiger denn je. Sendestationen transportieren mit diesen Wellen die Signale von Fernsehen, Rundfunk, Navigationssystemen und Telefon in nahezu jeden Winkel der Erde.

> **Wie lang ist eine Langwelle?**
> Eine Langwelle (die auch im Hörfunk genutzt wird) hat eine Wellenlänge zwischen einem und zehn Kilometern (Kurzwelle: 10–100 m). Die im Mobilfunk verwendete Mikrowelle dagegen liegt zwischen einem Millimeter und einem Meter Länge.

Welche Arten von Hörfunk gibt es?
Neben dem analogen Antennenradio und den Kabelnetzen existieren heute andere Übertragungswege: DAB (Digital Audio Broadcasting), das die Radiosignale digital (s. d.) ausstrahlt, gewinnt zunehmend an Bedeutung; das Kürzel DAB-T verweist auf die terrestrische, d. h. erdgebundene Ausstrahlung über Sendemasten und Antennen, DAB-S auf die Ausstrahlung über Satellit. Wer das digitale Satellitenfernsehen DVB-S (Digital Video Broadcasting Satellite) empfängt, kann zudem Radiosender auf diesem Weg hören. Auch über das Internet kann Radio gehört werden. Digital gesendete Programme sind – anders als der herkömmliche Rundfunk – unabhängig vom Übertragungsweg qualitativ gut. (s. auch Streaming Audio, S. 281)

Eine terrestrische, also erdgestützte Sendeanlage – der sog. Skytower Fernsehturm von Auckland, Neuseeland.

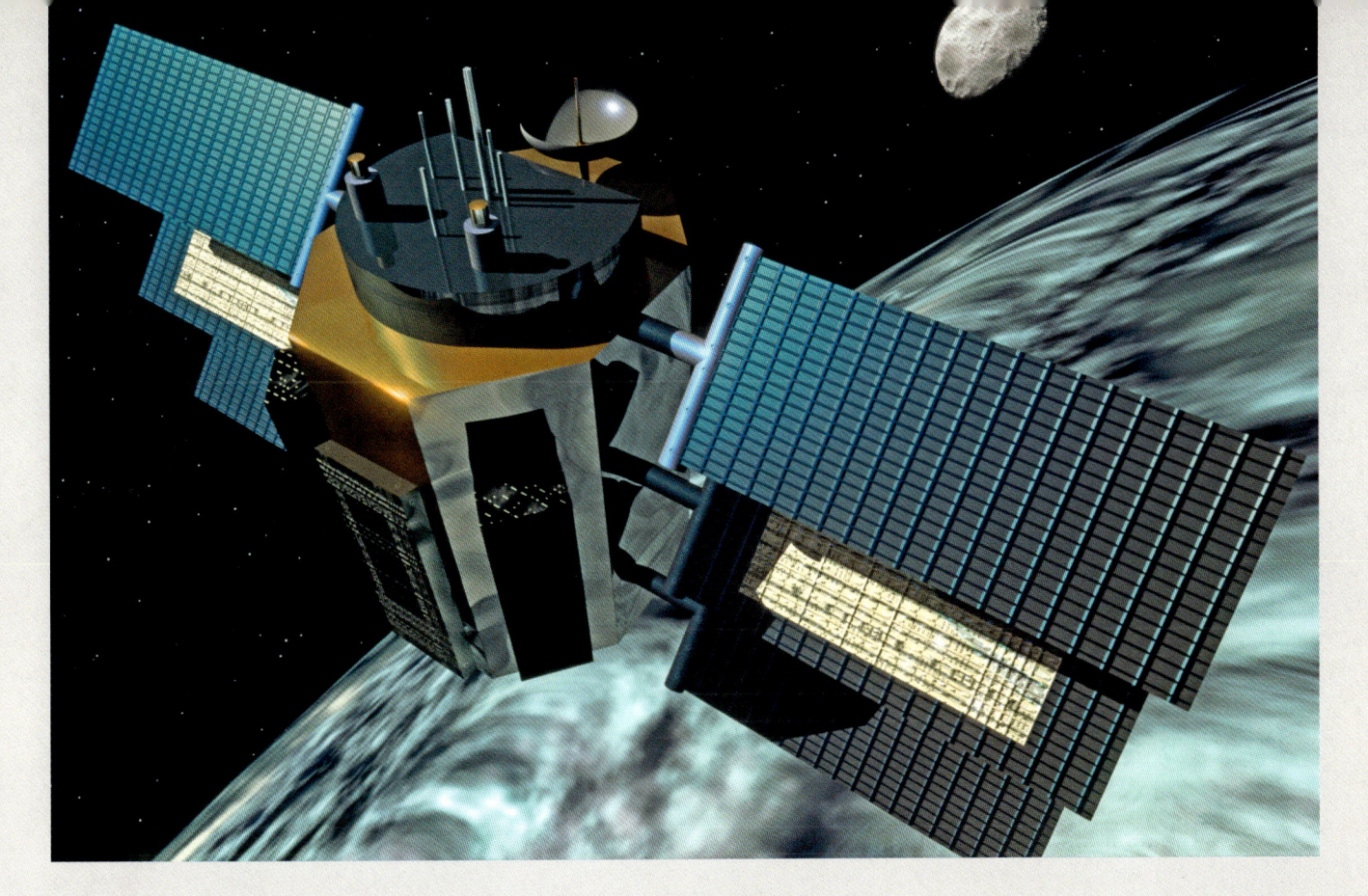

Was ist eine Elektronenröhre und was ein Transistor?

Röhren wurden und werden u. a. eingesetzt, um die elektromagnetischen Wellen, die über Antennen empfangen wurden, zu verstärken.

Transistoren sind Halbleiter, also elektronische Bauteile, deren Widerstand veränderbar ist. Der Transistor erfüllt denselben Zweck wie die Röhre, nur auf sehr viel geringerem Raum. Er muss nicht vorgeheizt werden, ist also sofort betriebsbereit. Transistoren lassen sich industriell in Massen produzieren, ihre geringe Größe macht sehr viel kleinere Geräte als bisher möglich, und auch der geringere Stromverbrauch ist ein weiteres Plus gegenüber der Röhre – die die Transistoren heute beinahe verdrängt haben.

Kann ich im Ausland meinen Heimatsender hören?
Über Internet ist das Hören des heimischen Radiosenders kein Problem, fast alle großen Rundfunkanstalten senden über das WWW zumindest einen Teil ihres Programms. Der Empfang über Antenne ist dagegen zumeist auf die Heimatregion beschränkt – mit einer Ausnahme: Die Wellen des Kurzwellenbereichs zwischen 3 MHz und 30 Hz werden an der oberen Schicht der Atmosphäre (Ionosphäre) reflektiert und sind teilweise weltweit zu empfangen.

Ein sog. Fliver, ein Rundfunkgerät aus der Frühzeit der Telekommunikation: Eine Röhre, ein Regelwiderstand, eine Spule und ein Kondensator sind die elementaren Bauteile.

Was ist Streaming Audio?

Streaming (dt.: strömen, fließen) bezeichnet eine fortlaufende Datenübertragung in einem Computer-Netzwerk. Zumeist spricht man in Verbindung mit dem Internet vom Streamen. Im Gegensatz zu anderen Verfahren können die Daten beim Streaming bereits während der Übertragung kontinuierlich gelesen werden. Der Nutzer braucht nicht erst das ganze Datenpaket zu empfangen, sondern kann die Informationen (Musik, Video) fortlaufend abrufen – vorausgesetzt, die Datenleitung ist ausreichend schnell, wie zum Beispiel über DSL.

Satelliten verbreiten Funksignale weltweit – die sog. geostationären Satelliten senden und empfangen dabei immer über denselben Punkt der Erde.

Terrestrische Sendeanlagen finden sich auch in unwegsamem Gelände, wie hier in Rossbrand in den österreichischen Alpen.

MOBILFUNK – IMMER ERREICHBAR

Wie funktioniert der Mobilfunk?
Mit Mobilfunk ist zumeist eine drahtlose Funk-Telefonverbindung gemeint, die Funksignale können dabei über Sendemast und Antenne oder über Satellit ausgestrahlt und empfangen werden. Tatsächlich umfasst dieser Begriff aber auch viele andere Funkdienste, die über mobile Empfänger genutzt werden können, wie Seefunk, Datenfunk oder Amateurfunk. Gesendet wird im Mobilfunk auf Frequenzen zwischen 300 MHz (Megahertz) und 30 GHz (Gigahertz).

Das Mobiltelefon wird immer vielseitiger: Fotografieren gehört schon längst zum Standard.

Welche Netze gibt es im Mobilfunk?
Der erste Standard mit europaweiter Verbreitung war das GSM (Global System for Mobile Communications). Zu dem ursprünglichen GSM 900 kam seit Anfang der 1990er Jahre GSM 1800 (GSM 1900 in den USA und Kanada) hinzu, das weit über Europas Grenzen hinaus verwendet wurde. Ein dritter Standard bietet wesentlich höhere Übertragungsgeschwindigkeiten: das Telefonieren über das UMTS-Netz (Universal Mobile Telecommunications). Dieses System überträgt die Daten über CDMA (Code Division Multiple Access) – eine Breitband-Funktechnik, die neben Sprache auch Bilder oder andere große Datenpakete senden kann. UMTS macht sogar mobiles Internet-Surfen möglich und wird zum weltweiten Standard.

Was kann ein Mobiltelefon?
Neben der ursprünglichen Funktion – dem Telefonieren – kann das Handy heute schon vieles mehr: etwa Fotografieren, persönliche Daten verwalten, als Walkman für Unterhaltung sorgen, als GPS-Empfänger (Global Positioning System) mit Satelitenunterstützung navigieren und als Anbindung ins Internet dienen. In Zukunft werden weitere Funktionen hinzukommen. Geräte mit eingebauter Taschenlampe sind ebenso auf dem Markt wie solche, mit deren Hilfe sich technische Anlagen – z. B. Heizung oder Alarmanlage – fernsteuern lassen.

> **Was ist eine SIM-Card?**
> Eine kleine Chipkarte (Subscriber Identity Module), die in das Telefon eingesetzt wird. Diese Speicherkarte dient der Erkennung und Anmeldung eines Teilnehmers im Netz und als Telefonbuch; man erhält sie, wenn man einen Vertrag mit einem Anbieter eines mobilen Telefondienstes abschließt.

> **Kann man auch in der Wüste telefonieren?**
> Grundsätzlich ja, denn auch in entlegenen Landstrichen, die über keine Sendemasten verfügen und daher nicht an den erdgebundenen Mobilfunk angebunden sind, besteht – wie überall – die Möglichkeit, über einen Satelliten die Verbindung herzustellen. Die dazu benötigten speziellen Telefone sind allerdings teurer als gewöhnliche, die Verbindungskosten ebenfalls deutlich höher.

Man geht davon aus, dass das Mobiltelefon in Zukunft alle anderen Kleincomputer vom Markt verdrängen wird.

Was ist Roaming?
Telefoniert man innerhalb des eigenen Mobilfunknetzes, ist der kleinste, räumliche Bereich einer Verbindung die Funkzelle. Der Wechsel zu einer anderen Zelle innerhalb desselben Netzes ist unproblematisch. Von einem anderen Netz aus (oder im Ausland) sind hingegen aufwendige Übergabe-Prozeduren nötig, Vermittlung und Abrechnung des Gesprächs werden komplizierter. Die Telefongesellschaften schließen untereinander Verträge ab, die diese technischen und finanziellen Fragen klären – sog. Roaming-Verträge. Nur wenn ein solcher Vertrag besteht, kann man aus einem fremden Netz ins heimatliche Netz telefonieren.

Die Kinder des Informationszeitalters verlieren im Spiel jede Scheu vor der jungen Technik.

Wie funktioniert Prepaid?
Bei dieser Art des Mobilfunks (dt.: vorausbezahlt) kauft der Kunde eine begrenzte Menge an Gesprächszeit im Voraus und kann anschließend das Guthaben abtelefonieren. Der Vorteil dabei: Es wird kein fester Vertrag abgeschlossen, keine Grundgebühr berechnet und man behält die Kontrolle über die Kosten. Nachteile sind der (meistens) etwas höhere Preis pro Gesprächsminute und das Risiko, in dringenden Fällen u.U. kein Guthaben mehr zu haben.

Was sind PIN und PUK?
Die PIN-Nummer (Personal Identification Number) wird von Telefongesellschaften (aber auch anderen, z. B. Kreditkartengesellschaften) zusammen mit dem Vertrag vergeben. Diese Geheimzahl identifiziert den rechtmäßigen Besitzer eines Handys und muss bei jedem Einschalten eingegeben werden. Gibt man die PIN dreimal falsch ein, bleibt das Telefon gesperrt (Diebstahlschutz). Dann hilft der PUK (Personal Unblocking Key) – eine Nummer, die im Vertrag verzeichnet ist und mit deren Hilfe sich das Telefon wieder entsperren lässt.

Kann man ohne PIN Notrufe senden?
Ja, mit jedem Mobiltelefon kann man einen Notruf senden, auch wenn eine Guthabenkarte (Prepaid) erschöpft ist oder man in der Aufregung seine PIN vergessen hat. Das geht so: Die internationale Notrufnummer 112 wählen und auf die Verbindungstaste drücken (häufig die grüne Taste). Auch ohne eingegebene Geheimzahl wird man mit der nächsten Notrufzentrale verbunden.

INFORMATIONSTECHNIK

Kann man jedes Handy mit jeder SIM nutzen?

Nein, zahlreiche Handys sind mittlerweile nur noch für ein Netz freigeschaltet. Da die Preise der Endgeräte vielfach den Abschluss eines Vertrages mit einem bestimmten Betreiber einschließen, werden die Geräte mit einem sog. Netlock (Netzsperre) versehen: Mit diesem Gerät kann anschließend nur in einem Netz telefoniert werden, und der Kunde wird damit exklusiv an den jeweiligen Betreiber gebunden. Prepaid-Verträge, die im Preis auch ein Endgerät enthalten, sind häufig mit einem sog. SIM-Lock versehen: In der Regel kann in den ersten zwei Jahren über diese SIM und mit diesem Gerät nur in diesem Netz telefoniert werden; das Gerät kann jedoch in dieser Zeit – gegen eine Gebühr – entsperrt werden (nach Ablauf der zwei Jahre erfolgt die Entsperrung kostenlos).

Mobiltelefone, die über Satellit verbunden werden, erreichen buchstäblich jeden Winkel der Erde.

Der Short Message Service SMS hat sich einen festen Platz in der elektronischen Kommunikation erobert.

Kann ein Handy geortet werden?

Ja. Durch die fortlaufend gesendete Anmeldung im Betreibernetz ist der ungefähre Standort immer bekannt. Darüber hinaus kann mit Hilfe spezieller Dienste oder Software der genaue Aufenthalt eines Gerätes bestimmt werden – auch ohne dass der Benutzer dies bemerkt, und sogar bei ausgeschaltetem Endgerät. Eingesetzt werden diese Dienste z. B. beim Auffinden vermisster Personen. Einige Firmen machen es aber auch möglich, den genauen Aufenthalt des Endgeräts über GPS zu ermitteln – zum Selbstschutz oder z. B. als elektronischer „Babysitter" für Jugendliche. Diese Firmen sind in der Regel von der Telefongesellschaft unabhängig.

Was ist Bluetooth?

Bluetooth bezeichnet eine drahtlose Datenschnittstelle für kurze Reichweiten, etwa bis zehn Meter Entfernung. Mit dieser Schnittstelle können Handys, PDAs (Kleincomputer) oder auch andere elektronische Geräte in der näheren Umgebung zur Datenübertragung verbunden werden. Bluetooth-Geräte senden im frei nutzbaren 2,4-GHz-ISM-Band (Industrial Scientific Medical Band). Störungen durch andere Geräte sind dabei jedoch möglich. Bluetooth ist eine gemeinschaftliche Entwicklung mehrerer großer Elektronikkonzerne und heute in der Computer- und Kommunikationstechnik ein weltweit verwendeter Standard.

Was bedeuten SMS und MMS?

SMS – Short Message Service – wurde als „Abfallprodukt" der Datenübertragung über Mobilfunk ursprünglich kostenlos ermöglicht. Heute können Textnachrichten nicht nur über das Mobilfunknetz, sondern auch aus dem Festnetz oder über das Internet versandt werden. Die Weiterentwicklung – MMS (Multimedia Messaging Service) – ermöglicht darüber hinaus das Versenden von Bilddaten und Text über Mobilfunk.

Rechts: Der Ausbau von Anlagen für die Nachrichtentechnik lässt wahre Antennenwälder entstehen.

Was ist Elektrosmog?

Mit diesem Begriff wird technisch verursachte elektromagnetische Strahlung in der Umwelt bezeichnet. Als wesentliche Strahlenquellen gelten Anlagen der Elektrizitätsversorgung sowie Sendeanlagen (TV, Hör- und Mobilfunk). Aufgrund zunehmender Anlagendichte werden Menschen immer stärkeren Belastungen durch elektromagnetische Felder ausgesetzt. Unbestritten ist, dass diese elektromagnetischen Felder zur Erwärmung im menschlichen Körper führen; über weitere mögliche Gesundheitsschäden besteht Uneinigkeit. Die Grenzwerte für gesundheitlich bedenklichen Elektrosmog weichen von Land zu Land erheblich voneinander ab.

INFORMATIONSTECHNIK

FERNSEHEN UND DVD – DAS FENSTER ZUR WELT

Zwei wichtige Übertragungswege auf einem Bild – der erdgestützte Sendemast und die Satellitenantenne.

Wie kommt das Bild zum Fernseher?

Ursprünglich wurden Fernsehbilder mit Hilfe analoger, elektromagnetischer Wellen über Sender und Empfänger (Antennen) zum Fernsehgerät transportiert. Heute werden die einzelnen Sendegebiete in der Regel über das digitale terrestrische Antennenfernsehen DVB-T (Digital Video Broadcasting-Terrestrial) versorgt. Daneben senden Satelliten über digitale (DVB S Digital Video Broadcasting – Satellite) oder analoge Funkwellen Fernsehprogramme, vor allem in abgelegenere Orte bzw. länderübergreifend. Eine andere elektromagnetische Übertragung der Fernsehsignale leisten analoge und digitale Kabelnetze – Kabelfernsehen und DVB-C (Digital Video Broadcasting Cable). Zunehmend an Bedeutung gewinnt zudem das Fernsehen über Internet (Internet Protocol Television – IPTV).

Wie entsteht ein Bild auf der Mattscheibe?

In der Bildröhre wandern Elektronen von einem Pol (Kathode, Minuspol) zum andern (Anode, Pluspol). Auf diesem Weg werden sie auf verschiedene Punkte der Mattscheibe abgelenkt, treffen dort auf eine fluoreszierende Schicht. Dort erzeugen sie einen Lichtblitz und damit einen Bildpunkt. Bei der (zunehmend verbreiteten) LCD-Technik wird die Polarisation des Lichts genutzt: Polarisiertes Licht breitet sich nicht in alle Richtungen aus, sondern kann gesteuert werden. Das Licht, das von hinten von einer LED (Light Emitting Diode) auf die Frontscheibe leuchtet, wird dadurch auf einen bestimmten Fleck gerichtet und so ein Bildpunkt zu erzeugt.

Ein Plasmabildschirm nutzt zur Bilddarstellung ein ionisiertes Gas, das zwischen zwei Glasplatten eingeschlossen ist. Hier bewirken aufgeladene Teilchen an Kreuzungspunkten elektrischer Felder und so winzige Entladungen, die das farbige Phosphor-Licht erzeugen.

Plasma, LCD und Laser – hat die Bildröhre ausgedient?

Die herkömmliche Bildröhre wird zunehmend durch andere Bauelemente ersetzt, die mit kleineren Gehäusen auskommen. Die flachen LCD-Bildschirme (Liquid Crystal Display – Flüssigkristallbildschirm) produzieren darüber hinaus ein schärferes Bild und sind flimmerfrei. Ein Nachteil der ersten LCD-Bild-

INFORMATIONSTECHNIK

schirme – der geringe Kontrast – wurde mit der Verwendung von TFT (Thin Film Transistor) weitgehend beseitigt. Die TFT erlauben großflächige elektronische Schaltungen, im Falle eines Bildschirms sind das drei Transistoren (s. o.) pro Bildpunkt. Plasmabildschirme können in deutlich größeren Formaten als LCDs hergestellt werden und bieten zudem ein noch besseres Bild bei großen Größen. Allerdings sind die beiden Glasscheiben des Schirms relativ empfindlich. Beide Arten von Flachbildschirmen weisen keinerlei Verzerrungen am Bildrand mehr auf (und sind in dieser Hinsicht präziser als Röhrenbildschirme).

Schon bald wird eine neue Generation von Bildschirmtypen auf dem Markt sein, die auf einer bewährten Erfindung aufbaut: Laser-TV. Ähnlich wie bei Projektoren (Beamer) wird bei diesen Geräten das Bild mit Hilfe der Laser-Technik auf einer Mattscheibe erzeugt. Die Hersteller versprechen – gegenüber LCD- und Plasmatechnik – eine deutlich verbesserte und kostengünstigere Bildqualität.

Auf der weltgrößten Technikschau, der CeBIT in Hannover, präsentiert ein Hersteller die neueste Generation von Plasmabildschirmen.

Warum gibt es unterschiedliche Bildformate?

Das gebräuchliche Format hatte beim Fernsehen lange Zeit das Seitenverhältnis (Breite:Höhe) 4:3 (aufgrund der Kathodenstrahl-Bildröhren, die in anderen Formaten schwieriger herzustellen sind). Das Kino setzt aber schon sein Langem auf Formate wie 16:9. Die neue TV-Technik HDTV (s. u.) verwendet das 16:9-Format als Norm – nicht zuletzt, um Kinofilme ohne Beschnitt oder schwarze Balken zeigen zu können.

Was bedeutet „HD-ready"?

Damit wird ein neuer, weltweiter Fernsehstandard bezeichnet, der seit wenigen Jahren auch in Europa gesendet wird. HDTV (High Definition Television) stellt ein hochauflösendes System dar, bei dem zwei Bildschirmauflösungen – mit 720 oder 1080 Zeilen pro Bild – auf dem Markt angeboten werden. Schon die Variante mit 720 Zeilen verdoppelt die Anzahl der Bildpunkte gegenüber dem bisherigen PAL-Standard und ermöglicht eine deutlich gesteigerte Bildqualität. Für die Wiedergabe von HDTV empfiehlt sich eine noch junge Technik: HDMI (High Definition Multimedia Interface), eine Multimediaschnittstelle für hohe Auflösung: Diese Schnittstelle überträgt digitale Bilddaten in Verbindung mit digitalen Klangdaten. Bereits nach kürzester Zeit hat das HDMI den ebenfalls noch jungen DVI-Standard (bei dem digitale Bilddaten mit Analogton kombiniert werden) verdrängt.

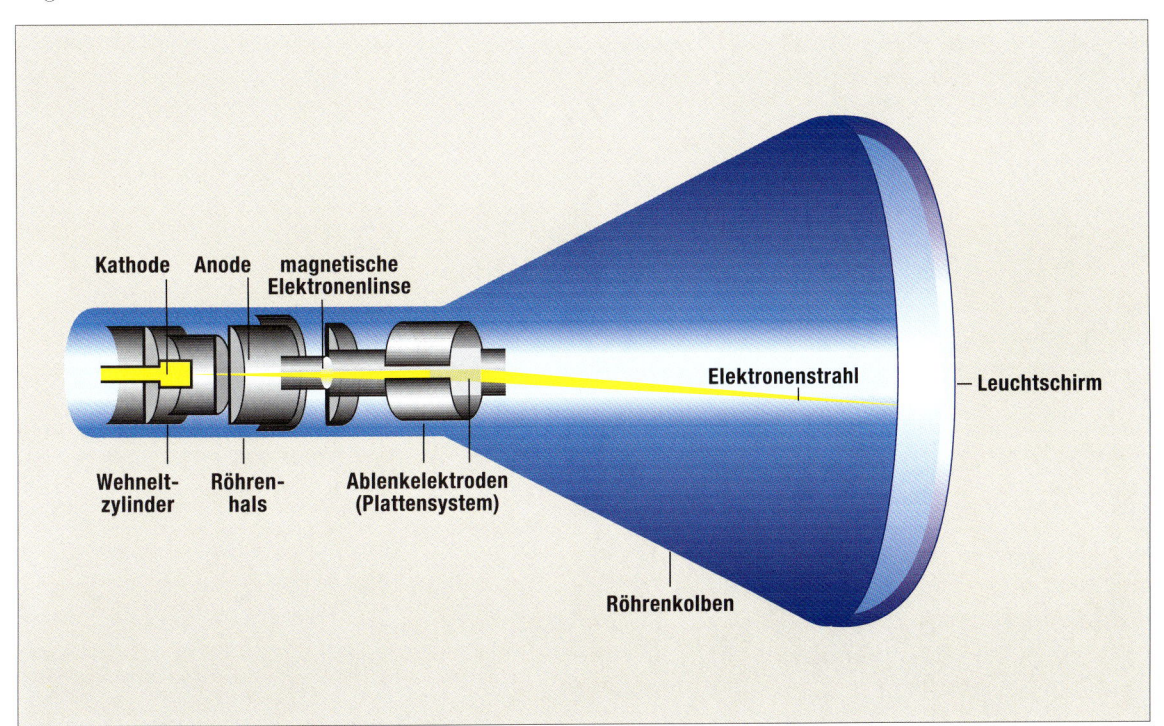

Die Abbildung zeigt die Funktionsweise einer herkömmlichen Bildröhre.

INFORMATIONSTECHNIK   287

Immer im Mittelpunkt: Die Unterhaltungselektronik spielt eine zentrale Rolle im Alltag der Gegenwart.

Gibt es eine Standard-DVD?

Nein, derzeit existieren verschiedene Formate parallel nebeneinander. Seit ihrer Einführung wird die DVD (Digital Versatile Disc) fortwährend erweitert und verbessert: Aktuell konkurrieren HDDVD (High Definition DVD), HDVMD (High Definition Versatile Multilayer Disc) und die sog. Blu-Ray Disc als Nachfolger der DVD miteinander auf dem Markt. Das größere Speichervolumen der DVD gegenüber der CD wird durch eine andere Abtastung möglich. Die Pits und Lands (s.S. 298) – und damit die Datenspur – stehen enger und dichter.

Der Laser der DVD-Technik nutzt blaue Strahlen, die eine genauere Abtastung ermöglichen als der rote Laser der CD. Hinzu kommt die Möglichkeit, mehrere Datenspuren auf einer Scheibe unterzubringen – entweder indem die Daten überschreibbar sind oder dadurch, dass die DVD auf beiden Seiten beschreibbar ist.

Lässt sich jede DVD mit jedem Gerät und überall abspielen?

Nein, die Hersteller von DVDs versehen ihre Produkte mit einem Regionalcode, der bewirkt, dass

Die DVD hat sich als Standard etabliert; die Aufzeichnung von Film oder Daten auf Magnetband ist im privaten Bereich so gut wie verschwunden.

Was ist Pay-TV?
Neben den öffentlich-rechtlichen Sendeanstalten und den kostenlosen Privatsendern gibt es Fernsehsender, die eine Gebühr für ihre Sendungen erheben. Die Sendungen erreichen zunächst verschlüsselt das Fernsehgerät; der Teilnehmer benötigt einen sog. Decoder (als Übersetzer) sowie eine Chipkarte, die in den Decoder eingelegt sein muss. Auf dem Mikrochip der Karte sind die Kundendaten gespeichert, nur bei einem gültigen Vertrag mit der Kabelgesellschaft wird das eingehende Fernsehsignal entschlüsselt.

z. B. eine nicht in Europa gekaufte DVD auf den meisten europäischen Abspielgeräten nicht angezeigt wird (d. h. angeschaut werden kann). Die Gründe liegen in der Vermarktung: Billigimporte sollen unterbunden werden und die DVD nicht vor der Filmpremiere auf dem jeweiligen Markt sein; des weiteren bedingen unterschiedliche Schnittfassungen eines Films die Regionalcodes – etwa wegen regional abweichender Jugendschutz-Richtlinien oder Moralvorstellungen.

Zur Zeit gibt es acht unterschiedliche Regionalcodes, sechs für unterschiedliche Territorien, ein unbesetzter und einen für internationales Territorium (Hohe See, Luftraum, exterritoriale Zonen).

Kann ich selbst eine DVD aufnehmen?
Ja, einige DVD-Formate lassen sich zur Aufzeichnung verwenden, zum Beispiel DVD-R (Recordable, einmal beschreibbar) und DVD-RW (Rewritable, mehrfach beschreibbar.) Man muss dazu allerdings einen DVD-Recorder verwenden, der (preiswertere) DVD-Player kann nur abspielen. Die komfortablen Festplatten-Recorder bieten die Möglichkeit, Fernsehsendungen aufzuzeichnen, währenddessen man ein anderes Programm sieht.

Wie sieht die Videothek der Zukunft aus?
Das Film-Verleihgeschäft wird voraussichtlich schon bald weitgehend über das Internet abgewickelt werden (ebenso über Versand-Videotheken). Eine weitere Konkurrenz für den Videoverleih stellt das Video on Demand genannte System dar, das in Zukunft vielleicht den Markt dominieren wird. Dabei erhält der Kunde über einen Internetzugang die Möglichkeit, einen Film auszusuchen und abzuspielen – entweder für eine begrenzte Zeit oder eine festgelegte Anzahl von Vorführungen.

Bei der Herstellung der Datenträger werden Reinraum-Bedingungen verlangt, geringste Verschmutzungen machen DVDs unbrauchbar.

INFORMATIONSTECHNIK

COMPUTER – WEIT MEHR ALS RECHNER UND SPIELGERÄT

Ein zentrales Bauelement elektronischer Geräte: Auf der Leiterplatte oder Platine werden einzelne Bauteile aufgebracht und verbunden.

Was ist das Binärsystem?
Computer rechnen (u. a.) im Binärsystem und können mit den Ziffern 0 und 1 jede beliebige Zahl darstellen: Dazu werden die Vielfachen (Potenzen) von 2 benutzt sowie die 0 und die 1(2^0). Gezählt wird dabei von rechts nach links. Die Zahl 14 zum Beispiel lässt sich in folgende Vielfache von 2 zerlegen: 8 (2 x 2 x 2 = 2 hoch 3) plus 4 (2 x 2 = 2 hoch 2) plus 2 (1 x 2 = 2 hoch 1) Im Binärsystem dargestellt lautet die Zahl 14 daher 1110. Von rechts nach links gelesen bedeutet das: keine 1, eine 2, eine 4, eine 8, zusammen 14. Der Vorteil dieser Methode liegt darin, dass im Computer alle Zahlen mit zwei Schaltstellungen dargestellt werden können – also mit ja/nein bzw. an/aus oder: vorhanden/nicht vorhanden.

Was heißt digital und analog?
Digitale Daten sind zeitlich und/oder räumlich genau von ihren Nachbardaten getrennt. Moderne Computer verarbeiten fast ausschließlich digitale Information, die exakte Werte haben (ja/nein oder 0/1). Analoge Daten können innerhalb eines begrenzten Bereichs jeden beliebigen Wert (also auch Zwischenwerte) annehmen.

Woraus besteht ein Computer?
In der Regel wird heute für Computer die sog. Von-Neumann-Architektur verwandt, die aus fünf Funktionseinheiten besteht: Rechenwerk, Steuerungswerk, Speicher, Ausgabe- bzw. Eingabegeräten sowie einem Verbindungssystem (Bus).
Das Hardware-Herzstück des PCs bildet die Hauptplatine, auch Motherboard oder Mainboard genannt. Sie enthält Leitungsbahnen und verbindet eine ganze Anzahl zentraler elektronischer Bauelemente – darunter:

> **Was sind Hardware und Software?**
> Mit Hardware (dt.: harte Ware) bezeichnet man die maschinentechnische Ausrüstung eines Computers und seiner Peripherie (d. h. alle an einen Computer angeschlossenen Geräte). Demgegenüber werden unter dem Sammelbegriff Software (dt.: weiche Ware) alle Computerprogramme erfasst, die sich in zwei Klassen unterscheiden lassen – Systemsoftware (z. B. Betriebssysteme, Organisations- und Dienstprogramme) und Anwendungssoftware (Textverarbeitungs- und Grafikprogramme, Spiele usw.).

– den Hauptrechner oder Prozessor (CPU=Central Processing Unit), der den Computer steuert;
– den Arbeitsspeicher RAM (Random Access Memory) für den direkten Zugriff des Benutzers;
– der Bios-Chip (Basic Input-Output System); dieses Bauelement speichert die Programme, die der Rechner sofort nach dem Einschalten ausführt;
– das Bus-System aus Leitungsbahnen, das für den Datei- und Signaltransport zwischen den einzelnen Komponenten des Rechners sorgt;
– die Erweiterungssteckkarten (z. B. Grafik-, Sound- oder Netzwerkkarten);
– weitere Schnittstellen zum Anschluss externer Geräte (z. B. CD- oder DVD-Laufwerke).

Die gespeicherten Daten werden auf der Festplatte gelagert: einer rotierenden Magnetscheibe, auf der Daten geschrieben und gelesen werden können.

Ein PC besteht darüber hinaus aus:
– der Anzeige bzw. Ausgabe – d. h. einem (oder mehreren) Bildschirm, Drucker u. a.;
– div. Eingabegeräten – wie Tastatur, Maus oder sog. Touchscreen (Kontaktbildschirm, dessen Oberfläche z. B. den Druck eines Fingers über Sensoren registriert, und über den Daten eingegeben werden können) sowie eine Vielzahl weiterer externer Geräte.

Was sind Microchips?

So werden integrierte Schaltkreise bezeichnet, elektronische Bauteile, die aus einem Guss gefertigt sind und auf kleinster Fläche komplexe Schaltungen ermöglichen. Früher wurden elektronische Bauteile auf einer Leiterplatte, einer Platine, angeordnet und verbunden. Die stetige Verkleinerung dieser Schaltkreise bis hin zum Chip macht moderne Computer-Technik und Elektronik erst möglich. Zum Vergleich: Ein Transistor war vor zwanzig Jahren etwa doppelt so groß wie ein Streichholzkopf; heute pas-

Im Binärsystem findet bei jeder Potenz von 2, also bei 4, 8, 16, usw. eine Erweiterung um eine Stelle statt, es kommt eine neue Zahl (von rechts nach links!) hinzu.

Potenzen (Vielfache) von 2	2^6	2^5	2^4	2	2	2^1	2^0
Im Zehnersystem (Dezimalsystem)	64	32	16	8	4	2	1
Im Binärsystem dargestellt die 1							1
Im Binärsystem dargestellt die 2						1	0
Im Binärsystem dargestellt die 4					1	0	0
Im Binärsystem dargestellt die 8				1	0	0	0
Im Binärsystem dargestellt die 16			1	0	0	0	0
Im Binärsystem dargestellt die 32		1	0	0	0	0	0

Zwischenwerte lassen sich natürlich auch darstellen: die 3 besteht aus einer eins (2^0) und einer 2 (2^1), die 19 aus einer 1 (2^0), einer 2 (2^1) und einer 16 (2^4).

Im Binärsystem dargestellt die 3						1	1
Im Binärsystem dargestellt die 19			1	0	0	1	1

Eine Sprache der digitalen Welt: Das Binärsystem ist eines der Haupt-Systeme, in denen Computer rechnen. Die Basis bilden Potenzen der Zahl 2.

Der Umgang mit und das Lernen über den Computer halten verstärkt Einzug in die Ausbildung, nicht nur an Schulen.

Das winzige, aber unverzichtbare Herzstück der digitalen Revolution: der Mikrochip.

sen auf die Fläche eines Chips – also auf kaum mehr als einen Quadratzentimeter – bis zu einer Milliarde Transistoren!

Warum brauche ich ein Betriebssystem?
Das Wort Betriebssystem bezeichnet die Software, die der Rechner zum Betrieb benötigt – d. h. zur Verwaltung der gespeicherten Daten, für die Kommunikation mit angeschlossenen Geräten u. a. Dieses Betriebssystem stellt unter anderem dem Benutzer (User) eine grafische Oberfläche zur Verfügung (zur Verwaltung der Informationen und zur Ein- und Ausgabe der Daten); sie fungiert als Übersetzer zwischen der Maschinensprache und der des Menschen.

Mitarbeiter der europäischen Organisation CERN erforschen das Wesen der Materie, der Computer ist dabei unverzichtbar.

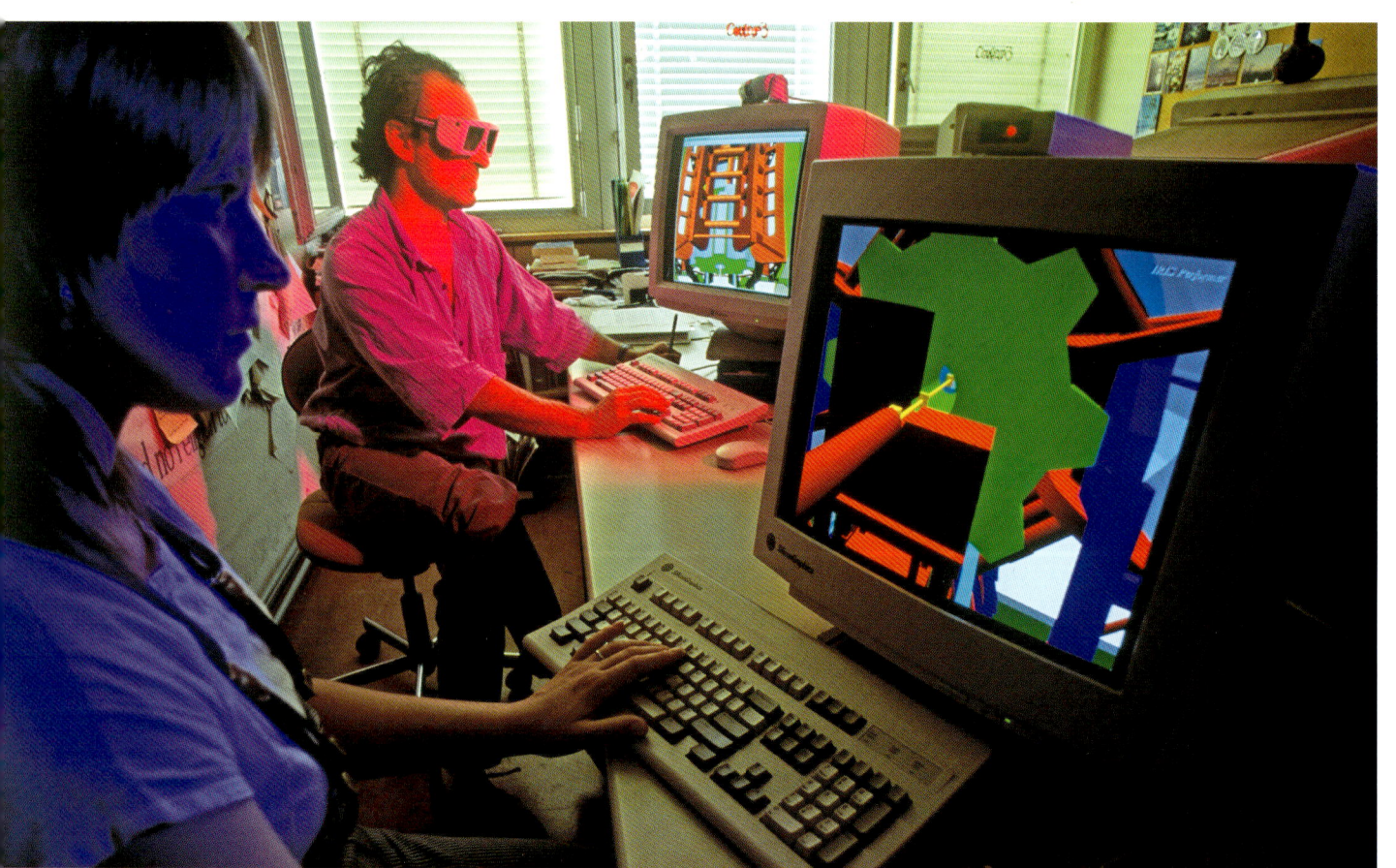

Wie funktioniert USB?
Der USB (Universal Serial Bus Controller) ist ein Datenbus und kontrolliert ein System zum Austausch von Daten mit mehreren Geräten am Computer. Einer der Vorzüge dabei ist das sog. Hot Plugging: Während des Betriebs können Verbindungen gelöst und neue hergestellt werden. Zusätzliche Geräte mit geringem Stromverbrauch können auch direkt über diese Schnittstelle mit Strom versorgt werden. Die USB 2.0-Steckverbindung hat sich heute als Standard durchgesetzt und den veralteten Standard 1.0 (1.1) abgelöst.

Was sind virtuelle Welten?
Leidenschaftliche Computerfreaks suchen neben der wirklichen Welt häufig ein zweite, elektronische – virtuelle – Welt auf. Computerspiele machen darin einen großen Teil aus. Sie lassen sich grob einteilen in: Jump-and-Run-Spiele (engl. hüpfen und laufen), hier ist bildhaft die Aufgabenstellung beschreiben, in der es meist darum geht, auf relativ unblutigem Niveau Gegner zu besiegen; sog. Ego-Shooter, bei denen der Spieler mit zum Teil erheblicher Gewalt versuchen muss, seine (Spiel-) Existenz gegen virtuelle Gegner zu verteidigen, sowie Simulationen verschiedenster Art. Rollen- und Strategiespiele stehen hier neben Flugsimulatoren und Autorennen. In diesem Bereich sind regelrechte Neben-Welten entstanden, in denen mancher User mehr Zeit verbringt als im wirklichen Leben.

INFORMATIONSTECHNIK

Die Homepage der Suchmaschine Google gehört zu den meist geklickten der Welt.

INTERNET – DAS DIGITALE UNIVERSUM

Ist Internet und WWW das Gleiche?
Nein, auch wenn das Internet und das World Wide Web (WWW) oft gleichgesetzt werden, ist das sachlich nicht richtig. Der Begriff Internet bezeichnet alle überregional verbundenen Netzwerke – das WWW ist nur eines davon. Andere Dienste sind z. B. E-Mail für den elektronischen Postversand, TELNET als eine weitere Form des Internet-Protokolls (s. S. 294, Http) oder IRC als rein textbasiertes Netz für den Chat (Internet-Unterhaltung mit mehreren Teilnehmern). Dass das WWW für das Internet schlechthin gehalten wird, liegt wohl an seiner Verbreitung: Die Mehrzahl der Surfer benutzt diesen Dienst.

Was ist eine Homepage?
Die Homepage oder auch Startseite ist die erste Seite, die man beim Besuch einer Website öffnet; sie bildet sozusagen die Eingangshalle (Portal). Dort findet man Schaltflächen, die beim Anklicken zu weiteren Seiten und ausführlicheren Informationen führen.

Was bedeuten die Begriffe „Upload" bzw. „Download"?
Damit wird die jeweilige Richtung des Datenstroms im Internet bezeichnet: das Herunterladen bzw. das Hochladen. Beim Surfen – also dem Herumstöbern im Internet – werden in erster Linie Daten vom Server zum Internetnutzer übertragen; hier spricht man von Download. Betreibt jemand – in der Sprache des Internets ein Kunde (Client) – eine eigene Webseite und möchte dort seine neuesten Errungenschaften, Informationen, Termine u.v.m. zeigen, so schickt er seine Daten zum Server hin: Das ist dann ein Upload.

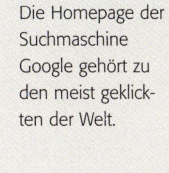

Tim Berners-Lee (*1955) – der Erfinder des Internet – am MIT, dem Massachusetts Institute of Technologie, in Cambridge, Massachusetts.

INFORMATIONSTECHNIK

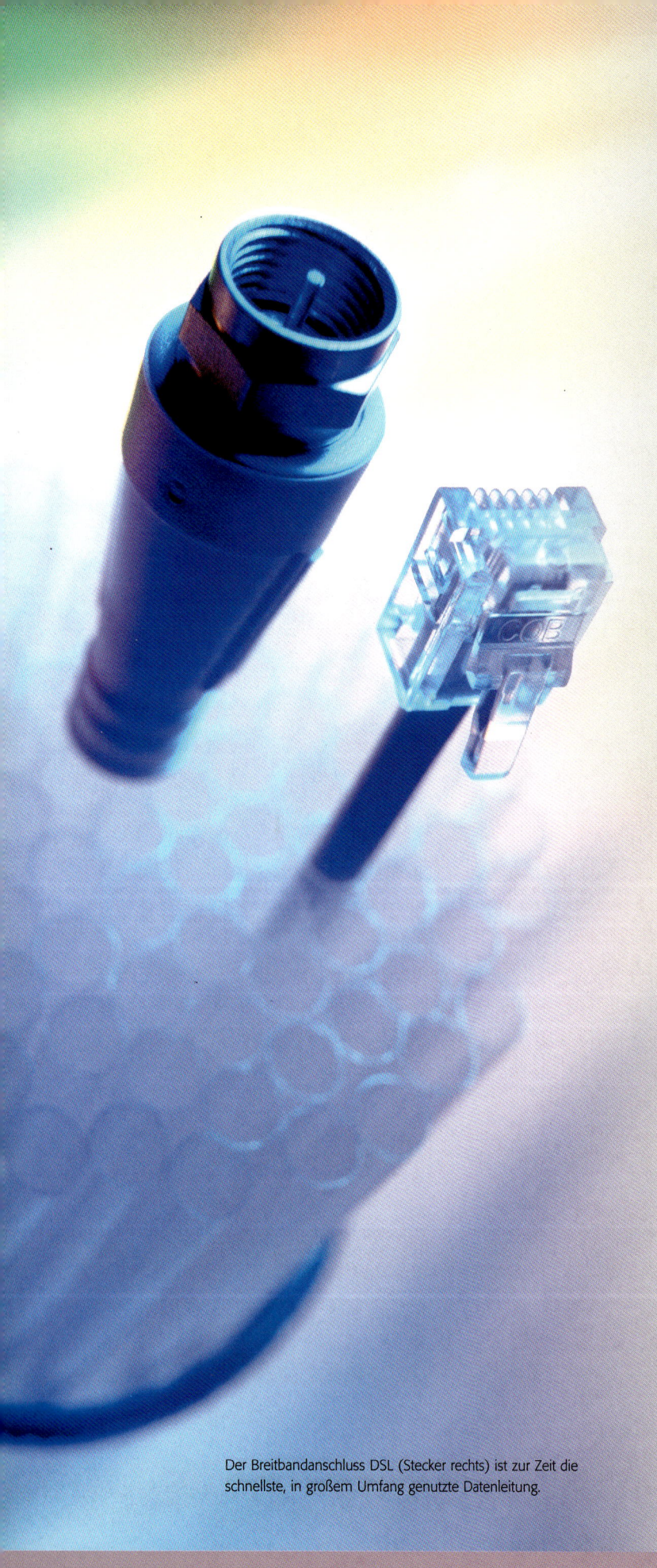

Nachrichtendienst – Im Hauptquartier der CIA (Langley, Virginia) überwacht ein Mitarbeiter das eigene Netzwerk.

Ist Http eine Sprache?

Nein, HTTP (Hypertext Transfer Protocol) benennt ein Protokoll, das die Regeln definiert, nach denen im WWW Informationen ausgetauscht werden – etwa so, wie ein Protokoll bei Staatsbesuchen den Ablauf der Ereignisse festlegt.

Dieses Protokoll vermittelt zwischen den Teilnehmern im Internet: zwischen dem Surfer an seinem PC (Client) und dem Datenlieferanten (Server). Anhand des HTTP-Vorspanns (sog. Header) erkennt der Server, ob der Kunde eine Seite besuchen oder ob er Daten auf dem Server ablegen will.

Wer hat das Internet erfunden?

1958 wurde in den USA die Forschungsbehörde Defense Advanced Research Projects Agency – (D)ARPA – vom US-Verteidigungsministerium gegründet. Eine Dekade später verfügte ARPA über ein (zunächst landesweites) Netzwerk, das vier Rechenzentren verband. Dieses Netzwerk unter dem Namen ARPAnet gilt als Vorläufer des Internets; seine Weiterentwicklung führte zu einer einheitlichen Grundlage für verschiedene Datenübertragungsmechanismen, die ab 1973 als Internet bezeichnet wurde.

Wie schnell kann man surfen?

Die Geschwindigkeit, mit der Internetseiten übertragen und beim Kunden angezeigt werden, hängt in erster Linie von der Transportkapazität der jeweiligen Leitung ab. Der analoge Transport über die Telefonleitung und ein Modem, das die digitalen Signale des Computers in analoge umsetzt, ist der langsamste (und wird heute kaum noch genutzt). Das digitale Telefonnetz ISDN erlaubt im Vergleich dazu eine deutlich höhere Übertragungsrate. Der heute schnellste Zugang zum Internet – DSL (Digital Subscriber Line) – stellt eine Breitband-

Der Breitbandanschluss DSL (Stecker rechts) ist zur Zeit die schnellste, in großem Umfang genutzte Datenleitung.

Verbindung dar, die höchste Übertragungs-Geschwindigkeiten ermöglicht.

Was ist ein WLAN?
Hinter diesem Kürzel verbirgt sich ein kabelloses Lokales Netzwerk. WLAN (Wireless Local Area Network) ermöglicht eine Funk-Verbindung zwischen mehreren Rechnern sowie ins Internet. Dabei können die Rechner sogar in verschiedenen Stockwerken oder Häusern stehen. Eine zentrale Sende- und Empfangsstation – der sog. Router – kontrolliert die einzelnen Teilnehmer des Netzwerks und verfügt in der Regel über einen Internetzugang. WLANs werden aber auch als private wie firmen-interne Netzwerke genutzt. Da die Funkwellen Steinmauern durchdringen, kann die Strahlung mit jedem Rechner empfangen werden. Das schafft ein erhöhtes Sicherheitsrisiko. Um zu verhindern, dass jemand auf Kosten eines fremden Internet-Kontos surfen oder sich unberechtigt Zugang zu anderen Computern verschaffen kann, sollten deshalb die Daten vor der Übertragung durch WLAN verschlüsselt werden (dafür gibt es diverse Verschlüsselungssysteme).

Wozu dient ein Hot Spot?
Innerhalb der öffentlichen WLAN- Netze finden sich (meist gebührenpflichtige) sog. Hot Spots – Orte, an denen man mit einem Laptop oder PDA (Personal Digital Assistant = Kleincomputer) eine Funkverbindung zum Internet aufbauen kann. Internet-Cafés, Hotels, öffentliche Gebäude oder Verkehrsknotenpunkte wie Flughäfen und Bahnhöfe bieten solche Hot Spots an.

Was sind Computer-Viren?
Mit dem Siegeszug des Internets entwickelte sich eine neue Form von Kriminalität: der Angriff auf fremde Rechner und Netzwerke. Die schädlichen Programme (sog. Malware, aus: Software + malicious, dt.: böse) werden in der Regel über Dateianhänge verbreitet – z. B. beim Besuch unseriöser Internet-Seiten oder über bereits infizierte E-Mail. Mögliche Schäden durch Malware sind Datenverlust oder das Bekanntwerden sensibler Daten, Server können zusammenbrechen und PCs vollkommen den Dienst verweigern.

Die einzelnen Grundtypen der Angreifer sind:
– Viren, die sich (wie ein echter Virus) selbst ver-

Weltweit surfen: Internet-Cafés auf der ganzen Welt bieten ihren Kunden einen Zugang zur digitalen Welt der Information.

INFORMATIONSTECHNIK

Bequemlichkeit pur: Das Homebanking – Bankgeschäfte über das Internet – verzeichnet enorme Zuwachsraten.

Die Schattenseiten der Informationsgesellschaft: Der Virus „I Love You" aus dem Jahr 2004 hat einen Rechner infiziert.

lich riskant – ebenso wie das Öffnen von E-Mails unbekannter Absender.

Macht eine Firewall das Surfen sicher?
Die Firewall (dt.: Brandmauer) bewahrt Netzwerke und Rechner vor unberechtigtem Zugriff. Man unterscheidet zwei Arten: die Personal Firewall, die auf einem Computer vor Viren und anderen Angriffen schützt, ist eine Software. Als Netzwerk-Firewall bezeichnet man einen Rechner oder Router (der verschiedene Netzwerke verbindet), der zwischen dem vertrauenswürdigen internen (z. B. Firmen-) Netzwerk und dem (externen) Internet trennt. Hier werden alle ein- und ausgehenden Daten auf Viren und Ähnliches geprüft und diese ggf. bekämpft. Firewalls gewährleisten einen relativ hohen Grad an Datensicherheit, machen jedoch einen Virenscanner keineswegs überflüssig.

mehren, massenhaft ausbreiten und den befallenen Rechnern Schaden zufügen;
– Trojaner verstecken sich in scheinbar harmloser Software; fortgeschrittene dieser Übeltäter können ständig im Hintergrund arbeiten und über eine Spionage-Software (Spyware) persönliche Daten und Kennwörter an den Erzeuger des Trojaners senden.
– Würmer werden ebenfalls durch Software übertragen, versenden sich aber auch selbst per E-Mail.

Ohne ein ständig aktualisiertes Virenschutz-Programm im Internet zu surfen, ist daher grundsätz-

Ist Online-Banking sicher?
Im Prinzip ja, Banken und Kreditkartenunternehmen nutzen verschiedene Techniken zur Absicherung der Geldgeschäfte im Internet. Zusätzlich zum SSL-Protokoll (Secure Sockets Layer) – das die Daten des Zahlungsverkehrs verschlüsselt – erhält der Kunde eine PIN (Personal Identification Number = Geheimnummer). Eine nur einmalig benutzte TAN (Transaktionsnummer), die bei jedem Zahlungsverkehr eingegeben wird, sichert zusätzlich ab.

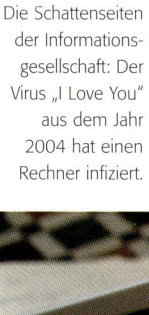

INFORMATIONSTECHNIK

Surfen, Lernen, Spielen, Chatten – für Heranwachsende ist die Nutzung der digitalen Welten selbstverständlich geworden.

> **Was bedeutet Phishing?**
> Mit diesem Begriff wird eine Variante des Online-Betrugs bezeichnet. Der Betrüger versendet dabei offiziell wirkende E-Mails (z. B. von Banken, Internetauktionshäusern, Telefongesellschaften). Darin wird der Empfänger aufgefordert, Geheimzahlen oder Kennwörter seiner Bankkonten oder einer Kreditkarte zurückzusenden. Diese Daten ermöglichen Fremden den Zugriff auf das Bankkonto ihres Opfers.

Bin ich im Internet anonym?
Anonymität ist im Internet nicht automatisch gewährleistet – denn jeder Computer, der an das Internet angeschlossen ist, erhält vom Provider, dem Service-Anbieter, eine IP-Adresse zugewiesen, die sich mit einer Telefonnummer vergleichen lässt. Privatpersonen erhalten in der Regel für jede Einwahl ins Netz eine neue IP-Adresse, Server hingegen haben feste Adressen. An Hand dieser Ziffern lässt sich jeder Rechner im Internet lokalisieren und identifizieren (z. B. im Zuge der Verfolgung einer Straftat).

Was ist ein Browser?
Ein Browser (eigentlich Web-Browser, von engl. browse: stöbern) ist ein Computer-Programm zum Anzeigen von Webseiten. Mit Hilfe eines Browsers können Internetseiten betrachtet, aber nicht verändert werden. Im Unterschied dazu lassen sich mit einem sog. Editor Daten auf einer Internetseite verändern.

Wie kann man Kinder vor jugendgefährdenden Internetseiten schützen?
Dafür gibt es spezielle Filter: Diese Software kann den Zugang zu Seiten mit unerwünschtem Inhalt sperren. Die meisten dieser Filter orientieren sich dabei an regelmäßig überarbeiteten Listen einschlägig bekannter Anbietern. In den aktuellen Browsern der großen Software-Unternehmen sind diese Filter bereits integriert.

Wie findet man eine Seite im Internet?
Internetseiten mit Suchfunktion – sog. Suchmaschinen – durchsuchen das Internet und stellen Listen von Webseiten zusammen, deren Einträge direkt mit den entsprechenden Seiten verlinkt sind. Eine andere Möglichkeit sind sog. Links (dt.: Bindeglied, Schaltflächen, die eine weitere Website öffnen). Man findet sie beim Besuch der Homepage von Webseiten; dort kann man sie anklicken und wird zur entsprechenden Seite weitergeleitet.

Kann man über das Internet telefonieren?
Ja – mit dem sog. Voice over IP (VoIP). Damit und mit einer Internet-Flatrate kann man ohne weitere Kosten telefonieren. VoIP-geeignete Telefone können direkt an ein Netzwerk angeschlossen werden; konventionelle Telefon-Endgeräte müssen über eine Zwischenstation angebunden werden. Zu Beginn der Internet-Telefonie war ein Headset, ein Kopfhörer mit angeschlossenem Mikrofon, der Standard. Die DSL-Datennetze können beim Telefonieren über das Internet wesentlich größere Datenmengen transportieren als herkömmliche Leitungen.

INFORMATIONSTECHNIK

MUSIK – DIE DIGITALE ÄRA

Vom Vinyl zum Polycarbonat – optische Datenspeicher haben die Schallplatte im Massengeschäft weitgehend abgelöst.

Wie kommt der Schall auf die CD?

Musikdaten werden in Form einer von innen nach außen führenden Spirale aus mikroskopisch kleinen Vertiefungen (Pits) und Erhebungen (Lands) auf die CD gepresst. In der Industrie geschieht das mit einem sog. gläsernen Master – zu vergleichen mit einem Stempel. Das Material der CD – Polycarbonat – wird nach der Prägung einseitig mit einer Aluminiumschicht verpresst.

Bei einem privat genutzten CD-Brenner wird das Polycarbonat der CD – bereits mit der reflektierenden Aluminium-Schicht zusammengepresst – von einem Laser teilweise aufgeschmolzen; auf diese Weise werden die Pits und Lands erzeugt.

Wie arbeitet ein CD-Player?

Ein Laser tastet hier die CD ab und wird dabei von der Aluminiumschicht auf der Rückseite der Scheibe unterschiedlich reflektiert – je nachdem, ob er auf ein Pit oder ein Land fällt. Danach werden die digitalen Signale in analoge umgewandelt. Ein Player gibt die Musik nur wieder; mit einem CD-Brenner hingegen können CDs erstellt und abgespielt werden.

Was ist Kopierschutz?

Nicht jeder Datenträger lässt sich kopieren; der Kopierschutz auf CD, DVD und im Internet soll das unbefugte Vervielfältigen von Musik- oder Videodaten verhindern und dient dem Schutz des Urheberrechts. Allerdings zeigt die Praxis auch andere Möglichkeiten: Einer der größten Software-Hersteller und Anbieter eines populären MP3-Players bietet – zusammen mit einem der größten

Dr. Theodore H. Maiman konstruierte den ersten arbeitenden Rubin-Laser (Light Amplification by Stimulated Emission of Radiation) und schuf damit die Grundlagen für die heutige Technik.

Plattenlabel – seit April 2007 MP3-Dateien ohne Kopierschutz an.

Was ist DRM?

Um die illegale Vervielfältigung von Musikdateien im Internet einzudämmen, setzen viele Online-Musikshops auf DRM (Digital Rights Management – Digitales Rechteverfahren).

Dies ist nichts anderes als eine Nutzungseinschränkung, um die Urheberrechte zu wahren: Mit einem in der Datei eingebundenen Schlüssel kann festgelegt werden, wie oft ein Titel abgespielt, kopiert oder auf CD gebrannt werden darf. Dateien mit DRM-Einschränkungen können nur mit speziellen Programmen oder Geräten wiedergeben werden, die das Verfahren unterstützen.

Das digitale Wasserzeichen

Eine weitere Maßnahme, um die unerlaubte Verbreitung von Musikdateien aus Online-Shops zu verhindern, ist der Einsatz digitaler Wasserzeichen. Eingebunden in die Musikdaten werden z. B. Kundendaten, die mit für das menschliche Ohr unhörbaren Tönen verschlüsselt werden. Die Qualität wird dadurch nicht beeinträchtigt.

Was ist MP3?

MP3 ist ein Verfahren zur Kompression von Daten, angepasst an den nur begrenzten Bereich menschlichen Hörvermögens (maximal zw. 20 Hz und 20 kHz). Dabei werden die Daten nicht hörbarer Töne vor der eigentlichen Kompression herausgefiltert (was die Datenmenge erheblich verringert). Um Video- und Audiodaten auf dem begrenzten Volumen einer CD standardisiert speichern zu können, wurde das MPEG-Regelwerk (auch ISO-MPEG) festgelegt. MPEG steht für Moving Pictures Expert Group und bezeichnet einen Zusammenschluss von Firmen und Instituten. MP3 (offiziell Audio Layer 3) ist zum lizenzpflichtigen Standard der Musikindustrie geworden. Darüber hinaus gibt es weitere Musikdaten-Kompressionsverfahren.

Wie bestücke ich meinen MP3-Player?

Es gibt zwei grundsätzliche Wege zur Beschaffung von MP3-Dateien: Man kann sie über sog. Downloadportale aus dem Internet (kostenlos oder kostenpflichtig) auf den PC laden oder aber selbst herstellen, indem z. B. mittels eines speziellen Programms die eigenen Musik-CDs „gerippt" (von engl. rip: reißen, trennen), komprimiert und auf dem Computer gespeichert werden. Anschließend kann man den Player damit bestücken: Je nach Modell brennt man entweder eine CD-R und legt diese ein, oder man kopiert die Dateien via USB-Schnittstelle direkt vom Computer auf den MP3-Player – vorausgesetzt, dieser hat eine Festplatte oder eine Flash-Speicherkarte.

Der Walkman hat ausgedient: MP3-Player speichern dank einer Datenkompression das Vielfache einer Magnetband-Kassette.

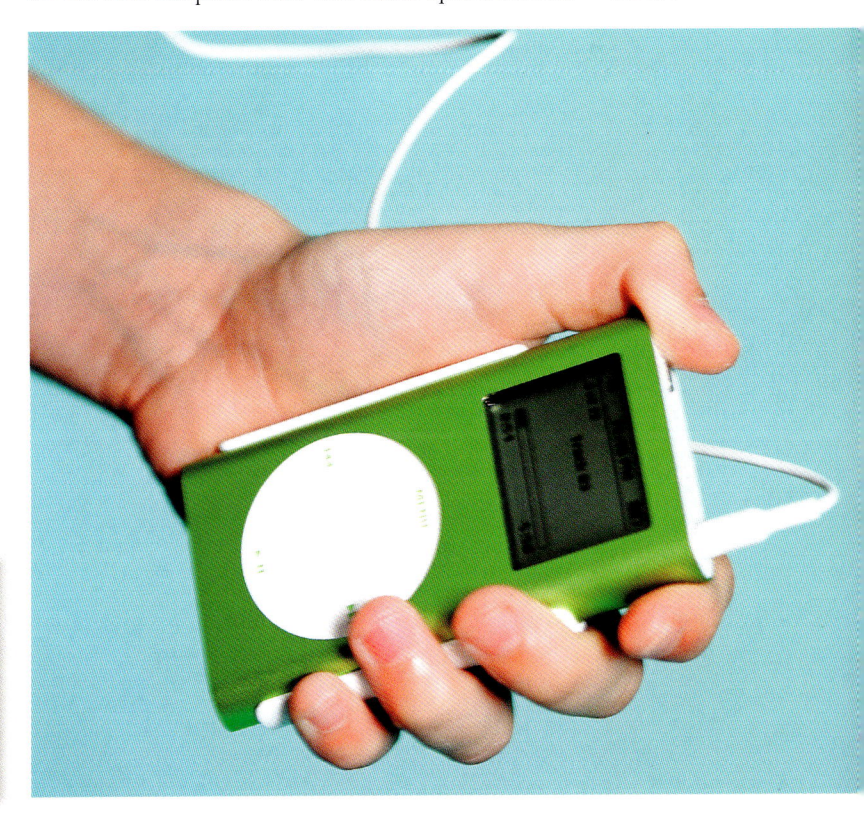

INFORMATIONSTECHNIK

REGISTER

Abfälle, radioaktive 240f
Absorber 245
Abu Ali al Hasan Ibn al Haithan 38
Abwässer 89, 217
Abwasserreinigung 217
Achterbahn 16
Ackerbau 217
Acrylamid 109, 112
Aerodynamik 22
Aggregatzustände 74f
   Gasphase 74
   Plasma 74
Agrarwissenschaft 115
Ägypten 66
AIDS 155
Airbus A 380 268, 270, 271
Akkus 94, 95
Albinismus 128
Alchemie 66f
   Stein der Weisen 66
Algen 122, 133
Algenblüte 89, 99
Alphastrahlung 27
Alpha-Zerfall 26
Alzheimer 155
Amalgam 85
Amphibien 139
Analogie 129
Anatomie 167
anatomische Studien 166
Antennen 286
Antibiotika 132
Antigravitation 53
Antimaterie 53
Antiseptik 194
Antwerpen 234
Archaeopteryx 125
Archimedes 13, 38
Architektur 162
Artensterben 49
Artenvielfalt 124ff
Atemschrittmacher 193
Atmosphäre 216, 218ff, 225, 246
   Himmelblau 219
   Infrarotfenster 219
   Kohlendioxid 219
   Ozon 96f, 218
   Ozonloch 96f, 219, 220
   Ozonschicht 96f
   Sauerstoff 218
   Schwebstoffe 218
   Smog 219
   Stockwerke 218
   Strahlung 218, 219
Atmung 121
Atom 15, 18, 63, 64, 68f, 70, 117
   Atomkern 15, 18, 24, 26, 44, 52
   Elektronen 68
   Kohlenstoffatom 68
   Ladung 69
   Lithiumatom 12
   Orbitale 68f
   Orbitalmodell 69
   Wasserstoffatom 19
Atombombe 20, 28
Atombombentest 21
Atomenergiebehörde 240
Atomkern 201
Atommüll 28, 29
Atomphysik 64
Atom-U-Boote 267
Auftrieb 13, 268, 269
Augenkrankheiten 181
Australopithecus 140
Austro-Daimler 252
Auto 249, 251, 252ff
   ABS 253
   Airbag 254
   AWAKE 255
   Brennstoffzellenantrieb 255
   Crashsensoren 254
   Elektrofahrzeuge 254f
   ESP 253
   Hybridfahrzeuge 255
   intelligentes 255
   Katalysator 254
   Navigationsgeräte 255
   Viertaktmotor 153
Autoabgase 80, 81
Autoklav 194
Automobilindustrie 253
Autopsie 199f

Badlands 226, 227
Bakterien 118, 120, 130ff, 158
   Prokaryonten 130
   Propioni-Bakterien 159
Basen 86f
Bathyscaph ‚Trieste' 266, 267
Batterie 33, 94, 95
   Autobatterie 94, 95
   Galvani, Luigi 94
   Volta, Allessandro 94
Bauwesen 256
Bazillen 130
Beamen 57
Beamer 287
Befruchtung, künstliche 203
Benz, Carl 252
Benzin 15
Berners-Lee, Tim 293
Bernoulli-Effekt 22
Bestäuber 134
Bestimmung, radiometrische 125
Beta-Zerfall 27
Beton 71
Bewegungsenergie 71, 75
Bier 159
Bimsstein 88
Binnenwasserstraße 265
Biodiesel 247
Bioindikatoren 229
Biolumineszenz 139
Biomasse 246, 247
Bionik 162f
Biophysik 64
Biotop 144
Biozönose 117, 144
Blasenschrittmacher 193
Blattquerschnitt 134
Blindenschrift 182
Blitz 12, 33
Blitzableiter 35, 107
Blue Jeans 82f
Bluetooth 284
Blutkreislauf 167
Bodenkunde 207, 226f
   Bodenhorizonte 226
   Erosion 227
   Fruchtbarkeit 226
   Löss 226f
   Permafrost 226
   Porosität 227
   Überweidung 227
Bodenschätze 232ff
   Edelmetalle 233f
   Edelsteine 232, 234
   Erdgas 232
   Erdöl 232
   fossile 232
   Goldsucher 233
   Kohle 232
   Rubine 234
   Saphire 232
   Smaragde 233
Boeing 271
Bogenschießen 15
Bohr, Niels 68
Bohrung 209
Bose-Einstein-Kondensat 45, 74
Braille-Schrift 182, 183
Brandrodung 145
Brauner Zwerg 54
Braunkohle 236f
Brechungsindex 75
Brehm, Alfred 146
Brennstoffe, fossile 235ff
   Braunkohle 235

Erdgas 235f
Erdöl 235, 236
Brennstoffzelle 95, 246, 247
Brillant 93
Brillen 38, 180
Bronze 84, 85
Brücken 256ff
   Balkenbrücken 258
   Bogenbrücken 258
   Hängebrücken 258, 259
BSE 113
Buckelwale 138
Bypass-Operation 179

C14-Methode 27
Campbell, Colin 235
Cassiopeia A 53
CD-Brenner 298
CDMA 282
CD-Player 39, 298
CeBIT 287
CERN 292
Chirurgie 167, 188
   plastische 196f
   ästhetische 196
   rekonstruktive 196
   Verbrennungschirurgie 196, 197
Chlodwig 84
Chloratome 70
Chlorophyll 30, 135
Chromosomen 71, 155
Computer 171, 173, 200, 204, 223, 279, 290ff
   Betriebssystem 292
   Binärsystem 290, 291
   Hardware 290
   Microchips 291, 292
   Platine 290, 292
   Software 290, 292
   Von-Neumann-Architektur 290f
Computerspiele 292
Computertomografie 170, 171, 173, 176
Computer-Viren 295
Concorde 269f
Conroy, Jack 270
Cowan, Clyde L. 19
Creutzfeld-Jakob-Krankheit 113
Crick, Francis 153
Curie, Marie 27
Cyanobakterien 130

Dämme 217
Dampf 41, 238
Dampflok 41, 249
Dampfmaschine 260
Darmschrittmacher 193
Darwin, Charles 127
Datenbank, genetische 118
Datenträger 289
Datenübertragung 280
DDT 143
Defibrillator 191
Deiche 217
Dekoder 289
Demokrit 18, 19
designed food 161
Desinfektionsmittel 131
Detektor 21, 173, 201
Diagnostik 165, 166, 171, 205
Dialyse 190, 191
Diamant 92, 93, 232, 233, 234
   Cullinan 234
   Stern von Afrika 232
Dichte 13
Dimensionen 58f
Dioxin 112, 103
Dirac, Paul 13
DMSP 225
DNA 71, 109, 120, 128, 131, 141, 152f, 154, 156
   Junk-DNA 153
DNS 71

Dolly 156, 157
Doppelhelix-Struktur 153
Doppler-Effekt 54
Drais, Karl 250, 251
Draisine 250, 251
Drei-Schluchten-Damm 265
Druck 93, 238, 268
Druckspannung 213
DSL 281, 294, 297
Dünger 98f
   Gülle 98, 99
   Jauche 98
Düngung 227
DVD 288f
   Player 39
Dynamit 78

Echolot 176
Edelgas 72, 75, 100
Edelsteine 92
EEG 174
Eigentransplantat 187, 188, 189
Einstein, Albert 46, 47
Einzeller 117
Eis 23, 40, 75, 90, 91, 93, 216
Eisen 84, 209
Eisenäxte 84f
Eisenbahn 249, 260ff
   Dampflok 260
   Elektrolok 261
   Magnetschwebebahn 262f
   Semmeringbahn 260
   Spurweiten 262
   TGV 262
   Transrapid 263
   Triebfahrzeug 261
Eisen-Gallustinte 83
Eisenhütte 85
Eiskristall 75
Eiszeiten 210ff, 230
   Ausdehnung 211
   Entstehung 210
   Gletscher 210f
   Moränen 211
   Riss-Eiszeit 211
EKG 174f
El Dorado 234
Elektrizität 32, 33
   Ampére 32
   Dynamo 32
   Generator 32, 33
   Gleichstrom 33
   Hochspannungsleitung 33
   Isolator 32
   Ladung 32
   Leiter 33
   Plasma 32
   Stromschlag 32
   Volt 32
   Wechselstrom 33
Elektrolyse 94
Elektronen 18
Elektronenmikroskop 57, 119, 201
Elektronenröhre 281
Elektrosmog 285
Elementarteilchen 11, 18, 24, 25, 42, 56
Elemente 63, 67, 69, 72, 73
E-Mail 279, 296, 297
Embryo 151
Emissionen 245
Endoskopie 178f
   Laserendoskopie 178
   Operationen 179
   Videoendoskopie 178
Energie 14f, 20, 21, 25, 76
   Bewegungsenergie 14
   chemische 31
   elektrische 238
   kinetische 43, 44, 79
   mechanische 41
   potentielle Energie 14
Energie, erneuerbare 242ff
   Sonnen- 242

Wasser- 242
Wind- 242
Energiebedarf 239, 243
Energieerhaltung 43
Energiesparlampen 101
Energieträger, fossile 242
Energie-Zeit-Unschärfe 42
Entropie 41
E-Nummer 83, 161
Enzyme 81, 109, 112, 161
Enzymhistochemie 201
Erbgut 132
Erbsubstanz 112
Erdanziehung 15
Erdatmosphäre 277
Erdbeben 225
    Frühwarnsysteme 224
    Richter-Skala 213
    San Francisco 213
    Vorhersage 213f
Erdbeobachtungssatelliten 224f
Erde 13, 16, 48, 58, 207
    Entstehung 209
Erdkern 209
Erdkruste 208, 209
Erdmantel 209
    Schwerefeld 11
Erdgeschichte 116, 208f
Erdklima 111
Erdkruste 213
Erdöl 110, 111
Erdölraffinerie 110
Erdrotation 221
Ernährung 140
Essig 159
Ethologie 146
Eurotunnel 257f
Evolution, konvergente 129
Evolutionstheorie 125ff
Explosion 79

Fahrrad 250, 251
    Kettenschaltung 250
    Nabenschaltung 251
Faktoren 142
    abiotische 142
    biotische 142
Faradayscher Käfig 33
Farben 82f
Farbstoffe 65
Fast-Food 160
FCKW 220
Felder 36
Fermentation 160
Fermi, Enrico 19
Ferndiagnose 205
Fernerkundung 224f
Fernseher 286ff
    Bildformate 287
    Bildröhre 286
    Kabelnetze 286
    Laser 286, 287
    LCD 286, 287
    Plasma 286
    Satellitenantenne 286
    Sendemast 286
Feststoffe 92
Fette 108, 109
Fettsäuren 108, 109
Feuer 65, 77, 116
Feuerwerk 79
Feynman, Richard 57
Fingerabdruck 154f
    daktylischer 154
    genetischer 153, 155
Firewall 296
Fische 139
Flaschenzug 13
Flechten 122
Fleming, Alexander 167
Fliver 281
Flugboote 271
Flughafen 272, 273
    Terminals 273
    Wartungshallse 273

Flughafensicherheit 273
Fluglotsen 272f
Flugzeuge 162, 249
Fluorchlorkohlenwasserstoffe 97
Flüssigkeitsphase 75
Forensik 199
Fossilien 124, 125
Fotovoltaik 245
Frisch, Karl von 146
Funk 280ff
Frequenz 280
    Hertz 280
    Sendestationen 280
    Wellenlängen 280
Funkwellen 280

Galaxien 51, 52, 55
Galaxienhaufen 39
Galilei, Galileo 17
Galvani, Luigi 94
Gammaquant 21
Gammastrahlen 21, 26, 27
Gamma-Zerfall 27
Gärung 81, 160
Gasmoleküle 80
Gasphase 40, 41, 64, 75
GAU 240, 241
Gelenk, künstliches 187, 189
Gell-Mann, Murray 24, 25
Generator 244
Genetik 150ff, 167
    Chromosomen 151, 152
    DNA 151
    Erbinformationen 151
    Genforschung 202f
    Erbkrankheiten 202
Genom 118
Gentechnik 156f, 202
    gelbe 157
    graue 157
    grüne 157
    Klonen 157
    Risiken 156f
Geodäsie 225
Geografie 207
Geologie 12, 207
Geschlecht 152
Geschwister 151
Gesteine 92f, 208f
    Magmatite 208
    Metamorphite 208f
    Meteoritengestein 209
    Sedimentgesteine 208
Gewitter 33, 34f
    Aufwind 34
    Blitzableiter 35
    Blitzkanal 35
Gewitterwolke 35
    Hagel 34
    Kugelblitz 34, 35
    Ladung 34
    Spannung 35
Gezeitenkraftwerk 242, 243, 244
Glas 75, 87, 104, 106
Gletscher 22, 212, 216
    Entstehung 211
    Fließgeschwindigkeit 211
Gletschereis 212
Glühbirne 100f
Glukose 134, 135
GNSS 272
Gold 66, 67, 69, 83
Golden Gate Bridge 256, 258
Goldgräber 234
Golfstrom 222
Gotthard-Basistunnel 257
GPS 224, 225, 255, 264, 272, 282
Grand Central Terminal 260, 261
Grand Canyon 209
Granit 208
Gravitation 52, 53, 54, 58
Gravitationsfeld 47
Grundelemente 18

GSM 282
Gusseisen 85

Haeckel, Ernst 120, 142
Haie 162
Halbleiter 105, 281
Halbwertszeit 26, 27, 125, 240
Halogenlampen 100f
Handchirurgie 197
Hannibal 211
Harnstoff 99
Harvey, William 167
Haut 196, 197
Hawking, Stephen 13, 53, 183
Hawking-Strahlung 53
Heathrow 273
Hebel 13
Hebelgesetz 13
Hefe 160
Heisenbergsche Unschärferelation 44, 57, 58
Heizöl 110
Helicobacter pylori 117
Helium 45, 73
Herbizide 161
Hertz, Heinrich 279
Herz-Kreislauf-System 192
Herz-Lungen-Maschine 193
Herzschrittmacher 188, 192
Hexan-Molekül 70
High-Tech-Rollstühle 183
Hintergrundstrahlung 50
Hippokrates 167
Hirnschrittmacher 193
Hochspannungsleitungen 107
Höhenstrahlung 96
    kosmische 35
Holz 76
Holzkohle-Hochöfen 85
Homo erectus 140
Homo habilis 140
Homo sapiens 140
Homologie 129
Honnecourt, Villard de 43
Hooke, Robert 119
Hörfunk 280
Hot Spot 295
Hub-and-Spoke-System 273
Hubble-Weltraum-Teleskop 55
Hülsenfrüchte 98
Humboldtstrom 223
Hydrodynamik 22
Hydrologie 216f
    Niederschlag 216
    Salzwasser 216
    Süßwasser 216
    Trinkwasser 216
    Wasserkreislauf 216
Hygiene 167

Immunfluoreszenz 201
Immunsystem 187
Impfung 167
Implantation 186ff
Indian Pacific, The 262
Infektionen 131, 132, 193, 195
Informationstechnik 279
Informationszeitalter 283
Infrarot 224
Insekten 137f
Internet 279, 280, 281, 293ff
    Browser 297
    Download 293
    Editor 297
    E-Mail 293
    Google 293
    Homebanking 296
    Homepage 293
    HTTP 294
    IP-Adresse 297
    ISDN 294
    Links 297
    Online-Banking 296
    Phishing 297
    Portal 293

Router 295
Spyware 296
Suchmaschinen 297
surfen 294, 296
Trojaner 296
Upload 293
VoIP 297
WLAN 295
Würmer 296
WWW 293
Internet-Cafe 295
Ionenkanal 86
Island 215
Isolatoren 105
Isotope 21

Jeffreys, Alec 153
Jetstream 221

Kakteen 229
Kalium-Argon-Methode 125
Kalkstein 208
Kaltzeiten 141, 210
Kartografie 225
Käse 158
Katalysatoren 80f, 97
Kelp 134
Kemper, Hermann 262
Keramik 106f
    Hitzeschilde 107
    Porzellan 106, 107
    Ton 106
Kernenergie 15
Kernfusion 30f, 51, 52
    Fusionsreaktor 30, 31
    Wasserstoffbombe 31
Kernkraft 15, 19, 240, 245
Kernkraftwerke 28f, 31
    Brennstab 29
    Reaktortypen 28
Kernspaltung 20, 28, 240
Kernspintomografie 172, 173
Kerosin 110, 111
Kimchi 159
Kläranlagen 131, 217
Klettverschluss 163
Klima 221ff, 226
    El-Niño 223
    Erderwärmung 223
    Meeresströmungen 222
Klimatologie 207
Klimawandel 239
Klimawechsel 49
Klonen 157
    reproduktives 157
    therapeutisches 157
Koalabär 128
Koch, Robert 131
Kohlebrände 236
Kohlenhydrate 108
Kohlenstoff 76
Kohlereviere 237
Kolibri 142
Kolumbus 215
Kommunikation 165, 279
Kommunikationshilfen 182f
    Hörhilfen 182, 183
    Sehhilfen 182, 183
    Sprechhilfen 182
Kommunikationssatelliten 224
Konkurrenz 129, 143
Konkurrenzpflanzen 229
Konservierungsstoffe 161
Kontaktlinsen 180
Kontinentaldrift 210, 215
Kontinentales Tiefenbohrprogramm 209
Kontinentalplatten 214, 215
Kooperation 143
Kopierschutz 298f
Korrosion 77, 85
Kosmos 11
Kraft 14f, 16
    elektromagnetische 15
    Gravitation 15, 16, 17

Grundkräfte 15
Kernkraft 15
Muskelkraft 15
Zentrifugalkraft 17
Kraft-Wärme-Kopplung 239
Kraftwerke 238ff
   Blockheizkraftwerk 239
   Braunkohlekraftwerk 239
   Kernkraftwerke 240f
   Wärmeheizkraftwerk 238f
   Wärmekraftwerk 240
Kraftwerkstypen 238
Krakatau 218
Krankenhaustechnik 194f
   Desinfektion 194
Kleidung 194
Kreidefelsen 123
Kreuzen 23
Kriminalistik 153
Kristall 40, 92
Kristallgitter 70, 92
Krücke 167
Kugelpendel 43
Kühlaggregat 41
Kühlschrank 40
Kunstherzen 188
Kunststoffe 102f
   Autoreifen 103
   Flip-Flops 103
   Gummi 103
   PVC 103
   Weichmacher 103
Kurzsichtigkeit 181
Kurzwellen 281
Kyoto-Protokoll 245

Lab on a chip 204
Labor 65
Ladung 19, 86, 94
Lalla 42
Lamarck, Jean Baptiste de 125f
Landwirtschaft 230f
   Agrartechnik 231
   Cash Crops 231
   Dreifelderwirtschaft 231
   Düngung 230
   Fruchtfolgewirtschaft 231
   Halbmond, fruchtbarer 230
   Revolution, neolithische 230
Langer, Robert 189
Laser 38, 288
Laserbehandlung 180f, 185
Lauron II 163
Lava 104
Lavoisier, Antoine Laurent 67
LCD-Technik 286
Leben 116ff
Lebensmittel 64, 158ff
Lebensmittelfarben 83
Lebensmitteltechnologie 115
Lebewesen 117
Leeuwenhoek, Antoni van 130
Legierungen 84f
Leonardo da Vinci 42, 163
Leuchtreklame 100
Licht 36f, 38, 50, 52, 59, 82, 83
   Brechung 36, 38
   Prisma 219
   Spektralfarben 219
   Spektrum 36, 224
   Strahlung 36
   Wellenlängen 36
Lichtgeschwindigkeit 20, 35, 46, 47, 56
Lichtmikroskop 119
Licht-Reaktionsgleichung 135
Linné, Carl von 122, 123
Linnesche Nomenklatur 123
Linse 180, 181
   Gravitationslinse 39
   Schliff 38
Liposuktion 196
Lister, Joseph 167
Lobstein, Jean-Frédéric 200
LOC 204

Lorenz, Konrad 146, 148
Lösungsmittel 104f
Lotus-Effekt 163
Luftfahrt 268ff
   Bodeneffektgeräte 271
   Doppeldecker 268
   Strahltriebwerk 268f
   Überschall-Luftverkehr 269
Luftschiff 73, 271
Luftströmungen 23
Luftverschmutzung 239
Lupe 39

Magma 93, 208
Magnet 17, 33
   Elektromagnet 33
   Kompass 33
   Pole 33
Magnetfeld 17f, 18, 32, 33, 44, 45
Magnetresonanztomografie 173
Makroevolution 127
Malaria 155
Malware 295
Mammutbaum 133, 135, 228, 229
Manganknollen 266f
Mansdorf, Lee 270
Marmor 93
Maschinen 42
Masse 13, 17
   Trägheit 17
Materie 12, 16f, 18f, 20f, 47, 52, 53, 58
   Antimaterie 20, 21
   dunkle 54f
Maybach, Wilhelm 252
McCandless, Bruce 274
Mechanik 58
Medizin 115
Mehrzeller 117
Meiose 151f
Mendelejew, Dimitri Iwanowitsch 73
Mensch 140f
Menschenaffe 141
Meson 25
Messing 85
Metalle 66, 67
Meteorit 208
Meteoriteneinschläge 210
Meteorologie 12
Meyer, Lothar 73
Mikroevolution 127
Mikrokosmos 18f, 59
Mikroorganismen 217
Mikroprozessoren 167, 186
Mikroskop 38, 119
Mikrotechnik 188
Mikrotechnologie 167
Mikrowellen 37
Milchstraße 11, 13, 49, 52
Miller, Stanley 116
Minerale 92f, 232
Mineralsalze 134
Mitochondrien 109
MMS 284
Mobilfunk 105, 279, 282ff
Mobiltelefon 282
Moleküle 22, 23, 35, 40, 64, 70, 71, 96, 102, 112, 108, 117
Möller, Johann Diedrich 119
Monomere 102
Morgagni, Giovanni B. 200
Motorrad 251
MPEG 299
MRT 176
Müllverbrennung 102f
Murmeltier 137
Musik, digitale 298f
   CD 298
   DRM 299
   MP3 298f, 299
Musikindustrie 299
Mutationen 128

Nachrichtentechnik 284
Nährstoffe 117
Nahrungskette 143
Namen, wissenschaftliche 123
NASA 270
Naturkreislauf 142
Navigationssysteme 280
Neandertaler 127, 141
Neonröhren 101
Neophyten 145
Neozoen 145
Nestflüchter 147
Nesthocker 147, 148
Netlock 284
Neukombinationsregel 151
Neutralismus 143
Neutrinos 19
Neutronen 18, 19
Neutronenstern 52
Newton, Isaac 13
Nierensteine 177
Nitrate 99
Nobel, Alfred 78
Not, Fabrice 122
Notrufe 283
Nullpunkt, absoluter 40, 43, 44f

Obduktion 199, 200
Obsidian 104
Offshore-Windpark 244
Ökobilanz 253
Ökologie 142ff, 207
Ökosysteme 144
Olduvai-Schlucht 140
Ölplattform 237
Omeganebel 51
OMI 266
Operationen 195, 205
Optik 38f, 59
   Fernrohr 38, 39
   Gravitationslinse 51
   Linse 38
   Parabolspiegel 38
   Teleskop 38, 39
Organe 117
Organismus 117
Otto, August 253f
Ötzi 141
Oxidation 76f, 78, 82
Ozon 96f, 218
Ozonloch 96f, 219, 220
Ozonschicht 96f.

Paläontologen 124
Panamericana 256, 257
Paracelsus 67, 167, 169
Paralleluniversen 54
Parasitismus 142
Parodontitis 185
Passat 222
Pasteur, Louis 159
Pathologie 198ff
   Entwicklung 200
   Gynäkopathologie 198
   Molekularpathologie 198
Pawlow, Iwan 149
Paxton, Joseph 162
Pay-TV 289
PDA 284
Penicillin 167
Penzias, Arno 50
Periodensystem 67, 72f
   Hauptgruppen 72f
   Isotope 73
   Nebengruppen 73
Perl, Martin L. 24
Perpetuum mobile 42f
Pestizide 64
Petroleum 110, 111
Pflanzen 98
Pflanzenzelle, Bauplan 117
Phänotyp 129
Pharmazeutik 115
Pharmazie 167, 168f, 181
   Erreger 168

   Medikamente 168
   Molekularbiologie 168
   Wirkstoffe 168f
Photonen 36
Photosynthese 98, 121, 122, 130, 133, 135, 136, 246f
pH-Wert 86
Piccard, Jacques 267
Pigmente 65
Pilze 121, 122, 136, 158
   Giftpilze 136
   Magic Mushroom 136
   Speisepilze 136
PIN 283
Pipelines 236. 237
Pits and Lands 288
Plastik 102f
Pollen 135
Polymere 102
Positronen-Emissions-Tomografie 20, 21
Prepaid 283
Prionen 112f
Prisma 82
Proteine 112
Prothesen 167, 186, 187, 188
   Endoprothesen 186
   Exoprothesen 186
Protonen 18
Protuberanz 31
Prusiner, Stanley 112
PUK 283

Quantenkäfig 56
Quantenmechanik 58, 68
Quantenphysik 39, 56f
Quantensprung 56
Quarks 18, 24, 25, 51
   Antiquark 24, 25
Quarz 104
Quasar 39, 51
Quecksilber 67

Radar 264
Radaraufnahmen 224
Radioaktivität 26f
Radio-Karbon-Methode 125
Radiowellen 173
Raffinierung 110f
Raketen 46
Raps 246, 247
Räuber-Beute-Beziehung 142
Raum 12, 36
Raumfahrt 274ff
   Cape Canaveral 275, 277
   EAC 274
   ESA 274
   Kosmodrom Baikonur 276
   NASA 274
   Progress 275, 276
Raumfähre 275, 277
Raumfahrer 274
Raumstation ISS 275, 276
Raumstationen 249
Raumzeit 52
Raum-Zeit-Kontinuum 47, 53
Rechtsmedizin 198f, 200, 202
Recycling 102
Redox-Reaktion 94, 95
Reduktion 76f
Regen, saurer 239
Regenbogen 82
Regenwald 145
Reibung 17, 22, 23, 43, 45
Reibungswärme 277
Reichs, Kathy 201
Reines, Frederick 19
Reitwagen 251
Relativitätstheorie 46f, 50, 53
RNA 131
Roaming 283
Roboter 204, 205, 277
Rohstoffe, fossile 219, 220
Röntgen, Wilhelm 167, 170
Röntgenstrahlung 36f, 170ff

Rosenfieber 134
Rost 77
Rutherford, Ernest 18

Sadoulet, Bernard 54
Safran 83
Salz 87
Salzwasser 87
Sandstein 208
Saprobier 143
Satellit 224f, 272, 280, 282ff
Satellitenbilder 224f
Satellitenvermessungen 215
Sauerkraut 158
Sauerstoff 76, 104, 135, 160
Säuren 77, 86f
Säuregrad 87
Schall 50, 54, 280, 298
Schallgeschwindigkeit 268
Schallwellen 176f
    Nautik 176
    Sonografie 176
    Ultraschall 176, 177
Schifffahrt 264ff
    Containerschiff 264, 265
    Knoten 264
    Navigation 264
    Passagierschiffe 264, 265
    Seemeile 264
    Supertanker 264f
    U-Boote 266, 267
    Schiffshebewerke 265
    Schiffsschleusen 265
Schnee 75
Schwarze Löcher 52, 53
Schwarzpulver 79
Schwefel 75
Schwerelosigkeit 276
Science Fiction 52, 53
Scrapie 113
Seegrasqualle 139
Sehen 181
Sehhilfe 38, 180, 187
Sehnerv 181
Sehzellen 181
Seife 88f
    Flüssigseife 89
    Kernseife 88
    Schmierseife 88
Seismologie 213f
Selektion 128
Sellafield 241
Sendeanlagen 282
Sesshaftigkeit 230
Shakespeare, William 54
Siemens, Werner 261
Silikon 104, 105
Silizium 104f
    Computerchips 105
    SIM-Card 282, 291
Skelettszintigrafie 173
SMS 284
Software 296
Solarkraftwerk 245
Solarzellen 245
Sonar 176
Sonne 13, 17, 30, 31
Sonnenaktivität 210
Sonnenenergie 245
Sonnenkollektoren 245
Sonnennebel 208
Sonnensystem 11, 48f
    Brauner Zwerg 49
    Komet 48f
    Meteorit 49
    Meteoroide 49
    Monde 48
    Nemesis 49
    Planeten 48, 49
    Saturn 49

Sonnentau 229
Space Shuttle 17, 275
Spaltungsregel 151
Speichelsekretion 149
Spektroskopie 45
Spenderorgane 189
Spinnentiere 139
Spionage 225
Spionagesatelliten 224
Sprengung 79
Stahl 84
Stammzellen 157
Stammzellforschung 157, 203, 205
Stärke 109
Statik 13
Staudamm 243
Steele, Jack E. 162
Steinkohle 236f
Steinzertrümmerer 177
Stephenson, Robert 261
Sterilisation 194
Stickoxide 97
Stickstoff 98f
Stoffe 63, 64
Stoffwechsel 64, 81, 112
Stokes, George 13
Strahlenschäden 170, 172
Strahlentherapie 171, 172
Strahlung 20, 240
    radioaktive 27
Straßen 256ff
Straßenverkehr 22f
Stau 23
    Verkehrsleitsysteme 23
Strauss, Levi 234
Streaming Audio 281
Streichholz 78f
String-Effekte 59
Stringtheorie 54
Strom 20, 29
Strömungen 22f
Strömungsmechanik 23
Sublimation 75, 100
Supernova 53
Suprafluidität 43, 45, 74
Supraleiter 43, 44
Süßstoffe 109
Symbiose 142
Symptome 169
Synthese 65
Systematik, biologische 120ff
    Domänen 120
    Stammbaum 122
Systeme, solarthermische 245

Taktschiebeverfahren 258
Tal des Todes 223
Tauchen 163
TCAS 272
Teilchen 24f, 36
Teilchenbeschleuniger 25, 26, 44, 55
Telekommunikation 279, 287
Teleskop 51, 54
Temperaturen im Universum 41
Tenside 88, 89
Thales von Milet 116
Therapie 165, 166, 169
Thompson, William 45
Tiefsee 266
Tiere 137ff
    Hohltiere 137
    Insekten 137
    wechselwarme 137
    Wirbeltiere 137
Tiermehl 113
Tinbergen, Nikolaas 146
Tissue Engineering 205
Tito, Dennis 275

Totes Meer 216
Tower 272f
Townes, Charles H. 46
Toxikologie 199
Toxine 130
Transistor 105, 281
Transplantation 186ff
Traumatologie 199
Treibhauseffekt 97, 111, 219, 220
Treibhausgase 31, 245
Trevithick, Richard 260
Trinkwasser 99
Trockeneis 75
Tropen 228
Tscherenkow-Licht 240
Tschernobyl 240, 241
Tsunami 2004 214
Tunnel 256ff, 257
Tunneleffekt 57
Turbinen 238, 242, 244, 267

Überdüngung 99
Überschwemmungen 217
UKW 37
Ultraschall 163, 196
UMTS 282
Umwelt 40
Uniformitätsregel 151
Universum 50f, 55
Unterhaltungselektronik 288
Uran 19
Uranmine 29
Urey, Harold C. 116
Urgeschichter 141
Urknall 21, 50, 51
Urstromtäler 212
Ursuppe 116
USB 292, 299
UV-Strahlung 96, 97, 116

Vakuum 42, 46, 100, 280, 286
Vaterschaftstest 154
Vegetation 228f
    Hochgebirgsvegetation 228
    Kulturpflanzen 228
    Photosynthese 229
    Umwelt 229
    Urwalder 228
    Zeigerpflanzen 229
Verbindung, chemische 70f
Verbrennungsmotore 246
Verdampfer 239
Verhaltensforschung 146ff
    Fütterinstinkt 147
    Konditionierung 149
    Konkurrenz 147
    Lernfähigkeit 146f
    Prägung 146, 147f
    Rangordnung 147
    Schlüsselreize 146, 149
Veri-Port 273
Verkehrswege 249
Vesalius, Andreas 167
Viaduc de Millau 259
Video on Demand 289
Videothek 289
Viren 131
Viskosität 22, 45, 75, 247
Vögel 139, 162
Vogelgrippe-Virus 132
Vollnarkose 195
Volta, Alessandro 94
Volumen 13
Vulkanausbrüche 225
Vulkanologie 213ff
    Aschenvulkane 215
    Schichtvulkane 215
    Schildvulkane 215
    Vesuv 214

Waage 17
Walkman 299
Wärme 40f
Waschpulver 88
Wasser 74, 76, 90f
Wassermolekül 90
Wasserkraft 244
Wasserrad 244
Wasserstoff 51, 73, 77, 246, 253
Wasserstoff-Brückenbindung 91
Wasserzeichen, digitale 299
Watchdogs 195
Watson, James 153
Wegener, Alfred 215
Wein 159, 160
Weißmacher 88
Weitsichtigkeit 181
Wellen 56
    elektromagnetische 279, 286
Wellenlängen 37, 82
Weltall 36
    Expansion 55
Welten, virtuelle 292
Weltformel 58f
Weltraumtourismus 275
Werbung 149
Wespe 138
Wetter 221ff
    Coriolis-Kraft 221
    Hochdruckgebiet 221
    Hurricane Wilma 222
    Luftdruck 221
    Tiefdruckgebiet 221, 223
    Tornados 222
Wettersatellit 225
Wettervorhersage 223, 225
Whirlpool-Galaxie 50
Whittaker, Robert 120
Widerstand 105, 281
Wilson, Robert Woodrow 50
WIMP-Detektor 54
Windräder 242, 243
Winglets 162
Winterschlaf 137
Wirt-Gast-Beziehung 143
Wirtszelle 131
Woese, Carl R. 120
Wright, Gebrüder 268
Würfelzucker 111
Wurmlöcher 52, 53
Wüsten 221f, 223

Zahnersatz 184f
    Amalgam 184
    Brücke 185
Zahnimplantat 184f
Zeilinger, Anton 57
Zeit 12, 46f, 56
Zelle 81, 116ff
    Chloroplasten 118
    Chromosomen 118
    Golgi-Apparat 118
    Mitochondrien 118
    Organellen 118
    Retikulum 118
Zellkern 118
Zellteilung 118
Zellwachstum 118
Zellwand 118
Zitrone 86, 95
Zucht 129
Züchtung 151
Zucker 31, 40f, 80, 108f, 110
Zweiräder 250f
    Fahrrad 250f
    Motorrad 251
    Mountainbikes 250
    Powerbike 251
Zwischeneiszeiten 211

BILDNACHWEIS

The Bridgeman Art Library: 60 Vatican Museums and Galleries, 167 Bibliotheque de la Faculte de Medecine, Paris, France/Archives Charmet
Kim Caspary & Dennis Kreibich: 133 (Grafik)
Corbis: 2 Mike Agliolo, 4 Matthias Kulka/zefa (o.r.), Arctic-Images (u.l.), NOAA (u.r.), 4/5 Gerolf Kalt/zefa (Hintergrund), 5 Jim Richardson (o.r.), 5 (u.l.), Bill Varie (u.r.), 6 Matthias Kulka/zefa (u.), Fritz Rauschenbach/zefa (o.), 7 Scott Lituchy/Star Ledger (u.r.), Visuals Unlimited (o.), 8 Eric Nguyen, 9 Reuters (u.), 10 Matthias Kulka/zefa (gr.), STScI/NASA (u.l.), 10/11 Roger Ressmeyer (u.), 11 Matthias Kulka/zefa (gr.), Juergen Wisckow/zefa (u.l.), Matthias Kulka/zefa (u.r.), 12 Digital Art, 13 Chinch Gryniewicz/Ecoscene (u.), 14 Juergen Wisckow/zefa, 15 Jan Butchofsky-Houser (o.), 16 Jon Hicks, 17 Ryman Cabannes/photocuisine (o.), Roger Ressmeyer/NASA (u.), 18 Kevin Fleming, 19 Archivo Iconografico, S.A., 20 Roger Ressmeyer, 21 Stocktrek, 22 Atlantide Phototravel, 23 W. Geiersperger (o.), Dave G. Houser (u.), 25 Kevin Fleming (u.), 26 Roger Ressmeyer, 28 Karen Kasmauski, 29 Karen Kasmauski (o.), Wally McNamee (u.), 30 Matthias Kulka, 31 Roger Ressmeyer/Skylab/NRL/NASA, 32 Matthias Kulka/zefa, 33 Werner H. Müller (l.), Alan Schein Photography (r.), 34 Roger Ressmeyer (o.), Heike Zappe (u.), 36 Vladimir Pirogov/Reuters, 37 Visuals Unlimited, 38 Kevin Fleming, 39 Roger Ressmeyer, 40 Sara Danielsson/Etsa, 41 Sally A. Morgan/Ecoscene (o.), Arthur W.V. Mace/Milepost 92, 43 Anne-Marie Weber, 44 Gabe Palmer, 45 Hulton-Deutsch Collection (l.), David H. Wells (r.), 46 Bettmann, 47 Bettmann (o.), 48 Dennis di Cicco, 49 Roger Ressmeyer, 51 Roger Ressmeyer (r.), 50 STScI/NASA, 51 Roger Ressmeyer/NASA (o.), STScI/NASA (u.), 52 Digital Art, U.Hwang/NASA/CXC/GSFC et al./Handout/Reuters, 54 Roger Ressmeyer, 55 Reuters (u.), 55 (u.), 56 Matthias Kulka/zefa, 57 Shelley Gazin, 58 Roger Ressmeyer, 59 Charles O'Rear, 61 STScI/NASA, 63 Visuals Unlimited (gr.), Mike Agliolo (u.l.), 66 Massimo Listri, 67 Arne Hodalic (o.), Visuals Unlimited (u.), 68 Mike Agliolo, 69 Bettmann, 73 Bettmann (u.), 74 James Noble, 75 Chris Collins (o.), Visuals Unlimited (u.), 77 Matthias Kulka/zefa (o.), Mike Blake/Reuters (u.), 81 Michael St. Maur Sheil (o.), Maximilian Stock Ltd/Photo-Cuisine (u.), 82 Charles O'Rear, 83 Bruce Burkhardt (o.), 84 Craig Lovell, 84/85 Archivo Iconografico, S.A. (u.), Yang Liu (u.), 88 Scott Barrow/Veer, 93 Mimmo Jodice (u.), 95 Toshiyuki Aizawa/Reuters (u.), 97 Pierre Vauthey/Corbis Sygma (u.), 99 Kurt Kormann/zefa (u.), Chinch Gryniewicz; Ecoscene (u.), 101 Thom Lang, 104 Kazuyoshi Nomachi, 105 Ted Horowitz (u.), 106 Asian Art & Archaeology, Inc. (u.), 107 NASA/Reuters, 108 Spike Walker (l.), 111 Benelux/zefa (o.), Patrice Latron (u.), 113 Jeff Green/Reuters (u.), Colin McPherson (o.), 114 Gerolf Kalt/zefa (gr.), Jim Richardson (u.l.), Visuals Unlimited (u.r.), 114/115 Fritz Rauschenbach/zefa (u.kl.), 115 Fred de Noyelle/Godong (gr.), Visuals Unlimited (u.l.), Ed Bock (u.), 116 Dennis Wilson, 117 Visuals Unlimited (u.), 118 Lester V. Bergman, 119 Micro Discovery (u.), Bettmann (u.), 121 Gerolf Kalt/zefa (L), Natalie Fobes (r.), 122 (r.), 123 John Miller/Robert Harding World Imagery, 124 Naturfoto Honal, 125 Louie Psihoyos (o.), Sally A. Morgan/Ecoscene (u.), 126 Stuart Westmorland, 128 Lothar Lenz/zefa (o.), Lester V. Bergman (u.), 130 Mediscan, 131 Bettmann (o.), Fred de Noyelle/Godong (u.), 132 Matthias Kulka/zefa, 133 Kazuyoshi Nomachi (u.), 134 Lester V. Bergman, 136 H.Taillard/photocuisine, 137 Markus Botzek/zefa (u.), 138 Fritz Rauschenbach/zefa (o.), 140 Staffan Widstrand (o.), Visuals Unlimited (u.), 141 Vienna Report Agency/Sygma, 143 Robert Yin (u.), 144 Visuals Unlimited (u.), 145 Ralph Clevenger, 146 Bettmann, 147 Tom Brakefield/zefa (u.), Gary W. Carter (u.), 148 Bettmann (o.), Galen Rowell (u.), 150 Rick Gomez (u.), 153 Mediscan, 154 Tom & Dee Ann McCarthy (u.), Ed Bock (u.), 155 Finbarr O'Reilly/X90055/ Reuters, 156 Jim Richardson (o.), Reuters (u.), 157 Najlah Feanny, 158 H. et M./PhotoCuisine (l.), 159 Liba Taylor (r.), 163 Clouds Hill Imaging Ltd. (o.), Hulton-Deutsch Collection (u.), 164 Mediscan (u.), Pete Saloutos (u.l.), 166 Francis G. Mayer, 167 (L), 168 CDC/Phil., 164 Mediscan (gr.), Pete Saloutos (u.), Visuals Unlimited (u.), 164/165 Howard Sochurek (kl.M.), 165 Mediscan (o.), Arctic-Images (u.l.), Visuals Unlimited (u.r.), 169 Francesco Venturi (r.), Stapleton Collection (kl.), 170 Bettmann, 171 Visuals Unlimited (o.), Bettmann (u.), 172 Owen Franken, 173 Randy Faris (o.), Pete Saloutos (u.), 174 Richard T. Nowitz, 175 Howard Sochurek (u.), Lester Lefkowitz (u.), 176 Mediscan, 177 Steve Chenn (r.), Ken Kaminesky (l.), 178 Leif Skoogfors, 179 Digital Art (o.), Arctic-Images (u.), 180 Roy Morsch (o.), Louie Psihoyos (u.), 182 Reuters, 182/183 Najlah Feanny (gr.), 183 Rune Hellestad (u.), 184 Markus Moellenberg/zefa, 185 Mediscan (u.), 187 Visuals Unlimited (o.), Najlah Feanny (u.), 188 Eliseo Fernandez/Reuters, 189 Rick Friedman (l.), 191 C. Lyttle/zefa (u.), 192 Visuals Unlimited (u.), 193 Arctic-Images, 194 Robert Llewellyn/zefa, 195 Fabio Cardoso (o.), Ragnar Schmuck/zefa (u.), 196 Cat Gwynn, 197 Ausloeser/zefa, 198 Scott Lituchy/Star Ledger (u.), 199 Mediscan (o.), Shepard Sherbell (u.), 200 Ashley Cooper, 201 Visuals Unlimited (o.), Will & Deni McIntyre (u.), 202 Karen Kasmauski, 203 Lester Lefkowitz (L), Visuals Unlimited (r.), 204 Visuals Unlimited (o.), Dung Vo Trung (u.), 205 Francetelecom/Ircasd/Corbis Sygma (o.), Owen Franken (u.), 206 NOAA (gr.), Michael Freeman (u.l.), Jonathan Andrew (u.r.), 206/207 Jeremy Horner (u.M.), 207 Visuals Unlimited (gr.), Eric Nguyen (u.l.), Charles & Josette Lenars (u.r.), 208 Charles & Josette Lenars, 209 Atlantide Phototravel, 210 Jonathan Andrew, 212 Richard Hamilton Smith (o.), Paul Souders (u.), 213 David Butow/Corbis Saba (o.), Roger Ressmeyer (u.), 214 Bettmann (L), Jeremy Horner (r.), 216 Richard T. Nowitz, 217 Frithjof Hirdes/zefa, 218 Bettmann, 219 Erik P./zefa (o.), NASA (u.), 220 Ashley Cooper, 221 Atlantide Phototravel, 222 Carlos Barria/Reuters (o.), Eric Nguyen (u.), 223 Lester Lefkowitz, 224 NOAA, 225 (o.), NASA (u.), 226 Pat O'Hara, 227 Thierry Prat/Sygma/Corbis (o.), Richard Hamilton Smith (u.), 228 Reg Charity, 229 Peter Adams (o.), Steve Kaufman (u.), 230 Jeremy Horner, 231 Reuters (u.), Jose Fuste Raga (u.), 232 Louise Gubb/Corbis Saba, 233 George Diebold Photography (o.), 233 (u.), 234 Michael Freeman (o.), Tim Graham (u.), 235 Eberhard Streichan/zefa, 236 Barry Lewis, 237 Karen Kasmauski (o.), Ken Glaser/Index Stock (u.), 238 Paul Thompson/Ecoscene, 239 Tim Wright, 240 Roger Ressmeyer, 241 Colin McPherson (o.), Lazarenko Nikolai/Itar-Tass (u.), 242 Visuals Unlimited, 243 Attar Maher/Corbis Sygma (o.), Atlantide Phototravel (u.), 244 Michael Nicholson, 245 Walter Geiersperger (kl.), Art on File (gr.), 246 Frank Krahmer/zefa, 247 Arctic-Images (o.), Lester Lefkowitz (u.), 248 (gr.), William Manning (u.), Bettmann (u.r.), 248/249 Volvox/Index Stock (u.M.), 249 Gideon Mendel (gr.), Lawson Wood (u.l.), Eberhard Streichan/zefa (u.r.), 250 Atlantide Phototravel, 251 Car Culture (u.), 252 Bettmann (o.), Car Culture (u.), 254 Reuters, 255 Kim Kulish, 256 William Manning, 257 Hubert Stadler (o.), 258 John Van Hasselt/Corbis Sygma, 259 Chris Hellier (o.), Gavin Hellier/Robert Harding World Imagery (u.), 260 Atlantide Phototravel (o.), 262 Farrell Grehan (o.), Hulton-Deutsch Collection (u.), 263 Eberhard Streichan/zefa, 264 Bruno Morandi/Robert Harding World Imagery, 265 Xiaoyang Liu (o.), 266 Lawson Wood (u.), 267 Roger Ressmeyer, 269 Reuters, 270 Perrin Pierre/Corbis Sygma (o.), Gideon Mendel (u.), 271 Gideon Mendel, 273 Jason Hawkes (u.), 274 NASA (o.), 274 (u.), 275 Roger Ressmeyer, 276 Kazak Sergei/Itar-Tass (u.), Reuters (u.), 277 NASA/Roger Ressmeyer, 278 George B. Diebold (u.), Bill Varie (u.r.), 278/279 Lucas Schifres (u.M.), Images.com (u.l.), Wilfried Krecichwost/zefa (u.r.), 280 Robert Landau, 281 Bettmann (u.), 282 Walter Geiersperger (o.), 283 Phillipe Lissac/Godong, 284 Bumper DeJesus/Star Ledger (o.), Images.com (u.), 286 Paul Souders, 288 Dan Forer/Beateworks, 289 TWPhoto (o.), Frederic Pitchal/Sygma/Corbis, 290 Firefly Productions, 291 M. Thomsen/zefa, 292 Bill Varie (o.), Frederic Pitchal/Sygma/Corbis (u.), 293 James Leynse (u.), Louie Psihoyos (kl.), 294 George B. Diebold (L), Roger Ressmeyer (r.), 295 Atlantide Phototravel, 296 Lucas Schifres (u.), 297 G. Baden/zefa, 298 Wilfried Krecichwost/zefa, 299 Bettmann (o.), Dana Hoff/Beateworks (u.)
ditter.projektagentur: 158 Ruprecht Stempel (r.)
Burga Fillery (Grafiken und Karten): 19 (u.), 21 (u.), 26 (u.), 27 (u.), 31 (l.), 35 (u.), 37 (u.), 39 (u.), 41 (u.l.), 43 (o.), 47 (u.), 53 (u.), 57 (u.), 59 (u.), 61 (u.), 68 (u.), 69 (u.), 70, 72, 80 (u.), 90 (u.), 96 (u.), 108 (r.), 117 (o.), 122 (l.), 129, 135 (o.), 137 (u.), 142 (o.), 149, 151, 152 (u.), 181, 185 (o.), 191 (o.), 192 (M.), 209 (l.), 211, 215, 217 (u.), 220 (o.), 238 (o.), 253, 254 (u.), 258 (u.), 269 (o.), 287 (u.), 291 (o.)
Getty Images: 4 Fpg. (o.l.), 5 Metcalfe-thatcher (o.l.), 9 Sean Gallup (u.), 10 Taxi (u.M.), 13 Mansell/Time Life Pictures, 15 Hola Images RM (u.), 24 John G. Mabanglo/AFP, 25 Nat Farbman//Time Life Pictures (kl.), 27 Mansell/Time Life Pictures, 42 Taxi, 62 Andy Crawford & Tim Ridley, Spike Walker (u.l.), 62/63 Metcalfe-thatcher (u.M.), 63 Ann Cutting (u.r.), 64 Mike Dunning, 65 Aurora Creative (u.), Phil Degginger (u.), 71 The Image Bank, 73 Topical Press Agency (u.), 76 David Cavagnaro, 78 Metcalfe-thatcher, 79 Bruce Forster (u.), DAJ RM (u.), 83 Dave King (u.), 86 Ichiro, 87 Ann Cutting (o.), Clive Streeter (u.), 89 Steven Puetzer (u.), Jerry Driendl (u.), 90 Frank Cezus, 91 William Radcliffe, 92 Andy Crawford & Tim Ridley, 93 Gregor Schuster (u.), 94 Andy Crawford & Tim Ridley, 95 Greg Ceo (u.), 97 Still Images (u.), 98 Jo Whitworth, 100 Mitchell Funk (Hintergrund), Mike Dunning (kl.), 102 John Humble, 103 Stock4B (o.), Vincenzo Lombardo (u.), 105 flashfilm (o.), 106 Gabriel M. Covian (o.), 109 Annabelle Breakey, 110 Kathy Collins, 112 Nancy Kedersha, 120 Nhmpl., 127 FPG. (o.), Joel Sartore (u.), 135 Robert Harding World Imagery (o.), Mark Mattock (u.), 138 Tartan Dragon Ltd (u.), 139 Stuart Westmorland, 142 Michael & Patricia Fogden (u.), 144 Alison Bank (o.), 150 Hulton Archive (o.), 160 Roger Stowell (l.), 161 Ian O'Leary, 162 Paul Bowen, 186 Ben Sklar, 189 Ben Edwards (r.), 190 Christopher Furlong (o.), 233 George Diebold Photography (o.), 251 Hulton Archive (o.), 257 Ros Orpin-Rail Link Engineering (u.), 260 Imagno, 261 Hulton Archive (u.), 265 Spencer Platt (u.), 266 AFP (u.), 268 Central Press, 272 Alvis Upitis, 278 Don Spiro (gr.), 281 Benjamin Shearn (o.), 282 Rob Casey (u.), 285 Don Spiro, 287 Sean Gallup (o.), 296 Frederic Lucano (o.)
Lufthansa Technik AG: 273 Gregor Schlaeger

Copyright © Parragon Books Ltd
Queen Street House
4 Queen Street
Bath BA1 1HE, UK

Autoren:
Physik und Chemie: Dr. Christoph Hahn
Biologie: Dr. Ute Künkele
Medizintechnik: Ulrich Hellenbrand
Geowissenschaften: Dr. Alexander Grimm
Verkehr und Raumfahrt: Horst W. Laumanns
Informationstechnik: Ralf Leinburger

Producing: ditter.projektagentur GmbH
Koordination: Irina Ditter
Lektorat: Kirsten E. Lehmann
Bildredaktion: Claudia Bettray
Design: Claudio Martinez
Lithografie: Klaussner Medien Service GmbH

Alle Rechte vorbehalten.
Die vollständige oder auszugsweise Speicherung, Vervielfältigung oder Übertragung dieses Werkes, ob elektronisch, mechanisch, durch Fotokopie oder Aufzeichnung, ist ohne vorherige Genehmigung des Rechteinhabers urheberrechtlich untersagt.

ISBN 978-1-4075-0401-8

Printed in Malaysia